内 容 简 介

本书不仅包括平面自治系统与稳定性理论初步,而且还较系统地阐述了不少学科所需要的常微分方程分支理论.全书共十三章,有:基本定理、二维系统的平衡点、二维系统的极限环、动力系统、振动方程与生态方程、n维系统的平衡点、多重奇点的分支、Hopf分支、从闭轨分支出极限环、同宿分支及异宿分支、高维问题、综合应用,以及柱面与环面上的动力系统及其应用.书末附有90余道习题.

本书可作为高等学校数学系高年级及研究生教材或教学参考书,也可供物理、化学、生物等有关方面科学技术工作者参考.

北 京 大 学 教 材

常微分方程几何理论与
分 支 问 题

（第二次修订本）

张锦炎　冯贝叶

北京大学出版社
·北　京·

图书在版编目(CIP)数据

常微分方程几何理论与分支问题/张锦炎、冯贝叶. —3 版. —北京:北京大学出版社,2000.3

ISBN 978-7-301-04168-0

Ⅰ.常… Ⅱ.①张… ②冯… Ⅲ.常微分方程-研究 Ⅳ.O175.1

中国版本图书馆 CIP 数据核字(1999)第 17244 号

书　　　名:常微分方程几何理论与分支问题
著作责任者:张锦炎　冯贝叶
责 任 编 辑:邱淑清
标 准 书 号:ISBN 978-7-301-04168-0/O·0444
出 版 发 行:北京大学出版社
地　　　址:北京市海淀区成府路 205 号　　100871
网　　　址:http://www.pup.cn
电　　　话:邮购部 62752015　发行部 62750672　编辑部 62752021
　　　　　　出版部 62754962
电 子 邮 箱:zpup@pup.pku.edu.cn
印　刷　者:北京虎彩文化传播有限公司
经 销 者:新华书店
　　　　　　850 毫米×1168 毫米　32 开本　13.875 印张　350 千字
　　　　　　1981 年 7 月第一版　1987 年 12 月修订再版
　　　　　　2000 年 3 月第二次修订第三版　2023 年 1 月第 8 次印刷
定　　　价:38.00 元

第二次修订本前言

在本次修订本中,我们对原有内容作了少量的修改,较大的变化是增加了一些章节与相应的习题.自本书出版以来,分支理论有了很大的发展,它已成为许多应用学科研究工作中讨论的重要方面.为了较全面地反映已有的数学内容,我们增加了奇点分支与分界线环分支两章(第七与第十章),还对原有的 Hopf 分支的高维情况,补充了一些有用的公式(第十一章§4).另外,柱面、环面上的微分方程也是几何理论的一个重要部分,原书未曾涉及,现在增加一章,放在最后,并以耦合振子系作为一个具体的例子,来说明如何灵活运用本书的理论与方法,从而导出新颖的结果.

在写作的过程中,我们除引用几个在动力系统中已成为常识的概念和定理外,仍力图使本书是自封的.

最后,谨向自 1981 年第一版发行以来对本书提出过宝贵意见的读者们表示衷心感谢.

张锦炎　冯贝叶
1997 年 6 月于北京

修订本前言

自本书第一版发行以来,收到了许多读者的来信,有的提出了宝贵意见,有的指出了印刷错误,更多的则是表达了对作者的鼓励和希望.借此再版机会,谨向这些同志们表示衷心的感谢.

在本次修订本中,除了改正若干已经发现的错误外,我们按照读者的要求,编入了习题部分.本书前三章的主题是平面自治系统的定性理论,第五章为熟知的应用.但这种方法的应用范围远不止于此,为了说明也可以用它来解决某些非自治问题和三维问题,在新版中加写了最后一章,在其中我们详细讨论了这两种类型的若干实例.读者不妨先试图了解这些问题的提法,然后自己设法给出解决的途径,而将书中的论述作为参考.

作　者

1987 年 9 月 9 日于北京大学

序　言

　　编写本书的目的是希望提供一本包括平面自治系统与稳定性理论初步,以及分支问题的教材.

　　在平面自治系统与稳定性部分,本书力图做到深入浅出,使凡掌握数学分析、线性代数与常微分方程的读者都能顺利阅读.第四章中介绍了抽象动力系统的一些基本概念(如导算子、流等),既是后面部分章节所需要的,又是进一步研究一般动力系统的基础.因此,希望读者能熟练掌握.第五章中除了传统的非线性振动方面的应用之外还编入了在生态学方面的应用.常微分方程在生物学中的应用是极其广泛的,生态学中的应用只不过是其中的一个方面,我们介绍它是希望通过它引起读者对这类问题的兴趣.

　　常微分方程分支理论是不少学科所需要的,但至今国内尚未有一本书较系统地阐述过这方面的内容.本书整理了 Hopf 分支问题现有文献中的两种主要方法,即 Friedrich 方法和后继函数法;另外作者采用 Liapunov 第二方法建立了分支问题与失稳现象的联系.在分支问题部分把这三种方法同时介绍给读者,希望在掌握了这些之后就能够阅读有关问题的近代文献并从事研究工作.

　　当然这些都只是作者的愿望.由于水平有限,缺点错误一定不少,欢迎读者批评指正.

　　此书稿曾作为选修课的讲义,于 1979 年度在北京大学数学系进修班和研究生中讲授过,并且还在部分教师讨论班中报告过.因此,书稿的编写过程中,讨论班的同志们与选修课的同学们曾提出多方面的宝贵意见,特此表示感谢.

张　锦　炎

1980 年 8 月于北京大学

目　　录

第一章 基本定理

　　本章作为以后各章的基础,介绍微分方程的解的一些基本性质.初读本书时,也可以先弄清各定理的条件与结论,而把证明留待以后需要时再细读.

　　为方便起见,我们常采用向量与矩阵的符号.

　　设 R^n 是 n 维欧氏空间, x 是 R^n 中的向量,

$$x = \begin{bmatrix} x_1 \\ x_2 \\ \vdots \\ x_n \end{bmatrix}.$$

　　若 $x, y \in R^n$,

$$x = \begin{bmatrix} x_1 \\ x_2 \\ \vdots \\ x_n \end{bmatrix}, \quad y = \begin{bmatrix} y_1 \\ y_2 \\ \vdots \\ y_n \end{bmatrix},$$

则向量 x 与 y 的和或差,向量 x 与数 a 的乘积定义如下:

$$x \pm y = \begin{bmatrix} x_1 \pm y_1 \\ x_2 \pm y_2 \\ \vdots \\ x_n \pm y_n \end{bmatrix}, \quad ax = \begin{bmatrix} ax_1 \\ ax_2 \\ \vdots \\ ax_n \end{bmatrix}.$$

向量 x 与 y 的**内积**用符号 $\langle x, y \rangle$ 表示,内积定义为:

$$\langle x, y \rangle = (x_1, x_2, \cdots, x_n) \begin{bmatrix} y_1 \\ y_2 \\ \vdots \\ y_n \end{bmatrix} = \sum_{i=1}^{n} x_i y_i.$$

用符号 $|x|$ 表示 x 的**模**，模定义为：

$$|x| \equiv \langle x, x \rangle^{\frac{1}{2}} = \left(\sum_{i=1}^{n} x_i^2 \right)^{\frac{1}{2}}.$$

不难检验内积有性质：

(1) 对称性 $\langle x, y \rangle = \langle y, x \rangle$；

(2) 双线型 $\langle x+y, z \rangle = \langle x, z \rangle + \langle y, z \rangle$；

$\qquad\qquad \langle ax, y \rangle = a \langle x, y \rangle$；

(3) 正定的 $\langle x, x \rangle \geqslant 0$；

$\qquad\qquad \langle x, x \rangle = 0$，当且仅当 $x = 0$；

(4) 有 Schwartz **不等式**

$$|\langle x, y \rangle| \leqslant |x| \cdot |y|.$$

模有性质：

(1) $|x| \geqslant 0$；$|x| = 0$，当且仅当 $x = 0$；

(2) $|ax| = |a| |x|$；

(3) $|x+y| \leqslant |x| + |y|$（三角不等式）.

很自然的，$\boldsymbol{R}^n$ 中两个向量 x 与 y 间的**距离**定义为：

$$|x-y|.$$

向量序列 $x_k(k=1, 2, \cdots)$ 以向量 x_0 为**极限**的定义为：

$$|x_k - x_0| \to 0, \quad \text{当 } k \to \infty.$$

现在考虑自变量为实数 t，在 $\boldsymbol{R}^n$ 中取值的向量函数 $\varphi(t)$. 不难模仿一元函数的连续性、微商与定积分的定义给出向量函数的连续性、微商与定积分的定义. 其实只要把一元函数的符号理解为向量函数的符号，把绝对值理解为模就可以了.

设 $\varphi_i(t)(i=1, 2, \cdots, n)$ 是向量函数 $\varphi(t)$ 的分量，即

$$\varphi(t) = \begin{bmatrix} \varphi_1(t) \\ \varphi_2(t) \\ \vdots \\ \varphi_n(t) \end{bmatrix}.$$

显然有下列结论：

(1) $\varphi(t)$ 连续当且仅当 $\varphi_i(t)(i=1,2,\cdots,n)$ 都连续.

(2) $\varphi(t)$ 的微商是向量函数，记作 $\mathrm{d}\varphi(t)/\mathrm{d}t$ 或 $\dot{\varphi}(t)$. 并且有

$$\dot{\varphi}(t)=\frac{\mathrm{d}}{\mathrm{d}t}\varphi(t)=\begin{pmatrix}\dfrac{\mathrm{d}}{\mathrm{d}t}\varphi_1(t)\\[2mm]\dfrac{\mathrm{d}}{\mathrm{d}t}\varphi_2(t)\\[1mm]\vdots\\[1mm]\dfrac{\mathrm{d}}{\mathrm{d}t}\varphi_n(t)\end{pmatrix}.$$

(3) $\varphi(t)$ 在区间 $[t_0,t]$ 上的积分 $\int_{t_0}^{t}\varphi(\tau)\mathrm{d}\tau$ 是向量函数 $\psi(t)$，即

$$\psi(t)=\int_{t_0}^{t}\varphi(\tau)\mathrm{d}\tau=\begin{pmatrix}\displaystyle\int_{t_0}^{t}\varphi_1(\tau)\mathrm{d}\tau\\[2mm]\displaystyle\int_{t_0}^{t}\varphi_2(\tau)\mathrm{d}\tau\\[1mm]\vdots\\[1mm]\displaystyle\int_{t_0}^{t}\varphi_n(\tau)\mathrm{d}\tau\end{pmatrix}.$$

(4) 根据积分的定义与三角不等式，不难证明下列不等式：

$$\left|\int_{t_0}^{t}\varphi(\tau)\mathrm{d}\tau\right|\leqslant\left|\int_{t_0}^{t}|\varphi(\tau)|\mathrm{d}\tau\right|.$$

这个不等式在下面的定理证明中常要引用.

下面来考虑自变量为 $\boldsymbol{R}^n$ 中的向量 x，且取值也在 $\boldsymbol{R}^n$ 中的向量函数 $g(x)$，即

$$g(x)=\begin{pmatrix}g_1(x)\\g_2(x)\\\vdots\\g_n(x)\end{pmatrix}=\begin{pmatrix}g_1(x_1,x_2,\cdots,x_n)\\g_2(x_1,x_2,\cdots,x_n)\\\vdots\\g_n(x_1,x_2,\cdots,x_n)\end{pmatrix}.$$

向量函数 $g(x)$ 连续，即 $g_i(x_1,x_2,\cdots,x_n)(i=1,2,\cdots,n)$ 作为 x_1，

$x_2, \cdots, x_n$ 的函数都连续.

我们称 $g(x)$ 在 $\mathbf{R}^n$ 中某区域 W 上是**李氏的**,如果存在一个常数 L,使得当 $x, y \in W$ 时,有

$$|g(x) - g(y)| \leqslant L|x - y|,$$

其中 L 称为 g 在 W 上的李氏常数.

例如,若向量函数在某凸集 W 上满足

$$\left| \frac{\partial g_i(x_1, x_2, \cdots, x_n)}{\partial x_j} \right| \leqslant K \quad (i, j = 1, 2, \cdots, n),$$

K 是常数,则 $g(x)$ 在 W 上是李氏的. 这是因为对 $g(x)$ 的第 i 个分量 $g_i(x)$ 有不等式

$$|g_i(x) - g_i(y)| \leqslant \sum_{j=1}^{n} \left| \frac{\partial g_i(x + \theta(y - x))}{\partial x_j} \right| |x_j - y_j| \quad (0 < \theta < 1).$$

因为 W 有凸性,所以当 $x, y \in W$ 时,$x + \theta(y - x)$ 在 W 内,于是由上不等式得

$$|g_i(x) - g_i(y)| \leqslant nK|x - y|.$$

再由模的定义得到:当 $x, y \in W$ 时

$$|g(x) - g(y)| \leqslant n^{3/2} K|x - y|,$$

而其中 $n^{3/2}K$ 是常数,所以 $g(x)$ 在 W 上是李氏的.

我们称 $g(x)$ 在 $\mathbf{R}^n$ 中某区域 W 上是**局部李氏的**,如果对于 W 的每一个点,存在该点的一个邻域 $W_0 (W_0 \subset W)$,使得 $g(x)$ 在 W_0 上是李氏的.

显然,若向量函数 $g(x)$ 在区域 W 上有 $\frac{\partial g_i}{\partial x_j} (i, j = 1, 2, \cdots, n)$ 都连续,则 $g(x)$ 在 W 上局部李氏.

最后,我们证明一个命题.

命题 若 $g(x)$ 在区域 W 上局部李氏,A 是 W 内的有界闭区域,则 $g(x)$ 在 A 上是李氏的.

证明 若结论不对,即对无论多大的正数 K,总存在 A 内的 x 与 y,使得

$$|g(x) - g(y)| > K|x - y|.$$

特别地,对自然数 n,存在 x_n 与 $y_n \in A$,使

$$|g(x_n) - g(y_n)| > n|x_n - y_n| \quad (n=1,2,\cdots). \qquad (*)$$

因 A 是有界闭区域,所以 x_n 与 y_n 有收敛子序列,不妨设就是 x_n 和 y_n,其极限在 A 内,即 $x_n \to x^* \in A, y_n \to y^* \in A$.

事实上,有 $x^* = y^*$. 因为对一切 n,有

$$|x_n - y_n| < \frac{1}{n}|g(x_n) - g(y_n)|.$$

又由 $g(x)$ 在 W 上局部李氏可知,$g(x)$ 在 W 上连续. 令 M 是 $|g(x)|$ 在有界闭区域 A 上的最大值,于是有

$$|x_n - y_n| < \frac{1}{n} \cdot 2M.$$

从而

$$|x^* - y^*| = \lim_{n \to \infty} |x_n - y_n| = 0.$$

由假设,存在 x^* 的一个邻域 W_0,使得 $g(x)$ 在 W_0 上李氏,有李氏常数 L. 又存在 N,使得当 $n \geqslant N$ 时 $x_n, y_n \in W_0$. 于是当 $n \geqslant N$ 有不等式

$$|g(x_n) - g(y_n)| \leqslant L|x_n - y_n|.$$

当 $n > L$ 时,上面的不等式与 $(*)$ 不等式矛盾.

命题证完.

§1 微分方程解的存在性与唯一性

设 t 是时间变量,$t \in I$,I 是实数轴上的开区间,也可以是无穷区间. x 是 n 维向量,$x \in W$,W 是 n 维欧氏空间 $\mathbf{R}^n$ 中的区域,也可以是无界区域或全空间.

考虑微分方程

$$\dot{x} = f(t,x), \qquad (1.1)$$

其右端向量函数 $f(t,x)$ 在 $I \times W$ 上连续;又关于 x 在 W 上是局部李氏的,且有对 $t \in I$ 一致的李氏常数.

定理 1.1 对微分方程(1.1), $t_0 \in I$ 与 $x_0 \in W$ 存在常数 $a > 0$, 使得在区间 $J = [t_0 - a, t_0 + a]$ 上有微分方程(1.1)的唯一解 $x = x(t)$, 且连续并满足初条件

$$x(t_0) = x_0. \tag{1.2}$$

证明 分以下几步进行.

第一步, 化微分方程(1.1)为等价的积分方程. 设 $x = x(t)$ 是方程(1.1)满足条件(1.2)的解, 即有

$$\dot{x}(t) \equiv f(t, x(t)), \tag{1.3}$$

并且 $x(t_0) = x_0$. 把上式两边从 t_0 到 t 积分就得到

$$x(t) - x(t_0) = \int_{t_0}^{t} f(s, x(s)) \mathrm{d}s.$$

即 $x(t)$ 满足积分方程

$$x(t) = x_0 + \int_{t_0}^{t} f(s, x(s)) \mathrm{d}s. \tag{1.4}$$

反之, 若 $x(t)$ 满足积分方程(1.4), 则 $x(t)$ 满足微分方程(1.1)与条件(1.2).

第二步, 构造一个向量函数序列 $\varphi_k(t)$ ($k = 1, 2, \cdots$). 因为 W 是开的, 对 $x_0 \in W$, 有 $b > 0$, 使闭球 $W_0 \subset W$, 其中

$$W_0 = \{x \mid x \in \mathbf{R}^n, \ |x - x_0| \leqslant b\}.$$

令 I' 是闭区间, $t_0 \in I' \subset I$. 设 M 是 $|f(t, x)|$ 在 $I' \times W_0$ 上的上界; L 是 $f(t, x)$ 关于 x 在 W_0 上的李氏常数(对 $t \in I'$ 一致). 令 $a > 0$, $a < \min\{b/M, 1/L\}$, 又使区间 $J = [t_0 - a, t_0 + a] \subset I'$.

在区间 J 上按以下方法构造向量函数序列: 令

$$\varphi_0(t) = x_0;$$

因 $\varphi_0(t) = x_0 \in W_0 \subset W$, 所以可以令

$$\varphi_1(t) = x_0 + \int_{t_0}^{t} f(s, \varphi_0(s)) \mathrm{d}s;$$

若 $\varphi_k(t)$ 已定义, 并且 $\varphi_k(t) \in W_0$, 即 $|\varphi_k(t) - x_0| \leqslant b$ ($t \in J$), 就可以令

6

$$\varphi_{k+1}(t) = x_0 + \int_{t_0}^{t} f(s, \varphi_k(s)) \mathrm{d}s;$$

如果有 $\varphi_{k+1}(t) \in W_0(t \in J)$，序列就可以继续构造下去. 而事实上，的确有

$$\left| \varphi_{k+1}(t) - x_0 \right| \leqslant \left| \int_{t_0}^{t} \left| f(s, \varphi_k(s) \right| \mathrm{d}s \right|$$

$$\leqslant Ma < b.$$

即 $\varphi_{k+1}(t) \in W_0(t \in J)$.

注意，序列中的每一个向量函数 $\varphi_k(t)$ 都是 J 上的连续函数，并且在 W_0 内取值，又 $\varphi_k(t_0) = x_0$.

第三步，证明序列 $\varphi_k(t)$ 在 J 上一致收敛. 令

$$K = \max_{t \in J} \left| \varphi_1(t) - \varphi_0(t) \right|.$$

于是当 $t \in J$ 时，有

$$\left| \varphi_2(t) - \varphi_1(t) \right| = \left| \int_{t_0}^{t} \left[f(s, \varphi_1(s)) - f(s, \varphi_0(s)) \right] \mathrm{d}s \right|$$

$$\leqslant \left| \int_{t_0}^{t} \left| f(s, \varphi_1(s)) - f(s, \varphi_0(s)) \right| \mathrm{d}s \right|$$

$$\leqslant \left| \int_{t_0}^{t} L \left| \varphi_1(s) - \varphi_0(s) \right| \mathrm{d}s \right|$$

$$\leqslant aLK.$$

若对某一个 $k \geqslant 2$，当 $t \in J$ 时，有

$$\left| \varphi_k(t) - \varphi_{k-1}(t) \right| \leqslant (aL)^{k-1} K,$$

则当 $t \in J$ 时，有

$$\left| \varphi_{k+1}(t) - \varphi_k(t) \right| \leqslant \left| \int_{t_0}^{t} \left| f(s, \varphi_k(s)) - f(s, \varphi_{k-1}(s)) \right| \mathrm{d}s \right|$$

$$\leqslant \left| \int_{t_0}^{t} L \left| \varphi_k(s) - \varphi_{k-1}(s) \right| \mathrm{d}s \right|$$

$$\leqslant aL(aL)^{k-1} K = (aL)^k K.$$

而 $aL = \alpha < 1$，所以，对任给 $\varepsilon > 0$，存在 N，使当 $r, s > N$ 时，对 $t \in J$ 有

$$|\varphi_r(t) - \varphi_s(t)| \leqslant \sum_{k=N}^{\infty} |\varphi_{k+1}(t) - \varphi_k(t)| \leqslant \sum_{k=N}^{\infty} \alpha^k K < \varepsilon.$$

所以 $\varphi_k(t)$ 在 J 上一致收敛,记极限函数为 $x(t)$. 显然 $x(t)$ 在 J 上连续,在 W_0 内取值,$x(t_0)=x_0$.

第四步,证明 $x(t)$ 满足积分方程(1.4),从而是微分方程(1.1)的解. 这只要在恒等式

$$\varphi_{k+1}(t) = x_0 + \int_{t_0}^{t} f(s, \varphi_k(s)) \mathrm{d}s$$

的两端令 $k \to \infty$ 取极限,再应用 $f(t, x)$ 对 x 的李氏性就得到

$$x(t) = x_0 + \lim_{k \to \infty} \int_{t_0}^{t} f(s, \varphi_k(s)) \mathrm{d}s$$

$$= x_0 + \int_{t_0}^{t} f(s, x(s)) \mathrm{d}s.$$

解的存在性证完,下面证明唯一性.

只要证明:如果在 J 上有 $x(t)$ 与 $y(t)$ 都是方程(1.1)的解,又

$$x(t_0) = y(t_0) = x_0,$$

则对一切 $t \in J$ 有

$$x(t) = y(t).$$

首先,对一切 $t \in J$ 有 $x(t), y(t) \in W_0$. 因为否则与 $Ma < b$ 矛盾.

其次,设 $Q = \max_{t \in J} |x(t) - y(t)|$,且此最大值 Q 在闭区间 J 上的某一点 t_1 处达到. 有

$$Q = |x(t_1) - y(t_1)| = \left| \int_{t_0}^{t_1} [\dot{x}(s) - \dot{y}(s)] \mathrm{d}s \right|$$

$$\leqslant \left| \int_{t_0}^{t_1} |f(s, x(s)) - f(s, y(s))| \mathrm{d}s \right|$$

$$\leqslant \left| \int_{t_0}^{t_1} L |x(s) - y(s)| \mathrm{d}s \right| \leqslant aLQ.$$

因为 $aL = \alpha < 1$,所以 $Q = 0$,于是在 J 上有 $x(t) = y(t)$.

定理证完.

§2 解 的 开 拓

本节考虑解的开拓,所以我们设方程(1.1)右端的向量函数 $f(t,x)$ 对 t 的定义区间 I 为 $(-\infty,\infty)$.

定理 1.1 保证了局部区间 $J=[t_0-a,t_0+a]$ 上有方程(1.1)满足条件(1.2)的解存在,而区间 J 是闭的,所以这个解一定有一个比 J 更大的存在区间. 因为,如果我们称区间 J 的右端点 t_0+a 为 t_1,又令 x_1 是解在 t_1 处的函数值: $x_1=x(t_1)=x(t_0+a)$. 那么以 t_1,x_1 代替定理 1.1 中的 t_0 和 x_0,就得到一个正数 a_1,在区间 $J_1=[t_1-a_1,t_1+a_1]=[t_0+a_0-a_1,t_0+a_0+a_1]$ 上存在方程(1.1)的解 $y(t)$,满足条件 $y(t_1)=x_1$. 这样一来,在区间 J 与 J_1 之交 $J\bigcap J_1$ 上先后得到两个解 $x(t)$ 与 $y(t)$,但它们在点 $t_1(\in J\bigcap J_1)$ 处相等,即 $y(t_1)=x(t_1)$. 由解的唯一性,它们在整个区间 $J\bigcap J_1$ 上相等. 这样就得到一个定义在 J 与 J_1 的并区间 $J\bigcup J_1$ 上的解,因而解原来的定义区间 J 向右开拓了. 同样地,也可以向左开拓. 所以解存在的区间比定理 1.1 中那个闭区间 J 要大.

解的定义区间有多么大呢?

引理 2.1　如果向量函数 $u(t)$ 与 $v(t)$ 都是方程(1.1)满足条件(1.2)的解,它们的定义区间的交是区间 $\bar{J}$,则在 $\bar{J}$ 上 $u(t)=v(t)$.

证明　由假设 $t_0\in\bar{J}$, $u(t_0)=v(t_0)(=x_0)$.

若引理的结论不对,即存在 $t_0'\in\bar{J}$ 使 $u(t_0')\neq v(t_0')$. 不失一般性,设 $t_0<t_0'$. 考虑 $\bar{J}$ 上的闭区间 $[t_0,t_0']$. 用二分法构造区间套 $[t_n,t_n']$, $n=0,1,2,\cdots$,使 $u(t_n)=v(t_n)$; $u(t_n')\neq v(t_n')$. 由区间套定理存在一点 $\bar{t}\in[t_n,t_n']$, $n=0,1,2,\cdots$,使

$$\lim t_n=\lim t_n'=\bar{t}.$$

因为解的连续性,由 $u(t_n)=v(t_n)$,得 $u(\bar{t})=v(\bar{t})$. 并且由此得知

9

$\bar{t} \neq t_0'$, $\bar{t} < t_0'$. 根据定理 1.1, 存在区间 $J=[\bar{t}, \bar{t}+a] \subset \bar{J}$, 使得在 J 上 $u(t)=v(t)$. 这与 $t_n' > \bar{t}$, $t_n' \to \bar{t}$, $u(t_n') \neq v(t_n')$ 矛盾.

引理证完.

定义 方程(1.1)满足条件(1.2)的一切解的存在区间之并称为方程(1.1)满足条件(1.2)的**解存在的最大区间**.

由引理 2.1, 解存在的最大区间上有唯一的一个解. 另外, 这个最大区间一定是一个开区间. 这是因为, 若此区间包含着自己的左或右端点, 那么它就可以再开拓. 所以今后常说**解存在的最大开区间**.

例 1 考虑 $\boldsymbol{R}^1$ 上的微分方程

$$\dot{x}=x,$$

它满足条件 $x(t_0)=x_0$ 的解是

$$x=x_0 \mathrm{e}^{t-t_0}.$$

于是解存在的最大开区间是 $(-\infty, \infty)$.

例 2 考虑 $\boldsymbol{R}^1$ 上的微分方程

$$\dot{x}=1+x^2.$$

它满足条件 $x(0)=0$ 的解是

$$x=\tan t.$$

显然这个初值问题的解存在的最大开区间就是 $(-\pi/2, \pi/2)$, 是一个有限区间, 虽然方程右端函数对一切 t 有定义.

什么情况下解存在的最大开区间不是整个数轴呢?

定理 2.1 设 $y(t)$ 是方程(1.1)的满足条件(1.2)的解, 它存在的最大开区间为 $(\alpha, \beta) \neq (-\infty, +\infty)$, 则对任一有界闭集 K, $K \subset W$, 存在某个 $t \in (\alpha, \beta)$, 使得 $y(t) \notin K$.

证明 无妨设 β 是有限数. 我们来证明, 存在某个 $t \in [t_0, \beta)$, 使 $y(t) \notin K$.

若不然, 有某个有界闭集 K, 使当 $t \in [t_0, \beta)$ 时 $y(t) \in K$. 因为 $f(t, x)$ 在 $I \times W$ 上连续, 所以存在 $M>0$, 使当 $t \in [t_0, \beta]$, $x \in K$ 时

10

$$|f(t,x)|\leqslant M.$$

首先证明: $y(t)$ 可以开拓为 $[t_0,\beta]$ 上的连续函数. 为此只要证明 $y(t)$ 在 $[t_0,\beta]$ 上是一致连续的. 事实上, 对 $[t_0,\beta)$ 内任意 t_1 与 t_2 有

$$\begin{aligned}|y(t_1)-y(t_2)|&=\left|\int_{t_1}^{t_2}\dot{y}(s)\mathrm{d}s\right|\\&\leqslant\left|\int_{t_1}^{t_2}|f(s,y(s))|\mathrm{d}s\right|\leqslant M|t_2-t_1|.\end{aligned}$$

所以 $y(t)$ 在 $[t_0,\beta)$ 上一致连续. 定义 $y(\beta)=\lim\limits_{t\to\beta}y(t)$, 就得到 $y(t)$ 在 $[t_0,\beta]$ 上的连续开拓.

其次证明: 开拓后的向量函数 $y(t)$ 在 $t=\beta$ 处可微. 这是因为

$$\begin{aligned}y(\beta)&=y(t_0)+\lim_{t\to\beta}\int_{t_0}^{t}\dot{y}(s)\mathrm{d}s\\&=y(t_0)+\lim_{t\to\beta}\int_{t_0}^{t}f(s,y(s))\mathrm{d}s\\&=y(t_0)+\int_{t_0}^{\beta}f(s,y(s))\mathrm{d}s.\end{aligned}$$

所以表达式

$$y(t)=y(t_0)+\int_{t_0}^{t}f(s,y(s))\mathrm{d}s,$$

对一切 $t, t\in[t_0,\beta]$ 成立. 因而 $y(t)$ 在 β 处可微, 且

$$\dot{y}(\beta)=f(\beta,y(\beta)).$$

于是开拓后的 $y(t)$ 是方程 (1.1) 在闭区间 $[t_0,\beta]$ 上的解. 由本节开始的讨论, $y(t)$ 可以开拓到 $[t_0,\delta]$ 上, 其中 $\delta>\beta$. 这与 (α,β) 是解存在的最大开区间矛盾.

定理证完.

定理 2.1 指出: 如果解 $y(t)$ 存在的最大开区间 (α,β) 有一个端点是有限数, 例如 β 是有限数, 那么一定是解曲线 $y(t)$ 超出 W 内的任何有界闭集. 由证明可知, 当 $t\to\beta$ 时, 或者 $y(t)$ 趋于 W 的

边界,或者 $|y(t)|$ 无界. 前面例 2 中的解存在的最大开区间是 $(-\pi/2,\pi/2)$,正因为当 $t\to\pm\pi/2$ 时,

$$|x(t)|\to\infty.$$

推论 设 A 是 W 的有界闭子集. $y_0\in A$,$y(t)$ 是方程(1.1)满足条件 $y(t_0)=y_0$ 的解. 如果对任意 $\beta>t_0$,当 $t\in[t_0,\beta]$ 时,都有 $y(t)\in A$,则 $y(t)$ 有最大半开区间 $[t_0,\infty)$,且当 $t\in[t_0,\infty)$ 时 $y(t)\in A$.

证明 若 $[t_0,\beta)$ 是解 $y(t)$ 的最大半开区间,β 是有限数,则由定理 2.1,对 W 内的任意有界闭子集 K,有 $t\in[t_0,\beta)$,使 $y(t)\in\!\!\!\!/\, K$. 这与推论的假设矛盾,所以 $y(t)$ 有最大半开区间 $[t_0,\infty)$. 推论的后一结论,由 A 的闭性可得.

§3 解对初值的连续依赖性与可微性

前两节讨论了方程(1.1)满足初条件(1.2):

$$x(t_0)=x_0$$

的解的存在、唯一与开拓的问题. 讨论过程中初值 x_0 是不变的. 本节要来讨论初值 x_0 变化时,方程(1.1)的解随 x_0 的变化而变化的情况. 所以把该方程满足初条件(1.2)的解记作

$$x=x(t,x_0).$$

显然

$$x(t_0,x_0)=x_0.$$

在证明定理之前,先介绍一个推广了的 Gronwall **不等式**.

引理 3.1 设 $g(t)$ 与 $u(t)$ 是区间 $[t_0,t_1]$ 上的连续非负、实数值函数;常数 C 和 K 非负. 若对 $t\in[t_0,t_1]$ 有

$$u(t)\leqslant C+\int_{t_0}^{t}[g(s)u(s)+K]\mathrm{d}s,$$

则当 $t\in[t_0,t_1]$ 时

$$u(t)\leqslant[C+K(t-t_0)]\mathrm{e}^{\int_{t_0}^{t}g(s)\mathrm{d}s}.$$

12

证明 (1) $C>0$. 由已知的不等式可得以下不等式:

$$\frac{g(t)u(t)+K}{C+\int_{t_0}^t [g(s)u(s)+K]ds}$$

$$\leqslant g(t)+\frac{K}{C+\int_{t_0}^t [g(s)u(s)+K]ds}$$

$$\leqslant g(t)+\left[K\Big/\left(C+\int_{t_0}^t Kds\right)\right]$$

$$=g(t)+\frac{K}{C+K(t-t_0)}.$$

将上不等式两端由 t_0 到 t 积分,得

$$\ln\left[C+\int_{t_0}^t [g(s)u(s)+K]ds\right]-\ln C$$

$$\leqslant \int_{t_0}^t g(s)ds+\ln[C+K(t-t_0)]-\ln C.$$

从而有不等式

$$C+\int_{t_0}^t [g(s)u(s)+K]ds \leqslant [C+K(t-t_0)]e^{\int_{t_0}^t g(s)ds}.$$

再与所给的不等式比较,就得到所要证的不等式.

(2) $C=0$. 显然此时对任意 $C>0$ 有

$$u(t)\leqslant C+\int_{t_0}^t [g(s)u(s)+K]ds.$$

由(1)得知

$$u(t)\leqslant [C+K(t-t_0)]e^{\int_{t_0}^t g(s)ds}.$$

对任意 $C>0$ 成立.

再令 $C\to 0$. 引理即得证.

定理 3.1 设方程(1.1)有解 $x(t,y_0)$ 与 $x(t,z_0)$,它们都在区间 $[t_0,t_1]$ 上存在,则对一切 $t\in[t_0,t_1]$ 有

$$|x(t,y_0)-x(t,z_0)|\leqslant|y_0-z_0|e^{L(t-t_0)},$$

其中 L 是常数.

证明 两段解曲线所组成之集合 B:

$$B=\{x\,|\,x=x(t,y_0)\text{ 或 }x=x(t,z_0)\text{,其中 }t\in[t_0,t_1]\}$$

是 W 内的有界闭集. 所以存在有界闭集 A,使得 $B\subset A\subset W$. 由 §1 前面的命题与关于 $f(t,x)$ 的假设,有常数 L 是 $f(t,x)$ 关于 x 在 A 上的李氏常数,对 t 一致.

因为当 $t\in[t_0,t_1]$ 时有不等式

$$|x(t,y_0)-x(t,z_0)|$$

$$\leqslant|y_0-z_0|+\left|\int_{t_0}^t[f(s,x(s,y_0))-f(s,x(s,z_0))]\mathrm{d}s\right|$$

$$\leqslant|y_0-z_0|+\int_{t_0}^tL|x(s,y_0)-x(s,z_0)|\mathrm{d}s.$$

令 $u(t)=|x(t,y_0)-x(t,z_0)|$,再注意 $u(t_0)=|y_0-z_0|$,上面的不等式就化为

$$u(t)\leqslant u(t_0)+\int_{t_0}^tLu(s)\mathrm{d}s.$$

由引理得

$$u(t)\leqslant u(t_0)e^{L(t-t_0)}.$$

这正是所要证的不等式.

定理 3.2 若方程(1.1)的解 $x(t,y_0)$ 在区间 $[t_0,t_1]$ 上有定义,则存在 y_0 的邻域 $V,V\subset W$,使得当 $z_0\subset V$ 时,就有方程(1.1)的唯一的一个解 $x(t,z_0)$ 也在区间 $[t_0,t_1]$ 上有定义,且当 $t\in[t_0,t_1]$ 时

$$|x(t,y_0)-x(t,z_0)|\leqslant|y_0-z_0|e^{L(t-t_0)}.$$

证明 只要证明解 $x(t,z_0)$ 也在区间 $[t_0,t_1]$ 上有定义即可. 因为唯一性由上一节的引理 2.1 可得,于是定理要证明的估计式由定理 3.1 可得.

由于 $[t_0,t_1]$ 是有界闭区间,所以集合

14

$$\{x \mid x \in W, x = x(t, y_0), t \in [t_0, t_1]\}$$

是 W 内的有界闭集. 而 W 是开区域, 所以存在 $\varepsilon > 0$, 使有界闭集

$$A = \{x \mid x \in W, |x - x(t, y_0)| \leqslant \varepsilon, t \in [t_0, t_1]\}$$

在 W 内.

取正数 δ, 使 $\delta < \varepsilon/2$, 并且 $\delta e^{L(t_1 - t_0)} < \varepsilon/2$, 其中 L 是向量函数 $f(t, x)$ 对 x 在 A 上的李氏常数.

我们来证明, 若 z_0 在 y_0 的 δ 邻域 V 内, 即 $|y_0 - z_0| < \delta$, 则过 z_0 的解在 $[t_0, t_1]$ 上有定义.

由 $\delta < \varepsilon/2$ 知, $z_0 \in A \subset W$, 所以过 z_0 有解. 设解存在的最大半开区间是 $[t_0, \beta)$, 只要证明 $\beta > t_1$.

设不然, 即 $\beta \leqslant t_1$, 那么由定理 2.1, 对 W 内的有界闭集 A, 存在 $t', t' \in [t_0, \beta)$ 使 $x(t', z_0)$ 在 A 的边界上, 而 $t \in [t_0, t')$ 时 $x(t, z_0) \in A$. 这不可能, 因为由 $t' < t_1$ 就可以在区间 $[t_0, t']$ 上应用定理 3.1, 得到

$$|x(t, y_0) - x(t, z_0)| \leqslant |y_0 - z_0| e^{L(t - t_0)}$$

$$< \delta e^{L(t_1 - t_0)} < \frac{\varepsilon}{2}.$$

而另一方面, 由于 $x(t', z_0)$ 在 A 的边界上, 所以有

$$|x(t', y_0) - x(t', z_0)| \geqslant \varepsilon.$$

因此矛盾, 这就证明了 $\beta > t_1$.

定理证完.

由定理 3.2 可知, 对于方程 (1.1) 的解 $x(t, y_0)$ 和它的一个存在闭区间 $[t_0, t_1]$, 任意给一个 $\varepsilon > 0$, 都存在一个 $\delta > 0$, 使得当 $|z_0 - y_0| < \delta$ 时, 有唯一解 $x(t, z_0)$ 也在 $[t_0, t_1]$ 上有定义, 且对一切 $t \in [t_0, t_1]$, 有

$$|x(t, z_0) - x(t, y_0)| < \varepsilon.$$

简单地说: 若方程 (1.1) 的解 $x(t, y_0)$ 在 $[t_0, t_1]$ 上有定义, 则对于 y_0 附近的 z_0, 方程 (1.1) 的唯一解 $x(t, z_0)$ 也在 $[t_0, t_1]$ 上有定义, 且

$$\lim_{z_0 \to y_0} x(t, z_0) = x(t, y_0) \quad \text{在} [t_0, t_1] \text{上一致.}$$

以上讨论了解对初值的连续依赖性. 关于解对初值的可微性, 有下面的定理 3.3.

定理 3.3 如果方程 (1.1) 右端的向量函数 $f(t, x)$ 还对 x 连续可微 $\left(\text{即一切偏微商 } \dfrac{\partial f_i}{\partial x_j} (i, j = 1, 2, \cdots, n) \text{ 连续}\right)$, 则该方程的解 $x = x(t, x_0)$ 对初值 x_0 是连续可微的.

定理的证明在本章的最后.

§4 解对参数的连续性与可微性

考虑依赖于参数 μ 的微分方程

$$\dot{x} = f(t, x, \mu), \tag{4.1}$$

其中 $t \in I$, $x \in W$, $\mu \in I_1$, I_1 也是 $\boldsymbol{R}^1$ 内的开区间. 设向量函数 $f(t, x, \mu)$ 在 $I \times W \times I_1$ 上连续; 关于 x 在 W 上是局部李氏的, 有对 $t \in I, \mu \in I_1$ 一致的李氏常数.

定理 4.1 微分方程 (4.1) 对 $t_0 \in I, x_0 \in W, \mu_0 \in I_1$ 存在常数 $a > 0, \rho > 0$, 使得当 $|\mu - \mu_0| \leqslant \rho$ 时, 方程 (4.1) 的满足条件

$$x(t_0, \mu) = x_0 \tag{4.2}$$

的解 $x(t, \mu)$ 在区间 $J = [t_0 - a, t_0 + a]$ 上有定义, 并且是 t 和 μ 的连续函数.

这个定理的证明几乎完全重复定理 1.1 的证明, 只要把在区间 $[t_0 - a, t_0 + a]$ 上构造向量函数序列 $\varphi_k(t)$ 改为在 $|t - t_0| \leqslant a$, $|\mu - \mu_0| \leqslant \rho$ 上构造向量函数序列 $\varphi_k(t, \mu)$, 这里的 $\rho (\rho > 0)$ 只要取得使闭区间 $J_1 = [\mu_0 - \rho, \mu_0 + \rho] \subset I_1$. 从定理的证明中还可以看到当 $|t - t_0| \leqslant a, |\mu - \mu_0| \leqslant \rho$ 时, 有

$$|x(t, \mu - x_0)| \leqslant b,$$

即 $x(t, \mu) \in W_0$.

定理 4.2 再如果向量函数 $f(t, x, \mu)$ 对一切变量解析, 则方

16

程(4.1)的满足条件(4.2)的解 $x=x(t,\mu)$ 是 μ 的解析函数.

这个定理的证明方法与上一个定理的一样. 因为解析函数序列一致收敛到的极限也是解析的.

定理 4.3 如果向量函数 $f(t,x,\mu)$ 还对变量 x 与 μ 有连续偏微商,则方程(4.1)的满足条件(4.2)的解 $x=x(t,\mu)$ 对 μ 连续可微.

证明 由定理 4.1,向量函数 $x=x(t,\mu)$ 在 $J:|t-t_0|\leqslant a$, $J_1:|\mu-\mu_0|\leqslant\rho$ 上连续,在 W_0 内取值.

令 $t\in J,\mu$ 与 $\mu+\Delta\mu$ 在 J_1 内,于是有

$$x(t,\mu)=x_0+\int_{t_0}^t f(s,x(s,\mu),\mu)\mathrm{d}s$$

与

$$x(t,\mu+\Delta\mu)=x_0+\int_{t_0}^t f(s,x(s,\mu+\Delta\mu),\mu+\Delta\mu)\mathrm{d}s.$$

令 $\Delta x=x(t,\mu+\Delta\mu)-x(t,\mu)$,得

$$\frac{\Delta x}{\Delta\mu}=\int_{t_0}^t\left[\left(\frac{\partial f(s,x(s,\mu),\mu)}{\partial x}+\varepsilon_1\right)\frac{\Delta x}{\Delta\mu}\right.$$
$$\left.+\frac{\partial f(s,x(s,\mu),\mu)}{\partial\mu}+\varepsilon_2\right]\mathrm{d}s, \qquad (4.3)$$

其中 $\dfrac{\partial f}{\partial x}$ 表示 $n\times n$ 的矩阵 $\left(\dfrac{\partial f_i}{\partial x_j}\right)$ $(i,j=1,2,\cdots,n)$;ε_1 是 $n\times n$ 矩阵;$\dfrac{\Delta x}{\Delta\mu}$,$\dfrac{\partial f}{\partial\mu}$ 与 ε_2 是 $\boldsymbol{R}^n$ 中的向量. 由于 $x=x(t,\mu)$ 在 $J\times J_1$ 上一致连续,在 W_0 内取值,又 $\dfrac{\partial f}{\partial x}$ 与 $\dfrac{\partial f}{\partial\mu}$ 在 $J\times W_0\times J_1$ 上一致连续,所以当 $\Delta\mu\to 0$ 时,$\varepsilon_1,\varepsilon_2$ 在 $t\in J,\mu\in J_1$ 上一致地趋于零.

考虑微分方程

$$\begin{cases}\dot{z}=\dfrac{\partial f(t,x(t,\mu),\mu)}{\partial x}z+\dfrac{\partial f(t,x(t,\mu),\mu)}{\partial\mu},\\z(t_0)=0.\end{cases}$$

因为上面方程中系数 $\dfrac{\partial f}{\partial x}$，$\dfrac{\partial f}{\partial \mu}$ 在 $J \times J_1$ 上连续、有界，所以满足定理 4.1 的条件，从而有解 $z = z(t, \mu)$ 在 $|t - t_0| \leqslant \bar{a}$ ($\bar{a} \leqslant a$)，$|\mu - \mu_0| \leqslant \rho$ 上连续，且

$$z(t, \mu) = \int_{t_0}^{t} \left[\frac{\partial f(s, x(s, \mu), \mu)}{\partial x} z(s, \mu) \right.$$

$$\left. + \frac{\partial f(s, x(s, \mu), \mu)}{\partial \mu} \right] \mathrm{d}s.$$

下面在 $t_0 \leqslant t \leqslant t_0 + \bar{a}$，$\mu_0 - \rho \leqslant \mu \leqslant \mu_0 + \rho$ 上考虑 $\left| \dfrac{\Delta x}{\Delta \mu} - z \right|$，为此把上式与式(4.3)比较,得

$$\frac{\Delta x}{\Delta \mu} - z = \int_{t_0}^{t} \left[\left(\frac{\partial f}{\partial x} + \varepsilon_1 \right) \left(\frac{\Delta x}{\Delta \mu} - z \right) + (\varepsilon_1 z + \varepsilon_2) \right] \mathrm{d}s.$$

在等式两边取模，因为在 $t_0 \leqslant t \leqslant t_0 + \bar{a}$，$|\mu - \mu_0| \leqslant \rho$ 上

$$\frac{\partial f(t, x(t, \mu), \mu)}{\partial x} \quad \text{与} \quad z(t, \mu)$$

有界，ε_1 与 ε_2 一致地趋于零，当 $\Delta \mu \to 0$. 所以有 M 与 K 使

$$\left| \frac{\Delta x}{\Delta \mu} - z \right| \leqslant \int_{t_0}^{t} \left[M \left| \frac{\Delta x}{\Delta \mu} - z \right| + K \right] \mathrm{d}s,$$

M 是常数，K 对 t 与 μ 是常数，但当 $\Delta \mu \to 0$ 时 $K \to 0$. 由 Gronwall 不等式，得

$$\left| \frac{\Delta x}{\Delta \mu} - z \right| \leqslant K \bar{a} \, \mathrm{e}^{M \bar{a}}.$$

所以，当 $\Delta \mu \to 0$ 时，一致地有

$$\lim_{\Delta \mu \to 0} \frac{\Delta x}{\Delta \mu} = z.$$

即解 $x = x(t, \mu)$ 对 μ 有连续微商 $z(t, \mu)$：

$$\frac{\partial x}{\partial \mu} = z(t, \mu).$$

定理证完.

注意上面的证明，不仅证明了 $\dfrac{\partial x}{\partial \mu}$ 存在且连续，并且给出了它

应该满足的线性微分方程和初条件.

如果方程(4.1)右端向量函数 f 含有多个参数,那么只要 f 关于 x 的李氏常数对一切参数都一致,则其他的讨论是完全一样的.

定理 3.3 的证明 对微分方程(1.1)与条件(1.2):

$$\begin{cases} \dot{x} = f(t, x), \\ x(t_0) = x_0 \end{cases}$$

作变换 $z = x - x_0, s = t - t_0$. 上面的问题就化为下述含参变量 x_0 的问题:

$$\begin{cases} \dfrac{\mathrm{d}z}{\mathrm{d}s} = f_1(s, z, x_0), \\ z(0) = 0, \end{cases} \tag{4.4}$$

其中 $f_1(s, z, x_0) = f(s + t_0, z + x_0)$. 不难检验,方程(4.4)满足定理 4.3 的条件. 设 $z = z(s, x_0)$ 为方程(4.4)的解. 由定理 4.3,它对参数 x_0 连续可微. 从而原问题的解 $x(t, x_0) = z(t - t_0, x_0) + x_0$ 对初值 x_0 连续可微. 证完.

第二章　二维系统的平衡点

本章研究二维欧氏空间 R^2 中的微分方程,有时也简称二维系统.二维向量只有两个分量,所以也常直接用两个标量方程来表示二维系统.二维系统

$$\begin{cases} \dot{x} = P(x,y), \\ \dot{y} = Q(x,y) \end{cases}$$

称自治系统;如果 P,Q 中还含有变量 t,就称非自治系统.下面研究自治系统.先研究最简单的:常系数线性系统.

§1　常系数线性系统

常系数齐次线性系统的一般形式是

$$\begin{cases} \dot{x}_1 = a_{11}x_1 + a_{12}x_2, \\ \dot{x}_2 = a_{21}x_1 + a_{22}x_2. \end{cases}$$

它的向量形式是

$$\dot{x} = Ax, \tag{1.1}$$

其中 $x = \begin{bmatrix} x_1 \\ x_2 \end{bmatrix}$, A 是 2×2 矩阵: $\begin{bmatrix} a_{11} & a_{12} \\ a_{21} & a_{22} \end{bmatrix}$.

下面用矩阵级数的方法来解方程(1.1).为此,先定义**矩阵 A 的模** $\parallel A \parallel$ 如下:

$$\parallel A \parallel = \sup_{x \in R^2, |x|=1} |Ax|,$$

即 A 的模 $\parallel A \parallel$ 为 A 在 R^2 中单位球面上的像的模的上确界.因单位球面是有界闭集,所以上确界就是最大值.

不难检验,上面定义的矩阵的模满足:

(1) $\|A\| \geqslant 0$；$\|A\|=0$，当且仅当 $A=0$；

(2) $\|aA\|=|a| \cdot \|A\|$；

(3) $\|A+B\| \leqslant \|A\|+\|B\|$.

并且模还具有下列性质：

(1) $|Ax| \leqslant \|A\| \cdot |x|$，对一切 $x \in \mathbf{R}^2$；

(2) $\|A \cdot B\| \leqslant \|A\| \cdot \|B\|$；

(3) $\|A^m\| \leqslant \|A\|^m$；

(4) $\|A_n\| \to 0$ 的充要条件是：A_n 的 i 行 j 列元素 $a_{ij}^{(n)}$ 有
$$a_{ij}^{(n)} \to 0 \quad (i,j=1,2)；$$

(5) 若 A_n 满足：对任意 $\varepsilon>0$，存在 N，使得当 $m,n>N$ 时，$\|A_m-A_n\|<\varepsilon$，则存在矩阵 A，使
$$\|A_n-A\| \to 0.$$
其中矩阵 A 的元素 $a_{ij}=\lim_{n \to \infty} a_{ij}^{(n)}$.

证明 (2)成立. 因为当 $|x|=1$ 时有
$$|ABx| \leqslant \|A\| |Bx| \leqslant \|A\| \|B\|.$$

(4)成立. 因为不难检验，对任意矩阵 A 有
$$|a_{ij}| \leqslant \|A\| \leqslant \sqrt{(|a_{11}|+|a_{12}|)^2+(|a_{21}|+|a_{22}|)^2}.$$
有了性质(4)，矩阵 A_n 的模收敛就很具体了.

其他性质请读者证明.

下面用存在唯一性定理的证明中采用过的逐次逼近法(或称迭代法)求方程(1.1)的解. 设
$$t=0 \text{ 时} \quad x=x_0. \tag{1.2}$$
构造向量函数序列如下：
$$\varphi_0(t)=x_0,$$
$$\varphi_1(t)=x_0+\int_0^t A\varphi_0(s)\mathrm{d}s=x_0+tAx_0=(I+tA)x_0,$$
$$\varphi_2(t)=x_0+\int_0^t A\varphi_1(s)\mathrm{d}s=x_0+tAx_0+\frac{t^2A^2}{2!}x_0$$

$$= \left(I + tA + \frac{t^2 A^2}{2!} \right) x_0,$$

....

$$\varphi_n(t) = x_0 + \int_0^t A\varphi_{n-1}(s)\mathrm{d}s = x_0 + tAx_0 + \cdots + \frac{t^n A^n}{n!} x_0$$

$$= \left(I + tA + \cdots + \frac{t^n A^n}{n!} \right) x_0, \tag{1.3}$$

....

向量函数序列 $\varphi_n(t)$ 在 t 的任意有界区间 $|t| \leqslant M$ 上一致收敛. 这是因为,由矩阵 A 的模的性质可得

$$|\varphi_m(t) - \varphi_n(t)|$$

$$\leqslant \left(\frac{M^{n+1} \|A\|^{n+1}}{(n+1)!} + \cdots + \frac{M^m \|A\|^m}{m!} \right) |x_0|. \tag{1.4}$$

而数项级数 $\displaystyle\sum_{k=0}^{\infty} \frac{M^k \|A\|^k}{k!}$ 收敛,于是任给 $\varepsilon > 0$,存在 N,使当 $m, n > N$ 时,

$$|\varphi_m(t) - \varphi_n(t)| < \varepsilon, \quad |t| \leqslant M.$$

令 $x(t)$ 是 $\varphi_n(t)$ 一致收敛到的极限函数. 因为

$$|A\varphi_n(t) - Ax(t)| \leqslant \|A\| |\varphi_n(t) - x(t)|,$$

所以 $A\varphi_n(t)$ 一致收敛于 $Ax(t)$. 式(1.3)的第一个等号两端取极限,就得到

$$x(t) = x_0 + \int_0^t Ax(s)\mathrm{d}s.$$

所以 $x(t)$ 是方程(1.1)满足条件(1.2)的解,对一切 t 都有定义且连续.

令矩阵 $T_n = \displaystyle\sum_{k=0}^n \frac{t^k A^k}{k!}$,因为

$$\|T_m - T_n\| \leqslant \frac{|t|^{m+1} \|A\|^{m+1}}{(m+1)!} + \cdots + \frac{|t|^n \|A\|^n}{n!}.$$

所以,根据矩阵的模的性质(5),存在矩阵 T,使得

$$\|T_n - T\| \to 0.$$

矩阵 T 的元素 $t_{ij}=\lim\limits_{n\to\infty}t_{ij}^{(n)}$. 很自然地, 把 T 记作

$$\sum_{k=0}^{\infty}\frac{t^k A^k}{k!}=I+tA+\frac{t^2 A^2}{2!}+\cdots+\frac{t^k A^k}{k!}+\cdots,$$

并且给它以符号 e^{tA}.

一般地, **矩阵** e^A 定义如下:

$$e^A=I+A+\frac{A^2}{2!}+\cdots+\frac{A^k}{k!}+\cdots.$$

因为

$$\varphi_n(t)=T_n x_0,$$

所以方程(1.1)满足条件(1.2)的解 $x(t)$ 为 Tx_0, 即

$$x(t)=Tx_0=e^{tA}x_0.$$

还要指出, 矩阵 e^{tA} 是一个基本解矩阵. 这是因为依次令 x_0 为 $\begin{pmatrix}1\\0\end{pmatrix}$ 和 $\begin{pmatrix}0\\1\end{pmatrix}$, 就知道 e^{tA} 的每一列是一个解. 又因为 $t=0$ 时

$$e^{tA}=I,$$

所以 e^{tA} 是基本解矩阵.

例 求微分方程

$$\frac{d}{dt}\begin{bmatrix}x_1\\x_2\end{bmatrix}=\begin{pmatrix}\alpha & 0\\0 & \beta\end{pmatrix}\begin{bmatrix}x_1\\x_2\end{bmatrix}$$

满足 $t=0$ 时 $\begin{bmatrix}x_1\\x_2\end{bmatrix}=\begin{bmatrix}k_1\\k_2\end{bmatrix}$ 的解.

解 因为

$$e^{tA}=\sum_{k=0}^{\infty}\frac{t^k A^k}{k!}$$

$$=I+t\begin{pmatrix}\alpha & 0\\0 & \beta\end{pmatrix}+\frac{t^2}{2!}\begin{pmatrix}\alpha^2 & 0\\0 & \beta^2\end{pmatrix}+\cdots+\frac{t^k}{k!}\begin{pmatrix}\alpha^k & 0\\0 & \beta^k\end{pmatrix}+\cdots$$

$$=\begin{bmatrix}e^{\alpha t} & 0\\0 & e^{\beta t}\end{bmatrix}.$$

故所求之解为

$$\begin{bmatrix} x_1 \\ x_2 \end{bmatrix} = \begin{bmatrix} e^{\alpha t} & 0 \\ 0 & e^{\beta t} \end{bmatrix} \begin{bmatrix} k_1 \\ k_2 \end{bmatrix} = \begin{bmatrix} k_1 e^{\alpha t} \\ k_2 e^{\beta t} \end{bmatrix}.$$

为了计算方便,注意矩阵 e^A 的几条性质:

(1) 若 α 是数, $e^{\alpha t I} = e^{\alpha t} I$.

(2) $\dfrac{\mathrm{d}}{\mathrm{d}t}(e^{At}x_0) = Ae^{At}x_0$, 对任意 $x_0 \in \mathbf{R}^2$ 成立. 这是因为 $e^{At}x_0$

是 $\dot{x} \equiv Ax$ 的解.

(3) $e^{(\alpha I + A)t} = e^{\alpha I t} \cdot e^{At} = e^{\alpha t} \cdot e^{At}$.

很容易验算:对任意 $x_0 \in \mathbf{R}^2$, $e^{\alpha t}e^{At}x_0$ 是满足微分方程

$$\dot{x} = (\alpha I + A)x$$

与初条件 $t=0$ 时 $x=x_0$ 的解. 再由解的唯一性,有

$$e^{\alpha t}e^{At}x_0 = e^{(\alpha I + A)t}x_0.$$

把后面要用到的几条性质也列在下面:

(4) 若 $A = PBP^{-1}$, 则 $e^A = Pe^B P^{-1}$.

(5) 若 A 与 B 可交换, 则 $e^{A+B} = e^A \cdot e^B$.

由 A 与 B 可交换得知,对一切 n, A^n 与 B 可交换,从而 e^A 与 B 可交换.

微分方程 $\dot{x} = (A+B)x$ 的满足 $t=0$ 时 $x=x_0$ 的解是

$$x(t) = e^{(A+B)t}x_0.$$

考虑向量函数 $x(t) = e^{At} \cdot e^{Bt}x_0$, 有

$$\dot{x}(t) = Ae^{At}e^{Bt}x_0 + e^{At}Be^{Bt}x_0 = (A+B)e^{At}e^{Bt}x_0 = (A+B)x(t).$$

即 $x(t)$ 也满足微分方程 $\dot{x} = (A+B)x$. 显然还有 $x(0) = x_0$. 由解的唯一性

$$e^{(A+B)t}x_0 = e^{At}e^{Bt}x_0,$$

所以 $e^{A+B} = e^A e^B$.

(6) e^A 有逆,且 $(e^A)^{-1} = e^{-A}$.

(7) $\| e^A \| \leqslant e^{\|A\|}$.

例 任一个 2×2 的矩阵 A,总可以经过实的相似变换化为矩

24

阵 B, B 有以下三种形式之一:

$$(1)\begin{pmatrix} \lambda & 0 \\ 0 & \mu \end{pmatrix}; \quad (2)\begin{pmatrix} \lambda & 0 \\ 1 & \lambda \end{pmatrix}; \quad (3)\begin{pmatrix} a & -b \\ b & a \end{pmatrix}.$$

求相应的 e^B.

解 (1) $e^{\begin{pmatrix} \lambda & 0 \\ 0 & \mu \end{pmatrix}} = \begin{bmatrix} e^\lambda & 0 \\ 0 & e^\mu \end{bmatrix}.$

(2) $e^{\begin{pmatrix} \lambda & 0 \\ 1 & \lambda \end{pmatrix}} = e^{\lambda I + \begin{pmatrix} 0 & 0 \\ 1 & 0 \end{pmatrix}} = e^\lambda e^{\begin{pmatrix} 0 & 0 \\ 1 & 0 \end{pmatrix}}$

$$= e^\lambda \left[I + \begin{pmatrix} 0 & 0 \\ 1 & 0 \end{pmatrix} + \frac{1}{2!} \begin{pmatrix} 0 & 0 \\ 0 & 0 \end{pmatrix} \right] = e^\lambda \begin{pmatrix} 1 & 0 \\ 1 & 1 \end{pmatrix}.$$

(3) $e^{\begin{pmatrix} a & -b \\ b & a \end{pmatrix}} = e^{aI + \begin{pmatrix} 0 & -b \\ b & 0 \end{pmatrix}} = e^a \cdot e^{\begin{pmatrix} 0 & -b \\ b & 0 \end{pmatrix}}.$

令 $T = \begin{pmatrix} 0 & -b \\ b & 0 \end{pmatrix}$, 有

$$T^2 = \begin{pmatrix} -b^2 & 0 \\ 0 & -b^2 \end{pmatrix}, \quad T^3 = \begin{pmatrix} 0 & b^3 \\ -b^3 & 0 \end{pmatrix}, \quad T^4 = \begin{pmatrix} b^4 & 0 \\ 0 & b^4 \end{pmatrix} = b^4 I.$$

于是 $T^5 = b^4 T, \cdots$. 所以

$$e^{\begin{pmatrix} a & -b \\ b & a \end{pmatrix}} = e^a \begin{bmatrix} 1 - \dfrac{b^2}{2!} + \dfrac{b^4}{4!} - \cdots & -b + \dfrac{b^3}{3!} - \dfrac{b^5}{5!} + \cdots \\ b - \dfrac{b^3}{3!} + \dfrac{b^5}{5!} - \cdots & 1 - \dfrac{b^2}{2!} + \dfrac{b^4}{4!} - \cdots \end{bmatrix}$$

$$= e^a \begin{pmatrix} \cos b & -\sin b \\ \sin b & \cos b \end{pmatrix}.$$

我们已经作了充分的准备, 现在来讨论二维常系数线性系统 (1.1) 的解的分类.

任一个二维常系数线性系统 (1.1)

$$\dot{x} = Ax,$$

总可以经过适当的坐标变换 $x = Py$ 化为系统

$$\dot{y} = By, \tag{1.5}$$

其中矩阵 $B=P^{-1}AP$ 是上面例子中指出的三种类型之一的矩阵.

下面按矩阵 A 的特征值的情况把方程(1.1)进行分类.

1. A 有异号实特征值

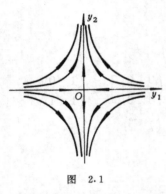

图 2.1

此时

$$B=\begin{pmatrix} \lambda & 0 \\ 0 & \mu \end{pmatrix}, \quad \lambda < 0 < \mu;$$

方程(1.5)的解为

$$\begin{cases} y_1 = e^{\lambda t}k_1, \\ y_2 = e^{\mu t}k_2, \end{cases}$$

解曲线在 y_1-y_2 平面上图形如图 2.1,箭头表示 t 增加时曲线的方向. t 趋于无穷时只有两条曲线趋于原点,其余各曲线都沿另外两个方向趋于无穷,这其中有两条当 $t\to-\infty$ 时趋于原点. 这样的原点叫**鞍点**.

2. A 的特征值都有负实部

又有以下 4 种情况.

1) A 有相异的负特征值

此时

$$B=\begin{pmatrix} \lambda & 0 \\ 0 & \mu \end{pmatrix}, \quad \lambda < \mu < 0;$$

其解为

$$\begin{cases} y_1(t)=e^{\lambda t}k_1, \\ y_2(t)=e^{\mu t}k_2, \end{cases}$$

解曲线在 y_1-y_2 平面上图形如图 2.2,除两条曲线外其余各解曲线都沿两个方向趋于原点. 原点叫**结点**.

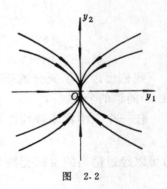

图 2.2

26

2）A 有重的负特征值

此时

$$B = \begin{pmatrix} \lambda & 0 \\ 0 & \lambda \end{pmatrix}, \quad \lambda < 0;$$

其解为

$$\begin{cases} y_1(t) = e^{\lambda t} k_1, \\ y_2(t) = e^{\lambda t} k_2, \end{cases}$$

解曲线形如图 2.3，都是趋于原点的半直线.原点叫**临界结点**.

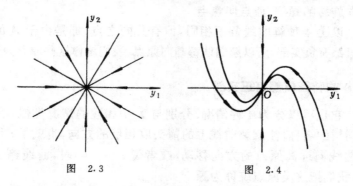

图　2.3　　　　　　　　　　图　2.4

3）A 有重的负特征值,矩阵不能对角化

此时

$$B = \begin{pmatrix} \lambda & 0 \\ 1 & \lambda \end{pmatrix}, \quad \lambda < 0;$$

其解为

$$y(t) = e^{Bt} k = e^{\lambda t} \begin{bmatrix} k_1 \\ t k_1 + k_2 \end{bmatrix},$$

解曲线如图 2.4 所示.原点叫**非正常结点**.

4）A 的复特征值有负实部

此时

$$B = \begin{pmatrix} a & -b \\ b & a \end{pmatrix}, \quad a < 0;$$

其解为

$$y(t)=\mathrm{e}^{Bt}k$$

$$=\mathrm{e}^{\alpha t}\begin{pmatrix} k_1\cos bt - k_2\sin bt \\ k_1\sin bt + k_2\cos bt \end{pmatrix}$$

$$=\mathrm{e}^{\alpha t}\begin{pmatrix} q\cos(bt+\varphi) \\ q\sin(bt+\varphi) \end{pmatrix},$$

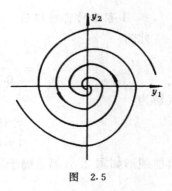

解曲线是绕原点旋转的螺线. $b>0$
时图形如图 2.5;$b<0$ 时是顺时针
方向旋转的螺线. 原点叫**焦点**.

图　2.5

以上 4 种解曲线各不相同,但有共同之点,那是由于 A 的特
征值都有负实部,所以解曲线都趋向原点. 我们统称这些原点为**汇**.

3. A 的特征值都有正实部

它也可以分为 4 种情况. 分别与 **2.** 中相应的情况类似,原点
取同样的名称. 注意解曲线上的箭头取相反的方向,也就是 t 增加
时曲线向远离原点的方向移动,或者说 $t \to -\infty$ 时,曲线趋于原
点. 我们把这类原点统称为**源**.

4. A 的特征值为纯虚数

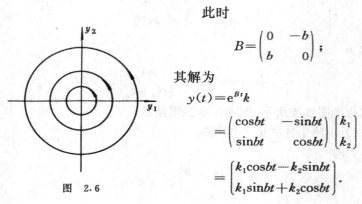

图　2.6

此时

$$B=\begin{pmatrix} 0 & -b \\ b & 0 \end{pmatrix};$$

其解为

$$y(t)=\mathrm{e}^{Bt}k$$

$$=\begin{pmatrix} \cos bt & -\sin bt \\ \sin bt & \cos bt \end{pmatrix}\begin{pmatrix} k_1 \\ k_2 \end{pmatrix}$$

$$=\begin{pmatrix} k_1\cos bt - k_2\sin bt \\ k_1\sin bt + k_2\cos bt \end{pmatrix}.$$

28

解有周期性,周期为 $2\pi/b$,解曲线是封闭的. $b>0$ 时,解曲线如图 2.6 所示; $b<0$ 时,曲线上箭头反向.原点叫**中心**.

最后我们要指出,因为 $x=Py$,所以方程(1.5): $\dot{y}=By$ 的解在 y_1-y_2 平面上的拓扑结构也就是方程(1.1): $\dot{x}=Ax$ 的解在 x_1-x_2 平面上的拓扑结构.

下面用图表出以上所讨论的结果.

矩阵 A 的特征方程为 $|A-\lambda I|=0$,即

$$\lambda^2-(a_{11}+a_{22})\lambda+a_{11}a_{22}-a_{12}a_{21}=0.$$

如果我们用 T 和 D 分别表示矩阵 A 的迹 $\operatorname{Tr}A=a_{11}+a_{22}$,以及矩阵 A 的行列式

$$\det A=\begin{vmatrix} a_{11} & a_{12} \\ a_{21} & a_{22} \end{vmatrix},$$

则 A 的特征方程就可以表示为

$$\lambda^2-T\lambda+D=0.$$

特征值是 $(T\pm\sqrt{\triangle})/2$,其中 $\triangle=T^2-4D$.

取 T 与 D 为参数,特征值的各种情况相应于参数平面上的区域或曲线.于是上面的结果可用图 2.7 表示.参数平面上除去横轴

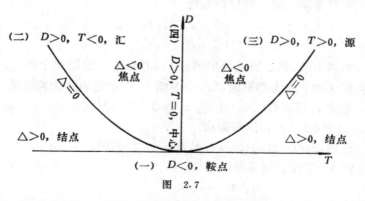

图 2.7

外的 5 块区域和 3 条分界线相应的参数的描述情况都是清楚的.
横轴 $D=0$,即

$$\det A = \begin{vmatrix} a_{11} & a_{12} \\ a_{21} & a_{22} \end{vmatrix} = 0.$$

亦即矩阵 A 以 0 为一重或二重的特征值,此时方程 $\dot{x} = Ax$ 称为**退化的线性系统**.

对任意矩阵 A,二维常系数线性系统(1.1):

$$\dot{x} = Ax,$$

满足解的存在唯一性定理的一切条件,所以过 x_1-x_2 平面上任一点 x_0 都有系统(1.1)的一个解,事实上就是

$$x(t) = e^{At} x_0.$$

如果初值 $x_0 \neq 0$,解是一条曲线;如果初值 $x_0 = 0$,则 $x(t) \equiv 0$,也就是说,$t = 0$ 时从原点出发的解永远停留在原点.原点就是一个解.

其实可以直接从方程(1.1)看出 $x(t) \equiv 0$ 是它的解.因为 $x = 0$ 能使方程右端 $Ax = 0$;而 x 为任意常向量总有 $\dot{x} = 0$,从而 $x = 0$ 使方程(1.1)满足.

§2 非线性系统的平衡点.平衡点的稳定性

本节考虑一般二维自治系统

$$\begin{cases} \dot{x} = P(x, y), \\ \dot{y} = Q(x, y). \end{cases} \tag{2.1}$$

如同上节,把二维系统中的 (x, y) 看作是二维平面上的点.今后也称这种平面为**相平面**,(x, y) 为**相点**.相点的轨迹为**相轨线**.

定义 若点 (x_0, y_0) 使 $P(x_0, y_0) = 0$,$Q(x_0, y_0) = 0$,则称 (x_0, y_0) 为系统(2.1)的**平衡点**.

显然,$x(t) \equiv x_0, y(t) \equiv y_0$ 是系统(2.1)的解.

例 1 二维自治系统

$$\begin{cases} \dot{x} = -y, \\ \dot{y} = x - \beta x^2 - xy^2 + \alpha y^3 \end{cases}$$

有两个平衡点 $(0, 0)$ 与 $(1/\beta, 0)$.

30

例 2　(0,0)是常系数线性系统

$$\begin{cases} \dot{x} = a_{11}x_1 + a_{12}x_2, \\ \dot{x}_2 = a_{21}x_1 + a_{22}x_2 \end{cases}$$

的平衡点.

将二维系统(2.1)中两式相除,得到一个一阶微分方程

$$\frac{\mathrm{d}y}{\mathrm{d}x} = \frac{Q(x,y)}{P(x,y)}.$$

此方程的积分曲线在系统(2.1)的平衡点(x_0, y_0)处没有确定的切线方向,不满足微分方程解的存在、唯一性定理的条件,这个点(x_0, y_0)为微分方程的奇点.所以有时也称系统(2.1)的平衡点为**奇点**.

定义　设(x_0, y_0)是系统(2.1)的平衡点.如果对(x_0, y_0)的任一邻域U,存在(x_0, y_0)的一个属于U的邻域U_1,使系统(2.1)的每一条轨线$(x(t), y(t))$,若有$(x(0), y(0)) \in U_1$,则对一切$t > 0$,有$(x(t), y(t)) \in U$,就称平衡点(x_0, y_0)是**稳定的**;否则就称为**不稳定的**.如果(x_0, y_0)稳定,并且有

$$\lim_{t \to +\infty} \begin{pmatrix} x(t) \\ y(t) \end{pmatrix} = \begin{pmatrix} x_0 \\ y_0 \end{pmatrix},$$

就称平衡点(x_0, y_0)是**渐近稳定的**.

例 3　当常系数线性系统(1.1)的平衡点(0,0)为汇时,是稳定的,并且也是渐近稳定的.中心是稳定但不渐近稳定的.源是不稳定的.鞍点也是不稳定的.

总之,在上一节中我们已经研究了**非退化线性系统**

$$\dot{x} = Ax, \quad \det A \neq 0$$

的唯一的平衡点——原点的稳定性问题.

现在设(x_0, y_0)是一般二维系统(2.1)

$$\begin{cases} \dot{x} = P(x,y), \\ \dot{y} = Q(x,y) \end{cases}$$

的平衡点;$P(x,y), Q(x,y)$是解析函数.作平移变换:

31

$$\xi = x - x_0, \quad \eta = y - y_0, \qquad (2.2)$$

得到(ξ, η)的微分方程

$$\begin{cases} \dfrac{\mathrm{d}\xi}{\mathrm{d}t} = a_{11}\xi + a_{12}\eta + (p_{11}\xi^2 + 2p_{12}\xi\eta + p_{22}\eta^2 + \cdots), \\ \dfrac{\mathrm{d}\eta}{\mathrm{d}t} = a_{21}\xi + a_{22}\eta + (q_{11}\xi^2 + 2q_{12}\xi\eta + q_{22}\eta^2 + \cdots), \end{cases} \qquad (2.3)$$

其中

$$\begin{cases} a_{11} = P'_x(x_0, y_0), \ a_{12} = P'_y(x_0, y_0), \\ a_{21} = Q'_x(x_0, y_0), \ a_{22} = Q'_y(x_0, y_0), \end{cases} \qquad (2.4)$$

等等. 变换后的方程(2.3)以$(0,0)$为平衡点.

舍去方程(2.3)中的非线性项, 得到一个常系数线性方程

$$\begin{cases} \dot{\xi} = a_{11}\xi + a_{12}\eta, \\ \dot{\eta} = a_{21}\xi + a_{22}\eta. \end{cases} \qquad (2.5)$$

我们称它为**系统(2.1)在平衡点(x_0, y_0)处的线性近似方程**.

以下分别对线性近似方程(2.5)的系数矩阵

$$A = \begin{bmatrix} a_{11} & a_{12} \\ a_{21} & a_{22} \end{bmatrix}$$

的特征值的各种情况讨论方程(2.1)的平衡点(x_0, y_0)的稳定性.

1. A 有实特征值 λ 与 μ, A 可以对角化

由假设存在坐标变换

$$\begin{pmatrix} \xi \\ \eta \end{pmatrix} = P \begin{pmatrix} u \\ v \end{pmatrix},$$

使方程(2.5)化为方程

$$\begin{cases} \dot{u} = \lambda u, \\ \dot{v} = \mu v. \end{cases}$$

取同一个坐标变换, 方程(2.3)化为下述非线性方程

$$\begin{cases} \dot{u} = \lambda u + (\bar{p}_{11}u^2 + 2\bar{p}_{12}uv + \bar{p}_{22}v^2 + \cdots) = \lambda u + f_1(u, v), \\ \dot{v} = \mu v + (\bar{q}_{11}u^2 + 2\bar{q}_{12}uv + \bar{q}_{22}v^2 + \cdots) = \mu v + f_2(u, v). \end{cases} \qquad (2.6)$$

32

显然,为了讨论方程(2.1)的平衡点(x_0,y_0)的稳定性,只要研究方程(2.6)的平衡点$(0,0)$的稳定性.

引进函数$\rho=u^2+v^2$,其中u,v满足方程(2.6),并将其上式乘u,下式乘v,再相加就得到

$$\frac{1}{2}\frac{\mathrm{d}\rho}{\mathrm{d}t}=\lambda u^2+\mu v^2+\cdots=\Phi(u,v). \qquad (2.7)$$

显然,$\Phi(0,0)=0$.下面再分三种情况分别进行讨论.

1) $\lambda\leqslant\mu<0$,线性近似方程有结点为汇

存在$(0,0)$的一个邻域S,使当$(u,v)\in S,(u,v)\neq(0,0)$时$\Phi(u,v)<0$,从而$\dfrac{\mathrm{d}\rho}{\mathrm{d}t}<0$.

对$(0,0)$的任意邻域U,取U_1为以原点为中心,$\sqrt{\delta}$为半径的圆域:$u^2+v^2<\delta$,且$U_1\subset U\cap S$(如图2.8).

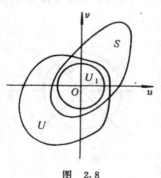

因为$U_1\subset S$,所以在U_1内$\dfrac{\mathrm{d}\rho}{\mathrm{d}t}<0$,当$t$增加时,$\rho=u^2+v^2$减少.于是$t=0$时在$U_1$内的轨线(有$u^2(0)+v^2(0)<\delta$)当$t>0$时总保持在$U_1$内.即方程(2.6)的平衡点$(0,0)$是稳定的.

图 2.8

为了证明$(0,0)$是渐近稳定的,显然,只要证明

$$\lim_{t\to+\infty}\rho(t)=0.$$

若$\lim\limits_{t\to+\infty}\rho(t)\neq0$,就有

$$\lim_{t\to+\infty}\rho(t)=\rho_1>0.$$

则轨线总在环形区域$\delta\geqslant\rho\geqslant\rho_1$上,此时

$$\frac{\mathrm{d}\rho}{\mathrm{d}t}=2\Phi(u,v)\leqslant-r<0,$$

于是有

$$\rho(t)=\rho(0)+\int_0^t \frac{\mathrm{d}\rho}{\mathrm{d}t}\mathrm{d}t \leqslant \rho(0)-rt.$$

这与 $\rho\geqslant0$ 矛盾,所以(2.6)的平衡点$(0,0)$是渐近稳定的,从而方程(2.1)的平衡点(x_0,y_0)是渐近稳定的.

2) $0<\lambda\leqslant\mu$, 线性近似方程有结点为源

存在$(0,0)$的一个邻域S,使当$(u,v)\in S$, $(u,v)\neq(0,0)$时$\Phi(u,v)>0$,从而$\frac{\mathrm{d}\rho}{\mathrm{d}t}>0$.

取一个在S内的以$(0,0)$为中心的圆形邻域U. 不难证明,对这个U,不存在稳定性定义中所要求的邻域U_1. 所以$(0,0)$是方程(2.6)的不稳定平衡点,(x_0,y_0)是方程(2.1)的不稳定平衡点.

3) $\lambda<0<\mu$,线性近似方程有鞍点

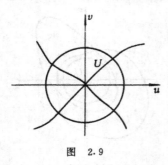

图 2.9

存在$(0,0)$的一个邻域S,S被在原点相交的曲线$\Phi(u,v)=0$分成4块(见图 2.9).左右两块中,$\Phi(u,v)<0$;上下两块中,$\Phi(u,v)>0$.

将$\frac{\mathrm{d}\rho}{\mathrm{d}t}$再对$t$求一次微商,得

$$\frac{1}{4}\frac{\mathrm{d}^2\rho}{\mathrm{d}t^2}=\lambda^2 u^2+\mu^2 v^2+\cdots=\Phi_1(u,v).$$

注意 $\lambda^2>0$,$\mu^2>0$,所以存在一个原点$(0,0)$的邻域S_1,使当$(u,v)\in S_1$, $(u,v)\neq(0,0)$时

$$\Phi_1(u,v)>0,$$

从而

$$\frac{\mathrm{d}^2\rho}{\mathrm{d}t^2}>0.$$

取原点$(0,0)$为中心,半径为δ的圆形邻域U,$\overline{U}\subset S\bigcap S_1$. 我们证明,对这个$U$ 不存在稳定性定义中所要的邻域U_1.

任取一个$U'\subset U$,U'是$(0,0)$的邻域. 在U'内总可以选到点(u_0,v_0),使$\Phi(u_0,v_0)>0$,从而

$$\frac{\mathrm{d}\rho}{\mathrm{d}t}\bigg|_{(u_0,v_0)}=r>0.$$

注意 $U\subset S_1$，所以在 U 内 $\dfrac{\mathrm{d}^2\rho}{\mathrm{d}t^2}>0$，即 $\dfrac{\mathrm{d}\rho}{\mathrm{d}t}$ 随 t 增加. 于是沿 $t=0$ 时，从 (u_0,v_0) 出发的轨线，在 U 内时总有 $\dfrac{\mathrm{d}\rho}{\mathrm{d}t}\geqslant r$. 所以

$$\rho(t)=\rho(0)+\int_0^t\frac{\mathrm{d}\rho}{\mathrm{d}t}\mathrm{d}t\geqslant u_0^2+v_0^2+rt.$$

于是存在某个有限时刻 t，使轨线达到 U 的边界，这就证明了原点 $(0,0)$ 是方程 (2.6) 的不稳定平衡点. 从而 (x_0,y_0) 是方程 (2.1) 的不稳定平衡点.

2. A 有复特征值 $a\pm\mathrm{i}b(b\neq 0)$

此时存在坐标变换

$$\binom{\xi}{\eta}=P\binom{u}{v},$$

使方程 (2.5) 化为

$$\begin{cases}\dot{u}=au-bv,\\ \dot{v}=bu+av.\end{cases}$$

取同一个坐标变换，方程 (2.3) 化为

$$\begin{cases}\dot{u}=au-bv+\cdots,\\ \dot{v}=bu+av+\cdots.\end{cases}\tag{2.8}$$

把上式乘 u，下式乘 v，相加；再令 $\rho=u^2+v^2$，得

$$\frac{1}{2}\frac{\mathrm{d}\rho}{\mathrm{d}t}=a(u^2+v^2)+\cdots.$$

完全像 **1.** 的 1) 和 2) 中一样讨论，可知：$a<0$ 时，平衡点是渐近稳定的；$a>0$ 时，平衡点是不稳定的.

3. A 有重特征值 $\lambda\neq 0$，A 不能对角化

此时存在坐标变换

$$\begin{pmatrix} \xi \\ \eta \end{pmatrix} = P \begin{pmatrix} u \\ v \end{pmatrix},$$

使方程(2.5)化为

$$\begin{cases} \dot{u} = \lambda u, \\ \dot{v} = u + \lambda v. \end{cases}$$

取同一个坐标变换,方程(2.3)化为

$$\begin{cases} \dot{u} = \lambda u + \cdots, \\ \dot{v} = u + \lambda v + \cdots. \end{cases}$$

把上式乘 u,下式乘 $\varepsilon v(\varepsilon > 0)$,相加;再令 $\rho = u^2 + \varepsilon v^2$,就得到

$$\frac{1}{2} \frac{\mathrm{d}\rho}{\mathrm{d}t} = \lambda u^2 + \varepsilon uv + \lambda \varepsilon v^2 + \cdots.$$

只要取 $\varepsilon > 0$,ε 充分小,使 $\varepsilon^2 - 4\lambda^2 \varepsilon < 0$,上式右端前三项的符号就由 λ 的符号而确定.接下去的讨论与 **1.** 的 1)和 2)中一样,只要把那里的圆域 $u^2 + v^2 \leqslant$ 常数改为椭圆形邻域 $u^2 + \varepsilon v^2 \leqslant$ 常数即可.结论是:$\lambda < 0$ 时,平衡点渐近稳定;$\lambda > 0$ 时,平衡点不稳定.

总结以上的结果得到:当矩阵

$$A = \begin{pmatrix} P_x'(x_0, y_0) & P_y'(x_0, y_0) \\ Q_x'(x_0, y_0) & Q_y'(x_0, y_0) \end{pmatrix}$$

的两个特征值都有负实部时,系统(2.1)

$$\begin{cases} \dot{x} = P(x, y), \\ \dot{y} = Q(x, y) \end{cases}$$

的平衡点 (x_0, y_0) 是渐近稳定的;两个特征值只要有一个是正实部,平衡点 (x_0, y_0) 不稳定.换句话说,当 A 的两个特征值都有非零实部时,方程(2.1)在平衡点 (x_0, y_0) 处的稳定性与其线性近似方程(2.5)在平衡点 $(0, 0)$ 处的稳定性一样.

在后面的 §4 中还要进一步证明,如果 A 的特征值实部非零,且不是重根,那么非线性方程(2.1)的平衡点 (x_0, y_0) 附近的轨线的情况,也与它的线性近似方程(2.5)在原点附近的轨线的情况一

样,为稳定的焦点或结点、不稳定的焦点或结点、或鞍点. 所以如果令

$$T = P'_x(x_0, y_0) + Q'_y(x_0, y_0),$$

$$D = \begin{vmatrix} P'_x(x_0, y_0) & P'_y(x_0, y_0) \\ Q'_x(x_0, y_0) & Q'_y(x_0, y_0) \end{vmatrix}.$$

我们就可以如下所述利用图 2.7：当参数值属于 5 块区域之一时,方程(2.1)的平衡点(x_0, y_0)的稳定性,与该点附近的轨线情况都如图 2.7 中所注(因与其线性近似方程在原点处一样). 但是当参数值属于区域的分界线时,平衡点(x_0, y_0)的情况就不一定如图 2.7 中所注. 以后将参数值属于 5 块区域中的情况称为**粗的情况**.

§3 线性近似方程为中心的情况

先看一个例子

$$\begin{cases} \dfrac{\mathrm{d}x}{\mathrm{d}t} = -y + \alpha(x^2 + y^2)x, \\ \dfrac{\mathrm{d}y}{\mathrm{d}t} = x + \alpha(x^2 + y^2)y. \end{cases}$$

显然,$(0,0)$是这个非线性方程的平衡点. 它的线性近似方程是

$$\begin{cases} \dfrac{\mathrm{d}x}{\mathrm{d}t} = -y, \\ \dfrac{\mathrm{d}y}{\mathrm{d}t} = x, \end{cases}$$

在$(0,0)$处为中心.

令 $x = \rho\cos\theta, y = \rho\sin\theta$. 即 $\rho^2 = x^2 + y^2, \theta = \tan^{-1}\dfrac{y}{x}$. 于是非线性方程化为

$$\begin{cases} \rho\dfrac{\mathrm{d}\rho}{\mathrm{d}t} = x\dfrac{\mathrm{d}x}{\mathrm{d}t} + y\dfrac{\mathrm{d}y}{\mathrm{d}t} = \alpha\rho^4, \\ \dfrac{\mathrm{d}\theta}{\mathrm{d}t} = \dfrac{1}{x^2 + y^2}\left(x\dfrac{\mathrm{d}y}{\mathrm{d}t} - y\dfrac{\mathrm{d}x}{\mathrm{d}t}\right) = 1. \end{cases}$$

当 $\alpha > 0$ 时, $\dfrac{\mathrm{d}\rho}{\mathrm{d}t} > 0$, $\dfrac{\mathrm{d}\theta}{\mathrm{d}t} = 1$, $(0,0)$ 是不稳定焦点;当 $\alpha < 0$ 时,$\dfrac{\mathrm{d}\rho}{\mathrm{d}t} < 0$, $\dfrac{\mathrm{d}\theta}{\mathrm{d}t} = 1$, $(0,0)$ 是稳定焦点,且是渐近稳定的.

现在的问题是,当线性近似方程(2.5)为中心时,原非线性方程(2.1)的平衡点 (x_0, y_0) 如何?是否除了依然为中心外,只可能是焦点?稳定、不稳定?下面介绍三种判别法,先讲一个引理.

引理 3.1 若 $f(\theta)$ 是连续可微的,且是以 l 为周期的函数.则

$$F(\theta) = \int_0^\theta f(\xi)\mathrm{d}\xi = g\theta + \varphi(\theta),$$

其中

$$g = \frac{1}{l}\int_0^l f(\xi)\mathrm{d}\xi ;$$

$\varphi(\theta)$ 有同样的周期 l,即 $\varphi(\theta) = \varphi(\theta + l)$.

证明 因为 $f(\theta)$ 连续可微,其傅氏级数一致收敛到它自己.所以,可以在下面的等式两端逐项积分

$$f(\theta) = \frac{a_0}{2} + \sum_{n=1}^{\infty}(a_n\cos n\omega\theta + b_n\sin n\omega\theta),$$

其中

$$\frac{a_0}{2} = \frac{1}{l}\int_0^l f(\xi)\mathrm{d}\xi = g, \quad \omega = \frac{2\pi}{l}.$$

得到

$$F(\theta) = \int_0^\theta f(\xi)\mathrm{d}\xi = g\theta + \varphi(\theta),$$

其中

$$\varphi(\theta) = \sum_{n=1}^{\infty}\left[\frac{a_n}{n\omega}\sin n\omega\theta - \frac{b_n}{n\omega}(\cos n\omega\theta - 1)\right].$$

$\varphi(\theta)$ 确是以 l 为周期的函数.

引理证完.

1. 后继函数判别法

因方程(2.1)在 (x_0, y_0) 的线性近似方程(2.5)为中心,所以方

38

程(2.1)经过平移变换(2.2)(把(x_0,y_0)变到原点)化为方程(2.3)后,再作线性变换可将方程化为

$$\begin{cases} \dot{u}=-bv+U(u,v), \\ \dot{v}=bu+V(u,v), \end{cases} \tag{3.1}$$

这里的$b>0$,U与V中u,v最低是二次项.

为了研究方程(2.1)的平衡点(x_0,y_0),只要研究方程(3.1)的平衡点$(0,0)$.令

$$u=r\cos\theta, \quad v=r\sin\theta,$$

方程(3.1)化为

$$\begin{cases} \dfrac{\mathrm{d}r}{\mathrm{d}t}=\dfrac{1}{r}(uU+vV)=U\cos\theta+V\sin\theta=rR(r,\theta), \\ \dfrac{\mathrm{d}\theta}{\mathrm{d}t}=\dfrac{1}{r^2}(br^2+uV-vU)=b+\dfrac{1}{r}(V\cos\theta-U\sin\theta)=b+Q(r,\theta), \end{cases}$$

其中R,Q是r的幂级数,从r的一次方开始,系数是$\sin\theta$与$\cos\theta$的多项式.所以存在r_1,使当r满足$0\leqslant r<r_1$时,对一切θ有

$$b+Q(r,\theta)>b/2.$$

将上面的方程组中的t消去,得微分方程

$$\dfrac{\mathrm{d}r}{\mathrm{d}\theta}=\dfrac{rR}{b+Q}. \tag{3.2}$$

它的右端在$0\leqslant r<r_1$,$-\infty<\theta<+\infty$上解析,故可以展成r的幂级数.因而方程(3.2)又可表示为

$$\dfrac{\mathrm{d}r}{\mathrm{d}\theta}=R_2(\theta)r^2+R_3(\theta)r^3+\cdots, \tag{3.3}$$

系数$R_2(\theta),R_3(\theta),\cdots$也是$\sin\theta$与$\cos\theta$的多项式.

由于对初条件$\theta=0$时,$r=0$,有整体解$r(\theta)\equiv0(-\infty<\theta<\infty)$,所以由第一章定理3.2,对充分小的$c$,$\theta=0$时$r=c$的解$r(\theta,c)$在$\theta\in[-4\pi,4\pi]$上有意义且$r\in[0,r_1)$.

由于$r(\theta,c)$对c是解析的,所以可以展成c的幂级数:

$$r(\theta,c)=r_1(\theta)c+r_2(\theta)c^2+\cdots.$$

并且由初条件 $r(0,c)=c$，得

$$r_1(0)=1, \quad r_2(0)=r_3(0)=\cdots=0. \tag{3.4}$$

把上面的幂级数代入方程(3.3)，得恒等式

$$r_1'(\theta)c+r_2'(\theta)c^2+r_3'(\theta)c^3+\cdots$$
$$\equiv R_2(\theta)(r_1c+r_2c^2+\cdots)^2$$
$$+R_3(\theta)(r_1c+r_2c^2+\cdots)^3+\cdots.$$

比较 c 的各次幂的系数得到一串微分方程：

$$r_1'(\theta)=0,$$
$$r_2'(\theta)=R_2r_1^2,$$
$$r_3'(\theta)=R_3r_1^3+2R_2r_1r_2,$$
$$\cdots\cdots\cdots\cdots.$$

再联系初条件(3.4)，可以逐个地求出它们的解

$$r_1(\theta)=1,$$
$$r_2(\theta)=\int_0^\theta R_2(\xi)\mathrm{d}\xi,$$
$$r_3(\theta)=\int_0^\theta [R_3(\xi)+2R_2(\xi)r_2(\xi)]\mathrm{d}\xi,$$
$$\cdots\cdots\cdots\cdots.$$

注意，$R_2(\theta)$ 是以 2π 为周期的连续可微函数，由引理 3.1 得

$$r_2(\theta)=g_2\theta+\varphi_2(\theta),$$
$$g_2=\frac{1}{2\pi}\int_0^{2\pi} R_2(\xi)\mathrm{d}\xi,$$
$$\varphi_2(\theta)=\varphi_2(\theta+2\pi).$$

如果 $g_2=0$，则 $r_2(\theta)=\varphi_2(\theta)$. $r_2(\theta)$ 也是以 2π 为周期的函数，进而 $R_3(\theta)+2R_2(\theta)r_2(\theta)$ 也是以 2π 为周期的函数. 再由引理 3.1 得到

$$r_3(\theta)=g_3\theta+\varphi_3(\theta),$$
$$g_3=\frac{1}{2\pi}\int_0^{2\pi} (R_3+2R_2r_2)\mathrm{d}\xi,$$
$$\varphi_3(\theta)=\varphi_3(\theta+2\pi).$$

如果 $g_3=0$，则 $r_3(\theta)=\varphi_3(\theta)$。$r_3(\theta)$ 是以 2π 为周期的函数。

如此继续，若对 $k=2,3,\cdots$，都有 $g_k=0$，则 $r_k(\theta)$ 都是以 2π 为周期的函数。于是对充分小的 c，解 $r(\theta,c)$ 对 θ 而言，是以 2π 为周期的函数，即在 $(0,0)$ 附近方程 (3.1) 的轨线全是闭轨。我们说方程 (3.1) 以 $(0,0)$ 为中心。

若对某个 m，$g_m \not\equiv 0$，而 $k=2,\cdots,m-1$，有 $g_k=0$，则
$$r(\theta,c)=c+r_2(\theta)c^2+\cdots+r_{m-1}(\theta)c^{m-1}$$
$$+g_m\theta c^m+\varphi_m(\theta)c^m+\cdots,$$
其中 $r_2,\cdots,r_{m-1},\varphi_m$ 皆为 θ 的周期函数，其周期为 2π。于是
$$r(2\pi,c)-r(0,c)=2\pi g_m c^m+\cdots. \tag{3.5}$$
上式右端由第二项开始，c 的幂至少是 $m+1$ 次。所以当 c 充分小时，右端以第一项的符号，即 g_m 的符号为符号。

如果 $g_m<0$，则当 c 充分小时，
$$r(2\pi,c)<r(0,c).$$
也即轨线从 $\theta=0,r=c$ 出发绕一圈到 $\theta=2\pi$ 时，$r=r(2\pi,c)<c$。因为 $b>0$，当 r 充分小时 $\dot\theta>0$，即 t 增加时 θ 亦增加，所以在 $(0,0)$ 附近方程 (3.1) 的轨线是按逆时针方向，向内旋转的螺线，$(0,0)$ 是稳定焦点。

如果 $g_m>0$，则 $r(2\pi,c)>r(0,c)$，$(0,0)$ 是不稳定焦点。

总之，第一判别法指出：线性近似方程为中心时，可由后继函数 $r(2\pi,c)-r(0,c)=0$，<0 或 >0（当 c 充分小时）判别非线性方程的平衡点是中心还是焦点（稳定或不稳定）。

在计算例题之前先介绍焦点重数与焦值的概念。

我们已知当平衡点为焦点时，后继函数
$$r(2\pi,c)-r(0,c)=2\pi g_m c^m+\cdots,$$
其中 $g_m \not\equiv 0$，其余各项是 c 的幂大于 m 次的项。现在指出：m 一定是奇数。下面给一个直观的说明。

把 c 开拓到负数 c'，$|c'|$ 很小。若轨线如图 2.10 所示，则有
$$r(2\pi,c)-r(0,c)>0.$$

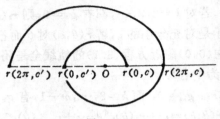

图 2.10

由解的唯一性,轨线不能自己相交,所以

$$r(2\pi,c')-r(0,c')<0.$$

若轨线为相反的情况,也可以同样的讨论. 总之,$r(2\pi,c)-r(0,c)$ 随 c 变号而变号. 于是 m 不能是偶数. 显然,一定有 $g_2=0$.

令 $m=2n+1$,我们称 n 为这个**焦点的重数**或**阶数**.

又定义后继函数 $r(2\pi,c)-r(0,c)$ 在 $c=0$ 处的第 i 阶导数为**焦点的第 i 阶焦值**. 例如对 n 重焦点,它的 0 阶至 $2n$ 阶的焦值都是零,它的 $2n+1$ 阶焦值为 $(2n+1)! 2\pi g_{2n+1}$.

根据前面的讨论又可以说:中心的一切焦值为零;焦点的稳定性决定于它的最低阶的非零焦值的符号.

例 运动方程

$$\ddot{x}+x=\alpha\dot{x}^3+\gamma x\dot{x}^2+\beta x^2,$$

其中 α,β 和 γ 是常数.

为求等价方程组,令

$$\dot{x}=-y.$$

于是得到另一个方程

$$\dot{y}=x-\beta x^2-\gamma xy^2+\alpha y^3.$$

由此得非线性方程组

$$\begin{cases}\dot{x}=-y,\\\dot{y}=x-\beta x^2-\gamma xy^2+\alpha y^3.\end{cases}$$

$(0,0)$ 是它的一个平衡点,其线性近似方程以 $(0,0)$ 为中心. 我们用后继函数法研究此非线性方程组在$(0,0)$的稳定性.

在方程组中,令

$$x = r\cos\theta, \quad y = r\sin\theta.$$

得

$$\begin{cases} \dfrac{\mathrm{d}r}{\mathrm{d}t} = -\beta\cos^2\theta\sin\theta \cdot r^2 + (\alpha\sin^4\theta - \gamma\cos\theta\sin^3\theta)r^3, \\ \dfrac{\mathrm{d}\theta}{\mathrm{d}t} = 1 - \beta\cos^3\theta \cdot r + (\alpha\sin^3\theta\cos\theta - \gamma\cos^2\theta\sin^2\theta)r^2. \end{cases}$$

消去 t,得

$$\frac{\mathrm{d}r}{\mathrm{d}\theta} = -\beta\cos^2\theta\sin\theta \cdot r^2 + (\alpha\sin^4\theta - \gamma\cos\theta\sin^3\theta$$
$$- \beta^2\cos^5\theta\sin\theta)r^3 + \cdots.$$

并设解为

$$r = c + r_2 c^2 + r_3 c^3 + \cdots,$$

其中 $r_2(0) = r_3(0) = \cdots = 0$. 将此解代入上方程,比较 c^2 的系数,得

$$\frac{\mathrm{d}r_2}{\mathrm{d}\theta} = -\beta\cos^2\theta\sin\theta,$$

所以

$$r_2 = \beta\left(\frac{\cos^3\theta}{3} - \frac{1}{3}\right).$$

r_2 是周期函数. 再比较 c^3 的系数,得

$$\frac{\mathrm{d}r_3}{\mathrm{d}\theta} = \alpha\sin^4\theta - \gamma\cos\theta\sin^3\theta - \beta^2\cos^5\theta\sin\theta - 2\beta\cos^2\theta\sin\theta \cdot r_2.$$

所以

$$r_3(\theta) = \alpha\int_0^\theta \sin^4\theta\mathrm{d}\theta - \int_0^\theta [\gamma\cos\theta\sin^2\theta + \beta^2\cos^5\theta$$
$$+ 2\beta\cos^2\theta \cdot r_2]\sin\theta\mathrm{d}\theta.$$

由引理知,$r_3(\theta)$ 不是周期函数. 因为

$$r_3(\theta) = g_3\theta + f_3(\theta),$$

其中 $f_3(\theta)$ 是周期函数,而

$$g_3 = \frac{\alpha}{2\pi} \int_0^{2\pi} \sin^4\theta \mathrm{d}\theta \neq 0.$$

因此,$(0,0)$ 是一重焦点. 如果 $\alpha > 0$,是不稳定的焦点;如果 $\alpha < 0$,是稳定的焦点.

现在已经回答了本节开始时提出的问题. 即当 $(0,0)$ 是线性近似方程的中心时,(x_0, y_0) 不一定是原方程的中心,还有可能是稳定焦点或不稳定焦点. 相对于 §2 的最后所谓粗的情况,我们也把**中心称为非粗的或细的情况**.

为了介绍后面的判别法时方便一些,现在顺便指出两点:

(1) 当平衡点是中心时,由以上讨论可知,对充分小的 c,解 $r = r(\theta, c)$ 是关于 θ 以 2π 为周期的函数. 现在问:解 r 作为 t 的函数,周期是多少? 我们先研究 t 与 θ 的关系. 为此把 $r = r(\theta, c)$ 对 c 的展开式代入方程

$$\frac{\mathrm{d}\theta}{\mathrm{d}t} = b + Q(r, \theta),$$

得到

$$\frac{\mathrm{d}\theta}{\mathrm{d}t} = b[1 + \psi_1(\theta)c + \psi_2(\theta)c^2 + \cdots],$$

其中 $\psi_i(\theta)$ 仍是以 2π 为周期的函数. 将方程分离变量,取 t 与 θ 同时为零,积分得

$$t(\theta) = \frac{1}{b} \int_0^\theta \frac{\mathrm{d}\theta}{1 + \psi_1(\theta)c + \psi_2(\theta)c^2 + \cdots}$$

$$= \frac{1}{b} \int_0^\theta [1 + \varphi_1(\theta)c + \varphi_2(\theta)c^2 + \cdots]\mathrm{d}\theta,$$

其中 $\varphi_i(\theta)$ 仍是以 2π 为周期的函数. 现在我们应用上式求 t 的周期 T.

因为

$$t(\theta + 2\pi) - t(\theta) = \frac{1}{b} \int_\theta^{\theta+2\pi} [1 + \varphi_1 c + \varphi_2 c^2 + \cdots]\mathrm{d}\theta,$$

而积分号下的函数是关于 θ 以 2π 为周期的函数,所以

$$t(\theta+2\pi)-t(\theta)=\frac{1}{b}\int_0^{2\pi}[1+\varphi_1c+\varphi_2c^2+\cdots]\mathrm{d}\theta.$$

这就是说,沿着从点 $(r,\theta)=(c,0)$(即从点 $(u,v)=(c,0)$)出发的轨线转一圈(θ 增加 2π)所需的时间,即周期 T 为

$$T=\frac{2\pi}{b}(1+h_1c+h_2c^2+\cdots),$$

其中 $h_i=\frac{1}{2\pi}\int_0^{2\pi}\varphi_i(\theta)\mathrm{d}\theta.$

如果平衡点是焦点,则上面的 T 表示,从点 $(u,v)=(c,0)$ 出发的轨线转一圈后再与正 u 轴相交所需的时间.

(2) g_m 的值只与方程(3.3)的 $R_2(\theta),\cdots,R_m(\theta)$ 有关,而它们又决定于方程(3.1)右端 u,v 的幂不大于 m 的项. 或者说,m 阶焦值中的因子 g_m 与方程右端 u,v 的幂大于 m 的项无关. 这一结论的真实性可从上面的判别法的介绍过程中检验得到.

2. 形式级数判别法

我们先看一个具体的例子. 对系统

$$\begin{cases} \dot{x}=-y, \\ \dot{y}=x \end{cases} \tag{$*$}$$

考虑函数

$$F(x,y)=x^2+y^2.$$

把系统($*$)的轨线方程 $x=x(t),y=y(t)$ 代入函数 $F(x,y)$,然后对 t 求微商,记作 $\left.\dfrac{\mathrm{d}F}{\mathrm{d}t}\right|_{(*)}$. 显然

$$\left.\frac{\mathrm{d}F}{\mathrm{d}t}\right|_{(*)}=\frac{\partial F}{\partial x}\dot{x}+\frac{\partial F}{\partial y}\dot{y}=2x(-y)+2yx=0.$$

这说明

$$F(x(t),\ y(t))\equiv C,$$

即沿着轨线 $x=x(t)$ 与 $y=y(t)$,函数 $F(x,y)$ 的值不变. 也即轨线

$x=x(t)$, $y=y(t)$ 总在函数 $F(x,y)$ 的等位线
$$x^2+y^2=C$$
上.

现在对 §2 中系统 (2.1)
$$\begin{cases} \dot{x}=P(x,y), \\ \dot{y}=Q(x,y) \end{cases} \qquad (2.1)$$
考虑函数
$$F(x,y)=x^2+y^2.$$
如果在原点 $(0,0)$ 附近,但原点 $(0,0)$ 除外时有不等式
$$\begin{aligned} \frac{\mathrm{d}F}{\mathrm{d}t}\Big|_{(2.1)} &= \frac{\partial F}{\partial x}\dot{x}+\frac{\partial F}{\partial y}\dot{y} \\ &= 2x\cdot P(x,y)+2y\cdot Q(x,y)<0. \end{aligned}$$

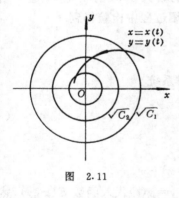

图 2.11

此不等式说明什么问题呢?由 $\frac{\mathrm{d}F}{\mathrm{d}t}\Big|_{(2.1)}<0$ 可知,当 t 增加时沿着系统 (2.1) 的轨线 $x=x(t)$,$y=y(t)$,$F(x,y)$ 的值减少,即轨线 $x=x(t)$,$y=y(t)$ 的方向是由等位线 $x^2+y^2=C_1$ 到等位线 $x^2+y^2=C_2$,这里 $C_2<C_1$!而后一等位线位于前一等位线之内,所以轨线是由外向内穿过一个个的等位线(见图 2.11).

而且轨线也不可能总位于某个等位线之外,因为,否则在这个等位线外的某个环形区域上有
$$\frac{\mathrm{d}F}{\mathrm{d}t}\Big|_{(2.1)}<-\alpha<0.$$
将上式两边从 t_0 到 t 积分,得到下面的不等式
$$F(x(t),y(t))\leqslant F(x(t_0),y(t_0))-\alpha(t-t_0).$$

46

因轨线总在此环形区域上，所以上式对任意大的 t 成立. 这与 $F(x,y)$ 恒正矛盾.

所以，$\left.\dfrac{\mathrm{d}F}{\mathrm{d}t}\right|_{(2.1)}<0$ 说明系统(2.1)的轨线 $x=x(t)$，$y=y(t)$ 当 $t\to+\infty$ 时趋于原点.

下面的引理是比上面的结论更为一般的结论. 我们先承认引理，它的证明包含在第六章 §4 的定理中.

引理 3.2 设系统(2.1)右端解析，以 $(0,0)$ 为平衡点. 如果存在 $(0,0)$ 的一邻域 U 和 U 上的一连续、可微函数 $F(x,y)$，且满足

(1) F 正定：$F(0,0)=0$；$F(x,y)>0$，当 $(x,y)\neq(0,0)$，

(2) $\left.\dfrac{\mathrm{d}F}{\mathrm{d}t}\right|_{(2.1)}<0(>0)$，当 $(x,y)\neq(0,0)$.

则系统(2.1)的平衡点 $(0,0)$ 渐近稳定(不稳定).

下面介绍判别法. 我们仍讨论方程(3.1)的平衡点 $(0,0)$. 为简单起见，设 $b=1$(否则作变换 $\tau=bt$). 再把后面的 U 与 V 改写使方程有以下形式

$$\begin{cases} \dot{u}=-v+P_2(u,v)+P_3(u,v)+\cdots, \\ \dot{v}=u+Q_2(u,v)+Q_3(u,v)+\cdots, \end{cases} \tag{3.1$'$}$$

其中 $P_i(u,v)$，$Q_i(u,v)$ 是 u 与 v 的 i 次齐次式.

考虑形式级数

$$F(u,v)=u^2+v^2+\sum_{k=3}^{\infty}F_k(u,v),$$

其中 $F_k(u,v)$ 是 u 与 v 的 k 次齐次式.

现在来计算 $\left.\dfrac{\mathrm{d}F}{\mathrm{d}t}\right|_{(3.1')}$：

$$\left.\frac{\mathrm{d}F}{\mathrm{d}t}\right|_{(3.1')}=\frac{\partial F}{\partial u}\dot{u}+\frac{\partial F}{\partial v}\dot{v}$$

$$=\left(2u+\sum_3\frac{\partial F_k}{\partial u}\right)\left(-v+\sum_2 P_i\right)$$

$$+\left(2v+\sum_3\frac{\partial F_k}{\partial v}\right)\left(u+\sum_2 Q_i\right).$$

合并等式右端的同次项；显然，二次项恒为零；三次项为

$$\left(u\frac{\partial F_3}{\partial v}-v\frac{\partial F_3}{\partial u}\right)+2(uP_2+vQ_2);$$

四次项为

$$\left(u\frac{\partial F_4}{\partial v}-v\frac{\partial F_4}{\partial u}\right)+2(uP_3+vQ_3)+\left(P_2\frac{\partial F_3}{\partial u}+Q_2\frac{\partial F_3}{\partial v}\right);$$

....

n 次项为

$$\left(u\frac{\partial F_n}{\partial v}-v\frac{\partial F_n}{\partial u}\right)+2(uP_{n-1}+vQ_{n-1})+\left(P_2\frac{\partial F_{n-1}}{\partial u}+Q_2\frac{\partial F_{n-1}}{\partial v}\right)$$

$$+\cdots+\left(P_{n-2}\frac{\partial F_3}{\partial u}+Q_{n-2}\frac{\partial F_3}{\partial v}\right).$$

为简单起见，依次把上面每个式中第一个括号以外的齐次式，记作 $H_3(u,v),H_4(u,v),\cdots,H_n(u,v),\cdots$.

我们采用一个巧妙的方法来定 F_n. 取极坐标；令

$$u=r\cos\theta,\quad v=r\sin\theta.$$

这样一来，n 次项的第一个括号就化为

$$u\frac{\partial F_n}{\partial v}-v\frac{\partial F_n}{\partial u}=r\cos\theta\frac{\partial F_n}{\partial v}-r\sin\theta\frac{\partial F_n}{\partial u}=\frac{\partial F_n(r\cos\theta,r\sin\theta)}{\partial\theta}$$

$$=r^n\frac{\mathrm{d}F_n(\cos\theta,\sin\theta)}{\mathrm{d}\theta}.$$

同时其余各项 $H_n(u,v)=r^nH_n(\cos\theta,\sin\theta)$.

若要三次项为零，只要有三次齐次式 $F_3(u,v)$，使 $F_3(\cos\theta,\sin\theta)$ 满足微分方程

$$\frac{\mathrm{d}F_3}{\mathrm{d}\theta}(\cos\theta,\sin\theta)=-H_3(\cos\theta,\sin\theta)$$

$$=\frac{a_0}{2}+\sum_{\nu=1}^{3}(a_\nu\cos\nu\theta+b_\nu\sin\nu\theta).$$

而这种 F_3 存在的充要条件是 H_3 的博氏级数的常数项 $a_0=0$，即

48

$$\int_0^{2\pi} H_3(\cos\theta, \sin\theta)\mathrm{d}\theta = 0.$$

显然,这个条件是满足的,于是我们找到了一个 $F_3(u,v)$.

求出 $F_3(u,v)$ 后,$H_4(u,v)$ 就是已知函数. 如果

$$\int_0^{2\pi} H_4(\cos\theta, \sin\theta)\mathrm{d}\theta = 0,$$

就又找到一个 $F_4(u,v)$,使 $F_4(\cos\theta, \sin\theta)$ 满足方程

$$\frac{\mathrm{d}F_4(\cos\theta, \sin\theta)}{\mathrm{d}\theta} = -H_4(\cos\theta, \sin\theta).$$

从而使上面的 4 次项为零.

注意,对一切奇数 $2j-1$ 总有

$$\int_0^{2\pi} H_{2j-1}(\cos\theta, \sin\theta)\mathrm{d}\theta = 0.$$

所以,依次进行,只可能到某个偶数 $2m$ 时

$$\int_0^{2\pi} H_{2m}(\cos\theta, \sin\theta)\mathrm{d}\theta \neq 0.$$

这时取 $2m$ 次齐次式 $F_{2m}(u,v)$,使 $F_{2m}(\cos\theta, \sin\theta)$ 满足下面修改了的方程

$$\frac{\mathrm{d}F_{2m}(\cos\theta, \sin\theta)}{\mathrm{d}\theta} = -H_{2m}(\cos\theta, \sin\theta) + C_{2m},$$

其中 $C_{2m} = \dfrac{1}{2\pi}\displaystyle\int_0^{2\pi} H_{2m}\mathrm{d}\theta$.

用上面得到的函数 $F_3, F_4, \cdots, F_{2m}$,构造一个函数 $\Phi(u,v)$:

$$\Phi(u,v) = u^2 + v^2 + F_3 + \cdots + F_{2m}.$$

显然 $\Phi(u,v)$ 在 $(0,0)$ 的一个邻域内连续、可微、正定. 下面我们计算 $\dfrac{\mathrm{d}\Phi}{\mathrm{d}t}\Big|_{(3.1')}$. 注意所有次数小于 $2m$ 的项全都消去,于是有

$$\frac{\mathrm{d}\Phi}{\mathrm{d}t}\Big|_{(3.1')} = C_{2m}(u^2+v^2)^m + (u, v\ \text{次数大于}\ 2m\ \text{的项}).$$

对于充分小的 r,且 $r>0$,则上式右端以 C_{2m} 的符号为符号. 由引理可知,若 $C_{2m}<0$,$(0,0)$ 是系统 $(3.1')$ 的稳定焦点;若 $C_{2m}>0$,

$(0,0)$是系统$(3.1')$的不稳定焦点.

如果对一切n,积分

$$\int_0^{2\pi} H_n(\cos\theta,\sin\theta)\mathrm{d}\theta=0,$$

则得到一串函数$F_3,F_4,\cdots$,只要形式级数

$$u^2+v^2+F_3+F_4+\cdots$$

收敛到某个函数$F(u,v)$,则

$$F(u,v)=C$$

就是系统$(3.1')$的轨线.由于在原点附近$F(u,v)=C$都是闭曲线,所以$(0,0)$是系统$(3.1')$的中心.

关于形式级数的收敛性,Liapunov曾给出过证明.我们为了回避该大定理,利用第一判别法的结果来直接证明上述结论,即若对一切n有

$$\int_0^{2\pi} H_n(\cos\theta,\sin\theta)\mathrm{d}\theta=0,$$

则$(0,0)$是系统$(3.1')$的中心.

用反证法.设不然,$(0,0)$是系统$(3.1')$的焦点,不妨设为稳定的.由第一判别法,此焦点的最小阶数的非零焦值为负,设这个最小阶数是$2k-1$.

修改系统$(3.1')$的右端函数中的P_{2k+1}与Q_{2k+1},得到另一个系统(3.1^*),使它的

$$\int_0^{2\pi} H_{2k+2}\mathrm{d}\theta>0.$$

由于并没有改变系统$(3.1')$的右端函数中的P_i与$Q_i(i<2k+1)$,所以对系统(3.1^*)仍有

$$\int_0^{2\pi} H_{i+1}\mathrm{d}\theta=0 \quad (i+1<2k+2).$$

按第二判别法,$(0,0)$是系统(3.1^*)的不稳定焦点.

再对系统(3.1^*)用第一判别法,由于P_{2k+1}与Q_{2k+1}的改变不会影响第0阶到第$2k$阶的焦值,所以$(0,0)$仍是系统(3.1^*)的稳

50

定焦点,因此矛盾.

总之,第二判别法指出:若对一切 n,有

$$\int_0^{2\pi} H_n \mathrm{d}\theta = 0,$$

则 $(0,0)$ 是系统(3.1′)的中心;若有最小偶数 $2m$,使

$$\frac{1}{2\pi}\int_0^{2\pi} H_{2m} \mathrm{d}\theta = C_{2m} \neq 0,$$

如果 $C_{2m} < 0$,则 $(0,0)$ 是系统(3.1′)的稳定焦点;如果 $C_{2m} > 0$,则 $(0,0)$ 是系统(3.1′)的不稳定焦点.

例 用第二判别法研究上面考虑过的系统

$$\begin{cases} \dot{x} = -y, \\ \dot{y} = x - \beta x^2 - \gamma xy^2 + \alpha y^3. \end{cases} \quad (*)$$

令

$$F = x^2 + y^2 + F_3 + F_4 + \cdots.$$

则

$$\begin{aligned} \frac{\mathrm{d}F}{\mathrm{d}t}\Big|_{(*)} &= \frac{\partial F}{\partial x}\dot{x} + \frac{\partial F}{\partial y}\dot{y} \\ &= -\left(2x + \frac{\partial F_3}{\partial x} + \frac{\partial F_4}{\partial x} + \cdots\right)y \\ &\quad + \left(2y + \frac{\partial F_3}{\partial y} + \frac{\partial F_4}{\partial y} + \cdots\right)(x - \beta x^2 - \gamma xy^2 + \alpha y^3). \end{aligned}$$

令上式的三次项为零

$$-y\frac{\partial F_3}{\partial x} + x\frac{\partial F_3}{\partial y} - 2\beta x^2 y = 0.$$

取极坐标,上式化为

$$\frac{\partial F_3}{\partial \theta} - 2\beta r^3 \cos^2\theta \sin\theta = 0.$$

消去 r^3,得

$$\frac{\mathrm{d}F_3(\cos\theta, \sin\theta)}{\mathrm{d}\theta} = 2\beta \cos^2\theta \sin\theta.$$

因为

$$\int_0^{2\pi} 2\beta\cos^2\theta\sin\theta\,\mathrm{d}\theta = 0,$$

故

$$F_3(\cos\theta,\sin\theta) = -\frac{2}{3}\beta\cos^3\theta.$$

由此求出三次齐次函数

$$F_3(x,y) = -\frac{2}{3}\beta x^3.$$

令 4 次项为零

$$-y\frac{\partial F_4}{\partial x} + x\frac{\partial F_4}{\partial y} - \beta x^2\frac{\partial F_3}{\partial y} - 2\gamma xy^3 + 2\alpha y^4 = 0.$$

即要

$$\frac{\mathrm{d}F_4(\cos\theta,\sin\theta)}{\mathrm{d}\theta} = 2\gamma\cos\theta\sin^3\theta - 2\alpha\sin^4\theta.$$

但

$$\int_0^{2\pi}(2\gamma\cos\theta\sin^3\theta - 2\alpha\sin^4\theta)\mathrm{d}\theta = -2\alpha\int_0^{2\pi}\sin^4\theta\,\mathrm{d}\theta \neq 0.$$

改取 F_4 满足方程

$$\frac{\mathrm{d}F_4(\cos\theta,\sin\theta)}{\mathrm{d}\theta} = 2\gamma\cos\theta\sin^3\theta - 2\alpha\sin^4\theta\mathrm{d}\theta + C_4,$$

其中 $C_4 = \frac{\alpha}{\pi}\int_0^{2\pi}\sin^4\theta\,\mathrm{d}\theta$, C_4 与 α 同号.

设 $\Phi = x^2 + y^2 + F_3 + F_4$, 就有

$$\frac{\mathrm{d}\Phi}{\mathrm{d}t}\Big|_{(*)} = C_4 r^4 + o(r^4).$$

所以再一次判别出 $(0,0)$ 是此系统的焦点, $\alpha<0$ 时稳定; $\alpha>0$ 时不稳定.

我们要指出以上两个判别法有密切的联系. 那就是: 判断某个系统的中心型平衡点的稳定性时, 若采用后继函数判别法得到一个最小的奇数 n, 使 g_n 不为零, 那么用形式级数判别法时, $n+1$ 必定是最小的偶数, 使 C_{n+1} 不为零. 这个结果可以由上面的两个例

中看到. 下面对一般情况给以证明.

考虑系统

$$\begin{cases} \dot{u} = -v + P_2(u,v) + P_3(u,v) + \cdots, \\ \dot{v} = u + Q_2(u,v) + Q_3(u,v) + \cdots, \end{cases}$$

其中 P_i,Q_i 是 u 与 v 的 i 次齐次式.

为使两个判别法应用于同一个系统,在后继函数法考虑的系统(3.1)中令 $b=1$,又

$$\begin{cases} U(u,v) = P_2(u,v) + P_3(u,v) + \cdots, \\ V(u,v) = Q_2(u,v) + Q_3(u,v) + \cdots. \end{cases}$$

在后继函数判别法中,由(3.2)与(3.3)两式得恒等式

$$R_2 r^2 + R_3 r^3 + \cdots \equiv \frac{U\cos\theta + V\sin\theta}{1 + \dfrac{1}{r}(V\cos\theta - U\sin\theta)},$$

其中

$$U = U(r\cos\theta, r\sin\theta), \quad V = V(r\cos\theta, r\sin\theta).$$

比较 r 的同次项可知: R_n 只与 $P_n,Q_n,\cdots,P_2,Q_2$ 有关,这里

$$P_i = P_i(\cos\theta,\sin\theta), \quad Q_i = Q_i(\cos\theta,\sin\theta),$$

下面也总是这样. 并且 R_n 与 P_n,Q_n 的关系如下:

$$R_n = P_n\cos\theta + Q_n\sin\theta + \overline{R}_n(P_{n-1},Q_{n-1},\cdots,P_2,Q_2).$$

另外,前述 g_n 只与 $R_n,R_{n-1},\cdots,R_2$ 有关. 又 g_n 与 R_n 的关系如下:

$$g_n = \frac{1}{2\pi}\int_0^{2\pi} R_n d\theta + \overline{g}_n(R_{n-1},\cdots,R_2).$$

所以

$$g_n = \frac{1}{2\pi}\int_0^{2\pi}(P_n\cos\theta + Q_n\sin\theta)d\theta + \cdots,$$

上式加号后面各项只与 $P_{n-1},Q_{n-1},\cdots,P_2,Q_2$ 有关.

类似地,检查形式级数判别法可知

$$H_{n+1} = 2(P_n\cos\theta + Q_n\sin\theta) + \overline{H}_{n+1}(P_{n-1},Q_{n-1},\cdots,P_2,Q_2)$$

与

$$C_{n+1} = \frac{1}{2\pi}\int_0^{2\pi} H_{n+1}\mathrm{d}\theta = \frac{1}{2\pi}\int_0^{2\pi} 2(P_n\cos\theta + Q_n\sin\theta)\mathrm{d}\theta + \cdots,$$

上式加号后面各项只与 $P_{n-1}, Q_{n-1}, \cdots, P_2, Q_2$ 有关.

若 n 是使 $g_n \not\equiv 0$ 的最小奇数,则 $n+1$ 必是使 $C_{n+1} \not\equiv 0$ 的最小偶数.因为,否则使 $C_m \not\equiv 0$ 的最小 m 或比 $n+1$ 大,或比 $n+1$ 小.若 m 比 $n+1$ 大,则

$$C_3 = \cdots = C_{n+1} = 0.$$

我们考虑一个新的系统,它与原系统之不同处仅在于,第一个方程右端 u, v 的 n 次齐次式 P'_n 与原方程的 P_n 不同.适当地构造 P'_n(例如,$P'_n = P_n + a\cos^n\theta$,$|a|$ 充分小,适当地选取 a 的符号),就可以使关于新系统求得的 g'_n 与 g_n 有同样的符号,而 C'_{n+1} 与 g_n 有相异符号.这样一来,新系统的平衡点既稳定又不稳定,这是不可能的.同样可证,m 比 $n+1$ 小也不可能.所以 $n+1$ 是使 $C_{n+1} \not\equiv 0$ 的最小偶数.证完.

3. 直接求周期解判别法

引理 3.3 方程

$$\begin{cases} \dot{x} = -y + f(t), \\ \dot{y} = x + g(t). \end{cases}$$

其中 f 与 g 都是周期为 2π 的函数,则

(1) 方程有周期解的充分必要条件是 $f(t)$ 与 $g(t)$ 满足正交条件:

$$\begin{cases} \int_0^{2\pi}[f(t)\cos t + g(t)\sin t]\mathrm{d}t \equiv \pi M = 0, \\ \int_0^{2\pi}[-f(t)\sin t + g(t)\cos t]\mathrm{d}t \equiv \pi N = 0. \end{cases}$$

(2) 方程的通解为

$$\begin{cases} x(t) = \alpha\cos t - \beta\sin t + \dfrac{M}{2}t\cos t - \dfrac{N}{2}t\sin t + \overline{x}(t), \\[2mm] y(t) = \alpha\sin t + \beta\cos t + \dfrac{M}{2}t\sin t + \dfrac{N}{2}t\cos t + \overline{y}(t), \end{cases}$$

其中 α 与 β 是任意常数，$\overline{x}(t)$ 与 $\overline{y}(t)$ 是周期为 2π 的函数.

证明　（1）此方程相应的齐次方程为

$$\begin{pmatrix} \dot{x} \\ \dot{y} \end{pmatrix} = A\begin{pmatrix} x \\ y \end{pmatrix},$$

其中

$$A = \begin{pmatrix} 0 & -1 \\ 1 & 0 \end{pmatrix}.$$

所以它的通解为

$$\begin{pmatrix} x(t) \\ y(t) \end{pmatrix} = e^{At}\begin{pmatrix} k_1 \\ k_2 \end{pmatrix} = \begin{pmatrix} \cos t & -\sin t \\ \sin t & \cos t \end{pmatrix}\begin{pmatrix} k_1 \\ k_2 \end{pmatrix},$$

其中 $\begin{pmatrix} k_1 \\ k_2 \end{pmatrix}$ 是初值.

因原非齐次方程的通解为

$$\begin{pmatrix} x(t) \\ y(t) \end{pmatrix} = e^{At}\begin{pmatrix} k_1 \\ k_2 \end{pmatrix} + e^{At}\int_0^t e^{-As}\begin{pmatrix} f(s) \\ g(s) \end{pmatrix}ds,$$

而其中 e^{At}, $f(t)$ 与 $g(t)$ 都是以 2π 为周期的函数，所以

$$\begin{pmatrix} x(t+2\pi) \\ y(t+2\pi) \end{pmatrix} - \begin{pmatrix} x(t) \\ y(t) \end{pmatrix} = e^{At}\int_0^{2\pi} e^{-As}\begin{pmatrix} f(s) \\ g(s) \end{pmatrix}ds.$$

于是 $\begin{pmatrix} x(t) \\ y(t) \end{pmatrix}$ 以 2π 为周期的充要条件是

$$\int_0^{2\pi} e^{-At}\begin{pmatrix} f(t) \\ g(t) \end{pmatrix}dt = 0,$$

即

$$\int_0^{2\pi}\begin{pmatrix} \cos t & \sin t \\ -\sin t & \cos t \end{pmatrix}\begin{pmatrix} f(t) \\ g(t) \end{pmatrix}dt = 0.$$

这就是所要求的.

上述条件被称为正交条件,是指

$$\begin{pmatrix} f(t) \\ g(t) \end{pmatrix}$$

与齐次方程的基本解

$$\begin{pmatrix} \cos t \\ \sin t \end{pmatrix} \quad 与 \quad \begin{pmatrix} -\sin t \\ \cos t \end{pmatrix}$$

正交.

(2)把函数 $f(t)$ 与 $g(t)$ 的博氏级数中含 $\cos t$,$\sin t$ 的项分出来,非齐次项就分成两个部分

$$\begin{pmatrix} f(t) \\ g(t) \end{pmatrix} = \begin{pmatrix} a_1\cos t + a_2\sin t \\ b_1\cos t + b_2\sin t \end{pmatrix} + \begin{pmatrix} \overline{f}(t) \\ \overline{g}(t) \end{pmatrix}.$$

设非齐次项为 $\begin{pmatrix} \overline{f}(t) \\ \overline{g}(t) \end{pmatrix}$ 时的特解是

$$\begin{pmatrix} \overline{x}(t) \\ \overline{y}(t) \end{pmatrix}.$$

由三角函数的正交性,$\begin{pmatrix} \overline{f}(t) \\ \overline{g}(t) \end{pmatrix}$ 满足此引理的(1)中的正交条件,所以,

$$\begin{pmatrix} \overline{x}(t) \\ \overline{y}(t) \end{pmatrix}$$

是以 2π 为周期的函数.

不难算出,非齐次项是

$$\begin{pmatrix} a_1\cos t + a_2\sin t \\ b_1\cos t + b_2\sin t \end{pmatrix}$$

时有一个特解为

$$\begin{pmatrix} \dfrac{a_1+b_2}{2}t\cos t + \dfrac{a_2-b_1}{2}t\sin t \\ \dfrac{a_1+b_2}{2}t\sin t + \dfrac{b_1-a_2}{2}t\cos t + \dfrac{a_1-b_2}{2}\cos t + \dfrac{a_2+b_1}{2}\sin t \end{pmatrix}.$$

再注意

$$a_1 = \frac{1}{\pi} \int_0^{2\pi} f(t)\cos t dt,$$

$$a_2 = \frac{1}{\pi} \int_0^{2\pi} f(t)\sin t dt,$$

$$b_1 = \frac{1}{\pi} \int_0^{2\pi} g(t)\cos t dt,$$

$$b_2 = \frac{1}{\pi} \int_0^{2\pi} g(t)\sin t dt.$$

所以

$$a_1 + b_2 = M, \quad b_1 - a_2 = N.$$

把两组特解都加在相应的齐次方程的通解的后面,我们就得到(2)所要的结果.

引理证完.

我们现在来考虑系统(3.1)

$$\begin{cases} \dot{u} = -bv + U(u,v), \\ \dot{v} = bu + V(u,v) \end{cases}$$

的平衡点(0,0). 设系统(3.1)满足初条件 $u(0)=c, v(0)=0$ 的解是

$$u = u(t), \quad v = v(t).$$

这个解从 u 轴上出发,转一圈后再回到 u 轴上的时间 $T = T(c)$ 有以下形式(在第一判别法的后面曾计算过):

$$T = \frac{2\pi}{b}(1 + h_1 c + h_2 c^2 + \cdots),$$

其中 $h_1, h_2, \cdots$ 是常数.

引进新的变量 τ 代换变量 t,令

$$t/T = \tau/2\pi,$$

即

$$t = \frac{\tau}{b}(1 + h_1 c + h_2 c^2 + \cdots).$$

变换后,方程(3.1)成为含参量 c 的方程

$$\begin{cases} \dfrac{\mathrm{d}u}{\mathrm{d}\tau} = \left(-v + \dfrac{1}{b}U \right)(1 + h_1 c + h_2 c^2 + \cdots), \\[3mm] \dfrac{\mathrm{d}v}{\mathrm{d}\tau} = \left(u + \dfrac{1}{b}V \right)(1 + h_1 c + h_2 c^2 + \cdots), \end{cases} \tag{3.1''}$$

U 与 V 中的 u, v 至少是二次项. 因为 $\tau = 0$ 时 $t = 0$, 所以初条件仍为

$$u(0) = c, \quad v(0) = 0. \tag{3.6}$$

从 $(c, 0)$ 出发的解, 再一次与正 u 轴相交时所需时间 τ, 它对不同的 c 总是 2π.

c 既是参量又是初值, 由方程 (3.1'') 右端函数的解析性, 解对 c 是解析的. 所以对充分小的 c, 可以把解表为

$$\begin{cases} u = c u_1(\tau) + c^2 u_2(\tau) + \cdots, \\ v = c v_1(\tau) + c^2 v_2(\tau) + \cdots. \end{cases} \tag{3.7}$$

由 u, v 的初条件 (3.6), 又得到 u_i, v_i 的初条件

$$\begin{cases} u_1(0) = 1, \\ u_2(0) = u_3(0) = \cdots = v_1(0) = \cdots = 0. \end{cases} \tag{3.8}$$

如果 $(0, 0)$ 是中心, 则 $u(\tau)$ 与 $v(\tau)$ 是以 2π 为周期的函数. 由 c 的任意性, $u_i(\tau)$ 与 $v_i(\tau)$ 也是以 2π 为周期的函数. 并且同时还可定出方程中的常数 h_i.

如果无论选怎样的常数 h_i, 总不能使 $u_i(\tau)$ 与 $v_i(\tau)$ 为周期函数, 则 $(0, 0)$ 是焦点.

把解 (3.7) 代入方程 (3.1'') 中, 并比较 c 的同次幂的系数. 首先, 我们比较 c 的系数, 得到

$$\begin{cases} \dfrac{\mathrm{d}u_1}{\mathrm{d}\tau} = -v_1, \\[3mm] \dfrac{\mathrm{d}v_1}{\mathrm{d}\tau} = u_1. \end{cases}$$

又由式 (3.8) 知初条件为: $u_1(0) = 1, v_1(0) = 0$, 所以

$$u_1 = \cos\tau, \quad v_1 = \sin\tau.$$

再比较 c^2 项, 得到非齐次线性方程

$$\begin{cases} \dfrac{\mathrm{d}u_2}{\mathrm{d}\tau} = -v_2 - h_1\sin\tau + \dfrac{1}{b}P_2(\cos\tau,\sin\tau), \\ \dfrac{\mathrm{d}v_2}{\mathrm{d}\tau} = u_2 + h_1\cos\tau + \dfrac{1}{b}Q_2(\cos\tau,\sin\tau), \end{cases} \tag{3.9}$$

其中 P_2 与 Q_2 是 U,V 中二次项的全体. 根据引理 3.3 的结论(1)中的正交条件,确定出一个适当的 h_1,使方程(3.9)有周期解 u_2, v_2.

比较 c^k 项,得

$$\begin{cases} \dfrac{\mathrm{d}u_k}{\mathrm{d}\tau} = -v_k - h_{k-1}\sin\tau + P_k, \\ \dfrac{\mathrm{d}v_k}{\mathrm{d}\tau} = u_k + h_{k-1}\cos\tau + Q_k, \end{cases} \tag{3.10}$$

其中 P_k,Q_k 是 $\cos\tau,\sin\tau,u_2,v_2,\cdots,u_{k-1},v_{k-1}$ 的多项式,系数依赖于 $h_1,h_2,\cdots,h_{k-2}$.

由引理 3.3 可知,解函数 u_k,v_k 是周期函数的充要条件为

$$\begin{cases} \displaystyle\int_0^{2\pi}(P_k\cos\tau + Q_k\sin\tau)\mathrm{d}\tau = 0, \\ 2\pi h_{k-1} + \displaystyle\int_0^{2\pi}(-P_k\sin\tau + Q_k\cos\tau)\mathrm{d}\tau = 0. \end{cases} \tag{3.11}$$

只要第一个条件成立,总可以取适当的 h_{k-1},使后一个条件也成立. 从而方程(3.10)有周期解 u_k 和 v_k. 如果依次到某个 k 时,第一个条件不成立,则解 u_k,v_k 不可能是周期函数. 方程(3.1)的原点是焦点.

为了判断焦点是否稳定,我们利用第一判别法中式(3.5)所定义的第一个非零的 g_m.

注意到:θ 从 0 到 2π 转一圈所需的时间 τ 也是 2π,所以有

$$r(0,c) = u(0), \quad r(2\pi,c) = u(2\pi).$$

又 $u_1,\cdots,u_{k-1}$ 都是以 2π 为周期的函数,因此

$$r(2\pi,c) - r(0,c) = u(2\pi) - u(0)$$
$$= [u_k(2\pi) - u_k(0)]c^k + \cdots.$$

由引理 3.3 的结论(2)知

$$u_k(\tau) = \alpha\cos\tau - \beta\sin\tau + \left[\frac{1}{2\pi}\int_0^{2\pi}(P_k\cos\tau + Q_k\sin\tau)\mathrm{d}\tau\right]\tau\cos\tau$$

$$- \frac{1}{2\pi}\left[2\pi h_{k-1} + \int_0^{2\pi}(-P_k\sin\tau + Q_k\cos\tau)\mathrm{d}\tau\right]\tau\sin\tau + \bar{u}_k(\tau),$$

其中 $\bar{u}_k(\tau)$ 以 2π 为周期,所以

$$r(2\pi,c) - r(0,c) = \left[\int_0^{2\pi}(P_k\cos\tau + Q_k\sin\tau)\mathrm{d}\tau\right]c^k + \cdots.$$

与式(3.5)比较,有

$$g_k = \frac{1}{2\pi}\int_0^{2\pi}(P_k\cos\tau + Q_k\sin\tau)\mathrm{d}\tau.$$

现在令

$$I_k = \int_0^{2\pi}(P_k\cos\tau + Q_k\sin\tau)\mathrm{d}\tau.$$

总结以上讨论得:若 $I_2 = \cdots = I_{k-1} = 0$,而 $I_k \neq 0$,则 $(0,0)$ 是系统 $(3.1'')$ 的焦点. $I_k < 0$,焦点稳定;$I_k > 0$,焦点不稳定. 若对一切 k,$I_k = 0$,则 $(0,0)$ 是系统 $(3.1'')$ 的中心(否则,若是焦点,由第一判别法知,有某个 $g_k \neq 0$,这与 $I_k = 0$ 矛盾).

这个判别法的一个明显的特点是:当 $(0,0)$ 是系统 $(3.1'')$ 的中心时,可以用上面的方法求周期解的周期近似解.

我们在计算例题之前还需要指出:永远有 $h_1 = 0$. 这可以从方程(3.11)中的第二式与方程(3.9)看出.

例 再来讨论方程组

$$\begin{cases} \dfrac{\mathrm{d}x}{\mathrm{d}t} = -y, \\ \dfrac{\mathrm{d}y}{\mathrm{d}t} = x - \beta x^2 - \gamma xy^2 + \alpha y^3. \end{cases}$$

解 因 $b = 1$,又总有 $h_1 = 0$. 所以作变换

$$t = \tau(1 + h_2c^2 + \cdots),$$

方程组化为

60

$$\begin{cases} \dfrac{dx}{d\tau} = -y(1+h_2c^2+\cdots), \\ \dfrac{dy}{d\tau} = (x-\beta x^2-\gamma xy^2+\alpha y^3)(1+h_2c^2+\cdots). \end{cases}$$

设满足初条件: $x(0)=c$, $y(0)=0$ 的解为

$$\begin{cases} x(\tau)=x_1(\tau)c+x_2c^2+\cdots, \\ y(\tau)=y_1(\tau)c+y_2c^2+\cdots, \end{cases}$$

其中各 $x_i(\tau)$, $y_i(\tau)$ 满足初条件

$$x_1(0)=1, \quad y_1(0)=x_2(0)=y_2(0)=\cdots=0.$$

把解代入方程, 比较 c 的系数, 知 x_1 与 y_1 的方程组

$$\begin{cases} \dfrac{dx_1}{d\tau} = -y_1, \\ \dfrac{dy_1}{d\tau} = x_1 \end{cases}$$

有初条件: $x_1(0)=1$, $y_1(0)=0$, 所以解为

$$x_1=\cos\tau, \quad y_1=\sin\tau.$$

把这个结果代入方程组的解, 比较 c^2 的系数, 得到 x_2 与 y_2 的方程组

$$\begin{cases} \dfrac{dx_2}{d\tau} = -y_2, \\ \dfrac{dy_2}{d\tau} = x_2-\beta\cos^2\tau = x_2-\dfrac{\beta}{2}(1+\cos 2\tau). \end{cases}$$

显然, 这里的非齐次项满足正交条件, 所以解 x_2 与 y_2 是周期为 2π 的函数.

同样的方法, 比较 c^3 的系数得

$$\begin{cases} \dfrac{dx_3}{d\tau} = -y_3-h_2\sin\tau, \\ \dfrac{dy_3}{d\tau} = x_3+h_2\cos\tau-2\beta x_2\cos\tau-\gamma\cos\tau\sin^2\tau+\alpha\sin^3\tau, \end{cases}$$

其中

$$x_2 = \frac{-\beta}{3}\cos\tau + \frac{\beta}{2} - \frac{\beta}{6}\cos2\tau.$$

对 $P_3 = 0$，$Q_3 = -2\beta x_2 \cos\tau - \gamma\cos\tau\sin^2\tau + \alpha\sin^3\tau$，有

$$I_3 = \int_0^{2\pi}(P_3\cos\tau + Q_3\sin\tau)\mathrm{d}\tau = \alpha\int_0^{2\pi}\sin^4\tau\mathrm{d}\tau.$$

所以，当 $\alpha < 0$ 时 $(0,0)$ 是稳定焦点，$\alpha > 0$ 时是不稳定焦点.

§4 非线性系统的高阶平衡点

在前面两节里，我们通过系统 (2.1) 在平衡点 (x_0, y_0) 处的线性近似方程

$$\begin{cases} \dot{x} = P'_x(x_0, y_0)(x - x_0) + P'_y(x_0, y_0)(y - y_0), \\ \dot{y} = Q'_x(x_0, y_0)(x - x_0) + Q'_y(x_0, y_0)(y - y_0) \end{cases}$$

的各种情况讨论了平衡点 (x_0, y_0) 的性质，但是没有讨论行列式

$$\begin{vmatrix} P'_x(x_0, y_0) & P'_y(x_0, y_0) \\ Q'_x(x_0, y_0) & Q'_y(x_0, y_0) \end{vmatrix}$$

为零的情形.

定义 若 (x_0, y_0) 是系统 (2.1) 的平衡点，又使上面的行列式为零，就称 (x_0, y_0) 为系统 (2.1) 的**高阶平衡点**，也称**高阶奇点**.

高阶平衡点附近轨线行为比较复杂，需要更细致的讨论. 以下讨论中所用的方法也适用于一阶平衡点.

为方便起见，设系统 (2.1) 的平衡点为 $(0,0)$. 于是一定可以将方程 (2.1) 改写为

$$\begin{cases} \dot{x} = P_m(x, y) + \varphi(x, y), \\ \dot{y} = Q_m(x, y) + \psi(x, y), \end{cases} \tag{4.1}$$

其中 P_m, Q_m 是 x 与 y 的 m 次齐次式（可以有一个恒为零），$\varphi(x, y), \psi(x, y)$ 中的 x 与 y 的幂最低为 $m+1$ 次，即 φ 与 ψ 都是 $o(r^m)$.

取极坐标：$x = r\cos\theta, y = r\sin\theta$，方程 (4.1) 化为

$$
\begin{cases}
\dfrac{\mathrm{d}r}{\mathrm{d}t}=r^{m}R(\theta)+o(r^{m})=r^{m}(R(\theta)+o(1)), \\[2mm]
\dfrac{\mathrm{d}\theta}{\mathrm{d}t}=r^{m-1}U(\theta)+o(r^{m-1})=r^{m-1}(U(\theta)+o(1)),
\end{cases}
\tag{4.2}
$$

其中 $R(\theta),U(\theta)$ 是 $\cos\theta$ 与 $\sin\theta$ 的 $m+1$ 次齐次式. 现在我们对 $U(\theta)$ 在区间 $[0,2\pi]$ 上的三种情形：$U(\theta)$ 恒正或恒负、$U(\theta)$ 变号及 $U(\theta)$ 恒为零, 讨论方程(4.2), 即方程(2.1)的平衡点 $(0,0)$ 的情况.

1) $U(\theta)$ 在 $[0,2\pi]$ 上恒正或恒负

设 $U(\theta)>0$, 当 $\theta\in[0,2\pi]$. 于是 $U(\theta)$ 在 $[0,2\pi]$ 上有正的下界. 取 r_0 充分小, 在圆域 $B_{r_0}=\{(r,\theta)\,|\,r\leqslant r_0\}$ 上, 方程(4.2)的第二式右端的括号也有正下界. 所以 t 增加时 θ 增加, 即轨线在原点附近沿逆时针方向旋转.（如果 $U(\theta)<0$, 则在原点附近, t 减少时 θ 增加, 即轨线沿顺时针方向旋转.）

再来看 r 与 θ 的关系. 为此把方程(4.2)的两式相除得

$$
\frac{1}{r}\frac{\mathrm{d}r}{\mathrm{d}\theta}=\frac{R(\theta)+o(1)}{U(\theta)+o(1)}.
\tag{4.3}
$$

将式(4.3)沿着轨线 $r=r(\theta)$, 由 $\theta=\alpha$ 到 $\theta=\alpha+\beta\,(0\leqslant\beta\leqslant2\pi)$ 积分, 得到

$$
\ln r(\alpha+\beta)-\ln r(\alpha)=\int_{\alpha}^{\alpha+\beta}\frac{R(\theta)+o(1)}{U(\theta)+o(1)}\mathrm{d}\theta.
\tag{4.4}
$$

因右端被积函数在 B_{r_0} 上有界, 从而左端 $\ln[r(\alpha+\beta)/r(\alpha)]$ 当 $r\leqslant r_0$ 时有界, 所以比值 $r(\alpha+\beta)/r(\alpha)$ 介于两个正数之间. 也就是说, 存在原点的充分小邻域, 使得从其中出发的轨线以逆时针方向绕原点旋转一周时, 保持在圆域 B_{r_0} 内.

设积分

$$
I=\int_{0}^{2\pi}\frac{R(\theta)}{U(\theta)}\mathrm{d}\theta<0.
$$

因为

$$
\int_{\alpha}^{\alpha+2\pi}\frac{R(\theta)+o(1)}{U(\theta)+o(1)}\mathrm{d}\theta
$$

当 $r \to 0$ 时趋于 I. 由于式(4.4),存在原点的充分小邻域,使在其中有

$$\ln r(\alpha+2\pi)-\ln r(\alpha)<\frac{I}{2}<0.$$

所以有正常数 $q<1$,使

$$r(\alpha+2\pi)<qr(\alpha), \qquad (4.5)$$

即轨线以逆时针方向绕一周后,再次与射线 $\theta=\alpha$ 相交时交点更接近原点(见图 2.12).

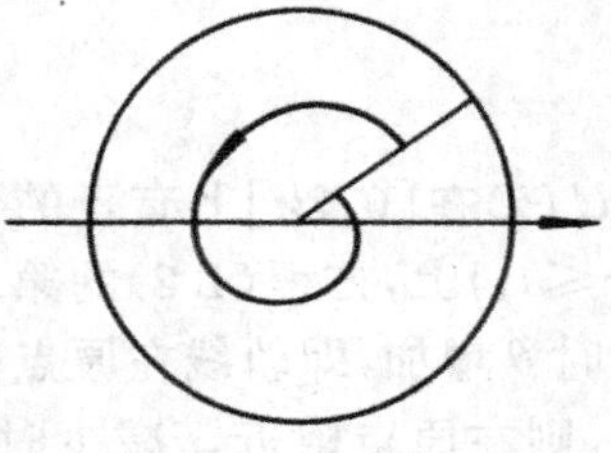

重复用式(4.5)可得

$$r(\alpha+2k\pi)<q^k r(\alpha).$$

因此,当 $k\to+\infty$ 时,

$$r(\alpha+2k\pi)\to0.$$

图 2.12

所以由原点的充分小邻域内出发的轨线,当 $t\to+\infty$ 时螺旋地趋于原点,平衡点是稳定焦点.

经过类似的讨论,可以总结出:设在 $[0,2\pi]$ 上 $U(\theta)>0$,并且

$$I=\int_0^{2\pi}\frac{R(\theta)}{U(\theta)}\mathrm{d}\theta<0.$$

则方程(2.1)的原点是稳定焦点;$I>0$,是不稳定焦点. 如果 $U(\theta)$ <0,则结果相反.

至于 $I=0$,则可能是焦点,也可能是中心. 如果函数 $P(x,y)$ 与 $Q(x,y)$ 不是解析函数,还可能出现复杂的中心-焦点,这里不讨论了.

2) $U(\theta)$ 在 $[0,2\pi]$ 上变号

因为

$$U(\theta)=\cos\theta\cdot Q_m(\cos\theta,\sin\theta)-\sin\theta\cdot P_m(\cos\theta,\sin\theta).$$

而 $xQ_m(x,y)-yP_m(x,y)$ 是 $m+1$ 次齐次式,所以 $U(\theta)$ 在 $[0,\pi)$ 或 $[\pi,2\pi)$ 上都是最多有 $m+1$ 个零点. 于是在 $[0,2\pi]$ 上 $U(\theta)$ 最多有 $2m+2$ 个零点.

64

命题 1 若系统(2.1)的某条轨线,当 $t\to+\infty$ 或 $t\to-\infty$ 时趋向于平衡点 $(0,0)$,则此轨线必沿着某确定的方向 $\theta=\theta_k$,而 θ_k 是 $U(\theta)$ 的零点.因而最多只有 $2m+2$ 个方向有轨线趋向于 $(0,0)$(当 $t\to+\infty$ 或 $t\to-\infty$).

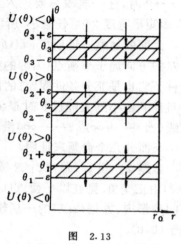

图 2.13

证明 作辅助的 r-θ 平面(见图 2.13).

对任意的 $\varepsilon>0$,由方程(4.2)的第二式,存在一个充分小的 $r_0>0$,使得轨线在区域 $r\leqslant r_0$ 内与任一直线 $\theta=\theta_k\pm\varepsilon$ 相交时,只有一个方向,即或朝上,或朝下.

由命题假设,对这个 $r_0>0$,存在一个 $t_0>0$,使得当 $t>t_0$(或 $t<-t_0$)时,轨线在区域 $r\leqslant r_0$ 内.

沿着式(4.3)的轨线在白色矩形中的一段,由 $\theta=\underline{\theta}$ 到 $\theta=\overline{\theta}$ 积分,得到

$$\ln r(\overline{\theta})-\ln r(\underline{\theta})=\int_{\underline{\theta}}^{\overline{\theta}}\frac{R(\theta)+o(1)}{U(\theta)+o(1)}\mathrm{d}\theta,$$

其中 $\theta_k+\varepsilon\leqslant\underline{\theta}<\overline{\theta}\leqslant\theta_{k+1}-\varepsilon$. 由被积函数在白色矩形上的有界性,轨线 $r=r(\theta)$ 在白色矩形上有正下界:$r(\theta)\geqslant\tilde{r}>0$. 再由方程(4.2)的第二式,得

$$\overline{t}-\underline{t}=\int_{\underline{\theta}}^{\overline{\theta}}\frac{\mathrm{d}\theta}{r^{m-1}[U(\theta)+o(1)]}.$$

由被积函数在白色区域上,且 $r\geqslant\tilde{r}>0$ 时的有界性可知,轨线在任一白色矩形中的停留时间是有限的. 而 $r\to0(t\to+\infty$ 或 $t\to-\infty)$时任一轨线又只能有限次进入这种矩形(见图 2.13). 所以,

当 $r \to 0$ 时,任一轨线总要进入且保持留在某个有阴影的矩形之中. 因矩形宽度 2ε 可任意小,所以 $r \to 0$ 时,$\theta \to \theta_k$. 命题 1 证完.

上面的命题 1 证明了:$U(\theta^*) = 0$ 是方程(2.1)有轨线沿着 $\theta = \theta^*$ 的方向趋于平衡点 $(0,0)$ 的必要条件. 现在的问题是:在什么条件下它也是充分条件呢?总的回答是:设 $U(\bar{\theta}) = 0$;而 $R(\bar{\theta}) \neq 0$,并且当 θ 由小到大经过 $\bar{\theta}$ 时 $U(\theta)$ 变号,则方程(2.1)至少有一条轨线(当 $t \to +\infty$ 或 $t \to -\infty$)沿着 $\theta = \bar{\theta}$ 的方向趋于平衡点 $(0,0)$.

下面分几个命题来证明.

命题 2 设 $U(\bar{\theta}) = 0$;$R(\bar{\theta}) < 0$;当 θ 由小到大经过 $\bar{\theta}$ 时,$U(\theta)$ 由正变负. 则在以平衡点 $(0,0)$ 为顶点,$\theta = \bar{\theta}$ 为分角线的窄而短的扇形内,方程(2.1)的一切轨线当 $t \to +\infty$ 时都沿着 $\bar{\theta}$ 的方向趋于 $(0,0)$.

证明 根据命题的假设与式(4.2),存在充分小的 $\varepsilon > 0$ 和 $r_0 > 0$,使得在矩形:$|\theta - \bar{\theta}| \leq \varepsilon$,$0 \leq r \leq r_0$ 的 $r > 0$ 的边界上,轨线的方向是自外向内的;又在矩形内的轨线,当 t 增加到充分大时可以到达直线 $r = \tilde{r}$ 上(无论 $\tilde{r}$ 是多么小的正数),见图 2.14. 于是进入矩形的轨线,当 t 增加时不能离开矩形,且向 $r = 0$ 逼近. 也就是说,命题 2 中所指出的扇形内的一切轨线,当 $t \to +\infty$ 时都趋于平衡点 $(0,0)$. 再根据命题 1,轨线是沿 $\theta = \bar{\theta}$ 的方向趋于平衡点 $(0,0)$ 的.

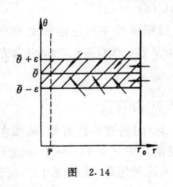

图 2.14

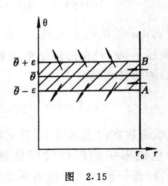

图 2.15

66

命题 3 设 $U(\bar{\theta})=0$；$R(\bar{\theta})<0$；当 θ 由小到大经过 $\bar{\theta}$ 时，$U(\theta)$ 由负变正. 则方程(2.1)至少有一条轨线,当 $t\to+\infty$ 时沿 $\theta=\bar{\theta}$ 的方向趋于平衡点(0,0).

证明 类似于命题2,在矩形：$|\theta-\bar{\theta}|\leqslant\varepsilon$, $0\leqslant r\leqslant r_0$ 的 $r>0$ 的边界上,轨线的方向如图 2.15 所示. 对于一切从线段 $\overline{AB}$ 上的点出发的轨线,由于解对初值的连续依赖性,如果有某一点,由它出发的轨线从上面的边界(下边)离开矩形,则由该点邻近的点出发的轨线也从上边(下边)离开矩形. 考虑线段 $\overline{AB}$ 上的一个点集,其中由每个点出发的轨线都从上边离开矩形,取此集合的下确界,设为点 C,则从 C 点出发的轨线不能从上边,也不能从下边离开矩形,于是根据上面一样的道理,这一条轨线沿 $\theta=\bar{\theta}$ 的方向趋于平衡点.

命题 4 设 $U(\bar{\theta})=0,R(\bar{\theta})<0,U'(\bar{\theta})>0$,则方程(2.1)只有一条轨线,当 $t\to+\infty$ 时沿 $\theta=\bar{\theta}$ 趋于平衡点.

引理 4.1(Hadamard 引理) 设函数 $f(x,y)$ 定义在平面区域 Ω 上,区域 Ω 对变量 y 是凸的；又 $f(x,y)$ 对 y 有连续偏导数. 则存在连续函数 $\varphi(x,y_1,y_2)$,使得

$$f(x,y_2)-f(x,y_1)=(y_2-y_1)\varphi(x,y_1,y_2).$$

证明 由 Ω 的凸性,显然有

$$f(x,y_2)-f(x,y_1)=\int_0^1 f'_t(x,y_1+t(y_2-y_1))\mathrm{d}t.$$

而

$$f'_t(x,y_1+t(y_2-\dot{y}_1))=f'_y(x,y_1+t(y_2-y_1))\cdot(y_2-y_1).$$

令

$$\varphi(x,y_1,y_2)=\int_0^1 f'_y(x,y_1+t(y_2-y_1))\mathrm{d}t,$$

φ 就满足引理的要求. 引理证完.

命题 4 的证明 由命题3,这种轨线的存在性已证明,这里只要证明唯一性.

先把方程(2.1)的等价方程(4.2)的两式相除,再利用方程(4.1)中的符号,就得到一元微分方程

$$r \frac{\mathrm{d}\theta}{\mathrm{d}r} = \frac{r^{m+1}U(\theta) + x\psi - y\varphi}{r^{m+1}R(\theta) + x\varphi + y\psi} \equiv G(r,\theta), \qquad (4.6)$$

其中 $x = r\cos\theta, y = r\sin\theta$. 由假设知,当 ε 与 r_0 充分小时,在矩形 $0 \leqslant r \leqslant r_0, |\theta - \overline{\theta}| \leqslant \varepsilon$ 上,函数 $G(r,\theta)$ 对 θ 有连续偏微商 $\frac{\partial G(r,\theta)}{\partial \theta}$. 不难直接计算出:当 $r \to 0, \theta \to \overline{\theta}$ 时有

$$\frac{\partial G(r,\theta)}{\partial \theta} \to \frac{U'(\overline{\theta})}{R(\overline{\theta})}.$$

现设结论不成立. 即有两条轨线 $\theta = \theta_1(r)$ 与 $\theta = \theta_2(r)$ 都沿 $\theta = \overline{\theta}$ 的方向趋于 $(0,0)$,即 $r \to 0$ 时,$\theta_1(r) \to \overline{\theta}, \theta_2(r) \to \overline{\theta}$. 把这两条轨线代入方程(4.6)后再相减,就得到

$$r \frac{\mathrm{d}(\theta_2 - \theta_1)}{\mathrm{d}r} = G(r,\theta_2) - G(r,\theta_1).$$

显然,$G(r,\theta)$ 满足引理 4.1 的条件,于是有连续函数 $f(r,\theta_1,\theta_2)$ 使

$$G(r,\theta_2) - G(r,\theta_1) = (\theta_2 - \theta_1) f(r,\theta_1,\theta_2).$$

所以

$$r \frac{\mathrm{d}(\theta_2 - \theta_1)}{\mathrm{d}r} = (\theta_2 - \theta_1) f(r,\theta_1(r),\theta_2(r))$$

$$\equiv A(r)(\theta_2 - \theta_1). \qquad (4.7)$$

注意,用中值公式可得:当 $r \to 0, \theta_1 \to \overline{\theta}, \theta_2 \to \overline{\theta}$ 时

$$f(r,\theta_1,\theta_2) \to \frac{U'(\overline{\theta})}{R(\overline{\theta})}.$$

所以,当 $r \to 0$ 时,在 $0 \leqslant r \leqslant r_0$ 上的连续函数 $A(r)$ 的极限为 $U'(\overline{\theta})/R(\overline{\theta})$.

解线性方程(4.7)得

$$\theta_2 - \theta_1 = C\mathrm{e}^{\int_{r_0}^{r} \frac{A(r)}{r}\mathrm{d}r} = C\mathrm{e}^{\int_{r}^{r_0} -\frac{A(r)}{r}\mathrm{d}r}.$$

由假设知,$\dfrac{U'(\overline{\theta})}{R(\overline{\theta})}$ 为负的. 所以,当 $r \to 0$ 时上式右端指数上的积分

趋于 $+\infty$. 但上式左端保持有限, 于是,
$$C=0, \quad \theta_1(r)\equiv\theta_2(r),$$
即只有一条轨线沿 $\theta=\bar{\theta}$ 趋于平衡点. 命题证完.

上面总是假设 $R(\bar{\theta})<0$. 注意, 在方程 (4.2) 中分别改变 t, $R(\theta)$ 和 $U(\theta)$ 为 $-t$, $-R(\theta)$ 和 $-U(\theta)$ 时, 方程 (4.2) 不变. 所以, 当 $R(\bar{\theta})>0$ 时, 只要在以上各条结论中变 $U(\theta)$ 的符号为相反的符号, 变 $t\to+\infty$ 为 $t\to-\infty$ 即可.

如果方程 (4.1) 中的 P_m 与 Q_m 有一个恒为零, 就会遇到有 $\bar{\theta}$, 使得 $U(\bar{\theta})=0$, 同时有 $R(\bar{\theta})=0$ 的情况. 这种情况我们不讨论了. 还需指出, 上面的讨论也完全解决了在 §2 中留下的关于平衡点附近轨线情况的问题.

例 1 设非线性方程 (2.1) 以 $(0,0)$ 为平衡点, 其线性近似方程的系数矩阵 A, 以 $a\pm ib(a\neq0, b>0)$ 为其共轭复特征值. 于是, 可以经过坐标变换把方程 (2.1) 化为
$$\begin{cases} \dot{u}=au-bv+\varphi(u,v),\\ \dot{v}=bu+av+\psi(u,v). \end{cases}$$
再取极坐标系, 方程又化为
$$\begin{cases} \dfrac{\mathrm{d}r}{\mathrm{d}t}=ar+o(r),\\[2mm] \dfrac{\mathrm{d}\theta}{\mathrm{d}t}=b+o(1). \end{cases}$$
将此方程与方程 (4.2) 比较, 得
$$U(\theta)\equiv b, \quad R(\theta)\equiv a,$$
所以 $U(\theta)$ 恒正, 即为情况 1).

因为 $U(\theta)>0$, $I=\displaystyle\int_0^{2\pi}\dfrac{R(\theta)}{U(\theta)}\mathrm{d}\theta=\dfrac{2\pi a}{b}$, 与 a 同号. 所以由情况 1) 的结论知: $a<0$ 时是稳定焦点; $a>0$ 时是不稳定焦点.

例 2 如果方程 (2.1) 的线性近似方程的系数矩阵 A, 以 λ 和 $\mu(\lambda<\mu)$ 为其实特征值, 则方程 (2.1) 可化为

$$\begin{cases} \dot{u} = \lambda u + \varphi(u,v), \\ \dot{v} = \mu v + \psi(u,v). \end{cases}$$

取极坐标,方程又化为

$$\begin{cases} \dfrac{\mathrm{d}r}{\mathrm{d}t} = r(\lambda\cos^2\theta + \mu\sin^2\theta) + o(r), \\ \dfrac{\mathrm{d}\theta}{\mathrm{d}t} = (\mu - \lambda)\cos\theta\sin\theta + o(1). \end{cases}$$

与方程(4.2)比较,得

$$U(\theta) = \frac{\mu - \lambda}{2}\sin 2\theta, \quad R(\theta) = \lambda\cos^2\theta + \mu\sin^2\theta.$$

$U(\theta)$ 在 $[0, 2\pi]$ 上有 4 个零点: $\theta = 0, \pi/2, \pi$ 和 $3\pi/2$. 又 $U(\theta)$ 是情况 2). 由命题 1 可知,轨线只能沿着这 4 个方向趋于 $(0,0)$. 下面分三种情形讨论平衡点 $(0,0)$ 的各种状况.

如果特征值都是负数,即 $\lambda < \mu < 0$, 则 $R(\theta) < 0$, $U'(0) = U'(\pi) = \mu - \lambda > 0$. 由命题 4 可知,沿 $\theta = 0$ 与 $\theta = \pi$ 两个方向,都恰好有一条轨线趋于平衡点.而平衡点 $(0,0)$ 是渐近稳定的,$(0,0)$ 附近的轨线都应趋于 $(0,0)$. 现在当 θ 经过 $\theta = \pi/2, \theta = 3\pi/2$ 时,$U(\theta)$ 的符号由正变负,所以其他轨线都是沿着 $\theta = \pi/2, \theta = 3\pi/2$ 两个方向趋于平衡点.因此,特征值都为负的时,$(0,0)$ 是稳定结点.

如果特征值为一正一负,即 $\lambda < 0 < \mu$. 则 $R(0) = R(\pi) = \lambda < 0$. 又 $U'(0) = U'(\pi) > 0$,所以沿 $\theta = 0$ 与 $\theta = \pi$ 的方向各只有一条轨线趋于平衡点;而 $R(\pi/2) = R(3\pi/2) = \mu > 0$, 又 $U'(\pi/2) = U'(3\pi/2) < 0$,所以沿 $\theta = \pi/2, \theta = 3\pi/2$ 的方向各只有一条轨线当 $t \to -\infty$ 时趋于平衡点.因此,特征值为一正一负时,$(0,0)$ 是鞍点.

特征值全为正的时,可类似地讨论,得 $(0,0)$ 是不稳定结点.

3) $U(\theta)$ 在 $[0, 2\pi]$ 上恒为零

设 $R(\theta) \not\equiv 0$ ($R(\theta)$ 最多有 $2m+2$ 个零点),则沿着每一个使 $R(\bar{\theta}) \neq 0$ 的方向 $\theta = \bar{\theta}$, 至少有一条轨线趋于平衡点.

把方程(4.1)中的 $\varphi(x,y)$ 与 $\psi(x,y)$ 表示为 $m+1$ 次齐次式 $\varphi_{m+1}(x,y), \psi_{m+1}(x,y)$ 与 x, y 的更高次幂的级数之和,于是方程

70

(4.6)化为

$$\frac{\mathrm{d}\theta}{\mathrm{d}r}=\frac{\cos\theta\cdot\psi_{m+1}(\cos\theta,\sin\theta)-\sin\theta\cdot\varphi_{m+1}(\cos\theta,\sin\theta)+o(1)}{R(\theta)+o(1)}.$$

显然,当 $\varepsilon>0,r_0>0$,且充分小时,上述方程右端的函数在整个矩形 $|\theta-\bar{\theta}|\leqslant\varepsilon,0\leqslant r\leqslant r_0$ 上连续. 根据微分方程解的存在性定理可知,上述方程存在满足初条件:$r=0,\theta=\bar{\theta}$ 的解,这就是所要证明的.

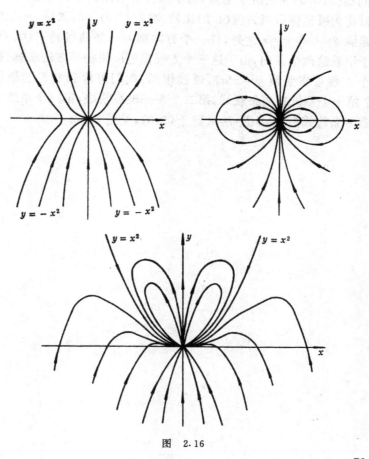

图 2.16

如果还满足唯一性定理的条件,则这种轨线还是唯一的.

至于使 $R(\bar{\theta})=0$ 的方向 $\theta=\bar{\theta}$ 的情况,可以看下面的例子.

例3 考虑下面三个系统

$$
\begin{cases}
\dfrac{\mathrm{d}x}{\mathrm{d}t}=xy, \\[2mm]
\dfrac{\mathrm{d}y}{\mathrm{d}t}=y^2+x^4;
\end{cases}
\qquad
\begin{cases}
\dfrac{\mathrm{d}x}{\mathrm{d}t}=xy, \\[2mm]
\dfrac{\mathrm{d}y}{\mathrm{d}t}=y^2-x^4;
\end{cases}
\qquad
\begin{cases}
\dfrac{\mathrm{d}x}{\mathrm{d}t}=xy-3x^3, \\[2mm]
\dfrac{\mathrm{d}y}{\mathrm{d}t}=y^2-6x^2y+x^4.
\end{cases}
$$

它们都以 $(0,0)$ 为高阶平衡点,由于其方程右端的二次项都一样,所以化为极坐标后与方程(4.2)比较,都有 $U(\theta)\equiv0$, $R(\theta)=\sin\theta$,于是除 $\theta=0$ 与 $\theta=\pi$ 之外,任一个方向都有一条轨线趋于 $(0,0)$. 至于沿着这两个方向,由于这三个方程都可以用初等方法求解(第三个方程可作变换 $y=x^2u$),通过作图,我们可看到它们的轨线为:第一个系统有两条轨线,第二个系统没有轨线,第三个系统有无穷多条轨线沿 $\theta=0$ 及 $\theta=\pi$ 趋于 $(0,0)$,见图 2.16.

第三章 二维系统的极限环

对于常系数线性系统

$$\begin{cases} \dot{x} = a_{11}x + a_{12}y, \\ \dot{y} = a_{21}x + a_{22}y \end{cases} \left(\begin{vmatrix} a_{11} & a_{12} \\ a_{21} & a_{22} \end{vmatrix} \neq 0 \right),$$

只要知道它的唯一平衡点 $(0,0)$ 的性质,就清楚了全平面上解的结构.

对于一般的二维非线性系统

$$\begin{cases} \dot{x} = P(x,y), \\ \dot{y} = Q(x,y), \end{cases}$$

从它的一个平衡点的性质只能知道该平衡点附近解的情况. 为了了解全平面上解的结构,还要研究极限环.

§1 极限环. 极限环稳定性的定义

我们先看一个例子.

例 考虑非线性系统

$$\begin{cases} \dot{x} = -y + x[1 - (x^2 + y^2)], \\ \dot{y} = x + y[1 - (x^2 + y^2)]. \end{cases} \tag{1.1}$$

它以 $(0,0)$ 为平衡点. 因为它在 $(0,0)$ 处的线性近似方程

$$\frac{\mathrm{d}}{\mathrm{d}t} \begin{pmatrix} x \\ y \end{pmatrix} = \begin{pmatrix} 1 & -1 \\ 1 & 1 \end{pmatrix} \begin{pmatrix} x \\ y \end{pmatrix}$$

以 $(0,0)$ 为不稳定焦点,而不稳定焦点是粗情况,所以 $(0,0)$ 也是这个非线性系统的不稳定焦点.

不难看出,$x^2 + y^2 = 1$,即

73

$$\begin{cases} x = \cos(t - t_0), \\ y = \sin(t - t_0) \end{cases}$$

是系统(1.1)的一个周期解. 轨线是单位圆.

为了求出其他的解, 采用极坐标. 令

$$r^2 = x^2 + y^2, \quad \theta = \arctan \frac{y}{x}.$$

系统(1.1)化为:

$$\begin{cases} \dfrac{1}{2}\dfrac{\mathrm{d}r^2}{\mathrm{d}t} = r^2(1 - r^2), \\ \dfrac{\mathrm{d}\theta}{\mathrm{d}t} = 1. \end{cases}$$

不难解得

$$r = \frac{1}{\sqrt{1 + Ce^{-2(t-t_0)}}}, \quad \theta = t - t_0.$$

即该系统有解

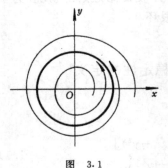

$$x = \frac{\cos(t - t_0)}{\sqrt{1 + Ce^{-2(t-t_0)}}},$$

$$y = \frac{\sin(t - t_0)}{\sqrt{1 + Ce^{-2(t-t_0)}}}.$$

显然, 若常数 $C > 0$, 解在单位圆内, 当 $t \to +\infty$ 时绕向单位圆. 若 $0 > C > -1$, 解在单位圆外, 当 $t \to +\infty$ 时绕向单位圆.

系统(1.1)的相图如图 3.1.

图 3.1

这里出现了常系数线性系统中不可能出现的情况: 系统(1.1)有一个孤立的闭轨线单位圆, 其他轨线或从圆内或从圆外绕向单位圆.

定义 孤立的闭轨叫**极限环**.

在下一章中, 我们将看到掌握一个平面系统的平衡点与极限环的位置和性质, 对于了解该系统轨线的极限状态(即 $t \to +\infty$ 与

74

$t \to -\infty$时轨线的状态)的重要性.

定义　如果存在包含极限环 Γ 的环形域 U,使得从 U 内出发的轨线当 $t \to +\infty$ 时都渐近地接近极限环 Γ,则称**极限环** Γ 为**稳定的**;否则,称 Γ 为**不稳定的**.

如果对极限环 Γ,在从它的环域 U 内某一侧(内侧或外侧)出发的轨线,当 $t \to +\infty$ 时都渐近地接近 Γ;而从另一侧出发的轨线都离开它(当 $t \to -\infty$ 时接近它),则称 Γ 为**半稳定的极限环**,也称**双重极限环**(见图 3.2).显然,半稳定的极限环是不稳定的极限环中的一种.

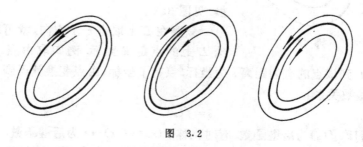

图　3.2

上面这种稳定性称做轨道稳定性.

前面例子中的单位圆 Γ 是一个极限环,且是一个稳定的极限环.

§2　后继函数与极限环

1. 后继函数的定义

经过系统

$$\begin{cases} \dot{x} = P(x, y), \\ \dot{y} = Q(x, y) \end{cases} \tag{2.1}$$

的非平衡点 M 作一个在每一点都与该系统的轨线不相切的直线段,即在每一点都与方向 (P, Q) 不同的直线段. 我们称这种线段为

无切线段,记作 L. 由于点 M 是非平衡点,又 $P(x,y)$ 与 $Q(x,y)$ 连续,所以这种无切线段是作得出的.

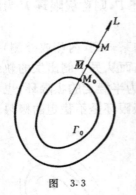

图 3.3

若 $t=0$ 时从点 M 出发的轨线再一次与 L 相交于点 $\overline{M}$,只要 $\overline{M}$ 不是 L 的端点,那么,由解的连续性,在点 M 附近存在 L 上的一个小段,使凡 $t=0$ 时从这个小段上的点出发的轨线都与 L 相交. 于是得到一个定义在 L 上点 M 附近的点到点的对应关系,或者说有了一个**点变换**. 见图 3.3.

只要在 L 上取定一个方向,就可以给 L 上的点定义坐标. 例如取由点 M 沿 L 到该点的有向距离 s 为坐标. 点有了坐标,由点变换就得到一个函数关系:

$$\bar{s}=f(s).$$

我们称 $f(s)$ 为**后继函数**. 有时也称 $d(s)\equiv f(s)-s$ 为**后继函数**.

上一章中称 $r(2\pi,c)-r(0,c)$ 为后继函数是采用后一种称法. 那里的无切线段是正 u 轴.

2. 后继函数的性质与极限环存在、稳定的关系

(1) 如果 s_0 是后继函数 $f(s)$ 的不动点:$f(s_0)=s_0$,即 s_0 是后继函数 $d(s)$ 的零点:$d(s_0)=0$,则过以 s_0 为坐标的点 M_0 的轨线 Γ_0 是一个闭轨. 见图 3.3.

(2) 如果 $d(s_0)=0(f(s_0)=s_0)$,又如果 $d'(s_0)\neq 0(f'(s_0)\neq 1)$,则 Γ_0 是孤立闭轨,即 Γ_0 是一个极限环. ($d(s),f(s)$ 的连续可微性见第四章 §5 的命题 1.)

(3) 如果 $d(s_0)=0$,若 $d'(s_0)<0(f'(s_0)<1)$,则 Γ_0 是稳定极限环;若 $d'(s_0)>0(f'(s_0)>1)$,则 Γ_0 是不稳定极限环.

证明 若 $d'(s_0)<0$,则当 s 在 s_0 附近时,$d'(s)<0$. 而

76

$$d(s) = d(s) - d(s_0) = d'(\xi)(s - s_0),$$

其中 ξ 在 s 与 s_0 之间. 于是 $d'(\xi) < 0$, 所以 $d(s)$ 与 $s - s_0$ 反号:

$$s > s_0 \text{ 时}, \quad d(s) < 0, f(s) < s, \text{即} \bar{s} < s;$$

$$s < s_0 \text{ 时}, \quad d(s) > 0, f(s) > s, \text{即} \bar{s} > s.$$

这表明, 从 M_0 附近的点 M 出发的轨线再次与 L 相交的交点 $\overline{M}$ 在 M 与 M_0 之间, 所以, Γ_0 是稳定的极限环.

关于不稳定的结论可以类似地证明.

（4）若 $d(s_0) = d'(s_0) = \cdots = d^{(k-1)}(s_0) = 0, d^{(k)}(s_0) \neq 0$, 则 Γ_0 是极限环. 称这种极限环 Γ_0 为 k **重极限环**. 系统 (3.3) 中的极限环 是一重极限环, 也称**简单极限环**.

设 Γ_0 是 k 重极限环. 若 k 是奇数, $d^{(k)}(s_0) < 0$, 则 Γ_0 是稳定 的; $d^{(k)}(s_0) > 0$, 则 Γ_0 是不稳定的.

若 k 是偶数, 则 Γ_0 一定是半稳定的极限环. 这个结论是正确 的, 因为有

$$d(s) = d(s) - d(s_0) = \frac{1}{k!} d^{(k)}(\xi)(s - s_0)^k,$$

其中 ξ 在 s, s_0 之间. 而 k 是偶数, 所以对 s_0 附近的 $s, d(s)$ 不变号.

§3 极限环的指数. 稳定性的判别法

设系统 (2.1)

$$\begin{cases} \dot{x} = P(x, y), \\ \dot{y} = Q(x, y) \end{cases}$$

的极限环 Γ_0 的方程是

$$x = \varphi_0(t), \quad y = \psi_0(t),$$

其中 $\varphi_0(t), \psi_0(t)$ 都是周期为 T 的函数.

在 Γ_0 附近定义新的曲线坐标 s, n 如下: 在环 Γ_0 上取点 $B = (\varphi_0(s), \psi_0(s))$, 沿 B 处的法向量 $(-\psi_0'(s), \varphi_0'(s))$ 移动有向距离

$n\sqrt{(\varphi_0')^2+(\psi_0')^2}$，就得到坐标为$(s,n)$的点. 显然该坐标$s,n$与$x$，$y$的关系是：

$$\begin{cases} x=\varphi_0(s)-n\psi_0'(s)\equiv\varphi(s,n), \\ y=\psi_0(s)+n\varphi_0'(s)\equiv\psi(s,n). \end{cases} \tag{3.1}$$

坐标曲线$s=$常数是过点$(\varphi_0(s),\psi_0(s))$的法线，显然，$s=0$与$s=T$是同一条法线. 坐标曲线$n=$常数是闭曲线，$n=0$是环Γ_0，$n>0$与$n<0$分别在Γ_0两侧，见图 3.4.

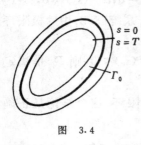

图　3.4

坐标变换行列式为

$$D=\frac{\partial(x,y)}{\partial(s,n)}=\begin{vmatrix} \varphi_s' & \varphi_n' \\ \psi_s' & \psi_n' \end{vmatrix}$$

$$=\begin{vmatrix} \varphi_0'-n\psi_0'' & -\psi_0' \\ \psi_0'+n\varphi_0'' & \varphi_0' \end{vmatrix}$$

$$=(\varphi_0')^2+(\psi_0')^2+n(\varphi_0''\psi_0'-\varphi_0'\psi_0'').$$

因为极限环Γ_0上没有平衡点，于是当$s\in[0,T]$时，

$$\varphi_0'^2+\psi_0'^2=P^2+Q^2>\alpha\ (>0).$$

所以，存在充分小的n_0，使得当$|n|<n_0$时，坐标变换行列式$D>0$. 这样在闭曲线$n=-n_0$与$n=n_0$间的环形域上建立了两种坐标之间的一一对应.

现在我们将方程(2.1)化为变量s,n的方程. 按锁链法则有：

$$\frac{\mathrm{d}}{\mathrm{d}t}\begin{pmatrix} x \\ y \end{pmatrix}=(D)\frac{\mathrm{d}}{\mathrm{d}t}\begin{pmatrix} s \\ n \end{pmatrix},$$

所以

$$\frac{\mathrm{d}}{\mathrm{d}t}\begin{pmatrix} s \\ n \end{pmatrix}=(D)^{-1}\begin{pmatrix} P \\ Q \end{pmatrix}=\frac{1}{D}\begin{bmatrix} \psi_n' & -\varphi_n' \\ -\psi_s' & \varphi_s' \end{bmatrix}\begin{pmatrix} P \\ Q \end{pmatrix},$$

其中P,Q中的x,y分别用$\varphi(s,n)$，$\psi(s,n)$代入. 消去上述方程的两个分量中的t，得到一个s与n的微分方程

$$\frac{\mathrm{d}n}{\mathrm{d}s}=\frac{-P\psi'_s+Q\varphi'_s}{P\psi'_n-Q\varphi'_n}\equiv R(s,n). \tag{3.2}$$

显然,$R(s,0)=0$,所以 $s=0$ 时 $n=0$ 的解是 $n\equiv0$,也就是极限环 Γ_0.

记 $s=0$ 时 $n=c(|c|$ 充分小$)$ 的解为

$$n=\Phi(s,c).$$

取直线 $s=0$ 上 $|n|$ 充分小的一段为无切线段 L,于是后继函数为

$$f(c)=\Phi(T,c).$$

因为 $s=0$ 时 $n=0$ 的解是 $n\equiv0$,所以 $c=0$ 是后继函数 $f(c)$ 的不动点:$f(0)=0$.这个不动点 $c=0$ 对应着极限环 Γ_0.

下面我们判断 Γ_0 的稳定性.根据 §2,只需计算 $f'(0)$,即 $\Phi'_c(T,0)$.

将方程 (3.2) 右端写为 n 的级数.因 $R(s,0)\equiv0$,所以

$$\frac{\mathrm{d}n}{\mathrm{d}s}=A_1(s)n+A_2(s)n^2+\cdots.$$

再将解 $\Phi(s,c)$ 写为 c 的级数.因为 $\Phi(s,0)\equiv0$,所以

$$\Phi(s,c)=a_1(s)c+a_2(s)c^2+\cdots.$$

由于 $\Phi(0,c)=c$,所以 $a_1(0)=1,a_2(0)=\cdots=0$(注意,这里的 $a_1(T)$ 就是我们要求的 $f'(0)$).

将解代入方程,比较 c 的同次幂的系数,得到一串微分方程:

$$a'_1=A_1(s)a_1,\qquad\qquad a_1(0)=1,$$
$$a'_2=A_1(s)a_2+A_2(s)a_1^2,\qquad a_2(0)=0,$$
$$\cdots\cdots,\qquad\qquad\qquad\cdots\cdots.$$

从第一个方程与初条件得出

$$a_1(s)=\mathrm{e}^{\int_0^s A_1(\tau)\mathrm{d}\tau},$$

于是

$$f'(0)=a_1(T)=\mathrm{e}^{\int_0^T A_1(s)\mathrm{d}s}.$$

最后计算 $A_1(s)$.因为 $A_1(s)=R'_n(s,n)|_{n=0}$,所以

$$A_1(s) = \left[\frac{Q(\varphi,\psi)\varphi_s' - P(\varphi,\psi)\psi_s'}{P(\varphi,\psi)\psi_n' - Q(\varphi,\psi)\varphi_n'}\right]_n'\Bigg|_{n=0}.$$

注意：$\varphi(s,n) = \varphi_0(s) - n\psi_0'(s)$，$\psi(s,n) = \psi_0(s) + n\varphi_0'(s)$ 是式 (3.1) 中所定义的. $\varphi(s,0) = \varphi_0(s)$；$\psi(s,0) = \psi_0(s)$. 又有 $\varphi_0' = P(\varphi_0,\psi_0)$，$\psi_0' = Q(\varphi_0,\psi_0)$. 最后还要注意 $P_y'(\varphi_0,\psi_0)\psi_0' = \varphi_0'' - P_x'(\varphi_0,\psi_0)\varphi_0'$；$Q_x'(\varphi_0,\psi_0)\varphi_0' = \psi_0'' - Q_y'(\varphi_0,\psi_0)\psi_0'$. 应用这些关系就不难算出

$$A_1(s) = P_x'(\varphi_0,\psi_0) + Q_y'(\varphi_0,\psi_0) - \frac{\mathrm{d}}{\mathrm{d}s}\ln((\varphi_0')^2 + (\psi_0')^2).$$

所以

$$f'(0) = e^{\int_0^T [P_x'(\varphi_0,\psi_0) + Q_y'(\varphi_0,\psi_0)]\mathrm{d}s}.$$

将 §2 的 **2.**(3) 的结论和上面的结果联系起来就有以下定理.

定理 3.1　设 Γ_0 是系统 (2.1)

$$\begin{cases} \dot{x} = P(x,y), \\ \dot{y} = Q(x,y) \end{cases}$$

的极限环；Γ_0 的方程是 $x = \varphi_0(t)$，$y = \psi_0(t)$，其中 $\varphi_0(t)$，$\psi_0(t)$ 是以 T 为周期的函数. 我们称

$$\frac{1}{T}\int_0^T [P_x'(\varphi_0,\psi_0) + Q_y'(\varphi_0,\psi_0)]\mathrm{d}t$$

为极限环 Γ_0 的指数，也称**特征指数**，记作 γ_0.

如果 $\gamma_0 < 0$，则 Γ_0 稳定；如果 $\gamma_0 > 0$，则 Γ_0 不稳定.

定理 3.1 没有讨论 $\gamma_0 = 0$ 的情形. 事实上，$\gamma_0 = 0$ 说明 Γ_0 不是简单极限环，是重极限环. 这时可以根据 §2 的 **2.**(4) 中的结论把上面的讨论继续下去.

例　考虑 Lienard 方程

$$\ddot{x} + f(x)\dot{x} + g(x) = 0 \tag{3.3}$$

的周期解的稳定性.

这问题可化为考虑方程组

$$\begin{cases} \dot{x} = y, \\ \dot{y} = -g(x) - f(x)y \end{cases} \tag{3.4}$$

的闭轨的稳定性.

设 Γ 是系统(3.4)的闭轨, γ_0 是 Γ 的指数. 计算出

$$\gamma_0 = \frac{1}{T}\int_0^T [P'_x + Q'_y]\mathrm{d}t = \frac{1}{T}\int_0^T -f(x)\mathrm{d}t.$$

根据定理 3.1, 由 γ_0 的符号可以判断 Γ 的稳定性.

为求 γ_0 的符号, 分以下三步:

(1) 定义一个能量函数

$$E(x,y) = \frac{y^2}{2} + G(x), \quad \text{其中} \ G(x) = \int_0^x g(s)\mathrm{d}s. \tag{3.5}$$

我们来证明: 在系统(3.4)的闭轨 Γ 上, E 取极值时, 阻尼 $f(x)$ 为零, 而速度 $y = \dot{x}$ 非零.

这是因为, E 沿 Γ 取极值的必要条件是

$$\begin{aligned} \dot{E}\,|_\Gamma &= y\dot{y} + g(x)\dot{x} = y[-g(x) - f(x)y] + g(x)y \\ &= -f(x)y^2 = 0. \end{aligned} \tag{3.6}$$

设在 $t = t_0$ 时 $E|_\Gamma$ 达到极值, 必有 $f(x(t_0)) = 0$ 或 $y(t_0) = \dot{x}(t_0) = 0$.

若后一情况发生, 即 $\dot{x}(t_0) = 0$, 则 $\ddot{x}(t_0) \neq 0$(因为, 否则, 根据解的唯一性, $x \equiv x(t_0)$ 是方程(3.3)的解. 这与 Γ 是闭轨矛盾). 既然 $\dot{x}(t_0) = 0$ 而 $\ddot{x}(t_0) \neq 0$, 所以 $x(t)$ 在 $t = t_0$ 时取极值, $x(t)$ 在 $t = t_0$ 附近恒大于或恒小于 $x(t_0)$. 于是, 只要 $f(x)$ 的零点是孤立的, 则 $f(x(t))$ 在 $t = t_0$ 附近就不变号. 由式(3.6), $\dot{E}|_\Gamma$ 在 t_0 附近不变号, 即 $E|_\Gamma$ 在 t_0 不取极值. 与假设矛盾.

所以必定是 $f(x(t_0)) = 0$ 而 $y(t_0) = \dot{x}(t_0) \neq 0$.

(2) 应用式(3.5)将 $\dot{E}|_\Gamma = -f(x)y^2$ 改写为

$$\dot{E}|_\Gamma = 2f(x)(G - E).$$

由此得到: 沿着 Γ 有等式

$$\frac{\dot{E}}{E-h}+2f=\frac{G-h}{E-h}2f,$$

其中 h 是任意一个常数.

将上面的等式两端沿着 Γ 积分,得到

$$\int_\Gamma f\mathrm{d}t=\int_\Gamma \frac{G-h}{E-h}f\mathrm{d}t. \tag{3.7}$$

因为 γ_0 与左端的积分反号,所以 γ_0 与右端的积分也反号.

设 $E|_\Gamma$ 在 $t=\bar{t}$ 时取最小值. 所以,如果令 $h=G(x(\bar{t}))$,就有

$$h=G(x(\bar{t}))<G(x(\bar{t}))+\frac{y^2(\bar{t})}{2}\leqslant E|_\Gamma.$$

于是式(3.7)右端积分号下的分母 $E-h$ 恒正.

(3) 设 f 与 g 满足以下条件:

(a) $\alpha<0<\beta$,

$$f(x)<0, \quad \text{当 } \alpha<x<\beta;$$
$$f(x)>0, \quad \text{当 } x<\alpha \text{ 或 } x>\beta.$$

(b) $xg(x)>0$,当 $x\neq 0$.

(c) $G(\alpha)=G(\beta)$,$G(x)=\displaystyle\int_0^x g(s)\mathrm{d}s$.

由(1)知,使 $E|_\Gamma$ 取最小的 $\bar{t}$ 有 $f(x(\bar{t}))=0$. 由(a)知,$x(\bar{t})=\alpha$ 或 β. 按(2),令 $h=G(x(\bar{t}))$,现在由(c)得,

$$h=G(\alpha)=G(\beta).$$

根据以上讨论,函数 $f(x)$ 与 $G(x)$ 如图 3.5 所示.

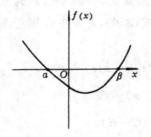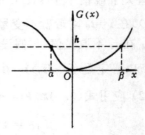

图 3.5

显然 $G-h$ 与 f 同号,从而式(3.7)右端积分为正.于是 $\gamma_0<0$.根据定理 3.1,系统(3.4)满足上述条件(a)、(b)与(c)时,若有极限环,必稳定.

作为上面例子的一个特殊情况,有著名的 Van der Pol 方程

$$\ddot{x} - \mu(1-x^2)\dot{x} + x = 0 \quad (\mu>0).$$

以后我们还会知道,若某系统的平衡点唯一且一切极限环都是稳定的,则极限环唯一.所以,以上方程若有极限环,则极限环是唯一的.

§4 平衡点的指数

前面分别地研究了平衡点与极限环,这一节要研究它们之间的关系.

考虑一个平面向量场$(P(x,y),Q(x,y))$.如果点(x_0,y_0)使

$$P(x_0,y_0)=Q(x_0,y_0)=0,$$

就称点(x_0,y_0)为向量场的**奇点**.

定义 设 N 是平面上不经过向量场(P,Q)的奇点的简单闭曲线.令点 M 沿 N 逆时针方向运动一周回到原处,点 M 处的向量(P,Q)一定转过几个整圈,即向量(P,Q)转过角 $2\pi j(j=$ 整数$)$回到原处.称这个整数 j 为闭曲线 N 关于向量场(P,Q)的**旋转度**,见图 3.6.

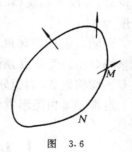

图 3.6

旋转度 j 可以用积分表示如下

$$j = \frac{1}{2\pi}\oint_N \operatorname{darctan}\frac{Q(x,y)}{P(x,y)} = \frac{1}{2\pi}\oint_N \frac{PdQ-QdP}{P^2+Q^2}.$$

将向量场(P,Q)作为一个系统的右端函数,得到系统(2.1)

$$\begin{cases} \dot{x}=P(x,y), \\ \dot{y}=Q(x,y). \end{cases}$$

这样一来,向量场(P,Q)的奇点正是系统(2.1)的平衡点,也称奇点.

定理 4.1　若闭曲线 N 是系统(2.1)的闭轨线,则 N 关于向量场(P,Q)的旋转度为 1.

定理 4.1 的结论从图形看非常显然.因为在闭轨线上任一点的向量(P,Q)都与闭轨线的切线同方向,见图3.7.

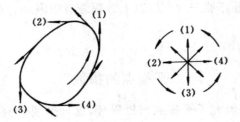

图　3.7

定理的严格证明我们省略了.

定理 4.2　若闭曲线 N 所围的区域 D 内没有向量场(P,Q)的奇点,即没有系统(2.1)的平衡点,则 N 关于向量场(P,Q)的旋转度为 0.

证明　根据旋转度 j 的积分表达式来计算 j.由于区域 D 内向量场(P,Q)无奇点,所以 $P^2+Q^2 \neq 0$,于是被积函数在 D 内连续且有连续偏微商.而积分号下恰是一个全微分,所以积分为零.

定理 4.2 由图形看也是显然的,见图3.8.

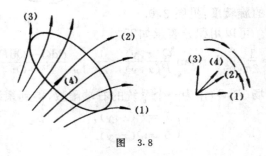

图　3.8

84

由以上两个定理得到如下一个极其重要的推论.

推论 4.1 闭轨线内一定有平衡点.特别地,极限环内一定有平衡点.

上面这个推论给出了极限环存在的一个必要条件.下面这个由定理 4.2 得到的推论是平衡点指数定义的基础.

推论 4.2 若闭曲线 N 与 N_1 所围成的环形区域内没有系统 (2.1)的平衡点,则 N 与 N_1 关于向量场(P,Q)的旋转度相等.

证明 只要在环形区域内加一条辅助线 AB(见图 3.9),然后考虑箭头所示的闭曲线.它所围的区域内没有向量场(P,Q)的奇点.由定理 4.2 与旋转度 j 的积分表达式就得到推论 4.2.

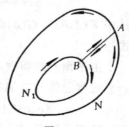

图 3.9

或者考虑闭曲线 N 的形状连续地改变到闭曲线 N_1 而不通过向量场(P,Q)的奇点.闭曲线连续变形时它的旋转度 j 也连续地改变.由于 j 只能是整数,所以 j 不会改变.

定义 围绕系统(2.1)的平衡点(x_0,y_0),而不围绕其他平衡点的闭曲线 N 关于向量场(P,Q)的旋转度叫平衡点(x_0,y_0)的**指数**.也叫场(P,Q)的奇点(x_0,y_0)的指数.

定理 4.3 结点、焦点(稳定或不稳定)或中心的指数是 1,鞍点的指数是 -1.

证明 定理的结论都不难由作图看到.下面计算指数.为简单起见设平衡点在$(0,0)$.

系统(2.1)可以表示为

$$\begin{cases} \dot{x} = ax + by + P_2(x,y), \\ \dot{y} = cx + dy + Q_2(x,y), \end{cases}$$

其中

$$\begin{vmatrix} a & b \\ c & d \end{vmatrix} = \triangle \neq 0,$$

P_2, Q_2 是 x, y 的不低于 2 次的幂级数.

设 N_δ 是以 $(0, 0)$ 为中心, δ 为半径的小圆. 取它的参数方程:

$$x = \delta\cos\theta, \quad y = \delta\sin\theta.$$

现在计算沿 N_δ 的旋转度 j_δ:

$$j_\delta = \frac{1}{2\pi} \int_0^{2\pi} \left(\frac{(a\cos\theta + b\sin\theta) d(c\cos\theta + d\sin\theta)}{(a\cos\theta + b\sin\theta)^2 + (c\cos\theta + d\sin\theta)^2 + \delta G(\delta, \theta)} \right.$$
$$\left. - \frac{(c\cos\theta + d\sin\theta) d(a\cos\theta + b\sin\theta) - \delta F(\delta, \theta)}{(a\cos\theta + b\sin\theta)^2 + (c\cos\theta + d\sin\theta)^2 + \delta G(\delta, \theta)} \right) d\theta,$$

其中 $F(\delta, \theta)$ 与 $G(\delta, \theta)$ 是 δ 的幂级数, 系数是 $\sin\theta$ 与 $\cos\theta$ 的多项式.

由平衡点的指数的定义, 对充分小的 δ, j_δ＝平衡点指数 j.

观察上等式右端的被积函数, 因为在 $\theta \in [0, 2\pi]$ 时

$$(a\cos\theta + b\sin\theta)^2 + (c\cos\theta + d\sin\theta)^2 \neq 0,$$

所以被积函数对充分小的 δ 是 δ 的连续函数, 有 $\lim\limits_{\delta \to 0} j_\delta = j_0$.

于是, 平衡点指数

$$j = j_0 = \frac{1}{2\pi} \int_0^{2\pi} \left(\frac{(a\cos\theta + b\sin\theta) d(c\cos\theta + d\sin\theta)}{(a\cos\theta + b\sin\theta)^2 + (c\cos\theta + d\sin\theta)^2} \right.$$
$$\left. - \frac{(c\cos\theta + d\sin\theta) d(a\cos\theta + b\sin\theta)}{(a\cos\theta + b\sin\theta)^2 + (c\cos\theta + d\sin\theta)^2} \right) d\theta.$$

这表明在计算简单平衡点的指数时可以舍去非线性项.

化简等式右端得到

$$j = \frac{ad - bc}{2\pi} \int_0^{2\pi} \frac{d\theta}{(a\cos\theta + b\sin\theta)^2 + (c\cos\theta + d\sin\theta)^2},$$

上式的积分可以计算出, 得 $j = \dfrac{\triangle}{|\triangle|}$. 这就是定理所要证明的.

下面介绍另一种求 j 的方法, 可以避免计算积分.

注意上等式右端当 $\triangle = ad - bc \neq 0$ 时是 a, b, c, d 的连续函数, 而等式左端是一个整数 j, 所以当右端的 a, b, c, d 连续变化不经过 $ad - bc = 0$ 时, 它的值是不可能改变的, 总是 j. 下面我们分别对 $\triangle$ 的不同符号的情况进行讨论.

若 $ad-bc>0$. 如果 $ad>0$,则我们可以保持着 $ad-bc>0$,使 $b\to0, c\to0$. 再令 $a\to d$,就得到 $j=1$;如果 $ad\leqslant0$,则保持着 $ad-bc>0$,令 ad 增大到 $ad>0$,就是刚才的情况,$j=1$.

若 $ad-bc<0$. 如果 $ad<0$,则保持着 $bc>ad$,令 $b\to0, c\to0$ 再令 $a\to-d$,就得到 $j=-1$;如果 $ad\geqslant0$,则保持着 $bc>ad$,令 ad 减小到 $ad<0$,就是上面的情况,$j=-1$.

定理证完.

定理 4.4　闭曲线 N 关于场 (P,Q) 的旋转度等于 N 所包围的场 (P,Q) 的所有奇点的指数之和.

证明　加几条辅助曲线把 N 所围的区域分成几个小块(见图 3.10),使每一块内只有一个奇点. 再由曲线积分的基本性质可得定理的结论.

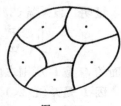

图　3.10

推论 4.3　闭轨线内若只有一个平衡点,则不会是鞍点.

推论 4.4　闭轨线内若只有简单平衡点,则一定有奇数个,并且鞍点的数目比其他平衡点的数目少一个.

§5　极限环位置的估计

本节研究系统(2.1)

$$\begin{cases} \dot{x}=P(x,y), \\ \dot{y}=Q(x,y) \end{cases}$$

的极限环可能在哪里,不可能在哪里.

1. 闭轨的不存在性

根据上一节中的结论可以知道多种闭轨不存在的充分条件. 例如:

(1) 系统无平衡点;

(2) 系统只有一个平衡点,其指数≠+1;

(3) 系统的平衡点任意组合后指数之和都不是+1.

下面再介绍两种判断方法.

定理 5.1(Bendixson 判断)　如果在某单连通区域 D 内

$$\frac{\partial P}{\partial x}+\frac{\partial Q}{\partial y}$$

不变号,则系统(2.1)在 D 内无闭轨.

证明　设系统(2.1)在 D 内有闭轨 Γ,由格林公式有

$$\iint_{\Omega}\left(\frac{\partial P}{\partial x}+\frac{\partial Q}{\partial y}\right)\mathrm{d}x\mathrm{d}y=\oint_{\Gamma}P\mathrm{d}y-Q\mathrm{d}x,$$

上面的 Ω 是 Γ 所围之区域,于是 $\Omega\subset D$.

因 Γ 是系统(2.1)之轨线,所以上式右端曲线积分之被积函数

$$P\mathrm{d}y-Q\mathrm{d}x=(PQ-QP)\mathrm{d}t=0,$$

从而曲线积分为零. 由定理假设,左端重积分不为零. 矛盾.

定理 5.2(Dulac 判断)　如果有函数 $B(x,y)\neq 0$,连续,且有连续偏导数,使得在单连通区域 D 内

$$\frac{\partial(BP)}{\partial x}+\frac{\partial(BQ)}{\partial y}$$

不变号,则系统(2.1)在 D 内无闭轨.

证明几乎与定理 5.1 的证明完全一样,不再重复. 下面举例应用定理.

例 1　考虑系统

$$\begin{cases} \dot{x}=y, \\ \dot{y}=-ax-by+\alpha x^2+\beta y^2, \end{cases}$$

即

$$\begin{cases} P(x,y)=y, \\ Q(x,y)=-ax-by+\alpha x^2+\beta y^2. \end{cases}$$

此系统有两个平衡点,即 $(0,0)$ 与 $(a/\alpha,0)$.

88

用 Bendixson 判断. 因为

$$\frac{\partial P}{\partial x} + \frac{\partial Q}{\partial y} = -b + 2\beta y,$$

所以只知道在 $y > b/2\beta$ 与 $y < b/2\beta$ 这两个半平面内都没有闭轨,但不能排除有与直线 $y = b/2\beta$ 相交之闭轨.

进一步用 Dulac 判断. 考虑以下形状之 $B(x, y)$

$$B(x, y) = e^{mx + ny},$$

其中 m, n 待定. 因为

$$\begin{aligned}
\frac{\partial(BP)}{\partial x} + \frac{\partial(BQ)}{\partial y} &= e^{mx+ny}[my + n(-ax - by \\
&\quad + \alpha x^2 + \beta y^2) + (-b + 2\beta y)] \\
&= e^{mx+ny}[-b - anx - (bn - m - 2\beta)y \\
&\quad + \alpha n x^2 + \beta n y^2],
\end{aligned}$$

而取 $n = 0, m = -2\beta$ 就可以使上式右端方括号中 x 项与 y 项的系数为零,即取

$$B(x, y) = e^{-2\beta x},$$

就有

$$\frac{\partial(BP)}{\partial x} + \frac{\partial(BQ)}{\partial y} = -be^{-2\beta x}$$

在全平面上不变号(只要 $b \neq 0$). 所以此系统在全平面上无闭轨.

例 2 研究系统

$$\begin{cases} \dot{x} = \alpha x(xy - 1), \\ \dot{y} = 1 - x^2 y, \end{cases} \tag{5.1}$$

其中 $\alpha > 0$.

解 系统 (5.1) 只有一个平衡点 $(1, 1)$. 显然,$x = 0$(y 轴)是轨线,由解的唯一性知轨线不能相交,所以从左、右两个半平面上出发的轨线不会到另外的半平面上去. 此系统左半平面无平衡点,所以左半平面无闭轨. 下面考虑右半平面,即平面上 $x > 0$ 部分.

用 Bendixson 判断. 因为

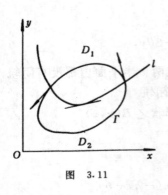

图 3.11

$$\frac{\partial P}{\partial x}+\frac{\partial Q}{\partial y}=2\alpha xy-\alpha-x^2,$$

所以曲线 l: $2\alpha xy-\alpha-x^2=0$,即 $y=\frac{x}{2\alpha}+\frac{1}{2x}$ 将右半平面分成的两部分 D_1 与 D_2 的内都没有闭轨,见图 3.11.

若有闭轨 Γ 与曲线 l 相交,则在 l 与 Γ 相交的两个交点处的向量 (P,Q) 必分别指向 D_1 与 D_2,从而曲线 l 上两交点之间必有向量 (P,Q) 与曲线 l 的切线平行之点,即有点 $(x,y)\in l$,使

$$\frac{Q(x,y)}{P(x,y)}=\frac{\mathrm{d}y}{\mathrm{d}x}\bigg|_l.$$

即

$$\frac{1-x^2y}{\alpha x(xy-1)}=\frac{1}{2\alpha}-\frac{1}{2x^2},$$

其中 $y=\frac{x}{2\alpha}+\frac{1}{2x}$. 代入后整理得

$$3x^4-4\alpha x+\alpha^2=0.$$

这个方程当 $\alpha>3$ 时在 $x>0$ 处无解.

所以,当参数 $\alpha>3$ 时,在右半平面没有与曲线 l 相交之闭轨.

总之,$\alpha>3$ 时,系统(5.1)在全平面上无闭轨.

2. 闭轨存在的充分条件

定理 5.3 如果系统(2.1)的轨线在环形区域 $\boldsymbol{R}^1$ 的边界上总是自外向内,又 $\boldsymbol{R}^1$ 内无系统(2.1)的平衡点,则在 $\boldsymbol{R}^1$ 内至少有一个稳定的极限环(见图 3.12).

定理 5.4 如果系统(2.1)的轨线在区域 D 的边界上总是自外向内,又 D 内除去系统(2.1)的不稳定焦点或结点之外无其他平衡点,则在 D 内至少有一个稳定的极限环(见下页图 3.13).

上面的两个定理现在不予以证明,因为待下一章的 Poincaré-

90

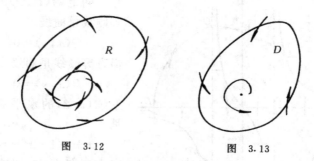

图 3.12   图 3.13

Bendixson 定理证明之后,它们就是显然的了.

 例 证明 Van der Pol 方程

$$\begin{cases} \dot{x} = y, \\ \dot{y} = -x + \mu(1-x^2)y \quad (\mu > 0) \end{cases} \tag{5.2}$$

存在稳定的极限环.

 证明 系统(5.2)只有一个平衡点$(0,0)$,$(0,0)$处的线性近似方程为

$$\begin{cases} \dot{x} = y, \\ \dot{y} = -x + \mu y. \end{cases}$$

它的特征方程是

$$\begin{vmatrix} 0-\lambda & 1 \\ -1 & \mu-\lambda \end{vmatrix} = \lambda^2 - \mu\lambda + 1 = 0,$$

特征根为

$$\lambda_{1,2} = \frac{1}{2}(\mu \pm \sqrt{\mu^2 - 4}).$$

特征根有正实部,所以$(0,0)$是系统(5.2)的不稳定平衡点,且是不稳定焦点或结点.

 如果能作出一个包围原点$(0,0)$的闭曲线 N,使系统(5.2)的轨线与 N 相交时是从外向内的,那么根据定理 5.4,闭曲线 N 所围的区域内就至少有一个稳定的极限环了.

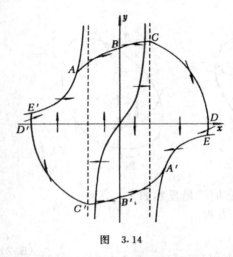

向量场 (P,Q) 的水平等倾线是曲线
$$Q(x,y)=0,$$
铅直等倾线是曲线
$$P(x,y)=0.$$
系统 (5.2) 的水平等倾线是
$$-x+\mu(1-x^2)y=0,$$
它有三条分支,铅直等倾线是 $y=0$, 即 x 轴.

等倾线把平面分成几个区域,等倾线上和每个区域内向量场的大致方向如图 3.14 所示.

图   3.14

在水平等倾线的左上支上取一点 A, 过 A 作线性方程
$$\begin{cases} \dfrac{\mathrm{d}x}{\mathrm{d}t}=y, \\[2mm] \dfrac{\mathrm{d}y}{\mathrm{d}t}=-x+\mu y \end{cases}$$
的轨线, 此轨线交 y 轴于点 B. 在弧 $\overset{\frown}{AB}$ 上比较系统 (5.2) 之轨线方向与弧 $\overset{\frown}{AB}$ 的切线方向, 有
$$\frac{-x+\mu(1-x^2)y}{y}-\frac{-x+\mu y}{y}=-\mu x^2<0,$$
所以系统 (5.2) 之轨线与 $\overset{\frown}{AB}$ 相交时轨线自外向内.

过点 B 作方程
$$\begin{cases} \dfrac{\mathrm{d}x}{\mathrm{d}t}=y, \\[2mm] \dfrac{\mathrm{d}y}{\mathrm{d}t}=\mu(1-x^2)y \end{cases}$$
的轨线, 此轨线交直线 $x=1$ 于点 C. 在弧 $\overset{\frown}{BC}$ 上有
$$\frac{-x+\mu(1-x^2)y}{y}-\frac{\mu(1-x^2)y}{y}=-\frac{x}{y}<0,$$

92

所以系统(5.2)之轨线与 $\overset{\frown}{BC}$ 相交时,轨线自外向内.

过点 C 作方程

$$\begin{cases} \dfrac{\mathrm{d}x}{\mathrm{d}t}=y, \\[2mm] \dfrac{\mathrm{d}y}{\mathrm{d}t}=-x \end{cases}$$

的轨线,即以原点为中心,过点 C 之圆弧,交 x 轴于点 D. 在弧 $\overset{\frown}{CD}$ 上($|x|>1$)有

$$\frac{-x+\mu(1-x^2)y}{y}-\frac{-x}{y}=\mu(1-x^2)<0,$$

所以系统(5.2)之轨线与 $\overset{\frown}{CD}$ 相交时自外向内.

再过点 D 作铅直的直线段交 $Q(x,y)=0$ 的右下支于点 E. 在线段 DE 上轨线自外向内. 在 $Q(x,y)=0$ 的右下支上轨线也自外向内.

由于 Van der Pol 方程(5.2)与以上所用到的三个方程组的向量场都是对称于原点的. 所以与曲线 $\overline{ABCDE}$ 关于原点对称的曲线 $\overline{A'B'C'D'E'}$ 上也具有(5.2)的轨线自外向内的性质.

于是在闭曲线 $N=ABCDEA'B'C'D'E'A$ 所围成的区域内系统(5.2)至少有一个稳定的极限环.

第五章中我们还要证明系统(5.2)只有一个稳定的极限环.

§6 无 穷 远 点

本节讨论无穷远点的性质. 为此我们作适当的坐标变换,把无穷远点变为一个具有有限坐标的点. 下面介绍的是 Poincaré 给出的变换.

考虑下半个单位球面 S. 把它的南极放在 x-y 平面的原点上. 从球心铅直向下作 W 轴(当然过 x-y 平面的原点),又过球心作 U 轴与 V 轴,分别平行于 x 轴与 y 轴,得到一个空间坐标系 UVW,如图 3.15 所示.

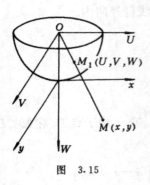

图 3.15

x-y 平面上任一点 $M(x,y)$ 与球心 O 的连线交球面于点 $M_1(U,V,W)$. 反之,半球面(不包括赤道)上任一点与球心的连线延长后交于 x-y 平面上一点,这样建立了平面 x-y 与半球面 S 上点与点之间的一一对应.

由于点 M 在坐标系 UVW 中的坐标是 $(x,y,1)$,点 O,M_1 与 M 三个点在一直线上,所以有关系式

$$\frac{U}{x}=\frac{V}{y}=\frac{W}{1}.$$

又 M_1 在球面上,所以 $\overline{OM_1}=1$,

$$\frac{W}{1}=\frac{\overline{OM_1}}{\overline{OM}}=\frac{1}{\sqrt{x^2+y^2+1}}.$$

于是我们得到了点 M 的坐标 x,y 与点 M_1 的坐标 U,V,W 之间的关系式

$$U=\frac{x}{\sqrt{x^2+y^2+1}},\quad V=\frac{y}{\sqrt{x^2+y^2+1}},$$

$$W=\frac{1}{\sqrt{x^2+y^2+1}},$$

与

$$x=\frac{U}{W},\quad y=\frac{V}{W}.$$

下面引进无穷远点. 令 $x=r\cos\theta,y=r\sin\theta$,再令 $r\to\infty$,就得到相应点的坐标

$$U=\cos\theta,\quad V=\sin\theta,\quad W=0.$$

也就是说,在 x-y 平面上,与 x 轴夹角为 θ 方向的无穷远点,对应于半球面的赤道上从 U 轴转过 θ 角的点. 只要认为在 x-y 平面上每一个方向有一个无穷远点,那么包括无穷远点的平面上的点就

94

与包括赤道的下半球面的点一一对应.

为了看清球面上赤道附近的情况我们现在把球面映到一张适当的平面上,如图 3.16 所示.

过赤道与正向 U 轴的交点 $C(1,0,0)$ 作平面 Π 与球面相切. 在 Π 上以 C 为原点,过 C 平行于 V 轴作 u 轴,平行于 W 轴作 z 轴.

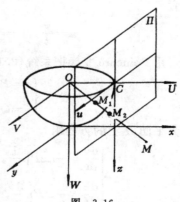

图 3.16

取半球面上的点 M_1,作 M_1 与球心的连线,延长后交平面 Π 于点 M_2,于是右半个半球面上的点对应于平面 Π 上 $z \geqslant 0$ 部分,其中右半条赤道对应到 u 轴 $z=0$;左半个半球面上的点对应到平面 Π 上 $z \leqslant 0$ 部分,左半条赤道也对应到 u 轴 $z=0$. 作为左、右两个半球面分界线的半个大圆在平面 Π 上没有对应点. 于是,除去赤道与 V 轴的两个交点之外,右(左)半赤道上任意一点附近的情况,都可以在 u 轴上相应点附近 $z>0(z<0)$ 的半平面上看到.

总之,$x\text{-}y$ 平面除去 y 轴之后对应到平面 Π,$x\text{-}y$ 平面上除去 y 轴上的两个无穷远点之外,其他无穷远点的情况都可以在平面 Π 上的 u 轴附近看到.

$x\text{-}y$ 平面上点 $M(x,y)$ 与平面 Π 上点 $M_2(u,z)$ 的坐标之间的关系是

$$\frac{x}{1} = \frac{y}{u} = \frac{1}{z},$$

这是因为它们在 UVW 空间中的坐标分别是 $(x,y,1)$ 与 $(1,u,z)$,又点 O,M 与 M_2 在同一直线上.

于是得到 Poincaré 变换

$$x = \frac{1}{z}, \quad y = \frac{u}{z} \quad (z \neq 0)$$

或者

$$u = \frac{y}{x}, \quad z = \frac{1}{x} \quad (x \neq 0).$$

用 Poincaré 变换把系统(2.1)

$$\begin{cases} \dot{x} = P(x, y), \\ \dot{y} = Q(x, y) \end{cases}$$

变为平面 Π 上的方程组

$$\begin{cases} \dfrac{\mathrm{d}u}{\mathrm{d}t} = -uzP\left(\dfrac{1}{z}, \dfrac{u}{z}\right) + zQ\left(\dfrac{1}{z}, \dfrac{u}{z}\right), \\ \dfrac{\mathrm{d}z}{\mathrm{d}t} = -z^2 P\left(\dfrac{1}{z}, \dfrac{u}{z}\right). \end{cases} \quad (6.1)$$

当 $z \neq 0$ 时,系统(6.1)在平面 Π 上的轨线是系统(2.1)在 $x\text{-}y$ 平面上的轨线的投影. 但 $z = 0$ 恰对应于 $x\text{-}y$ 平面上的无穷远点,正是我们要研究的.

当 $P(x, y), Q(x, y)$ 是 x, y 的多项式时,可以将方程(6.1)改写为

$$\begin{cases} \dfrac{\mathrm{d}u}{\mathrm{d}t} = \dfrac{\overline{P}(u, z)}{z^n}, \\ \dfrac{\mathrm{d}z}{\mathrm{d}t} = \dfrac{\overline{Q}(u, z)}{z^n}, \end{cases} \quad (6.1')$$

其中 n 是自然数, $\overline{P}(u, z), \overline{Q}(u, z)$ 是 u, z 的多项式. 再作变换

$$\mathrm{d}\tau = \frac{\mathrm{d}t}{z^n},$$

方程(6.1′)化为

$$\begin{cases} \dfrac{\mathrm{d}u}{\mathrm{d}\tau} = \overline{P}(u, z), \\ \dfrac{\mathrm{d}z}{\mathrm{d}\tau} = \overline{Q}(u, z). \end{cases} \quad (6.1'')$$

当 $z \neq 0$ 时方程(6.1″)与(6.1′)或(6.1)等价. 而当 $z = 0$ 时方程(6.1″)有定义,于是,我们通过研究此方程来了解方程(6.1). 只是

还要注意,当 n 为奇数,又 $z<0$ 时,$d\tau$ 与 dt 互为反号,也就是,当 n 为奇数时,方程(6.1″)与(6.1)的轨线在 $z<0$ 的半平面上方向相反.

为了研究系统(2.1)在 x-y 平面上除 y 轴上的两个无穷远点以外的无穷远点的情况,只要研究系统(6.1″)在平面 Π 上 u 轴($z=0$)附近的情况. 为此解方程组
$$\overline{P}(u,0)=\overline{Q}(u,0)=0,$$
求出系统(6.1″)在 u 轴上的平衡点,并加以研究.

为研究 y 轴上的两个无穷远点,我们过赤道与正向 V 轴的交点 D 作另一平面 Π' 与球面相切. 以 D 为原点,过 D 平行于 U 轴作 v 轴,平行于 W 轴作 z 轴. 图形从略.

完全类似地建立 x-y 平面上的点 $M(x,y)$ 与平面 Π' 的点 $M_3(v,z)$ 之间的对应. 它们的坐标之间有关系
$$\frac{x}{v}=\frac{y}{1}=\frac{1}{z}.$$

由此得到 **Poincaré 变换**
$$x=\frac{v}{z}, \quad y=\frac{1}{z} \quad (z\ne 0)$$
或者
$$v=\frac{x}{y}, \quad z=\frac{1}{y} \quad (y\ne 0).$$

系统(2.1)经过 Poincaré 变换化为 v-z 平面上的方程组
$$\begin{cases} \dfrac{dv}{dt}=zP\left(\dfrac{v}{z},\dfrac{1}{z}\right)-vzQ\left(\dfrac{v}{z},\dfrac{1}{z}\right)=\dfrac{\hat{P}(v,z)}{z^m}, \\[3mm] \dfrac{dz}{dt}=-z^2Q\left(\dfrac{v}{z},\dfrac{1}{z}\right)=\dfrac{\hat{Q}(v,z)}{z^m}, \end{cases} \tag{6.2}$$
其中 m 是自然数,$\hat{P}$,$\hat{Q}$ 是多项式. 再作变换
$$d\tau=\frac{dt}{z^m},$$
方程组(6.2)化为

$$\begin{cases} \dfrac{\mathrm{d}v}{\mathrm{d}\tau} = \hat{P}(v,z), \\ \dfrac{\mathrm{d}z}{\mathrm{d}\tau} = \hat{Q}(v,z). \end{cases}$$

完全类似地, 只要研究以上方程组在点 $(v,z)=(0,0)$ 附近的情况, 就可以了解系统 (2.1) 在 x-y 平面上 y 轴方向的两个无穷远点的情况.

无穷远点的情况可以在赤道附近表示出来. 为了作图方便, 将下半个单位球面 S 垂直地投影到 x-y 平面上成为单位圆盘 k. 赤道投影成为单位圆周. 这样整个 x-y 平面映成单位圆, 无穷远点映成单位圆周上的点.

u-z 平面上点 $(u_0,0)$ 的邻域在半平面 $z>0$ 与 $z<0$ 中的两个部分, 分别地对应到 x-y 平面上的单位圆周与直线 $y=u_0 x$ 的两个交点 $(\cos\theta_0, \sin\theta_0)$ 与 $(\cos(\theta_0+\pi), \sin(\theta_0+\pi))$ 的邻域在单位圆内的部分 (见图 3.17). 又其中 $\theta_0 = \arctan u_0$.

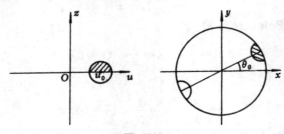

图　3.17

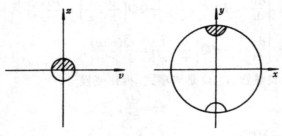

图　3.18

98

$v\text{-}z$ 平面上的原点$(0,0)$在半平面 $z>0$ 与 $z<0$ 中的两个半边的邻域分别对应到 $x\text{-}y$ 平面上单位圆周上的点$(0,1)$与$(0,-1)$的邻域在单位圆内的部分(见图3.18).

例 考虑系统

$$\begin{cases} \dfrac{\mathrm{d}x}{\mathrm{d}t}=x(3-x-ny), \\[2mm] \dfrac{\mathrm{d}y}{\mathrm{d}t}=y(-1+x+y) \end{cases} \quad (n>3) \qquad (6.3)$$

在无穷远的情况.

解 分以下几步进行.

(1) 作 Poincaré 变换

$$x=\frac{1}{z}, \quad y=\frac{u}{z},$$

即

$$u=\frac{y}{x}, \quad z=\frac{1}{x}.$$

把系统(6.3)变成系统

$$\begin{cases} \dfrac{\mathrm{d}u}{\mathrm{d}t}=\dfrac{2u-4uz+(n+1)u^2}{z}, \\[3mm] \dfrac{\mathrm{d}z}{\mathrm{d}t}=\dfrac{z+nuz-3z^2}{z}. \end{cases} \qquad (6.4)$$

再令

$$\mathrm{d}\tau=\frac{\mathrm{d}t}{z}.$$

系统(6.4)化为系统

$$\begin{cases} \dfrac{\mathrm{d}u}{\mathrm{d}\tau}=2u-4uz+(n+1)u^2, \\[3mm] \dfrac{\mathrm{d}z}{\mathrm{d}\tau}=z+nuz-3z^2. \end{cases} \qquad (6.5)$$

(2) 求出系统(6.5)在 u 轴$(z=0)$上的平衡点,并判断其稳定性.

系统(6.5)在 u 轴上的平衡点有 $C(0,0)$ 与 $B\left(-\dfrac{2}{n+1},0\right)$. 因为

$$\begin{pmatrix} P'_u & P'_z \\ Q'_u & Q'_z \end{pmatrix} = \begin{pmatrix} 2-4z+2(n+1)u & -4u \\ nz & 1+nu-6z \end{pmatrix},$$

所以,两个平衡点处的线性近似方程的系数矩阵分别是:

$$\begin{pmatrix} 2 & 0 \\ 0 & 1 \end{pmatrix} \quad 与 \quad \begin{pmatrix} -2 & \dfrac{8}{n+1} \\ 0 & 1-\dfrac{2n}{n+1} \end{pmatrix}.$$

于是,$C(0,0)$ 是不稳定结点,$B\left(-\dfrac{2}{n+1},0\right)$ 是稳定结点.

(3) 作 Poincaré 变换

$$x=\frac{v}{z}, \quad y=\frac{1}{z},$$

即

$$v=\frac{x}{y}, \quad z=\frac{1}{y}.$$

系统(6.3)化为

$$\begin{cases} \dfrac{\mathrm{d}v}{\mathrm{d}t} = \dfrac{-(n+1)v+4vz-2v^2}{z}, \\ \dfrac{\mathrm{d}z}{\mathrm{d}t} = \dfrac{-z-vz+z^2}{z}. \end{cases} \tag{6.6}$$

再令

$$\mathrm{d}\tau=\frac{\mathrm{d}t}{z},$$

系统(6.6)化为

$$\begin{cases} \dfrac{\mathrm{d}v}{\mathrm{d}\tau} = -(n+1)v+4vz-2v^2, \\ \dfrac{\mathrm{d}z}{\mathrm{d}\tau} = -z-vz+z^2. \end{cases} \tag{6.7}$$

(4) 系统(6.7)在平衡点 $D(0,0)$ 处的线性近似方程的系数矩阵为

$$\begin{pmatrix} -(n+1) & 0 \\ 0 & -1 \end{pmatrix}.$$

所以 $D(0,0)$ 是稳定结点.

(5) 将以上讨论所得的结果表示在赤道附近. 注意 $\mathrm{d}\tau=\dfrac{\mathrm{d}t}{z}$,所

100

以在 $z<0$ 的半平面上,系统(6.4)、(6.6)与系统(6.5)、(6.7)的轨线方向相向. 又注意 $z=0$ 是系统(6.5)的解,所以赤道由平衡点与轨线构成,见图3.19.

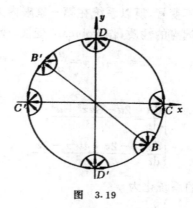

图 3·19

§7 几个全局结构的例子

对下面的系统,我们讨论它的平衡点的性质、极限环的存在性与位置估计,以及无穷远平衡点的性质. 最后把讨论结果图示在 x-y 平面上的单位圆盘上,成为系统的全局结构的一个模型.

例1 讨论系统

$$\begin{cases} \dfrac{\mathrm{d}x}{\mathrm{d}t}=2x(1+x^2-2y^2)=P(x,y), \\ \dfrac{\mathrm{d}y}{\mathrm{d}t}=-y(1-4x^2+3y^2)=Q(x,y). \end{cases} \tag{7.1}$$

解 系统(7.1)有平衡点 $O(0,0)$,$A_1(1,1)$,$A_2(1,-1)$,$A_3(-1,1)$,$A_4(-1,-1)$,其中 $O(0,0)$ 是鞍点,A_1,A_2,A_3 与 A_4 都是稳定焦点.

因为 $x=0$ 与 $y=0$ 都是轨线,所以闭轨不能与 x 轴或 y 轴相交. 又系统对于 x 轴或 y 轴都对称,所以只要讨论第一象限的情况就可以了.

用 Dulac 判断. 取 $B(x,y)=x^{-\frac{3}{2}}y^{-2}$,可计算得

$$\frac{\partial(BP)}{\partial x}+\frac{\partial(BQ)}{\partial y}=-x^{-\frac{3}{2}}y^{-2}(x^2+y^2).$$

它在第一象限内不变号,所以系统在第一象限内无闭轨.

为讨论无穷远点的性质,作 Poincaré 变换. 令

$$x=\frac{1}{z},\quad y=\frac{u}{z},$$

系统(7.1)化为

$$\begin{cases}\dfrac{\mathrm{d}u}{\mathrm{d}t}=\dfrac{2u-3uz^2+u^3}{z^2},\\[3mm]\dfrac{\mathrm{d}z}{\mathrm{d}t}=\dfrac{-2z+4u^2z-2z^3}{z^2}.\end{cases}$$

令 $\mathrm{d}\tau=\dfrac{\mathrm{d}t}{z^2}$,上面的系统化为

$$\begin{cases}\dfrac{\mathrm{d}u}{\mathrm{d}\tau}=2u-3uz^2+u^3,\\[3mm]\dfrac{\mathrm{d}z}{\mathrm{d}\tau}=-2z+4u^2z-2z^3.\end{cases}\tag{7.2}$$

系统(7.2)在 u 轴$(z=0)$上有一个平衡点 $C(0,0)$,是鞍点.

作第二个 Poincaré 变换

$$x=\frac{v}{z},\quad y=\frac{1}{z}.$$

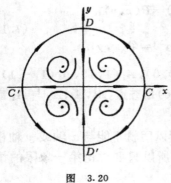

系统(7.1)化为

$$\begin{cases}\dfrac{\mathrm{d}v}{\mathrm{d}t}=\dfrac{-v+3vz^2-2v^3}{z^2},\\[3mm]\dfrac{\mathrm{d}z}{\mathrm{d}t}=\dfrac{3z-4v^2z+z^3}{z^2}.\end{cases}$$

再令 $\mathrm{d}\tau=\dfrac{\mathrm{d}t}{z^2}$,上面的系统化为

$$\begin{cases}\dfrac{\mathrm{d}v}{\mathrm{d}\tau}=-v+3vz^2-2v^3,\\[3mm]\dfrac{\mathrm{d}z}{\mathrm{d}\tau}=3z-4v^2z+z^3.\end{cases}\tag{7.3}$$

图 3.20

102

系统(7.3)的平衡点 $D(0,0)$ 是鞍点.

综合以上讨论可作图 3.20.

例 2 考虑 §6 例中的系统 6.3

$$\begin{cases} \dfrac{\mathrm{d}x}{\mathrm{d}t} = x(3-x-ny), \\[2mm] \dfrac{\mathrm{d}y}{\mathrm{d}t} = y(-1+x+y) \end{cases} \quad (n>3).$$

解 系统(6.3)有平衡点：

$$O(0,0), \quad A_1(0,1), \quad A_2(3,0), \quad A_3\left(\frac{n-3}{n-1}, \frac{2}{n-1}\right),$$

其中 O, A_1 与 A_2 是鞍点,当 $n>5$ 时 A_3 是稳定焦点；$3<n<5$ 时 A_3 是不稳定的焦点或结点.

因为 $x=0$ 与 $y=0$ 都是轨线,所以闭轨不能与 x 轴或 y 轴相交.又闭轨必包围平衡点,所以若有闭轨只能在第一象限包围平衡点 A_3.

用 Dulac 判断. 取

$$B(x,y) = x^{-\frac{n-3}{n-1}} y^{\frac{2}{n-1}},$$

有

$$\frac{\partial(BP)}{\partial x} + \frac{\partial(BQ)}{\partial y} = \frac{5-n}{n-1} x^{-\frac{n-3}{n-1}} y^{\frac{2}{n-1}},$$

当 $3<n<5$ 或 $n>5$ 时在第一象限内不变号,所以无闭轨.

无穷远点的性质在上一节中已讨论过了.综合以上讨论,分别情况 $3<n<5$ 与 $n>5$ 作图.二,三,四象限中的轨线情况很简单.注意第一象限中无闭轨,所以从鞍点 A_2 出发的轨线不能进入鞍点 A_1.又轨线不能相交,所以结构如图 3.21 所示.

下面我们来讨论 $n=5$ 的情况. 此时,系统(6.3)在平衡点 $A_3(1/2, 1/2)$ 处的线性近似方程为中心.不难验算：

$$xy^3\left(\frac{x}{3} + y - 1\right)^2 = C$$

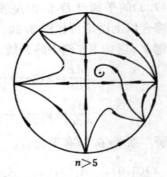

$3<n<5$ $n>5$

图　3.21

是方程(6.3)的解.在 $x=1/2,y=1/2$ 处

$$F(x,y)=xy^3\left(\frac{x}{3}+y-1\right)^2$$

取极大值.在直线

$$x=0,\quad y=0\quad \text{与}\quad \frac{x}{3}+y-1=0$$

所围成的三角形区域内 $F(x,y)>0$,其上 $F(x,y)=0$,所以

$$xy^3\left(\frac{x}{3}+y-1\right)^2=C\quad(C\geqslant0)$$

是一族围绕着 $A_3(1/2,1/2)$ 的闭轨线,A_3 是中心,全局结构如图 3.22.

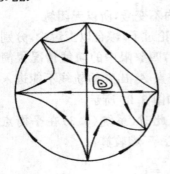

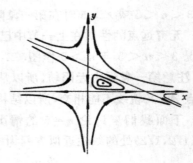

图　3.22

第四章 动力系统

§1 流

二维线性系统

$$\dot{x} = Ax \qquad\qquad (1.1)$$

满足初条件 $t=0$ 时 $x=x_0$ 的解是

$$x = e^{At}x_0 \equiv \varphi_t(x_0) \equiv \varphi(t, x_0).$$

$\varphi(t, x)$ 是时间 $t(t \in \mathbf{R}^1)$ 与初值 $x(x \in \mathbf{R}^2)$ 的函数,取值在 $\mathbf{R}^2$ 内.记作

$$\varphi: \mathbf{R}^1 \times \mathbf{R}^2 \to \mathbf{R}^2.$$

若固定 x 令 t 变,就得到平面 $\mathbf{R}^2$ 上系统(1.1)过 x 的轨线;若固定 t 令 x 变,就得到 $\mathbf{R}^2$ 到 $\mathbf{R}^2$ 的一个映射 $\varphi_t: \mathbf{R}^2 \to \mathbf{R}^2$. 再令参数 t 变,就可想象平面上的点沿着系统(1.1)的轨线按箭头所指的方向流动.

定义 把 $\varphi(t, x) \equiv e^{At}x$ 称做系统(1.1)的**流**.

由指数算子 e^{At} 的性质可知,流 $\varphi(t, x) = \varphi_t(x)$ 是 $\mathbf{R}^1 \times \mathbf{R}^2$ 上的连续函数,并具有以下两个性质:

(1) $\varphi(0, x) = \varphi_0(x) = x$,即 φ_0 是恒等映射;

(2) $\varphi_{a+b}(x) = \varphi_a(\varphi_b(x))$,从而 φ_t 的逆映射 $(\varphi_t)^{-1}$ 存在,是 φ_{-t}.

下面考虑 n 维欧氏空间 $\mathbf{R}^n$ 中的自治系统

$$\dot{x} = f(x). \qquad\qquad (1.2)$$

设 $f(x)(x \in W)$ 满足解的存在唯一性定理中的条件.记系统(1.2)满足初条件 $t=0$ 时 $x=x_0(x_0 \in W)$ 的解为

$$x = \varphi(t, x_0),$$

其中 $t \in J(x_0)$，$J(x_0)$ 表示初值为 x_0 的解存在的最大区间。令区域 $\Omega \subset R^1 \times W$，

$$\Omega \equiv \{(t,x) \mid (t,x) \in R^1 \times W, x \in W, t \in J(x)\},$$

于是函数 $\varphi(t,x)$ 定义在 Ω 上，取值在 W 内。即 $\varphi: \Omega \to W$。

定义 函数 $\varphi(t,x) \equiv \varphi_t(x)$ 称做系统 (1.2) 的**流**，也称 $f(x)$ 的流。

我们证明 n 维非线性自治系统的流也有二维线性系统的流所具有的那几条性质。

定理 1.1 集合 Ω 是 $R^1 \times W$ 中的开集，函数 $\varphi: \Omega \to W$ 是 Ω 上的连续函数。

证明 设 $(t_0, x_0) \in \Omega$。由 Ω 的定义，$t_0 \in J(x_0)$。由解的开拓定理，可以把解 $\varphi(t, x_0)$ 开拓到区间 $[t_0 - \delta, t_0 + \delta]$ 上，$\delta > 0$。由第一章的定理 3.2 知，存在 x_0 的一个邻域 $U, U \subset W$，使当 $x \in U$ 时，方程 (1.2) 有唯一解 $\varphi(t, x)$，且在区间 $[t_0 - \delta, t_0 + \delta]$ 上也有定义。于是 $(t_0 - \delta, t_0 + \delta) \times U \subset \Omega$，所以 Ω 是开集。

下面证明 $\varphi: \Omega \to W$ 在 (t_0, x_0) 连续。

设 $t \in (t_0 - \delta, t_0 + \delta)$，$x \in U$，有
$$|\varphi(t,x) - \varphi(t_0, x_0)| \leqslant |\varphi(t,x) - \varphi(t, x_0)| + |\varphi(t, x_0) - \varphi(t_0, x_0)|$$
$$\leqslant |x - x_0| e^{L|t|} + |\varphi(t, x_0) - \varphi(t_0, x_0)|.$$

对任给的 $\varepsilon > 0$，由解 $\varphi(t, x_0)$ 在 t_0 的连续性，存在 $\delta_1 (<\delta)$ 使当 $|t - t_0| < \delta_1$ 时，上不等式右端第二项

$$|\varphi(t, x_0) - \varphi(t_0, x_0)| < \frac{\varepsilon}{2}.$$

注意此时右端第一项 $|x - x_0| e^{L|t|} \leqslant |x - x_0| e^{L(|t_0| + \delta_1)}$。于是存在 $\delta_2 > 0$，使当 $|x - x_0| < \delta_2$ 时，$x \in U$，并且不等式右端第一项

$$|x - x_0| e^{L(|t_0| + \delta_1)} < \frac{\varepsilon}{2}.$$

定理 1.1 证完。

定理 1.2 (1) $\varphi_0(x) = x$；

106

（2）$\varphi_{a+b}(x)=\varphi_a(\varphi_b(x))\equiv\varphi_a\varphi_b(x)$.

证明　（1）对一切 $x\in W$ 有 $0\in J(x)$. 由 $\varphi(t,x)$ 的定义，$\varphi(0,x)=\varphi_0(x)=x$，对一切 $x\in W$ 成立，即 φ_0 是 W 上的恒等映射.

（2）这个等式的含义为，右端有意义，则左端有意义，且与右端相等；或左端有意义，右端括号内也有意义，则右端有意义，且与左端相等.

设 $a>0,b>0$. 若等式右端有意义，我们即设 $b\in J(x),a\in J(\varphi_b(x))$. 于是 $[0,b]\subset J(x)$，$[0,a]\subset J(\varphi_b(x))$，因此可以在 $t\in[0,a+b]$ 上定义一个函数

$$u(t)\equiv\begin{cases}\varphi(t,x), & 0\leqslant t\leqslant b,\\ \varphi(t-b,\varphi_b(x)), & b\leqslant t\leqslant a+b.\end{cases}$$

很容易验算函数 $u(t)$ 满足方程(1.2)(注意，若方程(1.2)不是自治系统则不对!)，且 $u(0)=\varphi(0,x)=x$，即 $u(t)$ 是方程(1.2)满足初条件 $t=0$ 时取值 x 的解. 由解的唯一性定理知，$u(t)=\varphi(t,x)$. 因为 $u(t)$ 在 $[0,a+b]$ 上有定义，所以 $a+b\in J(x)$，并且有

$$\varphi(a+b,x)=u(a+b)=\varphi(a,\varphi_b(x))=\varphi_a\varphi_b(x),$$

即等式左端有意义且与右端相等.

若等式左端有意义，右端括号内有意义，即 $b\in J(x),a+b\in J(x)$. 于是 $[b,a+b]\subset J(x)$. 可以在 $t\in[0,a]$ 上定义一个函数

$$u(t)\equiv\varphi(t+b,x).$$

不难验算，$u(t)$ 满足方程(1.2)(自治系统!)，又

$$u(0)=\varphi(b,x)=\varphi_b(x).$$

由解的唯一性定理知，$u(t)=\varphi(t,\varphi_b(x))$. 所以 $a\in J(\varphi_b(x))$，即 $\varphi(a,\varphi_b(x))$ 有意义，并且

$$\varphi(a+b,x)\equiv u(a)=\varphi(a,\varphi_b(x))=\varphi_a\varphi_b(x),$$

亦即等式右端有意义且与左端相等.

对于 a,b 的其他情况，可以类似地证明，不再重复.

n 维自治系统 $\dot{x}=f(x)$ 的解可以在 $\boldsymbol{R}^n$ 空间中表示. n 维非自

治系统 $\dot{x}=f(t,x)$ 的解要在 $\boldsymbol{R}^1\times\boldsymbol{R}^n$ 空间(加上 t 轴!)中才能表示,因为它的方向场 $f(t,x)$ 需要在 $\boldsymbol{R}^1\times\boldsymbol{R}^n$ 空间中表示. 把自治系统作为非自治系统的特殊情况,它的方向场 $f(x)$ 的特点是与 t 无关,即对于不同的 t,只要 x 相同就有相同的方向. 于是自治系统的轨线的特点是沿着 t 轴平移之后仍是轨线. 即如果 $\varphi(t,x_0)$ 是自治系统(1.2)的轨线

$$\frac{\mathrm{d}\varphi(t,x_0)}{\mathrm{d}t}\equiv f(\varphi(t,x_0)),$$

即 $\varphi(t-b,x_0)$ 也是自治系统(4.2)的轨线

$$\frac{\mathrm{d}\varphi(t-b,x_0)}{\mathrm{d}t}=\frac{\mathrm{d}\varphi(t-b,x_0)}{\mathrm{d}(t-b)}\equiv f(\varphi(t-b,x_0)).$$

定理 1.2 中构造的前一个 $u(t)$,就是把系统(1.2)在区间 $[0,a]$ 上的轨线 $\varphi_t(\varphi_b(x))$ 沿 t 轴平移到 $[b,b+a]$ 上成为 $\varphi_{t-b}(\varphi_b(x))$,再与区间 $[0,b]$ 上的解 $\varphi_t(x)$ 连接起来而得到的,见图 4.1.

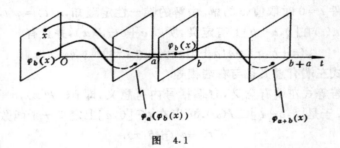

图 4.1

设 $(t_0,x_0)\in\Omega.$ 因 Ω 是开集,所以,有 x_0 在 W 中的邻域 U,使得只要 $x\in U$,就有 $(t_0,x)\in\Omega$,即 $t_0\in J(x).$ 于是

$$\varphi_{t_0}:U\to W.$$

定理 1.3 φ_{t_0} 把 U 映射到 W 中开集 V,φ_{-t_0} 定义在 V 上,$\varphi_{-t_0}:V\to U$,且 $\varphi_{-t_0}\varphi_{t_0}$ 是 U 上的恒等映射,$\varphi_{t_0}\varphi_{-t_0}$ 是 V 上的恒等映射.

证明 设 $y\in V$,即存在 $x\in U$,$\varphi_{t_0}(x)=y$,由定理 1.2,有

$$x=\varphi_0(x)=\varphi_{-t_0}(\varphi_{t_0}(x))=\varphi_{-t_0}(y).$$

即 φ_{-t_0} 定义在 V 上, $\varphi_{-t_0}: V \to U$.

φ_{t_0} 与 φ_{-t_0} 复合后为恒等映射的两个结果是显然的.

最后指出 V 是开的. 因为由定理 1.1 知, φ_{-t_0} 是连续映射, 而 V 是开集 U 在映射 φ_{-t_0} 下的原像.

定理 1.3 证完.

§2 动 力 系 统

定义 S 是 n 维欧氏空间 $\mathbf{R}^n$ 中的开集. 映射 $\varphi: \mathbf{R}^1 \times S \to S$, φ 连续. 也记 $\varphi(t, x)$ 为 $\varphi_t(x)$. 固定 t 时, 映射 $\varphi_t: S \to S$, 满足

(1) $\varphi_0: S \to S$ 是恒等映射;

(2) $\varphi_t \varphi_s = \varphi_{t+s}$ 对 $\mathbf{R}^1$ 内一切 t 与 s 成立.

则称 φ_t 为**动力系统**.

注意, 由定义可得 φ_t 对 t 连续, 又 φ_{-t} 是 φ_t 的逆映射.

例 $e^{tA}x$ 是一个动力系统.

命题 每一个可微动力系统对应一个微分方程, 此微分方程以它为解.

证明 设 $\varphi_t(x)$ 是一个可微动力系统. 令

$$f(x) = \frac{\mathrm{d}}{\mathrm{d}t} \varphi_t(x) \Big|_{t=0} = \lim_{\Delta t \to 0} \frac{\varphi_{\Delta t}(x) - \varphi_0(x)}{\Delta t},$$

得到一个微分方程

$$\frac{\mathrm{d}x}{\mathrm{d}t} = f(x).$$

为验算 $\varphi_t(x)$ 是它的解, 把 $\varphi_t(x)$ 分别代入方程的两端. 代入左端得

$$\frac{\mathrm{d}\varphi_t(x)}{\mathrm{d}t} = \lim_{\Delta t \to 0} \frac{\varphi_{t+\Delta t}(x) - \varphi_t(x)}{\Delta t},$$

代入右端得

$$f(\varphi_t(x)) = \lim_{\Delta t \to 0} \frac{\varphi_{\Delta t}(\varphi_t(x)) - \varphi_0(\varphi_t(x))}{\Delta t}.$$

由动力系统的定义有

$$\varphi_{\Delta t}(\varphi_t(x)) = \varphi_{t+\Delta t}(x) \quad 与 \quad \varphi_0(\varphi_t(x)) = \varphi_t(x).$$

所以 $\varphi_t(x)$ 满足所得到的微分方程. 另外它还满足初条件

$$\varphi_t(x)|_{t=0} = x.$$

证完.

§3 导 算 子

我们知道, 一元函数 $f(x)$ 在点 a 可微, 即存在一个常数 A, 使

$$f(a+h) - f(a) = Ah + o(h).$$

称常数 A 为 $f(x)$ 在点 a 处的导数, 记作 $A = f'(a)$.

我们还知道, n 维向量 x 的函数, 或者说 n 元函数 $f(x)$ 在点 $a(a \in \mathbf{R}^n)$ 可微, 是指存在一个 n 维向量 A, 使

$$f(a+h) - f(a) = A \cdot h + o(|h|) \quad (h \in \mathbf{R}^n).$$

称向量 A 为函数 $f(x)$ 在点 a 处的全导数或梯度, 记作 $A = \nabla f(a)$ 或 $\mathrm{grad} f(a)$.

定义 n 维向量 x 的向量函数 $f(x)(\in \mathbf{R}^m)$ 在点 $a(a \in \mathbf{R}^n)$ 可微是指, 存在一个 $\mathbf{R}^n \to \mathbf{R}^m$ 的线性算子 A, 使

$$f(a+h) - f(a) = Ah + o(|h|) \quad (h \in \mathbf{R}^n). \tag{3.1}$$

称 A 为 $f(x)$ 在点 a 处的**导算子**. 将 A 记作 $\mathrm{D}f(a)$.

例 1 设 A 是 $m \times n$ 的矩阵. $f(x) = Ax$ 是定义在 $\mathbf{R}^n$ 上并在 $\mathbf{R}^m$ 中取值的向量函数. 求 $\mathrm{D}f(x)$.

解 因为有

$$f(x+h) - f(x) = A(x+h) - Ax = Ah,$$

所以

$$\mathrm{D}f(x) = A.$$

定理 3.1 若 $f(x)$ 在 a 可微, 则在 a 连续.

证明 因为 $f(x)$ 在 a 可微, 所以

110

$$f(a+h)-f(a)=Ah+o(|h|).$$

当 $|h| \to 0$ 时,根据线性算子 A 在 0 连续,所以右端第一项 Ah 趋于 0;右端第二项也趋于 0. 于是

$$\lim_{|h| \to 0} f(a+h)=f(a).$$

证完.

定理 3.2 若 $f(x)$ 在 a 可微,则 $\dfrac{\partial f_i}{\partial x_j}\Big|_{x=a}$ $(i=1,\cdots,m;j=1,\cdots,n)$ 都存在,且导算子

$$\mathrm{D}f(a)=\begin{pmatrix} \dfrac{\partial f_1}{\partial x_1} & \cdots & \dfrac{\partial f_1}{\partial x_n} \\ \vdots & & \vdots \\ \dfrac{\partial f_m}{\partial x_1} & \cdots & \dfrac{\partial f_m}{\partial x_n} \end{pmatrix}_{x=a}.$$

证明 设 $e_k(k=1,\cdots,n)$ 是 $\boldsymbol{R}^n$ 中的向量,第 k 个分量为 1,其他分量为 0. 因为 $f(x)$ 在 a 可微,只要在可微性定义的式(3.1)中,取 $h=\alpha e_k$(α 是数,显然 $|\alpha|=|h|$)就可得到

$$\frac{f(a+\alpha e_k)-f(a)}{\alpha}=Ae_k+\frac{o(|\alpha|)}{\alpha},$$

令 $\alpha \to 0$,就得到

$$\begin{pmatrix} \dfrac{\partial f_1}{\partial x_k} \\ \vdots \\ \dfrac{\partial f_m}{\partial x_k} \end{pmatrix}_{x=a}=Ae_k.$$

所以导算子

$$\mathrm{D}f(a)=A=\begin{pmatrix} \dfrac{\partial f_1}{\partial x_1} & \cdots & \dfrac{\partial f_1}{\partial x_n} \\ \vdots & & \vdots \\ \dfrac{\partial f_m}{\partial x_1} & \cdots & \dfrac{\partial f_m}{\partial x_n} \end{pmatrix}_{x=a}.$$

例 2 若 $m=1, \mathrm{D}f(x)=\nabla f(x)$；若 $m=n=1, \mathrm{D}f(x)=f'(x)$.

定理 3.3 若 $\dfrac{\partial f_i}{\partial x_j}(i=1,\cdots,m;j=1,\cdots,n)$ 在 $x=a$ 处存在且连续，则 $f(x)$ 在 a 可微.

证明 因为 $\dfrac{\partial f_k}{\partial x_j}(j=1,\cdots,n)$ 在 a 连续，所以函数 $f_k(x)$ 在 $x=a$ 可微且

$$f_k(a+h)-f_k(a)-\sum_{j=1}^{n}\frac{\partial f_k}{\partial x_j}\Big|_{x=a}h_j=o(|h|),$$

h_j 是向量 h 的第 j 个分量.

取线性算子 $A=\left(\dfrac{\partial f_i}{\partial x_j}\right)$，就有

$$f(a+h)-f(a)-Ah=o(|h|).$$

即 $f(x)$ 在 a 可微. 证完.

定义 设 $U\subset R^n$，若对任意 $x\in U$ 有 $\mathrm{D}f(x)$ 存在，就定义出一个映射

$$x\to \mathrm{D}f(x).$$

如果这个映射连续，即当 $|x-\bar{x}|\to 0$ 时

$$\|\mathrm{D}f(x)-\mathrm{D}f(\bar{x})\|\to 0,$$

就称 f **连续可微**，记作 $f\in C^1$.

定理 3.4 $f\in C^1$ 的充要条件是 $\dfrac{\partial f_i}{\partial x_j}(i=1,\cdots,m;j=1,\cdots,n)$ 存在，连续.

证明 由定理 3.3 与 3.2，$\mathrm{D}f(x)$ 与 $\dfrac{\partial f_i}{\partial x_j}$ 的存在性已证.

按第二章 §1 中矩阵的模的定义，矩阵 $A=(a_{ij})$ 的模 $\|A\|$ 满足以下不等式：

$$|a_{ij}|\leqslant \|A\|\leqslant \left[\sum_{i=1}^{m}\left(\sum_{j=1}^{n}|a_{ij}|\right)^2\right]^{\frac{1}{2}}.$$

所以对矩阵 $\mathrm{D}f(x)-\mathrm{D}f(\bar{x})$ 有不等式：

112

$$\left|\frac{\partial f_i}{\partial x_j}(x)-\frac{\partial f_i}{\partial x_j}(\bar{x})\right|\leqslant \|\,\mathrm{D}f(x)-\mathrm{D}f(\bar{x})\,\|$$

$$\leqslant \left[\sum_{i=1}^{m}\left(\sum_{j=1}^{n}\left|\frac{\partial f_i}{\partial x_j}(x)-\frac{\partial f_i}{\partial x_j}(\bar{x})\right|\right)^2\right]^{\frac{1}{2}}$$

定理的结论由此不等式立刻得到.

推论 若 $f\in C^1(W)$,则 f 在 W 上局部李氏.

定理 3.5(锁链法则) 设向量函数 g 在 a 可微,导算子为 $\mathrm{D}g(a)$,向量函数 f 在 $b=g(a)$ 可微,导算子为 $\mathrm{D}f(b)$,则复合向量函数 $h=f\circ g$ 在 a 可微,且

$$\mathrm{D}h(a)=\mathrm{D}f(b)\mathrm{D}g(a).$$

证明 考虑

$$h(a+u)-h(a)=f[g(a+u)]-f[g(a)]$$
$$=f(b+v)-f(b), \tag{3.2}$$

其中 $|u|$ 很小,$v=g(a+u)-g(a)$. 因为 g 在 a 可微,所以

$$v=g(a+u)-g(a)=\mathrm{D}g(a)u+o(|u|).$$

又 f 在 b 可微,所以

$$f(b+v)-f(b)=\mathrm{D}f(b)v+o(|v|).$$

把这两个关系式代入式(3.2),得到

$$h(a+u)-h(a)=\mathrm{D}f(b)[\mathrm{D}g(a)u+o(|u|)]+o(|v|)$$
$$=\mathrm{D}f(b)\mathrm{D}g(a)u+\mathrm{D}f(b)o(|u|)+o(|v|).$$

上式右端第二项显然仍为 $o(|u|)$. 第三项也是 $o(|u|)$,因为当 $|u|\to 0$ 时 $|v|/|u|$ 有界. 而这是因为

$$|v|=|g(a+u)-g(a)|\leqslant |\mathrm{D}g(a)u|+|o(|u|)|$$
$$\leqslant \|\,\mathrm{D}g(a)\,\|\,|u|+|o(|u|)|.$$

所以

$$h(a+u)-h(a)=\mathrm{D}f(b)\mathrm{D}g(a)u+o(|u|).$$

这就是定理所要证明的.

定义 设 x_0 是 n 维系统(1.2)

$$\dot{x}=f(x)\qquad (f\in C^1)$$

的平衡点,即 $f(x_0)=0$. 则系统(1.2)可表为

$$\dot{x}=f(x)=f(x)-f(x_0)=\mathrm{D}f(x_0)(x-x_0)+o(|x-x_0|).$$

舍去上述方程右端 $|x-x_0|$ 的高阶项 $o(|x-x_0|)$,即得到方程

$$\dot{x}=\mathrm{D}f(x_0)(x-x_0),$$

称此方程为系统(1.2)在点 x_0 处的**线性近似方程**或**变分方程**.

注意两点:

1. 请与前面二维系统的线性近似方程比较.

2. 变分方程的定义可以按下述方法将其推广到更一般的情况. 设 $\varphi_t(x_0)$ 是系统 $\dot{x}=f(x)$ 的一个解, $\varphi_t(x)$ 为其邻近的解,令

$$\xi(t)=\varphi_t(x)-\varphi_t(x_0),$$

如果 $\xi(t)$ 很小,可以证明,略去高阶项后,它满足线性的非自治系统

$$\dot{\xi}=\mathrm{D}f(\varphi_t(x_0))\xi,$$

即

$$\dot{\xi}(t)=\left(\frac{\partial f_i}{\partial x_j}\right)(\varphi_t(x_0))\cdot\xi(t)=(a_{ij}(t))\xi(t).$$

称以上线性非自治系统为**系统 $\dot{x}=f(x)$ 的相对于 $\varphi_t(x_0)$ 的变分方程**或**线性近似方程**.

定理 3.6 设原点 O 是 n 维系统(1.2)

$$\dot{x}=f(x)\quad(f\in C^1)$$

的平衡点,线性近似方程为

$$\dot{x}=\mathrm{D}f(0)x.\tag{3.3}$$

若 $\varphi_t(x)$ 是系统(1.2)的流,则 $\mathrm{D}\varphi_t(0)h$ 是系统(3.3)的流.

这个定理也简单地叙述为:流的导算子是导算子的流.

证明 $\varphi_t(x)$ 是系统(1.2)的流,所以

$$\varphi_t(x)\equiv x+\int_0^t f(\varphi_s(x))\mathrm{d}s.$$

现在我们对上述等式两端求 x 在 $x=0$ 处的导算子. 因积分号下

114

的函数对 x 连续可微,所以有

$$D\varphi_t(0)=I+\int_0^t Df(\varphi_s(0))\mathrm{d}s.$$

再把上等式两端对 t 求微商.因为有 $\varphi_t(0)=0$,应用求导算子的锁链法则就得到

$$\frac{\mathrm{d}}{\mathrm{d}t}D\varphi_t(0)h=Df(0)D\varphi_t(0)h,$$

其中 $h\in \mathbf{R}^n$.即 $D\varphi_t(0)h$ 是方程(3.3)的解.定理证完.

§4　轨线的极限状态.极限集的性质

设动力系统 $\varphi_t(x)$ 对应 §1 中 n 维自治系统(1.2)

$$\dot{x}=f(x). \tag{1.2}$$

本节的目的是讨论系统(1.2)的轨线 $\varphi_t(x_0)$ 当 $t\to+\infty$ 与 $t\to-\infty$ 时的状态.为此先把轨线分类.

定理 4.1　系统(1.2)的轨线 $\varphi_t(x_0)$ 必为以下三类型之一:

(1) 不封闭.当 $t_1\ne t_2$ 时,$\varphi_{t_1}(x_0)\ne\varphi_{t_2}(x_0)$.

(2) 闭轨.存在一个数 $T>0$,使 $\varphi_T(x_0)=\varphi_0(x_0)=x_0$.但对于 $t,0<t<T$,则 $\varphi_t(x_0)\ne\varphi_0(x_0)$,即 T 是周期,$\varphi_{t+T}(x_0)=\varphi_t(x_0)$.

(3) 平衡点.$\varphi_t(x_0)\equiv x_0$.

证明　若解 $\varphi_t(x_0)$ 不是类型(1),则有 $t_2>t_1$ 使 $\varphi_{t_2}(x_0)=\varphi_{t_1}(x_0)$.应用流的性质得

$$\varphi_{t_2-t_1}(x_0)=\varphi_{-t_1}\varphi_{t_2}(x_0)=\varphi_{-t_1}\varphi_{t_1}(x_0)$$
$$=\varphi_{t_1-t_1}(x_0)=\varphi_0(x_0)=x_0.$$

令 $\tau=t_2-t_1$,显然 $\tau>0$,且 τ 使下面的等式成立

$$\varphi_\tau(x_0)=\varphi_0(x_0)=x_0.$$

令 K 是一切使上式成立的正数 τ 之集合.因集合 K 有下界 0,因此有下确界 τ_0.于是 K 内存在一串 $\tau_n>0$,使 $\tau_n\to\tau_0$.

若 $\tau_0>0$.由于 $\varphi_{\tau_n}(x_0)=x_0$,根据流的连续性,就有

$$\varphi_{\tau_0}(x_0)=x_0.$$

此时轨线 $\varphi_t(x_0)$ 是类型(2)的,τ_0 就是周期 T.

若 $\tau_0=0$,即 $\tau_n\to0$. 显然对任意固定的 t 有

$$t-\left[\frac{t}{\tau_n}\right]\tau_n\to0 \quad (n\to\infty).$$

方括号表示取整数部分. 注意 τ_n 属于集合 K,再由流的连续性得

$$\varphi_t(x_0)=\varphi_{t-[t/\tau_n]\tau_n}(x_0)\to\varphi_0(x_0) \quad (n\to\infty).$$

也就是 $\varphi_t(x_0)\equiv x_0$,轨线是类型(3)的.

定理证完.

显然需要研究的是不封闭轨线当 $|t|\to\infty$ 时的状态,这种轨线可能非常复杂.

定义 若存在序列 $t_n\to+\infty$ 使得 $\varphi_{t_n}(x_0)\to\bar{x}$,则称 $\bar{x}$ 为轨线 $\varphi_t(x_0)$ 的 **ω 极限点**. 称 $\varphi_t(x_0)$ 的所有 ω 极限点的集合为 $\varphi_t(x_0)$ 的 **ω 极限集**,记作 $L_\omega(x_0)$. 类似地,考虑 $t\to-\infty$,得到轨线 $\varphi_t(x_0)$ 的 **α 极限点**与 **α 极限集 $L_\alpha(x_0)$** 的定义.

例 1 若轨线 $\varphi_t(x_0)$ 是平衡点,即 $\varphi_t(x_0)\equiv x_0$,则 x_0 是轨线 $\varphi_t(x_0)$ 的唯一的 ω 极限点,也是 $\varphi_t(x_0)$ 的唯一的 α 极限点.

例 2 闭轨 $\varphi_t(x_0)$ 上任一点都是它自己的 ω 极限点,也是 α 极限点. 所以闭轨是它自己的 $\omega(\alpha)$ 极限集.

例 3 若 x_0 是一个渐近稳定平衡点,则它是一切当 $t\to+\infty$ 时趋于它的轨线的 ω 极限点.

例 4 稳定的极限环是渐近地接近于它的轨线的 ω 极限集. 不稳定的极限环是当 $t\to-\infty$ 时接近它的轨线的 α 极限集. 半稳定极限环是一些轨线的 ω 极限集,同时是另一些轨线的 α 极限集.

是否极限集总是闭轨线或平衡点呢?

例 5 二维系统

$$\begin{cases} \dot{x}=y+y(1-x^2)\left[y^2-x^2\left(1-\dfrac{x^2}{2}\right)\right], \\[2mm] \dot{y}=x(1-x^2)-y\left[y^2-x^2\left(1-\dfrac{x^2}{2}\right)\right] \end{cases}$$

以 $O(0,0)$，$A(1,0)$ 与 $B(-1,0)$ 为平衡点．O 是鞍点，A 与 B 是不稳定焦点．又不难验算，$y^2=x^2\left(1-\dfrac{x^2}{2}\right)$ 是轨线．此平面系统的相图如图 4.2.

平衡点 O 与两条轨线组成一个横 8 字形，它是它的外面的一切轨线的 ω 极限集．8 字形的右半是它里面除去平衡点 A 之外一切轨线的 ω 极限集．而 A 点是这些轨线的 α 极限集．其左边类似．

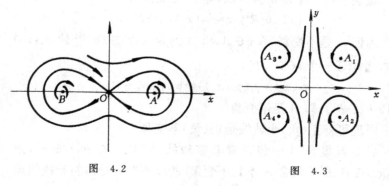

图 4.2   图 4.3

例 6　第三章 §7 例 1 中的系统

$$\begin{cases} \dot{x}=2x(1+x^2-2y^2), \\ \dot{y}=-y(1-4x^2+3y^2), \end{cases}$$

有相图如图 4.3.

平衡点 O 与轨线正 x 轴，正 y 轴组成第一象限内除去平衡点 A_1 之外一切轨线的 α 极限集．而平衡点 A_1 是这些轨线的 ω 极限集．另外三个象限类似．

轨线的极限集可以刻画出当 $|t|$ 很大时轨线的状态．

二维系统的极限集比较简单，三维系维就有很复杂的极限集的例子．下面给出一般的 n 维系统极限集的几条性质．先介绍一个概念．

定义　集合 A 称为**不变集**，如果 $x\in A$，则对一切 $t\in \mathbf{R}^1$，$\varphi_t(x)\in A$；集合 A 称为**正（负）不变集**，如果 $x\in A$，则对一切 $t>0$

$(<0), \varphi_t(x) \in A$.

例如,图 4.3 中任一个象限都是不变集.

命题 (1) 任一整轨线都是一个不变集. 正(负)半轨线是正(负)不变集.

(2) 任一个不变集都是由一些整轨线组成的. 正(负)不变集是由一些正(负)半轨线组成的.

证明 (1) 设 A 是整轨线,即 A 是集合

$$\{x \mid x \in \mathbf{R}^n, \ x = \varphi_t(x_0), \ t \in \mathbf{R}^1\}.$$

为证 A 是不变集,取 $\bar{x} \in A$,由 A 的定义存在 $\bar{t} \in \mathbf{R}^1$ 使 $\varphi_{\bar{t}}(x_0) = \bar{x}$. 考虑任一个 $t \in \mathbf{R}^1$,有

$$\varphi_t(\bar{x}) = \varphi_t(\varphi_{\bar{t}}(x_0)) = \varphi_{t+\bar{t}}(x_0) \in A$$

(因 $t + \bar{t} \in \mathbf{R}^1$),即 A 是不变集.

同理可得正(负)半轨线是正(负)不变集.

(2) 若集合 A 中包含着非整轨线,即有 $x_0 \in A, t_0 \in \mathbf{R}^1$,使 $\varphi_{t_0}(x_0) \bar{\in} A$. 那么集合 A 不是不变集. 所以不变集是由整轨线组成的.

类似地可得另外两个结论. 命题证完.

n 维系统极限集的性质:

性质 1 极限集是 n 维空间中的闭集.

证明 设 $\bar{x}$ 是轨线 $\varphi_t(x_0)$ 的 ω 极限集 $L_\omega(x_0)$ 的极限点,于是存在序列 $x_n \in L_\omega(x_0)$,使 $|x_n - \bar{x}| < 1/n$. 因为 $x_n \in L_\omega(x_0)$,所以有 $t_n, t_n > n$,使 $|\varphi_{t_n}(x_0) - x_n| < 1/n$. 联合上面的两个不等式,得到一串 $t_n, t_n \to +\infty$,使

$$|\varphi_{t_n}(x_0) - \bar{x}| < \frac{2}{n}.$$

也就是说,$\bar{x}$ 是 $\varphi_t(x_0)$ 的 ω 极限点,$\bar{x} \in L_\omega(x_0)$. 由此我们证明了 $L_\omega(x_0)$ 是闭集. 同理 $L_\alpha(x_0)$ 也是闭集.

性质 2 极限集是不变集. 因此是由整轨线组成的.

118

证明 设 $\overline{x} \in L_\omega(x_0)$，即存在一串 $t_n, t_n \to +\infty$，使 $\varphi_{t_n}(x_0) \to \overline{x}$. 我们证明对任意固定的 $t \in \mathbf{R}^1, \varphi_t(\overline{x}) \in L_\omega(x_0)$. 这是因为，由流的连续性

$$\varphi_t(\varphi_{t_n}(x_0)) \to \varphi_t(\overline{x}),$$

即存在序列 $t + t_n \to +\infty$，使

$$\varphi_{t+t_n}(x_0) \to \varphi_t(\overline{x}).$$

所以 $L_\omega(x_0)$ 是不变集. 同理 $L_\alpha(x_0)$ 也是不变集.

性质 3 $\omega(\alpha)$ 极限集是空集的充要条件为：$t \to +\infty (-\infty)$ 时轨线趋向无穷

$$|\varphi_t(x_0)| \to \infty.$$

证明 $\Longrightarrow$. 若结论不对，即存在常数 $M > 0, t_n \to +\infty$，使 $|\varphi_{t_n}(x_0)| < M$. 既然 $\varphi_{t_n}(x_0)$ 有界，所以有收敛子序列 $\varphi_{t_{n_k}}(x_0) \to \overline{x}$，于是 $\overline{x}$ 是 $\varphi_t(x_0)$ 的 ω 极限点，$L_\omega(x_0)$ 非空.

$\Longleftarrow$. 若结论不对，即有 $\overline{x}$ 是 $\varphi_t(x_0)$ 的 ω 极限点，于是存在 $t_n \to +\infty$ 使 $\varphi_{t_n}(x_0) \to \overline{x}$. 既然 $\varphi_{t_n}(x_0)$ 极限存在，所以它有界，即 $|\varphi_{t_n}(x_0)| < M$. 与假设矛盾.

性质 4 $\omega(\alpha)$ 极限集只有唯一的一个点 $\overline{x}$ 的充要条件是

$$\lim_{t \to +\infty} \varphi_t(x_0) = \overline{x} \quad (\lim_{t \to -\infty} \varphi_t(x_0) = \overline{x}).$$

证明 充分性显然. 下面证明必要性.

设 $\overline{x}$ 是 $\varphi_t(x_0)$ 的唯一 ω 极限点. 若结论不对，即对某 $\varepsilon_0 > 0$，存在 $t'_n \to +\infty$ 使 $|\varphi_{t'_n}(x_0) - \overline{x}| \geq \varepsilon_0$，但 $\overline{x}$ 是 ω 极限点，所以存在 $t''_n > t'_n$ 使 $|\varphi_{t''_n}(x_0) - \overline{x}| < \varepsilon_0$. 由流的连续性，在 t'_n 与 t''_n 之间有 t_n，使

$$|\varphi_{t_n}(x_0) - \overline{x}| = \varepsilon_0.$$

既然 $\varphi_{t_n}(x_0)$ 有界，所以有收敛子序列 $\varphi_{t_{n_k}}(x_0) \to \overline{\overline{x}}$. 因为 $t_{n_k} \to +\infty$，于是 $\overline{\overline{x}}$ 也是 $\varphi_t(x_0)$ 的 ω 极限点，并且 $|\overline{\overline{x}} - \overline{x}| = \varepsilon_0$，即 $\overline{\overline{x}} \neq \overline{x}$. 矛盾.

性质 5 有界区域内的正半（负半）轨线的 $\omega(\alpha)$ 极限集是连通

的.

证明 因为 $L_\omega(x)$ 是闭的,若不连通,则可分成两个不交的闭集 L_1 与 L_2. 设 $\rho(L_1,L_2)=\rho_0>0$,分别作 L_1,L_2 的 $\rho_0/3$ 邻域 K_1,K_2,K_1 与 K_2 不交. 因为 L_1,L_2 的点是 $\varphi_t(x)$ 的 ω 极限点,所以有序列 $\varphi_{t_n'}(x)(t_n'\to+\infty)$ 与 $\varphi_{t_n''}(x)(t_n''>t_n')$ 分别在 K_1 与 K_2 内. 由流的连续性,存在序列 $\varphi_{t_n}(x)(t_n'<t_n<t_n'')$ 在 K_1,K_2 之外. 但 $\{\varphi_{t_n}(x)\}$ 在有界区域内,故有收敛子序列 $\varphi_{t_{n_k}}(x)\to x_0$. 于是 $x_0\in L_\omega(x)$. 同时,$x_0\bar\in K_1\bigcup K_2$,当然 $x_0\bar\in L_1\bigcup L_2=L_\omega(x)$. 矛盾.

性质 6 A 是闭的不变集(特别地,A 是一个极限集),若 $x_0\in A$,则 $L_\omega(x_0),L_\alpha(x_0)\subset A$.

证明 $x_0\in A$. 若 $\bar x\in L_\omega(x_0)$,则有 $t_n\to+\infty$ 使 $\varphi_{t_n}(x_0)\to\bar x$. 因 $t_n\to+\infty$,所以 $n>N$ 时 $t_n>0$,而 A 为正不变,于是 $\varphi_{t_n}(x_0)\subset A$. 因为 A 是闭集,所以 $\bar x\in A$. 这就证明了若 A 是闭的正不变集,$x_0\in A$,则 $L_\omega(x_0)\subset A$.

同理可得,A 是闭的负不变集,$x_0\in A$,则 $L_\alpha(x_0)\subset A$.

将以上证明合并就得性质 6.

§5 截 割 与 流 匣

下面几节的目的是讨论平面上的极限集. 但讨论过程中有一些结果对 n 维空间也成立. 现在我们把它们明确出来.

第三章中建立了平面向量场的无切线段的概念. 下面完全类似地建立 n 维向量场的截割的概念.

考虑 §2 中 n 维自治系统(1.2)

$$\dot x=f(x) \tag{1.2}$$

定义 n 维向量场 $f(x)$ 连续,$\bar x$ 不是它的平衡点,即 $f(\bar x)\neq 0$. 过 $\bar x$ 取 $\mathbf{R}^n$ 中 $n-1$ 维的超平面 H,使 $f(\bar x)\bar\in H$. 由 f 的连续性,在 H 上存在 $\bar x$ 的邻域 $S(n-1$ 维的),使对一切 $x\in S$,$f(x)\bar\in H$.

称 S 为 $f(x)$ 在非平衡点 $\bar{x}$ 处的一个**截割**.

由截割的定义立刻得到:轨线 $\varphi_t(x)$ 穿过截割时都是由同一侧穿向另一侧.

下面证明截割的一个重要性质.

命题1 S 是 f 在 $\bar{x}$ 的一个截割. 若 $\varphi_{t_0}(z_0)=\bar{x}$,则存在 z_0 的一个邻域 $U\subset\boldsymbol{R}^n$,和 U 上的一个连续可微函数 $\tau:U\to\boldsymbol{R}^1$,使 $\tau(z_0)=t_0$,并且

$$\varphi_{\tau(x)}(x)\in S \quad (x\in U).$$

也就是说,若从 z_0 出发的轨线经时间 t_0
到达截割 S 上的点 $\bar{x}$,则 z_0 附近的点到
达 S 所需时间是点的连续可微函数,如
图 4.4 所示.

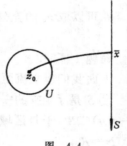

证明 为方便起见,设 $\bar{x}=0$. 设截
割 S 在超平面 H 上. 令 h 是连续线性映
射 $h:\boldsymbol{R}^n\to\boldsymbol{R}^1$. 又 $x\in H$ 当且仅当 $h(x)$
$=0$.(例如,取向量 x 在超平面 H 的正
交补空间上的投影为 $h(x)$.)

图 4.4

考虑方程

$$G(t,x)\equiv h(\varphi_t(x))=0,$$

显然有

$$G(t_0,z_0)=h(\varphi_{t_0}(z_0))=h(\bar{x})=0,$$

又

$$\left.\frac{\partial}{\partial t}G(t,x)\right|_{(t_0,z_0)}=\left.\frac{\mathrm{d}}{\mathrm{d}t}G(t,z_0)\right|_{t=t_0}$$
$$=\left.\frac{\mathrm{d}}{\mathrm{d}t}h(\varphi_t(z_0))\right|_{t=t_0}.$$

因为 h 是连续线性映射,又 S 是截割,$f(\bar{x})\notin H$,所以

$$\left.\frac{\partial}{\partial t}G(t,x)\right|_{(t_0,z_0)}=\lim_{\Delta t\to0}\frac{h(\varphi_{t_0+\Delta t}(z_0))-h(\varphi_{t_0}(z_0))}{\Delta t}$$

$$=h\left(\lim_{\Delta t \to 0} \frac{\varphi_{\Delta t}(\overline{x}) - \varphi_0(\overline{x})}{\Delta t}\right) = h(f(\overline{x})) \neq 0.$$

根据隐函数定理,有 z_0 的邻域 U_1,在 U_1 上存在一个连续可微函数 $t = \tau(x)$,使 $t_0 = \tau(z_0)$,并且

$$G(\tau(x), x) \equiv 0 \quad (x \in U_1),$$

即当 $x \in U_1$ 时有

$$h(\varphi_{\tau(x)}(x)) \equiv 0.$$

由 h 的定义得

$$\varphi_{\tau(x)}(x) \in H.$$

总可以取 z_0 的充分小的邻域 U,$U \subset U_1$,使对一切 $x \in U$,有

$$\varphi_{\tau(x)}(x) \in S.$$

命题 1 证完.

下面我们建立流匣的概念.

设 S 是 f 在 $\overline{x}$ 的一个截割(在 $n-1$ 维超平面 H 上).取区间 $(-\sigma, \sigma) \subset \mathbf{R}^1$,于是区域 $N = (-\sigma, \sigma) \times S$ 在 $\mathbf{R}^n$ 内.定义一个映射 $\boldsymbol{\Psi}: N \to \mathbf{R}^n$,

$$\boldsymbol{\Psi}(t, x) = \varphi_t(x).$$

见图 4.5.

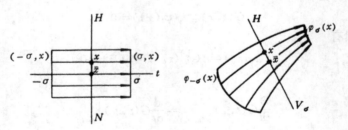

图 4.5

命题 2 存在 $\sigma > 0$ 使 $\boldsymbol{\Psi}$ 是双方单一的可微映射.

证明 设 $n-1$ 维超平面 H 有参数方程

$$x_i = x_i(s_1, \cdots, s_{n-1}) \quad (i = 1, \cdots, n).$$

122

于是 $\Psi(t,x)$ 的分量表示为

$$\begin{cases} \Psi_1(t,x_1,\cdots,x_n)=\varphi_{1t}(x_1,\cdots,x_n), \\ \cdots\cdots\cdots\cdots\cdots\cdots\cdots\cdots\cdots\cdots \\ \Psi_n(t,x_1,\cdots,x_n)=\varphi_{nt}(x_1,\cdots,x_n), \end{cases}$$

其中 $x_i=x_i(s_1,\cdots,s_{n-1})$,当 $(s_1,\cdots,s_{n-1})\in\Sigma$ 时 $x\in S$.

计算 $t=0$ 时的导算子

$$\mathrm{D}\Psi|_{t=0}=\begin{pmatrix} \dfrac{\partial\Psi_1}{\partial t} & \dfrac{\partial\Psi_1}{\partial s_1} & \cdots & \dfrac{\partial\Psi_1}{\partial s_{n-1}} \\ \cdots\cdots\cdots\cdots\cdots\cdots\cdots\cdots \\ \dfrac{\partial\Psi_n}{\partial t} & \dfrac{\partial\Psi_n}{\partial s_1} & \cdots & \dfrac{\partial\Psi_n}{\partial s_{n-1}} \end{pmatrix}_{t=0}$$

$$=\begin{pmatrix} \dfrac{\partial\varphi_{1t}}{\partial t}\Big|_{t=0} & \dfrac{\partial\varphi_{10}}{\partial s_1} & \cdots & \dfrac{\partial\varphi_{10}}{\partial s_{n-1}} \\ \cdots\cdots\cdots\cdots\cdots\cdots\cdots\cdots\cdots \\ \dfrac{\partial\varphi_{nt}}{\partial t}\Big|_{t=0} & \dfrac{\partial\varphi_{n0}}{\partial s_1} & \cdots & \dfrac{\partial\varphi_{n0}}{\partial s_{n-1}} \end{pmatrix}.$$

由流的性质,有

$$\frac{\mathrm{d}}{\mathrm{d}t}\varphi_t(x)\Big|_{t=0}=f(x).$$

又 $\varphi_0(x_1,\cdots,x_n)=(x_1,\cdots,x_n)$,所以 $\varphi_{i0}=x_i$. 于是

$$\mathrm{D}\Psi|_{t=0}=\begin{pmatrix} f_1 & \dfrac{\partial x_1}{\partial s_1} & \cdots & \dfrac{\partial x_1}{\partial s_{n-1}} \\ \cdots\cdots\cdots\cdots\cdots\cdots\cdots\cdots \\ f_n & \dfrac{\partial x_n}{\partial s_1} & \cdots & \dfrac{\partial x_n}{\partial s_{n-1}} \end{pmatrix}.$$

因为当 $(s_1,\cdots,s_{n-1})\in\Sigma$ 时, $x\in S$, $f(x)\in H$,因而 f 不在 H 的 $n-1$ 个切向量

$$\begin{pmatrix} \dfrac{\partial x_1}{\partial s_i} \\ \vdots \\ \dfrac{\partial x_n}{\partial s_i} \end{pmatrix} \quad (i=1,\cdots,n-1)$$

所张的空间内. 于是当 $t=0$ 时, 导算子 $\mathrm{D}\Psi|_{t=0}$ 的行列式

$$\begin{vmatrix} f_1 & \dfrac{\partial x_1}{\partial s_1} & \cdots & \dfrac{\partial x_1}{\partial s_{n-1}} \\ \multicolumn{4}{c}{\cdots\cdots\cdots\cdots\cdots\cdots\cdots\cdots} \\ f_n & \dfrac{\partial x_n}{\partial s_1} & \cdots & \dfrac{\partial x_n}{\partial s_{n-1}} \end{vmatrix} \ne 0.$$

所以存在 $\sigma > 0$, 使导算子 $\mathrm{D}\Psi$ 在 $|t| < \sigma$, $x \in S$ 上有逆. 由反函数存在定理知, Ψ 将 $(0, \bar{x})$ 的开邻域 $N = (-\sigma, \sigma) \times S$ 双方单一、可微地映到 $\bar{x}$ 在 $\boldsymbol{R}^n$ 的一个邻域 V_σ.

定义 称 $\bar{x}$ 的邻域 $V_\sigma = \Psi(N)\ (N = (-\sigma, \sigma) \times S)$ 为流 $\varphi_t(x)$ 在 $\bar{x}$ 的一个**流匣**, 见图 4.5.

流匣 V_σ 的一个极其重要的性质是: 如果 $x \in V_\sigma$, 就有 $x = \varphi_t(y)$, 其中 $|t| < \sigma$, $y \in S$. 于是 $y = \varphi_{-t}(x)$, $|-t| < \sigma$. 也就是说: 由流匣 V_σ 内任一点 x 出发的轨线 $\varphi_t(x)$, 经过时间 $t (|t| < \sigma)$ 就到达截割 S 上的一点 y.

§6 平面极限集的性质. Poincaré-Bendixson 定理

我们对平面上轨线的极限集的性质知道得较多一些, 因为平面有以下性质: 闭曲线可以将它分成两个部分.

定义 如果有限或无穷数列 t_n 单调, 则称**点列** $x_n = \varphi_{t_n}(x_0)$ **沿轨线** $\varphi_t(x_0)$ **单调**.

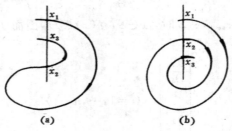

图 4.6

某个点列在轨线与线段的交点上,那么有可能点列沿轨线单调,沿线段不单调(图 4.6(a)).但如果线段是无切的(图 4.6(b)),则不可能.图 4.6(a)中之线段不是无切的,例如在点 x_2 与 x_3 之间必有轨线与线段相切之点.

引理 6.1 设 S 是平面动力系统 $\dot{x}=f(x)$ 的无切线段.平面点列 $x_1,x_2,x_3,\cdots$ 是轨线 C 与 S 的交点,若此点列沿轨线 C 单调,则在 S 上也单调.(因此,若在 S 上单调,则沿轨线也单调.)

证明 只要考虑三个点 x_1,x_2,x_3 就可以了.

令 Γ 是简单闭曲线,它是由轨线 C 在 x_1 与 x_2 之间的一段 B,与无切线段 S 在 x_1 与 x_2 之间的一段 T 组成(见图 4.7).D 是 Γ 所围的有界闭区域.设轨线在 x_2 处离开 D.(相反的情况,可类似地讨论.)因轨线经过无切线段时都由同一侧向着另一侧,于是没有轨线可以经过 T 进入 D.而 B 是轨线,也没有轨线可以经过 B 进入 D.所以 $\mathbf{R}^2-D$ 是一个正不

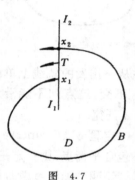

图 4.7

变集.特别地,对一切 $t>0,\varphi_t(x_2)\in\mathbf{R}^2-D$.由假设 $x_3=\varphi_a(x_2)$ $(a>0)$,所以 $x_3\in\mathbf{R}^2-D$.

$S-T$ 是两个线段 I_1 与 I_2,它们分别以 x_1 与 x_2 为端点.现在要证明 $x_3\in I_2$.为此只要证 $I_2\subset\mathbf{R}^2-D$,而 $I_1\subset D$.

以 x_2 为心作小圆域.过 x_2 的轨线在圆域内的一段 $\varphi_t(x_2)(t>0,t$ 充分小)与 B 在圆域内的一段分别在无切线段 S 的两侧.于是可以从点 $\varphi_\delta(x_2)(\delta>0,\delta$ 很小)作小弧到 I_2 而不经过 D 的边界 Γ.所以 I_2 与 $\varphi_\delta(x_2)$ 在 Γ 的同侧,即 $I_2\subset\mathbf{R}^2-D$.

可类似地证明 $I_1\subset D$.引理 6.1 证完.

引理 6.2 若 $y\in L_\omega(x)$(或 $L_a(x)$),则过 y 的轨线与任意无切线段不多于一个交点.

因为极限集是不变集,极限集由整轨线组成,所以引理 6.2 可

125

叙述为极限轨线与任意无切线段不多于一个交点.

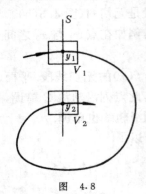

图 4.8

证明 用反证法. 设 y_1 与 y_2 是过 y 的轨线与无切线段 S 的两个不同的交点(图 4.8). 令 V_k 是 $y_k(k=1,2)$ 处的流匣, 并且 V_1 与 V_2 不交. 令线段 $J_k=V_k\cap S$, 所以 J_1 与 J_2 也不变.

因为极限集是不变集, 由整轨线组成, 所以 $y_k\in L_\omega(x)$ (或 $L_\alpha(x)$). 于是, 过 x 的轨线无穷多次进入 V_k, 由流匣的性质, 轨线无穷多次穿过 J_k. 所以存在一个点列

$$a_1, \quad b_1, \quad a_2, \quad b_2, \quad \cdots$$

在从 x 出发的轨线上单调, 但 $a_n\in J_1, b_n\in J_2(n=1,2,\cdots)$. 因 J_1 与 J_2 不交, 这点列不能沿无切线段 S 单调, 与引理 6.1 矛盾. 引理 6.2 证完.

定理 6.1(Poincaré-Bendixson 定理) 若极限集非空、有界、不包含平衡点, 则一定是一条闭轨线.

证明 无妨考虑 ω 极限集 $L_\omega(x)$. 由定理假设 $L_\omega(x)$ 非空, 故有 $y\in L_\omega(x)$.

先证过 y 的轨线是闭轨线. 因为 $y\in L_\omega(x)$, $L_\omega(x)$ 是不变集, 所以 $\varphi_t(y)\in L_\omega(x)$. 因定理设 $L_\omega(x)$ 有界, 所以由 §5 中极限集的性质 3 与 6 得 $L_\omega(y)$ 是 $L_\omega(x)$ 的非空子集.

取 $z\in L_\omega(y)$, 由定理设 z 不是平衡点, 所以过 z 有无切线段 S. 令 V 是 z 处的流匣, $V\cap S=J$. 因 z 是 $\varphi_t(y)$ 的 ω 极限点, 因此有 $t_n\rightarrow+\infty$ 使 $\varphi_{t_n}(y)\in V$. 由流匣的性质可知, 存在 $r,s\in R$, $r>s$, 使

$$\varphi_r(y)\in J, \quad \varphi_s(y)\in J.$$

另一方面, 由引理 6.2 知, 轨线 $\varphi_t(y)$ 与任意无切线段不多于一个交点, 所以

$$\varphi_r(y)=\varphi_s(y),$$

126

即有
$$\varphi_{r-s}(y)=y,$$
其中 $r-s>0$. 因为 y 不是平衡点,根据 §4 的定理 4.1 知,过 y 的轨线是一个闭轨线 γ, $\gamma\subset L_\omega(x)$.

下面证明：若闭轨 $\gamma\subset L_\omega(x)$,则 $\gamma=L_\omega(x)$. 为此只要证
$$\lim_{t\to+\infty}d(\varphi_t(x),\gamma)=0.$$
即对任给的 $\varepsilon>0$,存在 T,使当 $t>T$ 时,
$$d(\varphi_t(x),\gamma)<\varepsilon.$$

取 $z\in\gamma$,令 S 是 z 处的无切线段. V_σ 是 z 处的流匣. 存在一串 $t_1<t_2<\cdots$,使
$$x_n=\varphi_{t_n}(x)\in S,\quad \varphi_{t_n}(x)\to z.$$
而
$$\varphi_t(x)\notin S,\quad 当\ t\in(t_n,t_{n+1})\ (n=1,2,\cdots).$$
由引理 6.1 知, x_n 在 S 上单调.

正数集合 $\{(t_{n+1}-t_n),n=1,2,\cdots\}$ 是有上界的. 这是因为,由 $z\in\gamma$,所以存在 $\lambda>0$,使 $\varphi_\lambda(z)=z$. 由解对初值的连续依赖性,对充分接近 z 的 x_n,或者说对充分大的 n, $\varphi_\lambda(x_n)\in V_\sigma$. 由流匣的性质知
$$\varphi_{\lambda+t}(x_n)\in S,$$
其中 $|t|<\sigma$. 总之,对充分大的 n,
$$t_{n+1}-t_n<\lambda+\sigma.$$
当然,无妨认为上面的不等式对 $n=1,2,\cdots$ 都成立.

由解对初值的连续依赖性. 对任给的 $\varepsilon>0$,存在 $\delta>0$,使当 $|x_n-u|<\delta$,且 $0\leqslant t\leqslant\lambda+\sigma$ 时,有
$$|\varphi_t(x_n)-\varphi_t(u)|<\varepsilon.$$
对上面的 $\delta>0$,存在 n_0,使当 $n\geqslant n_0$ 时, $|x_n-z|<\delta$. 所以,当 $n\geqslant n_0$, $0\leqslant t\leqslant\lambda+\sigma$ 时,有
$$|\varphi_t(x_n)-\varphi_t(z)|<\varepsilon.$$
取 $T=t_{n_0}$,对一切 $t\geqslant T$,总有 $t\in[t_n,t_{n+1}]$ $(n\geqslant n_0)$. 此时

127

$$d(\varphi_t(x),\gamma)\leqslant|\varphi_t(x)-\varphi_{t-t_n}(z)|$$
$$=|\varphi_{t-t_n}(x_n)-\varphi_{t-t_n}(z)|,$$

其中 $0\leqslant t-t_n<t_{n+1}-t_n<\lambda+\sigma,\ n\geqslant n_0$. 所以 $t\geqslant T$ 时有
$$d(\varphi_t(x),\gamma)<\varepsilon.$$

定理证完.

§7 Poincaré-Bendixson 定理的应用

引理7.1 设非闭轨线 $L\subset L_\omega(x)$,则 L 的极限集只包含平衡点.

证明 不然,设 x_0 是 L 的极限点,但 x_0 非平衡点. 令 S 是 x_0 处的无切线段,V 是流匣. 因为 x_0 是 L 的极限点,所以有一串沿 L 单调的点进入流匣 V. 因为 L 是非闭轨线,所以 L 交 S 于一串不同的点 x_n. 这与上一节的引理 6.2 矛盾. 引理得证.

由 Poincaré-Bendixson 定理可知,有界区域内任意轨线的极限集,或是闭轨,或包含平衡点. 含平衡点的又可能是只包含平衡点或还包含着非闭的极限轨线(由 §4 中极限集性质 5 知,不可能还包含闭轨,因闭轨与其他轨线不能连通). 因为极限集有界,所以其中的非闭极限轨线的极限集非空. 由引理 7.1 知,这些非闭的极限轨线以平衡点为极限点. 也就是说,有界极限集中有非闭轨线时,必也有平衡点,这些平衡点同时也是这些极限轨线的极限点,它们组成连通的闭的不变集.

将以上讨论总结如下:

定理 7.1 有界区域内半轨线的极限集只可能是以下三类型之一:(1) 平衡点,(2) 闭轨线,(3) 平衡点与 $t\rightarrow+\infty,t\rightarrow-\infty$ 时趋于这些平衡点的轨线.

还可以进一步指出,类型(3)的极限集中的平衡点不可能是焦点或结点. 因为任何轨线只要进入这两种平衡点的充分小的邻域之内它就趋向这个平衡点,而不可能有其他极限点了. 所以如果系

统的平衡点都是简单平衡点,它必是鞍点,而极限集中那些非闭轨线是鞍点的分界线.

察看 §4 的例子可以看到上述三种类型的极限集. 当然第三种还可能更为复杂. 例如图 4.9,外面的轨线以两个鞍点和它们的分界线为 ω 极限集.

Poincaré-Bendixson 定理的证明的后半部分不只是证明了定理的结论,并且给出了轨线与它的极限闭轨线之间的关系的图像:轨线在闭轨的一侧绕着闭轨转,每一圈都比前一圈更靠近闭轨,并且可以任意地接近,如图 4.10.

图 4.9

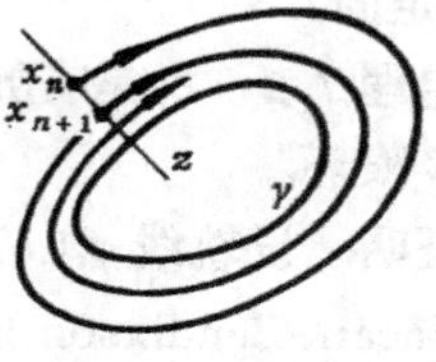

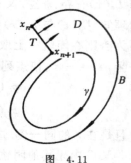

图 4.10

当然,这里不排除 $\gamma = L_\omega(x)$,同时 $x \in \gamma$. 也就是,轨线 $\varphi_t(x)$ 本身是闭轨 γ,于是它是它自己的极限集.

下面的引理讨论闭轨 γ 附近的轨线与它的关系.

引理 7.2 γ 是闭轨,点 $x \in \gamma$,使 $\gamma = L_\omega(x)$(或 $L_\alpha(x)$),则 γ 的一侧(点 x 所在的一侧)附近的轨线当 $t \to +\infty$(或 $t \to -\infty$)时,都趋于 γ.

证明 按 Poincaré-Bendixson 定理的证明,若 $z \in \gamma$,S 是 z 处的无切线段,则取 S 上点 x_n 与 x_{n+1} 之间的一段 T,再取轨线 $\varphi_t(x)$ 在 x_n 与 x_{n+1} 之间的一段 B,它们与 γ 一起围成一个正不变集 D. 因非平衡点的集合是开集,所以,n 取得充分大可使 D 内没有平衡点,如图 4.11 所示.

图 4.11

129

从 D 内任一点 y 出发的轨线的 ω 极限集 $L_\omega(y)$ 非空、有界、不包含平衡点,由 Poincaré-Bendixson 定理,$L_\omega(y)$ 是闭轨. 因 $d(\varphi_t(x),\gamma)\to 0$,所以 D 内没有闭轨. 于是 $L_\omega(y)=\gamma$.

引理 7.2 证完.

极限环是指孤立的闭轨. 引理 7.2 中的闭轨是否为极限环呢? 事实上,当二维系统 $\dot{x}=f(x)$ 的右端解析时,任何闭轨或为极限环,或者在它的充分小的邻域内全是闭轨. 即不存在那种闭轨,在它的任意邻域内又有闭轨,又有非闭轨(不证明了). 因此,若闭轨 $\gamma=L_\omega(x)$(或 $L_\alpha(x)$),且 $x\bar{\in}\gamma$,则 γ 是极限环,且有一侧是稳定的(不稳定的).

定理 7.2 D 是有界正不变集,有轨线进入 D,则 D 包含平衡点或极限环.

证明 设轨线 $\varphi_t(x)$ 进入 D,则 $L_\omega(x)\subset D$,$L_\omega(x)$ 有界、非空. 由 Poincaré-Bendixson 定理、引理 7.2 与上面的讨论可知,$L_\omega(x)$ 若不包含平衡点则为极限环. 所以 D 内有平衡点或极限环.

引理 7.3 若极限环 γ_1 与 γ_2 围成环形区域 G,其中无平衡点和其他闭轨. 则内环外侧稳定,外环内侧不稳定;或内环外侧不稳定,外环内侧稳定.

证明 由假设 G 是不变集,取 $x\in G$,$x\bar{\in}\gamma_1\cup\gamma_2$,则对一切 t,$\varphi_t(x)\in G$. 从而 $L_\omega(x)$ 与 $L_\alpha(x)$ 都在 G 内. 因 G 有界,所以 $L_\omega(x)$ 与 $L_\alpha(x)$ 有界、非空. 又 G 内不包含平衡点,由 Poincaré-Bendixson 定理知,$L_\omega(x)$ 与 $L_\alpha(x)$ 都是闭轨,但不可能有 $L_\omega(x)=L_\alpha(x)=\gamma$,因为否则在闭轨 γ 上取一点 z,作 z 的无切线段 S,则有数列 $t_n\to+\infty$,$t_n'\to-\infty$,使点列

$$\varphi_{t_n}(x)\in S, \quad \varphi_{t_n}(x)\to z,$$
$$\varphi_{t_n'}(x)\in S, \quad \varphi_{t_n'}(x)\to z,$$

并且是在 γ 的同一侧. 这与 §6 的引理 6.1 矛盾.

又 G 内无其他闭轨,所以 $L_\omega(x)$ 与 $L_\alpha(x)$ 就是 γ_1 与 γ_2. 引理证

完.

定理 7.3 环形区域 R^1 的边界上轨线自外向内，又 R^1 内无平衡点，则 R 内至少有一个稳定的极限环.

定理 7.4 区域 D 的边界上轨线自外向内，又 D 内除去不稳定的焦点或结点之外无其他平衡点，则 D 内至少有一个稳定的极限环.

这两个定理就是第三章 §5 的 **2.** 中的定理 5.3 与定理 5.4. 经过上面的讨论，这两个定理的结论是不难得到的了.

第五章　振动方程与生态方程

§1　振 动 方 程

1. 列方程

考虑一个 RLC 线路. 以 i_R, i_L, i_C 和 v_R, v_L, v_C 分别表示经过电阻 R,线圈 L 及电容 C 的电流和所产生的电压差,其方向如图 5.1 所示.

根据 Kirchhoff 电流定律和电压定律,有

$$i_R = i_L = -i_C \quad \text{和} \quad v_R + v_L = v_C.$$

由一般欧姆定律,我们又有

$$f(i_R) = v_R.$$

该 f 在 $i_R\text{-}v_R$ 平面上的图形称为电阻的特性曲线. 例如图 5.2 就是某电阻的特性曲线.

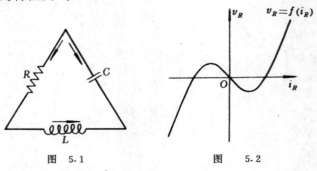

图　5.1　　　　　　　　图　5.2

由 Faladay 定律,有

$$L \frac{\mathrm{d}i_L}{\mathrm{d}t} = v_L,$$

其中 $L > 0$ 称为线圈的电感.

132

关于电容器,由 $Cv_C=q_C$,我们得到

$$C\frac{\mathrm{d}v_C}{\mathrm{d}t}=i_C,$$

其中 $C>0$ 是电容器的电容.

由此我们得到 6 个变量满足的 6 个方程,其中出现 i_L 与 v_C 的微商. 所以我们用 i_L 与 v_C 表示其他变量:

$$i_R=i_L,\quad i_C=-i_L,$$
$$v_R=f(i_R)=f(i_L),\quad v_L=v_C-v_R=v_C-f(i_L);$$

并得到 RLC 线路的微分方程组

$$\begin{cases} L\dfrac{\mathrm{d}i_L}{\mathrm{d}t}=v_C-f(i_L), \\[2mm] C\dfrac{\mathrm{d}v_C}{\mathrm{d}t}=-i_L. \end{cases}$$

为简单起见,取 $L=1,C=1$. 又记 $i_L=x,v_C=y$. 我们得到 x-y 平面上的一个微分方程组

$$\begin{cases} \dfrac{\mathrm{d}x}{\mathrm{d}t}=y-f(x), \\[2mm] \dfrac{\mathrm{d}y}{\mathrm{d}t}=-x. \end{cases} \tag{1.1}$$

现在转而考虑力学系统. 例如一个弹簧质点系统的振动,设阻力与质点的速度成正比. 大家熟知,质点的运动满足线性微分方程

$$m\ddot{x}+b\dot{x}+kx=0.$$

单自由度系统的一般的振动方程为

$$\ddot{x}+f(x)\dot{x}+g(x)=0, \tag{1.2}$$

其中 $g(x)$ 是力,$f(x)\dot{x}$ 是阻尼.

现在我们将方程(1.2)化为方程组. 一般地,令 $\dot{x}=y$,得到等价方程组

$$\begin{cases} \dot{x}=y, \\ \dot{y}=-g(x)-f(x)y. \end{cases} \tag{1.3}$$

我们还经常地作下面的变换,即令 $y=\dot{x}+F(x)$,其中

$$F(x) = \int_0^x f(x)\mathrm{d}x.$$

于是方程(1.2)有等价方程组

$$\begin{cases} \dot{x} = y - F(x), \\ \dot{y} = -g(x). \end{cases} \tag{1.4}$$

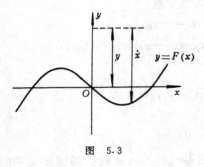

图 5.3

方程组(1.3)的相平面是

$$(x, y) = (x, \dot{x}).$$

方程组(1.4)的相平面是

$$(x, y) = (x, \dot{x} + F(x)).$$

也就是说,速度 $\dot{x}$ 不再是点对横坐标轴的坐标,而是点对"曲线坐标轴"$F(x)$ 的坐标,见图 5.3.

比较方程组(1.4)与(1.1),我们看到,方程组(1.1)是(1.4)中当 $g(x) \equiv x$ 的特殊情况.所以,下面我们仅讨论方程组(1.4),或它的等价方程(1.2)

$$\ddot{x} + f(x)\dot{x} + g(x) = 0.$$

这个方程称为 Lienard 方程,而著名的 Van der Pol 方程

$$\ddot{x} + \mu(x^2 - 1)\dot{x} + x = 0 \quad (\mu > 0)$$

是它的一个特例.

2. 形式最简单的方程

若方程组(1.4)中取

$$F(x) = Kx \ (K > 0), \quad g(x) = x,$$

于是方程有最简单的形式

$$\begin{cases} \dot{x} = y - Kx, \\ \dot{y} = -x. \end{cases} \tag{1.5}$$

此为线性方程

134

$$\frac{\mathrm{d}}{\mathrm{d}t}\begin{pmatrix} x \\ y \end{pmatrix} = \begin{pmatrix} -K & 1 \\ -1 & 0 \end{pmatrix}\begin{pmatrix} x \\ y \end{pmatrix} = A\begin{pmatrix} x \\ y \end{pmatrix}.$$

因为 A 的特征值是

$$\lambda_{1,2} = (-K \pm \sqrt{K^2-4})/2,$$

其实部总是负的,所以,平衡点 $(0,0)$ 是渐近稳定的. $K \geqslant 2$ 时 $(0,0)$ 是结点;$K < 2$ 时 $(0,0)$ 是焦点. 从任何状态开始的轨线都趋于 $(0,0)$.

方程组 (1.5) 是方程组 (1.1) 中电阻特性曲线 $f(x) = Kx$ 的情况,也就是一个普通电阻 $v_R = Ki_R$ 的情况. 平衡点 $(0,0)$ 为渐近稳定,正是电阻消耗的效果.

3. 一般情况

定理 1.1 在方程 (1.2) 中,若有

(1) $f(x)$ 是偶函数,$f(0) < 0$;$g(x)$ 是奇函数,$xg(x) > 0$,当 $x \neq 0$;

(2) $f(x)$,$g(x)$ 连续,又 $g(x)$ 满足李氏条件;

(3) $F(x) = \int_0^x f(x)\mathrm{d}x \to \pm\infty$,当 $x \to \pm\infty$;

(4) $F(x)$ 有一个正的简单零点 $x = a$,当 $x \geqslant a$ 时,$F(x)$ 随 x 单调增加,

则方程 (1.2) 有唯一的周期解,并且此周期解稳定.

我们在证明定理 1.1 之前,先用定理的条件检验 Van der Pol 方程. 很容易看到它满足一切条件,所以它有唯一稳定的周期解.

定理 1.1 的证明 考虑方程 (1.2) 的等价方程组 (1.4)

$$\begin{cases} \dot{x} = y - F(x), \\ \dot{y} = -g(x). \end{cases}$$

为了证明定理,我们只要证明方程组 (1.4) 有唯一稳定的极限环.

因 $f(x)$ 连续,

$$F(x) = \int_0^x f(x)\mathrm{d}x,$$

所以 $F(x)$ 满足李氏条件. 又由假设, $g(x)$ 满足李氏条件, 所以过 x-y 平面上任一点都存在方程组 (1.4) 的唯一解.

因为 $g(x)$ 只有唯一的零点 $x=0$, 又 $F(0)=0$, 所以方程组 (1.4) 只有唯一的平衡点 $(0,0)$. 于是该方程组的任一闭轨必包围着 $(0,0)$.

向量场 $(y-F(x), -g(x))$ 的水平等倾线 $x=0$, 与铅直等倾线 $y=F(x)$ 将平面分为 4 部分, 每部分中向量场方向大致如图5.4 所示. 由于 $F(x)$ 与 $g(x)$ 皆为奇函数, 因此向量场关于原点是对称的.

在曲线 $y=F(x)$ 上取一点 B, 记点 B 的横坐标为 α, 经过 B 点的轨线为 Γ_α. 设 Γ_α 与正、负 y 轴交于点 A, C(在下面的命题中将证明), 见图 5.5. Γ_α 为闭轨之充要条件是 $|OA|=|OC|$.

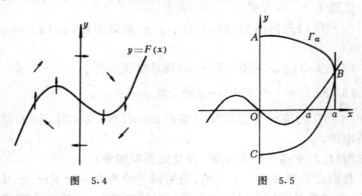

图 5.4　　　　　　　　　图 5.5

引进函数

$$\lambda(x,y) = \frac{1}{2}y^2 + G(x),$$

其中,

$$G(x) = \int_0^x g(x)\mathrm{d}x.$$

上式右端第一项 $y^2/2$ 可以视为动能, 第二项 $G(x)$ 是位能, 所以 $\lambda(x,y)$ 是总能量. 沿着方程组 (1.4) 的轨线, 总能量 λ 的变化率为

136

$$\frac{\mathrm{d}\lambda}{\mathrm{d}t}\bigg|_{(5.4)} = y\dot{y} + g(x)\dot{x} = -F(x)g(x) = F(x)\dot{y}.$$

所以

$$\mathrm{d}\lambda = F(x)\mathrm{d}y.$$

于是,沿轨线 Γ_α 上 ABC 一段能量的改变为

$$\int_{\widehat{ABC}} \mathrm{d}\lambda = \int_{\widehat{ABC}} F(x)\mathrm{d}y = \lambda(C) - \lambda(A) = \frac{1}{2}\left[|OC|^2 - |OA|^2\right].$$

现在我们定义一个 α 的函数

$$\varphi(\alpha) \equiv \int_{\widehat{ABC}} \mathrm{d}\lambda = \int_{\widehat{ABC}} F(x)\mathrm{d}y.$$

于是 Γ_α 为闭轨之充要条件变为：$\varphi(\alpha) = 0$.

下面研究函数 $\varphi(\alpha)$ 的性质.

（a）$\alpha < a$（即条件(4)中之 a）. 则沿着曲线 ABC 有 $F(x) < 0$.
又 $\mathrm{d}y < 0$,所以

$$\varphi(\alpha) = \int_{\widehat{ABC}} F(x)\mathrm{d}y > 0.$$

（b）$\alpha > a$. 此时直线 $x = a$ 与曲线 ABC 的交点 M 与 N,将 Γ_α
分成三段,即 $\widehat{AM}$、$\widehat{MBN}$ 与 $\widehat{NC}$,见图 5.6.记

$$\varphi_{\mathrm{I}}(\alpha) = \int_{\widehat{AM}} F(x)\mathrm{d}y,$$

$$\varphi_{\mathrm{II}}(\alpha) = \int_{\widehat{MBN}} F(x)\mathrm{d}y,$$

$$\varphi_{\mathrm{II}}(\alpha) = \int_{\widehat{NC}} F(x)\mathrm{d}y.$$

由方程组(1.4)有

$$\mathrm{d}y = \frac{-g(x)}{y - F(x)}\mathrm{d}x,$$

所以

$$\varphi_{\mathrm{I}}(\alpha) = \int_{\widehat{AM}} \frac{-F(x)g(x)}{y - F(x)}\mathrm{d}x.$$

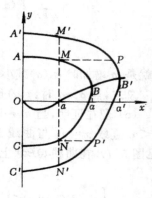

图 5.6

若 α 增加,则弧 $\widehat{AM}$ 升高,对固定

的 $x, y - F(x)$ 增加，又 $-F(x)g(x) > 0$，所以 $\varphi_{\text{I}}(\alpha)$ 减小.

类似地，α 增加时 $\varphi_{\text{II}}(\alpha)$ 也减小.

若 $\alpha' > \alpha, B'$ 以 α' 为横坐标，轨线 $A'B'C'$ 交直线 $x = a$ 于 M' 和 N'. 过 M 与 N 分别作平行 x 轴的直线与曲线 $M'B'N'$ 交于点 P 和 P'（见图 5.6），于是

$$\int_{\overset{\frown}{M'B'N'}} F(x)\mathrm{d}y = \int_{\overset{\frown}{M'P}} F(x)\mathrm{d}y + \int_{\overset{\frown}{PP'}} F(x)\mathrm{d}y + \int_{\overset{\frown}{P'N'}} F(x)\mathrm{d}y$$

在弧 $\overset{\frown}{M'P}$ 与 $\overset{\frown}{P'N'}$ 上. 因为有 $F(x) > 0, \mathrm{d}y < 0$，所以

$$\int_{\overset{\frown}{M'P}} F(x)\mathrm{d}y < 0, \quad \int_{\overset{\frown}{P'N'}} F(x)\mathrm{d}y < 0.$$

于是

$$\int_{\overset{\frown}{M'B'N'}} F(x)\mathrm{d}y < \int_{\overset{\frown}{PP'}} F(x)\mathrm{d}y.$$

曲线 MBN 与 $PB'P'$ 定义在相同的 y 的区间上，设它们的方程为：$x = x_1(y)$ 与 $x = x_2(y)$. 显然，$x_1(y) < x_2(y)$. 由此定理的条件 (4) 知，$0 < F(x_1(y)) < F(x_2(y))$. 又 $\mathrm{d}y < 0$，所以

$$\int_{\overset{\frown}{PP'}} F(x)\mathrm{d}y < \int_{\overset{\frown}{MBN}} F(x)\mathrm{d}y.$$

结合上面的两个不等式，得到

$$\int_{\overset{\frown}{M'B'N'}} F(x)\mathrm{d}y < \int_{\overset{\frown}{MBN}} F(x)\mathrm{d}y.$$

即

$$\varphi_{\text{II}}(\alpha') < \varphi_{\text{II}}(\alpha).$$

也就是，α 增加时 $\varphi_{\text{II}}(\alpha)$ 减小.

总之，当 $\alpha > a$ 时，$\varphi(\alpha)$ 是 α 的递减函数.

(c) 现在证明，当 $\alpha \to +\infty$ 时，$\varphi(\alpha) \to -\infty$. 为此，取 x_1 使 $a < x_1 < \alpha$. 直线 $x = x_1$ 与曲线 MBN 交于点 Q 与 Q', Q' 在下半平面（见图 5.7）. 在曲线 QBQ' 上有 $x \geqslant x_1$，于是，$F(x) \geqslant F(x_1) > 0$. 所以

$$\int_{\overset{\frown}{MBN}} F(x)\mathrm{d}y < \int_{\overset{\frown}{QBQ'}} F(x)\mathrm{d}y < F(x_1)\int_{\overset{\frown}{QBQ}} \mathrm{d}y$$

$$= -F(x_1)|\overline{QQ'}|.$$

由此得到

$$-\varphi_{\mathrm{II}}(\alpha) = -\int_{\widehat{MBN}} F(x)\mathrm{d}y$$
$$> F(x_1) \cdot |\overline{QQ'}| > F(x_1) \cdot F(\alpha).$$

因为 $\lim\limits_{\alpha \to +\infty} F(\alpha) = +\infty$，这就证明了当 $\alpha \to +\infty$ 时，$\varphi_{\mathrm{II}}(\alpha) \to -\infty$. 又 $\alpha > a$ 时，$\varphi_{\mathrm{I}}(\alpha)$ 与 $\varphi_{\mathrm{II}}(\alpha)$ 是 α 的递减函数，所以，当 $\alpha \to +\infty$ 时 $\varphi(\alpha) \to -\infty$.

总结以上讨论，函数 $\varphi(\alpha)$ 具有性质：当 $\alpha < a$ 时，$\varphi(\alpha) > 0$; $\alpha > a$ 时，$\varphi(\alpha)$ 单调下降；当 $\alpha \to +\infty$ 时，$\varphi(\alpha) \to -\infty$，又因为 $\varphi(\alpha)$ 是连续的（在下面的命题中将证明），所以存在唯一的 α_0，使得 $\varphi(\alpha_0) = 0$. 也就是方程组(1.4)有唯一的闭轨 Γ_{α_0}.

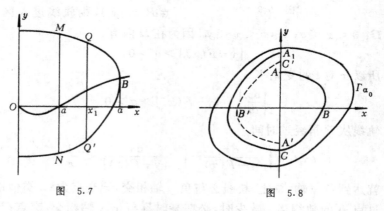

图 5.7   图 5.8

很容易看出，Γ_{α_0} 是一个稳定的极限环. 这是因为，若 $\alpha < \alpha_0$，由上面的结论可知，$\varphi(\alpha) > 0$，即 $\lambda(C) > \lambda(A)$. 因而点 C 比点 A 更靠近 Γ_{α_0}，见图 5.8. 由向量场关于原点的对称性，与曲线 ABC 关于原点对称的曲线 $A'B'C'$ 也是轨线. 又由解的唯一性，轨线不能相交，所以轨线 AC 当 t 增加时再一次与正 y 轴相交的交点 A_1 必比 A 更靠近 Γ_{α_0}. 类似地，Γ_{α_0} 外面的轨线也趋于 Γ_{α_0}，所以 Γ_{α_0} 是个稳定的极限环.

定理证完.

命题 $\alpha>0$，$\varphi(\alpha)$是α的连续函数.

证明 先证明$\varphi(\alpha)$对$\alpha>0$有定义. 对任意$\alpha>0$,有点B在铅直等倾线$y=F(x)$上,使点B的横坐标为α. 由向量场的性质,过点B的轨线,当t增加时进入区域: $0<x<\alpha$；$-\infty<y<F(x)$(见图5.9). 如果轨线对任意$t>0$达不到直线$y=y_0$,其中$y_0<\min\limits_{0\leqslant x\leqslant\alpha}\{F(x)\}$. 则轨线必与负$y$轴相交；如果轨线在$t=t_0$时达到$y=y_0$上一点$P(x_0,y_0)$,则轨线进入区域

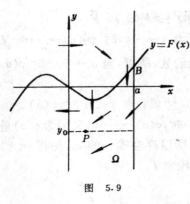

图 5.9

Ω：$0<x<\alpha$；$-\infty<y<y_0$. 因为在Ω内有

$$|y-F(x)|>\sigma>0,$$

所以x对t的变化率

$$\left|\frac{\mathrm{d}x}{\mathrm{d}t}\right|=|y-F(x)|>\sigma>0.$$

轨线从P再经过时间

$$t-t_0=\int_{x_0}^{0}\frac{\mathrm{d}x}{y-F(x)}=\int_{0}^{x_0}\frac{\mathrm{d}x}{|y-F(x)|}<\frac{1}{\sigma}x_0$$

就达到负y轴. 总之,轨线必与负y轴相交,记交点为C. 类似地,过点B的轨线当t减少时,必在某时刻与正y轴相交,交点记为A. 所以,对任意$\alpha>0$

$$\varphi(\alpha)=\int_{\stackrel{\frown}{ABC}}F(x)\mathrm{d}y$$

有定义.

为证明$\varphi(\alpha)$连续,把$\varphi(\alpha)$写为

$$\varphi(\alpha)=\int_{\stackrel{\frown}{AB}}F(x)\mathrm{d}y+\int_{\stackrel{\frown}{BC}}F(x)\mathrm{d}y.$$

设轨线 ABC 有方程：$x=x(t)$，$y=y(t)$，其中轨线 AB 对应：$\beta\leqslant t$ $\leqslant 0$；BC 对应：$0\leqslant t\leqslant\gamma$. 于是

$$\varphi(\alpha)=\int_{\beta}^{0}F(x(t))y'(t)\mathrm{d}t+\int_{0}^{\gamma}F(x(t))y'(t)\mathrm{d}t.$$

由解 $x=x(t)$，$y=y(t)$ 对初值 B 的连续依赖性，又由于正、负 y 轴是向量场的无切线段（截割），由截割的性质知，从点 B 出发的轨线到达正、负 y 轴的时间 β 与 γ 是 B 的连续映射. 而 B 连续依赖于 α，所以 $\varphi(\alpha)$ 是 α 的连续函数.

命题证完.

由定理 1.1 的证明可以看到，质点从平衡位置 $x=0$ 以速度 $\dot{x}=|OA|$ 振动. 当到达 $x=\alpha(\alpha>0)$ 时，速度 $\dot{x}=0$. 再回到平衡位置 $x=0$，此时速度 $\dot{x}=-|OC|$. 如果总能量不变，即 $\varphi(\alpha)=0$，$|OC|=|OA|$. 那么由系统的对称性，质点向 $x<0$ 的方向振动，再返回到平衡位置 $x=0$ 时，一定也有相同的速度和相同的能量，于是保持一定的振幅，出现周期的运动；如果总能量增加，即 $\varphi(\alpha)>0$，$|OC|>|OA|$，那么振幅就要增大；如果总能量减少，那么振幅要减小.

4. 对称原理

因前面研究方程组（1.4）时应用了轨线关于原点的对称性，就使得周期解存在问题简化为轨线在正、负 y 轴上有相等的截距.

类似地，应用对称性讨论二阶系统

$$\begin{cases}\dot{x}=P(x,y),\\\dot{y}=Q(x,y).\end{cases}$$

设它以 $(0,0)$ 为平衡点，又对变量 x，$P(x,y)$ 是偶函数，$Q(x,y)$ 是奇函数，即

$$P(-x,y)=P(x,y), \quad Q(-x,y)=-Q(x,y).$$

因为该二阶系统的等价方程是

$$\frac{\mathrm{d}y}{\mathrm{d}x}=\frac{Q(x,y)}{P(x,y)},$$

以 $-x$ 换 x 代入方程,方程不变. 所以,它的轨线关于 y 轴对称的像也是轨线. 于是为了证明上述二阶系统从 y 轴上出发的一条轨线是闭轨,只要证明该轨线会再一次返回到 y 轴上.

我们知道,非线性系统

$$\begin{cases} \dot{x} = -y + P_2(x, y), \\ \dot{y} = x + Q_2(x, y) \end{cases}$$

(P_2, Q_2 解析,其中 x, y 至少是二次项)的平衡点 $(0, 0)$ 或是中心,或是焦点. 总之,$(0, 0)$ 附近任一从 y 轴上出发的轨线都会再一次返回到 y 轴上. 于是,应用对称原理立刻得到一个很简单的中心判断法:若对 x 而言,$P_2(x, y)$ 只含偶次项,$Q_2(x, y)$ 只含奇次项,则 $(0, 0)$ 是以上系统的中心.

应用关于 x 轴的对称性,可完全类似地讨论闭轨的存在问题.

§2 生 态 方 程

先介绍几个基本概念.

出生(死亡)率   单位时间内每 N 个成员中出生(死亡)的成员数与 N 之比.

增长率   单位时间内每 N 个成员中增长的成员数与 N 之比,其中 N 是一个适当的数,例如 1000.

显然以上三者有关系

$$增长率 = 出生率 - 死亡率. \tag{2.1}$$

设时刻 t 某物种的成员数为 y,即 $y = y(t)$. 则从 t 到 $t + \Delta t$ 时成员数增长

$$\Delta y = y(t + \Delta t) - y(t).$$

所以,从 t 到 $t + \Delta t$ 这段时间中的平均增长率为

$$\frac{\Delta y}{\Delta t \cdot y(t)}.$$

当成员可数时,成员数是非负整数.如果对一系列时间 t_1, t_2, …,知道相应的成员数 $y(t)$ 为:

$$y_1 = y(t_1), \quad y_2 = y(t_2), \quad \cdots,$$

那么我们把 $y(t)$ 开拓为实变数 t 的非负实数值 y 的函数 $y = y(t)$, 并且使 $y(t)$ 连续,有连续导数.这样一来,就得到

$$t \text{ 时刻的增长率} = \lim_{\Delta t \to 0} \frac{\Delta y}{\Delta t \cdot y(t)} = \frac{y'(t)}{y(t)}. \tag{2.2}$$

以下对一个物种、两个作为捕者与食的物种,以及两个竞争物种的情况分别进行讨论.

1. 一个物种

分别对增长率的各种情况进行讨论.

1) **增长率是常数 $\alpha (\alpha > 0)$**

此时根据式(2.2),物种成员数 $y = y(t)$ 应满足微分方程

$$\frac{y'}{y} = \alpha,$$

即

$$\frac{\mathrm{d}y}{\mathrm{d}t} = \alpha y. \tag{2.3}$$

设 $t = 0$ 时,成员数为 $y(0)$,则满足此初条件的解为

$$y(t) = y(0)\mathrm{e}^{\alpha t}.$$

显然,只要 $y(0) > 0$,就有 $\lim\limits_{t \to +\infty} y(t) = +\infty$.也就是说,物种的成员数会无限地增长.

2) **增长率依赖于主要食物供给量 $\sigma (\sigma > 0)$**

设维持该物种生存的最低食物供给量为 σ_0.例如,某种猫靠食鼠为生.捕食鼠首先要有机会遇到鼠,因此维持这种猫的生存就要在它的活动范围内有一个最低的鼠的只数 σ_0,当 $\sigma > \sigma_0$ 时增长率为正;$\sigma < \sigma_0$ 时增长率为负;$\sigma = \sigma_0$ 时增长率为零.

取满足以上条件的增长率的最简单的形式

$$增长率 = \alpha(\sigma - \sigma_0) \quad (\alpha > 0).$$

于是由式(2.2)得到该物种成员数 $y = y(t)$ 应满足的微分方程

$$\frac{\mathrm{d}y}{\mathrm{d}t} = \alpha(\sigma - \sigma_0)y, \tag{2.4}$$

其中常数 α 与 σ_0 反映该物种的特性,而常数 σ 与环境有关. 此方程满足 $t = 0$ 时 $y = y(0)$ 的解为

$$y(t) = y(0)\mathrm{e}^{\alpha(\sigma - \sigma_0)t}.$$

显然
$$\lim_{t \to +\infty} y(t) = \begin{cases} 0, & \text{当 } \sigma < \sigma_0, \\ y(0), & \text{当 } \sigma = \sigma_0, \\ +\infty, & \text{当 } \sigma > \sigma_0. \end{cases}$$

这表示无论开始时有多少成员,当 $\sigma > \sigma_0$ 时,物种成员将无限增长;当 $\sigma = \sigma_0$ 时,物种成员数维持不变;而 $\sigma < \sigma_0$ 时,此物种将死尽. 由此可见,同一个物种在不同的环境里将有不同的前途.

3) 增长率与物种的成员数有关

例如成员多,就有居住拥挤、疾病易于传染、……**社会摩擦**;当然也有利于集体捕食,抵御外物种的攻击,……**正的社会现象**.

现在我们只考虑社会摩擦. 设成员数有一个极限值 η,即当成员数超过 η 时增长率为负的. 取

$$增长率 = c(\eta - y) \quad (c > 0).$$

于是物种成员数满足**极限增长方程**

$$\frac{\mathrm{d}y}{\mathrm{d}t} = c(\eta - y)y \quad (c > 0, \eta > 0). \tag{2.5}$$

方程右端出现了非线性项——cy^2,它反映社会摩擦.

显然,$y \equiv 0$, $y \equiv \eta$ 都是方程(2.5)的解. 而 $t = 0$ 时 $y = y(0)$ $(y(0) \neq 0, y(0) \neq \eta)$ 的解是

$$\ln \left| \frac{y}{\eta - y} \right| = \eta ct + \ln \left| \frac{y(0)}{\eta - y(0)} \right|,$$

当 $t \to +\infty$ 时 $y \to \eta$.

亦即,若开始时物种成员数为 0 或 η,则分别保持此成员数. 而开始时,不论成员数是多于 η 还是少于 η,终将达到极限值 η.

2. 捕者与食

两个物种,一个的地位为捕者,其成员数为 y;另一个的地位是食物,其成员数为 x.下面分别对忽略社会现象和考虑社会摩擦来进行讨论.

1) 忽略社会现象

捕者 y 的食物量是食的成员数 x,应用本节 **1.** 的 2)中的结论得到捕者 y 满足的微分方程

$$\frac{\mathrm{d}y}{\mathrm{d}t} = \alpha(x - \sigma_0)y,$$

其中 $\alpha > 0, \sigma_0 > 0$,且皆是常数.我们把方程改写为

$$\frac{\mathrm{d}y}{\mathrm{d}t} = (Cx - D)y \quad (C > 0, D > 0). \tag{2.6}$$

设食 x 的食物是充分供给的,有一个稳定的出生率 A.至于 x 的死亡率等于单位时间内食的 x 成员中的死亡数与 x 之比.而单位时间内食的 x 成员中的死亡数应该与 x 及 y 都是成正比的,是 Bxy.这是因为两倍的猫将吃掉两倍的鼠;鼠有两倍就使猫有两倍的机会遇到鼠.于是由式(2.1)得

$$x \text{ 的增长率} = A - \frac{Bxy}{x} = A - By.$$

从而得到食 x 满足的微分方程

$$\frac{\mathrm{d}x}{\mathrm{d}t} = (A - By)x \quad (A > 0, B > 0). \tag{2.7}$$

联合方程(2.6)与(2.7)得到 Volterra-Lotka **的捕食方程**

$$\begin{cases} x' = (A - By)x, \\ y' = (Cx - D)y \end{cases} \quad (A, B, C, D \text{ 皆正}). \tag{2.8}$$

我们在右上半平面 $\boldsymbol{R}^1(x \geqslant 0, y \geqslant 0)$ 中讨论它的相图.

系统(2.8)有平衡点 $O = (0, 0)$ 与 $z = (D/C, A/B) = (\bar{x}, \bar{y})$. O 是鞍点,不稳定.而 z 可能是中心或焦点(稳定或不稳定).

令 $x' = 0$,得 $x = 0$ 与 $y = A/B$.令 $y' = 0$,得 $y = 0$ 与 $x = D/C$.

$x=0$ 与 $y=0$ 都是轨线.直线 $y=A/B$ 是铅直等倾线;$x=D/C$ 是水平倾线.它们把右上半平面 $\mathbf{R}^1$ 分成 4 块,每一块中 x' 与 y' 的符号不变.向量场的方向大致如图 5.10 所示.轨线 $x=0$ 与 $y=0$ 的方向也见图 5.10.

将方程(2.8)中两式相除,得方程

$$\frac{\mathrm{d}y}{\mathrm{d}x}=\frac{(Cx-D)y}{(A-By)x}.$$

分离变量,求出解

$$Cx+By-D\ln x-A\ln y=k.$$

也就是说,方程(2.8)的轨线沿着函数

$$H(x,y)=Cx+By-D\ln x-A\ln y$$

的等位线.显然,函数 $H(x,y)$ 在 $\mathbf{R}^1$ 内以点 $z=(D/C,A/B)$ 为唯一的极值点(极小).所以方程的每一条轨线(除去平衡点与坐标轴之外)都是闭轨,z 是中心,相图如图 5.11.

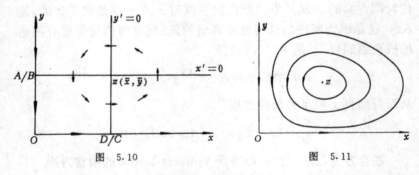

图 5.10　　　　　　　　　　图 5.11

由相图可见,如果开始时只有捕者而没有食,结果是捕者死尽;如果从一开始就没有捕者,那么食会无限增长;如果开始时捕者成员数为 A/B,食的成员数为 D/C,则将永远维持这个平衡状态;如果开始时两物种的成员数 $(x(0),y(0))$ 有 $x(0)>0,y(0)>0$,但不是 $(D/C,A/B)$,则捕者与食的成员数将循环振荡,没有一种会死尽,也没有一种会无限增长.

2）考虑社会摩擦

像在本节 **1.** 的 3)中一样,由于考虑社会摩擦,所以要增加非线性项,由方程(2.8)进而得到**极限增长的捕食方程**

$$\begin{cases} x' = (A - By - \lambda x)x, \\ y' = (Cx - D - \mu y)y \end{cases} \quad (A, B, C, D, \lambda, \mu \text{ 皆正}). \quad (2.9)$$

此时右上半平面 $\boldsymbol{R}^1$ 被铅直等倾线

$$L: A - By - \lambda x = 0$$

与水平等倾线

$$M: Cx - D - \mu y = 0$$

分成几块,每一块内 x' 与 y' 不变符号. 下面分别对两条直线在 $\boldsymbol{R}^1$ 内相交或不交进行讨论.

（1）L 与 M 在 $\boldsymbol{R}^1$ 内不交. 此时 $\dfrac{A}{\lambda} < \dfrac{D}{C}$.

平衡点有两个,$(0,0)$ 是鞍点；$(A/\lambda, 0)$ 是渐近稳定的平衡点. 因为闭轨要包围平衡点,而 $\boldsymbol{R}^1$ 内无平衡点,所以在 $\boldsymbol{R}^1$ 内没有极限环.

相图如图 5.12. 初值在 y 轴上的轨线趋于原点,初值在 $\boldsymbol{R}^1$ 内或 x 轴上的轨线都趋于平衡点 $(A/\lambda, 0)$. 也就是说,不论开始时捕者与食的成员各是多少,将以捕者死完而告终. 如果开始时有食,那么食的最终成员数将稳定于 A/λ.

（2）L 与 M 在 $\boldsymbol{R}^1$ 内相交. 此时 $\dfrac{D}{C} < \dfrac{A}{\lambda}$.

平衡点有三个：$(0,0)$、$(A/\lambda, 0)$ 与 $z = (\bar{x}, \bar{y})$,z 是直线 L 与 M 之交点. $(0,0)$ 与 $(A/\lambda, 0)$ 是鞍点,而 z 是一个渐近稳定的平衡点. 其方向场如图 5.13 所示.

现在 $\boldsymbol{R}^1$ 内有平衡点 z,所以可能有围绕着 z 的闭轨. 下面我们证明没有闭轨.

如果围绕着 z 有闭轨 Γ_0,其方程为

$$x = x(t), y = y(t), \quad -\infty < t < +\infty.$$

则一定有 $T > 0$,使得 $x(T) = x(0), y(T) = y(0)$.

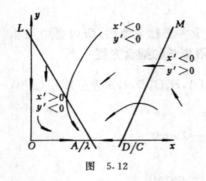
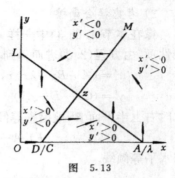

图 5.12　　　　　　　　　　图 5.13

我们计算闭轨 Γ_0 的指数 γ_0.

$$\gamma_0 = \frac{1}{T}\int_0^T [P'_x(x(t),y(t)) + Q'_y(x(t),y(t))]\mathrm{d}t,$$

其中 $P(x,y) = (A-By-\lambda x)x, Q(x,y) = (Cx-D-\mu y)y.$

为此把方程 (2.9) 改写为

$$\begin{cases} (A-By-\lambda x)\mathrm{d}t = \dfrac{\mathrm{d}x}{x}, \\[2mm] (Cx-D-\mu y)\mathrm{d}t = \dfrac{\mathrm{d}y}{y}. \end{cases}$$

将等式两边沿闭轨 Γ_0 积分得

$$\int_0^T [A-By(t)-\lambda x(t)]\mathrm{d}t = \int_{x(0)}^{x(T)} \frac{\mathrm{d}x}{x} = \ln|x|\ \Big|_{x(0)}^{x(T)} = 0,$$

$$\int_0^T [Cx(t)-D-\mu y(t)]\mathrm{d}t = \int_{y(0)}^{y(T)} \frac{\mathrm{d}y}{y} = \ln|y|\ \Big|_{y(0)}^{y(T)} = 0.$$

从而得知，$\dfrac{1}{T}\int_0^T x(t)\mathrm{d}t$ 与 $\dfrac{1}{T}\int_0^T y(t)\mathrm{d}t$ 也满足代数方程

$$\begin{cases} A-By-\lambda x = 0, \\ Cx-D-\mu y = 0. \end{cases}$$

于是

$$\begin{cases} \dfrac{1}{T}\int_0^T x(t)\mathrm{d}t = \bar{x}, \\[2mm] \dfrac{1}{T}\int_0^T y(t)\mathrm{d}t = \bar{y}. \end{cases}$$

此 $(\bar{x}, \bar{y})$ 正是平衡点 z 的坐标.

应用上述结果,立刻可以算出 Γ_0 的指数

$$\gamma_0 = \frac{1}{T}\int_0^T (A - By - 2\lambda x + Cx - D - 2\mu y)\mathrm{d}t$$
$$= \frac{1}{T}\int_0^T (-\lambda x - \mu y)\mathrm{d}t = -\lambda\bar{x} - \mu\bar{y}.$$

注意 $\lambda, \mu, \bar{x}, \bar{y}$ 都是正数,所以 $\gamma_0 < 0$. 按第三章 §3 的定理,闭轨 Γ_0 是稳定的. 这与 z 是渐近稳定的平衡点矛盾,所以没有闭轨.

于是在 $\mathbf{R}^1$ 内从任何一点出发的解都趋于平衡点 z. 也就是说,只要开始时捕者与食的成员数都不是零,那么它们的成员数最终将稳定于一个常态,即共同存在下去.

为什么 A/λ 与 D/C 的相对大小会导致如此不同的下场呢?我们回顾这些常数的实际意义. 由式 (2.6) 看到 $D/C = \sigma_0$ 是捕者维持生存所需的最少食物量. 而 A 是食的出生率,λ 是它的社会摩擦系数,所以 A/λ 的大小反映了食的繁殖、生存能力. $A/\lambda < D/C$ 表示捕者维持生存所需的最少食物量相对于食的繁殖生存能力而言过大,当然它只好死尽. 反之,它们能共同存在下去.

3. 竞争物种

两个物种 x 与 y 竞争共同的食物. 设它们的增长方程为

$$\begin{cases} x' = M(x, y)x, \\ y' = N(x, y)y, \end{cases} \tag{2.10}$$

其中 x 与 y 的增长率 M 与 N 都是非负变量 x, y 的函数. 设它们对 x, y 连续,有连续一阶偏导数,且满足以下三个条件:

(1) 一种物种的成员数增加时另一物种的增长率下降,所以

$$\frac{\partial M}{\partial y} < 0, \quad \frac{\partial N}{\partial x} < 0;$$

(2) 任一物种的成员数过多,两物种都不能增长. 所以存在常数 $K > 0$,使得:当 $x \geqslant K$ 或 $y \geqslant K$ 时,

$$M(x, y) \leqslant 0, \quad 并且 N(x, y) \leqslant 0.$$

(3) 只有一个物种时,按极限增长.所以存在常数 $a>0, b>0$,
使得:

当 $x<a$ 时, $M(x,0)>0$; $x>a$ 时, $M(x,0)<0$.

当 $y<b$ 时, $N(0,y)>0$; $y>b$ 时, $N(0,y)<0$.

根据以上条件可知,当 x_0 满足条件 $0 \leqslant x_0 \leqslant a$ 时,直线 $x=x_0$
恰与 $M(x,y)=0$ 交于一点.再由条件(1)与隐函数定理知,方程
$M(x,y)=0$ 确定一个非负的,有连续一阶导数的函数 $y=f(x)$
$(0 \leqslant x \leqslant a)$.把这段曲线记作 μ, μ 把 $\boldsymbol{R}^1$ 分为上下两个部分:在 μ
的上边 $M<0$;在 μ 的下边 $M>0$(见图 5.14).

类似地,从 $N(x,y)=0$ 确定出一个非负的,有连续一阶导数
的函数 $x=g(y)$ $(0 \leqslant y \leqslant b)$.把这段曲线记作 ν, ν 把 $\boldsymbol{R}^1$ 分为左右
两个部分:在 ν 的左边 $N>0$;在 ν 的右边 $N<0$(见图 5.15).

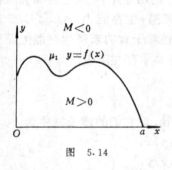

图 5.14

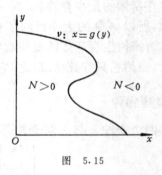

图 5.15

以下分两种情况进行讨论:

(1) 设 μ 与 ν 不相交.这时平衡点有三个,即 $(0,0)$、$(a,0)$ 与
$(0,b)$.

如果 μ 在 ν 的左边(即 ν 在 μ 的上边),很容易计算得:平衡点
$(0,0)$ 是源;$(a,0)$ 是鞍点;$(0,b)$ 是渐近稳定的平衡点. $\boldsymbol{R}^1$ 内一切
轨线都趋于 $(0,b)$,见图 5.16.

如果 ν 在 μ 的下边(即 μ 在 ν 的右边),很容易计算得:平衡点
$(0,0)$ 是源;$(0,b)$ 是鞍点;$(a,0)$ 是汇. $\boldsymbol{R}^1$ 内一切轨线都趋于 $(a,$

150

0),见图 5.17.

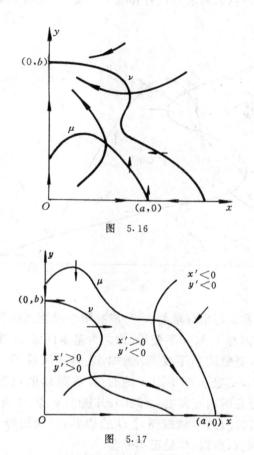

图　5.16

图　5.17

两物种竞争共同的食物,所以当两物种成员都很少时其食物充分,两者都增加;任一种成员太多时,两者都减少. μ 在 ν 的左边,意味着其他情况是 x 物种减少,而 y 物种增加,最后 x 死完;ν 在 μ 的下边,意味着其他情况是 y 物种减少,而 x 物种增加,最后 y 死完.

（2）设 μ 与 ν 相交.又设只有有限个交点,即除去平衡点

$(0,0)$、$(a,0)$ 与 $(0,b)$ 之外只有有限个平衡点(见图 5.18).

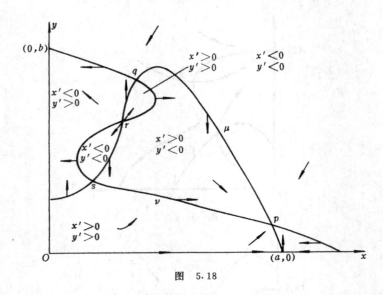

图　5.18

曲线 μ 和 ν 与坐标轴将 R^1 分成有限个单连通的区域. 在每一个这种区域内部 x' 与 y' 不变号,称之为基本区域. 不难看出,基本区域是正不变集或负不变集. 例如,某基本区域 Ω 内 $x'>0$,$y'<0$,则此 Ω 必在 μ 的下边,ν 的右边. 从而 Ω 的边界点凡属于 ν 者,轨线通过它时由左向右($x'>0$);凡属于 μ 者,轨线通过它时由上向下($y'<0$). 总之,轨线通过 Ω 的边界点(除边界上的平衡点外)时由外向内,所以,Ω 是正不变集.

定理 2.1　方程(2.10)的每一条轨线,当 $t\to+\infty$ 时都趋于有限个平衡点之一.

证明　考虑方程(2.10)从 R^1 内一点 (x_0,y_0) 出发的轨线 $x=x(t),y=y(t)$. 若此轨线当 $t\to+\infty$ 时总保持在某一基本区域内不离开,则由轨线 $x=x(t),y=y(t)$ 的单调性与基本区域的有界性,当 $t\to+\infty$ 时此轨线必有极限点. 由极限集性质 4,这个极限点就

152

是轨线的唯一 ω 极限点——平衡点.

若此轨线要从一个基本区域进入另一个基本区域,则后一个基本区域必是正不变集. 于是当 $t \to +\infty$ 时总保持在此基本区域内. 同理,轨线趋于某一个平衡点. 定理证完.

现在介绍一个平衡点为汇的判别法:若曲线 μ 与 ν 在平衡点 z 都有负斜率,又 μ 更陡些,则平衡点 z 为汇.

这是因为由判别法的条件可知,在点 $z = (\bar{x}, \bar{y})$ 处有

$$-\frac{M'_x}{M'_y} < 0; \quad -\frac{N'_x}{N'_y} < 0; \quad -\frac{M'_x}{M'_y} < -\frac{N'_x}{N'_y}.$$

再加上竞争物种模型的假设: $M'_y < 0, N'_x < 0$,还可知:

$$M'_x < 0, \quad N'_y < 0.$$

由以上这些条件立刻看出,方程(2.10)在平衡点 z 处的线性近似方程的系数矩阵

$$A = \begin{pmatrix} xM'_x & xM'_y \\ yN'_x & yN'_y \end{pmatrix}_{(\bar{x}, \bar{y})}$$

有

$$\begin{aligned} \text{Tr} A &= \bar{x} M'_x(\bar{x}, \bar{y}) + \bar{y} N'_y(\bar{x}, \bar{y}) \\ &< 0, \\ \det A &= \bar{x} \bar{y} (M'_x N'_y - M'_y N'_x)_{(\bar{x}, \bar{y})} \\ &> 0. \end{aligned}$$

所以, $z = (\bar{z}, \bar{y})$ 是方程(2.10)的汇.

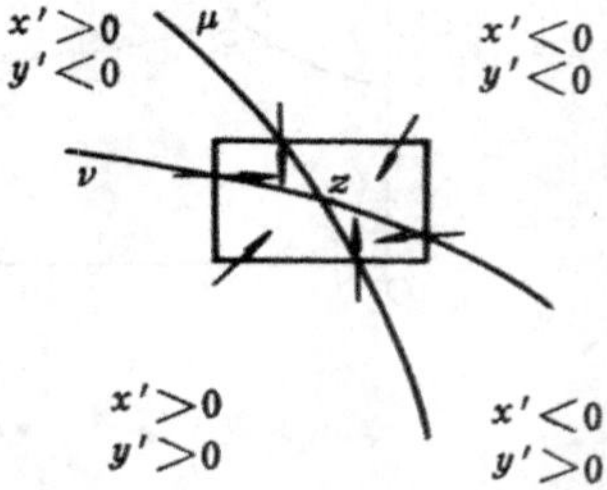

图 5.19

从图 5.19 看,在平衡点 z 附近可以作一个小矩形,使其边平行于坐标轴,4 个顶点分别在 4 个相邻的基本区域之内. 此矩形为正不变集. 而它可以任意小,所以平衡点 z 渐近稳定.

每一条轨线趋于一平衡点. 从相邻的初始状态出发的轨线是否趋于相同的平衡点呢? 图 5.20 中的平衡点 q 是一鞍点,有两条

153

轨线趋于它,其中之一记作 α. v_0 与 v_1 是两个邻近的状态,在 α 的同侧,从这两点出发的轨线都趋于平衡点 p. v_2 也是与 v_0 很邻近的状态,但它与 v_0 在 α 的两侧,于是从它出发的轨线就不是趋于平衡点 p,而是趋于平衡点 $(0,b)$ 了.

这说明,有时生态的改变不影响两个物种的最后平衡状态. 但也有时,由于某一事件,例如,某物种突然增加一批新成员,或一场森林火灾,或一种疫病流行,…,改变了原来的生态,从 v_0 跳到 v_2. 这样一来,后果大不相同,原来是可以共存下去的(趋于 p),而现在将以 x 物种的死尽而告终(趋于 $(0,b)$).

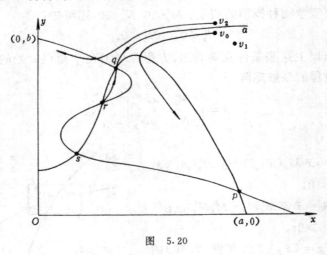

图　5.20

154

第六章 n 维系统的平衡点

为了讨论 n 维系统的平衡点,需要一个纯代数的结论.下面我们首先介绍它.

引理 设 A 是 n 维向量空间 E 上的线性算子,若 A 的每一个特征值 λ 的实部 $\mathrm{Re}\lambda$ 都满足条件:

$$\alpha < \mathrm{Re}\lambda < \beta.$$

则存在 E 的一组基,使相应的内积和模,对一切 $x \in E$,有不等式

$$\alpha|x|^2 \leqslant \langle Ax, x \rangle \leqslant \beta|x|^2.$$

证明 为简单起见,只证明后一个不等式.

先设 A 的复扩张的矩阵可以对角化.这时空间 E 可以分解为一些子空间的直和

$$E = E_1 \oplus \cdots \oplus E_r \oplus F_1 \oplus \cdots \oplus F_s,$$

它们在 A 的作用下不变.其中:E_j 是一维子空间,由 A 的实特征值 λ_j 的特征向量 e_j 张成;F_k 是二维子空间,由 A 的复特征值 $a_k \pm ib_k$ 的特征向量 $f_k \pm ig_k$ 的实部 f_k 与虚部 g_k 所张成.因为

$$Af_k = a_k f_k - b_k g_k, \quad Ag_k = b_k f_k + a_k g_k,$$

所以,A 限制在 F_k 上时有矩阵

$$\begin{bmatrix} a_k & -b_k \\ b_k & a_k \end{bmatrix}.$$

E 上的内积定义为:

$$\langle e_j, e_j \rangle = \langle f_k, f_k \rangle = \langle g_k, g_k \rangle = 1;$$

以及 e_j, f_k, g_k 之间的内积为零.不难算出

$$\langle Ae_j, e_j \rangle = \lambda_j < \beta,$$
$$\langle Af_k, f_k \rangle = \langle Ag_k, g_k \rangle = a_k < \beta,$$
$$\langle Af_k, g_k \rangle = -\langle Ag_k, f_k \rangle.$$

所以,取这一组基时,一切 $x \in E$ 满足所要证的不等式
$$\langle Ax, x \rangle \leqslant \beta |x|^2.$$

设 A 是任意算子. 取 E 的一组基,使 A 的矩阵是实典型形
$$A = \text{diag}\{A_1, \cdots, A_p\},$$
其中每一块 A_j 为以下两种形式之一:

$$\begin{bmatrix} \lambda_j & & & \\ 1 & \ddots & & \\ & \ddots & \ddots & \\ & & 1 & \lambda_j \end{bmatrix} \quad \text{与} \quad \begin{bmatrix} D_j & & & \\ I & \ddots & & \\ & \ddots & \ddots & \\ & & I & D_j \end{bmatrix},$$

其中
$$D_j = \begin{bmatrix} a_j & -b_j \\ b_j & a_j \end{bmatrix}, \quad I = \begin{bmatrix} 1 & 0 \\ 0 & 1 \end{bmatrix}.$$

如果我们能在块 A_j 所相应的子空间 E_j 上给一组基,使得其满足引理的要求,则把这些基放在一起作为 E 的基,此组基就也满足引理的要求. 所以无妨设 A 只有一块.

设 A 为第一种块,即 $A = S + N$,其中

$$S = \begin{bmatrix} \lambda & & & \\ & \ddots & & \\ & & \ddots & \\ & & & \lambda \end{bmatrix} = \lambda I, \quad N = \begin{bmatrix} 0 & & & \\ 1 & \ddots & & \\ & \ddots & \ddots & \\ & & 1 & 0 \end{bmatrix}.$$

这时的一组基为 $\{e_1, \cdots, e_n\}$. 注意它们是 S 的特征向量,又对 N 有
$$Ne_1 = e_2,$$
$$\vdots$$
$$Ne_{n-1} = e_n,$$
$$Ne_n = 0.$$

取 $\varepsilon > 0$,作一组新的基
$$B_\varepsilon = \{\bar{e}_1, \cdots, \bar{e}_n\} = \left\{ e_1, \frac{1}{\varepsilon} e_2, \frac{1}{\varepsilon^2} e_3, \cdots, \frac{1}{\varepsilon^{n-1}} e_n \right\}.$$

显然,它们仍然是 S 的特征向量. 又对 N 有

156

$$N\bar{e}_1 = \varepsilon \bar{e}_2,$$
$$N\bar{e}_2 = \varepsilon \bar{e}_3,$$
$$\vdots$$
$$N\bar{e}_{n-1} = \varepsilon \bar{e}_n,$$
$$N\bar{e}_n = 0.$$

于是 A 对基 B_ε 有矩阵

$$\begin{bmatrix} \lambda & & & \\ \varepsilon & \ddots & & \\ & \ddots & \ddots & \\ & & \varepsilon & \lambda \end{bmatrix}.$$

令 $\langle \bar{e}_i, \bar{e}_i \rangle = 1, \langle \bar{e}_i, \bar{e}_j \rangle = 0 (i \neq j)$. 有

$$\langle Ax, x \rangle = \langle Sx, x \rangle + \langle Nx, x \rangle \leqslant \lambda |x|^2 + \varepsilon |x|^2.$$

因为 $\lambda < \beta$, 故取 ε 充分小, 就得到所要证的不等式

$$\langle Ax, x \rangle \leqslant \beta |x|^2.$$

若 A 是第二种块, 证明类似. 引理证完.

§1 线性系统的汇和源

定义 $x \in \mathbf{R}^n, A$ 是 n 维矩阵, 线性系统

$$\dot{x} = Ax \tag{1.1}$$

以 $x(t) \equiv 0$ 为它的解, 称原点 $O \in \mathbf{R}^n$ 为系统(6.1)的平衡点.

若 A 的一切特征值都有负实部, 则称原点 O 为**汇**, 称流 $e^{tA}x$ 是一个**收缩流**.

若 A 的一切特征值都有正实部, 则称原点 O 为**源**, 称流 $e^{tA}x$ 是一个**膨胀流**.

若 A 的一切特征值都有非零实部, 则称原点 O 为**双曲型平衡点**, 称流 $e^{tA}x$ 是一个**双曲流**.

定理 1.1   以下结论等价:

(1) 原点是系统 $\dot{x} = Ax$ 的汇.

(2) 对 $\mathbf{R}^n$ 的任意基相应的模,存在常数 $k > 0, b > 0$,使得对一切 $t \geq 0, x \in \mathbf{R}^n$,有

$$|e^{tA}x| \leq ke^{-tb}|x|.$$

(3) 存在常数 $b > 0$ 和 $\mathbf{R}^n$ 的一组基 β,它相应的模有

$$|e^{tA}x|_\beta \leq e^{-tb}|x|_\beta,$$

对一切 $t \geq 0, x \in \mathbf{R}^n$ 成立.

证明 由(3)推(2),根据模的等价性是显然的.

由(2)推(1),可用反证法,设(1)不成立,即设 A 有特征值 $a \pm ib$,而 $a \geq 0$. 取适当的坐标,使 A 有形式

$$\begin{bmatrix} a & -b & 0 & \cdots & 0 \\ b & a & 0 & \cdots & 0 \\ \times & \times & \times & \cdots & \times \\ \cdots\cdots\cdots\cdots\cdots\cdots\cdots\cdots \\ \times & \times & \times & \cdots & \times \end{bmatrix}$$

于是系统 $\dot{x} = Ax$ 满足 $t = 0$ 时 $x = x_0 = (1, 0, \cdots, 0)$ 的解是

$$e^{tA}x_0 = (e^{ta}\cos bt, e^{ta}\sin bt, x_3(t), \cdots, x_n(t)).$$

显然,当 $t \to +\infty$ 时,此解不趋于 0,与(2)矛盾.

或者我们分别取特征值 $a \pm ib$ 相应的特征向量 $y \mp iz$ 为初值,得到系统 $\dot{x} = Ax$ 的两个特解

$$e^{tA}(y \mp iz) = e^{t(a \pm ib)}(y \mp iz)$$

$$= e^{ta}[(y\cos bt + z\sin bt) \pm i(y\sin bt - z\cos bt)].$$

组合它们,我们得另一特解

$$e^{ta}(y\cos bt + z\sin bt)$$

当 $t \to +\infty$ 时,它不趋于零,与(2)矛盾.

由(1)推(3). 按汇的定义,存在 $b > 0$,使 A 的一切特征值 λ 的实部 $\text{Re}\lambda$ 满足不等式

$$\text{Re}\lambda < -b.$$

158

根据引理,有基 β,使对一切 $x \in \mathbf{R}^n$ 有

$$\langle Ax, x \rangle \leqslant -b|x|^2.$$

设 $(x_1, \cdots, x_n)$ 是对基 β 的坐标. 令

$$x(t) = (x_1(t), \cdots, x_n(t))$$

是系统 $\dot{x} = Ax$ 的解,则对 β 的内积及模有

$$\frac{\mathrm{d}}{\mathrm{d}t}|x| = \frac{\langle x, \dot{x} \rangle}{|x|} = \frac{\langle Ax, x \rangle}{|x|} \leqslant -b|x|.$$

所以

$$\frac{\mathrm{d}}{\mathrm{d}t}\ln|x| \leqslant -b.$$

于是

$$\ln\left|\frac{x(t)}{x(0)}\right| \leqslant -bt,$$

即

$$|x(t)| \leqslant \mathrm{e}^{tb}|x(0)|.$$

这就是(3)中的不等式. 定理 1.1 证完.

定理 1.1 使汇有明显的几何图像. 设 O 是系统 $\dot{x} = Ax$ 的汇,则轨线 $x(t)$ 的模 $|x(t)|_\beta$ 随时间 t 的增加而减小. 所以轨线通过球面 $S_a = \{x \in \mathbf{R}^n \mid |x|_\beta = a\}$ 时总是由外向内,流是收缩的,见图 6.1.

当然这些球是对基 β 相应的模而言的球,对其他的基所相应的模可能是一些椭球.

定理 1.2 以下结论等价

(1) 原点是对系统 $\dot{x} = Ax$ 的源.

(2) 对 $\mathbf{R}^n$ 的任意基相应的模,存在常数 $L > 0, a > 0$,使得对一切 $t \geqslant 0, x \in \mathbf{R}^n$ 有

$$|\mathrm{e}^{tA}x| \geqslant L\mathrm{e}^{ta}|x|.$$

(3) 存在常数 $a > 0$ 和 $\mathbf{R}^n$ 的一组基 β,它相应的模有

$$|\mathrm{e}^{tA}x|_\beta \geqslant \mathrm{e}^{ta}|x|_\beta,$$

对于一切 $t \geqslant 0, x \in \mathbf{R}^n$ 成立.

证明与定理 1.1 类似,因此从略.

定理 1.2 使源有明显的几何图像.若原点 O 是系统 $\dot{x}=Ax$ 的源,则轨线 $x(t)$ 的模 $|x(t)|_{\beta}$ 随时间 t 的增加而增大,所以流是膨胀的,见图 6.2.

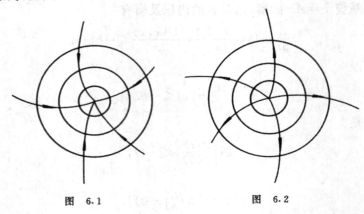

图　6.1　　　　　　　　　　图　6.2

§2　非线性的汇和源

考虑微分方程

$$\dot{x}=f(x),\qquad(2.1)$$

其中 $x\in W, W\subset \mathbf{R}^n$ 是开的,$f: W\to\mathbf{R}^n$ 连续可微.

定义　若 $\bar{x}\in W, f(\bar{x})=0$,称 $\bar{x}$ 是方程(2.1)的**平衡点**.

显然,函数 $x(t)\equiv\bar{x}$ 是方程(2.1)的解. 由解的唯一性,它是过点 $\bar{x}$ 的唯一解. $\bar{x}$ 是一个"平衡状态",开始时在 $\bar{x}$,以后就永远在 $\bar{x}$.

定义　若 $f(\bar{x})=0$,称线性算子 $A=\mathrm{D}f(\bar{x})$ 是 f 在 $\bar{x}$ 的**线性部分**.

若 $A=\mathrm{D}f(\bar{x})$ 的一切特征值有负实部,称方程(2.1)的平衡点 $\bar{x}$ 是一个**汇**;若 $A=\mathrm{D}f(\bar{x})$ 的一切特征值有正实部,称方程(2.1)的平衡点 $\bar{x}$ 是一个**源**;若 $A=\mathrm{D}f(\bar{x})$ 的一切特征值有非零实部,称

160

$\bar{x}$ 是**双曲的**.

定理 2.1 设平衡点 $\bar{x}$ 是汇,$\mathrm{D}f(\bar{x})$ 的每一个特征值有小于 $-c(c>0)$ 的负实部. 则存在 $\bar{x}$ 的一个邻域 $U,U \subset W$,使

(1) 对一切 $x \in U$,流 $\varphi_t(x)$ 对一切 $t>0$ 有定义,且在 U 内取值.

(2) 存在 $\boldsymbol{R}^n$ 上的一组基,其相应的模使一切 $x \in U, t \geqslant 0$,有
$$|\varphi_t(x) - \bar{x}| \leqslant \mathrm{e}^{-tc}|x - \bar{x}|.$$

(3) 对 $\boldsymbol{R}^n$ 上的任意模,存在常数 $B>0$,使对一切 $x \in U, t \geqslant 0$ 有
$$|\varphi_t(x) - \bar{x}| \leqslant B\mathrm{e}^{-tc}|x - \bar{x}|.$$

特别地,当 $t \rightarrow +\infty$ 时,对一切 $x \in U$,有 $\varphi_t(x) \rightarrow \bar{x}$.

证明 无妨设 $\bar{x}=0$,不然在 $\boldsymbol{R}^n$ 中取新坐标 $y=x-\bar{x}$.

由假设存在 $b>0$,使算子 $A=\mathrm{D}f(0)$ 的一切特征值 λ 的实部 $\mathrm{Re}\lambda < -b < -c$. 由本章开始的引理知,存在 $\boldsymbol{R}^n$ 的一组基 B,对它相应的内积和模有
$$\langle Ax, x \rangle \leqslant -b|x|^2,$$
对于一切 $x \in \boldsymbol{R}^n$ 成立.

因为 $f(0)=0, A=\mathrm{D}f(0)$,由导算子的定义,对任给的 $\varepsilon > 0$,存在 $\delta > 0$,使当 $|x| < \delta, x \in W$ 时就有
$$|f(x) - Ax| < \varepsilon|x|.$$
由 Cauchy 不等式,有
$$\langle f(x) - Ax, x \rangle \leqslant |f(x) - Ax||x| < \varepsilon|x|^2.$$
由此得到
$$\langle f(x), x \rangle = \langle f(x) - Ax, x \rangle + \langle Ax, x \rangle$$
$$< \varepsilon|x|^2 - b|x|^2 = (-b+\varepsilon)|x|^2.$$

因为 $-b < -c$,原点 $O \in W$,W 是开集,所以,存在 $\delta > 0$,使得当 $|x| \leqslant \delta$ 时就有 $x \in W$,并且
$$\langle f(x), x \rangle \leqslant -c|x|^2.$$

取邻域 $U=\{x\in \boldsymbol{R}^n\mid \mid x\mid<\delta\}$，即此邻域 U 满足定理的要求. 令 $x(t)(0\leqslant t\leqslant t_0)$ 是 U 内的轨线，且 $x(t)\neq 0$. 由上述不等式可得到沿轨线有不等式

$$\frac{\mathrm{d}}{\mathrm{d}t}\mid x\mid=\frac{\langle x,\dot{x}\rangle}{\mid x\mid}=\frac{\langle f(x),x\rangle}{\mid x\mid}\leqslant-c\mid x\mid. \qquad (*)$$

不等式($*$)说明当轨线在 U 内时，轨线到原点的距离 $\mid x(t)\mid$ 是随时间增加而减小的. 若 $x(0)\in U$，则 $x(t_0)\in U$. 因为 $\overline{U}$ 是有界闭区域，由解的开拓定理，轨线 $x(t)$ 对一切 $t\geqslant 0$ 有定义. 这就是(1)所要证明的.

由不等式($*$)与以上的结论得知，对一切 $t\geqslant 0$，有
$$\mid x(t)\mid\leqslant \mathrm{e}^{-tc}\mid x(0)\mid.$$

这就是(2)所要证的不等式.

至于结论(3)，根据(2)，由模的等价性可得.

定理证完.

定理 2.1 指出，对于非线性的汇，如果限制在它的附近，就与线性的汇一样，也有类似的图像.

关于源，类似于定理 2.1 的是下面的定理.

定理 2.2 设平衡点 $\bar{x}$ 是源. $\mathrm{D}f(\bar{x})$ 的每一个特征值的实部都大于 $c(c>0)$. 则存在 $\bar{x}$ 的一个邻域 $U,U\subset W$，使

(1) 存在 $\boldsymbol{R}^n$ 上的一组基，其相应的模使当 $x\in U$，并且 $\varphi_t(x)\in U$ 时，有
$$\mid \varphi_t(x)-\bar{x}\mid\geqslant \mathrm{e}^{tc}\mid x-\bar{x}\mid.$$

(2) 对 $\boldsymbol{R}^n$ 上的任意模，有常数 $B>0$，使当 $x,\varphi_t(x)\in U$ 时，有
$$\mid \varphi_t(x)-\bar{x}\mid\geqslant B\mathrm{e}^{tc}\mid x-\bar{x}\mid.$$

特别地，对任意的 $x\in U,x\neq\bar{x}$，轨线 $\varphi_t(x)$ 总在某个有限时刻离开 U.

定理 2.2 的证明类似于定理 2.1，不再重复.

例 铅直平面内的单摆运动.

杆一端固定，长为 l，忽略其质量. 另有一锤，质量为 m. 锤在以

162

固定点为心,l 为半径的圆周上运动.有摩擦力(或粘滞力)阻碍运动,其大小与锤的速度成正比,见图 6.3.

图 6.3

设 $\theta(t)$ 是 t 时刻杆与铅直方向的夹角(逆时针方向为正).则在 t 时刻,锤在圆周的切线方向受有两个力:摩擦力,其大小为 $-kl\dfrac{\mathrm{d}\theta}{\mathrm{d}t}(k>0)$;重力的分力,其大小为:$-mg\sin\theta$.而锤的切向加速度为:$a=l\dfrac{\mathrm{d}^2\theta}{\mathrm{d}t^2}$.按牛顿第二定律 $F=ma$,得到微分方程

$$\ddot{\theta}=-\frac{k}{m}\dot{\theta}-\frac{g}{l}\sin\theta.$$

引进新变量角速度 ω,即 $\omega=\dot{\theta}$,得到等价的方程组

$$\begin{cases}\dot{\theta}=\omega,\\ \dot{\omega}=-\dfrac{g}{l}\sin\theta-\dfrac{k}{m}\omega.\end{cases} \tag{2.2}$$

这个在 $\pmb{R}^2$ 上的非线性系统有一串平衡点:

$$(\theta,\omega)=(n\pi,0),\quad n=0,\pm1,\pm2,\cdots.$$

下面考虑平衡点 $(0,0)$.

系统(2.2)的向量场

$$f(\theta,\omega)=\begin{bmatrix}\omega\\ -\dfrac{g}{l}\sin\theta-\dfrac{k}{m}\omega\end{bmatrix}$$

在 (θ,ω) 处的导算子为

$$\mathrm{D}f(\theta,\omega)=\begin{bmatrix}0 & 1\\ -\dfrac{g}{l}\cos\theta & -\dfrac{k}{m}\end{bmatrix}.$$

于是

$$\mathrm{D}f(0,0)=\begin{bmatrix}0 & 1\\ -\dfrac{g}{l} & -\dfrac{k}{m}\end{bmatrix}$$

163

的特征值为

$$\frac{1}{2}\left[-\frac{k}{m}\pm\sqrt{\frac{k^2}{m^2}-\frac{4g}{l}}\right].$$

因为 m 与 k 都是正数,特征值有负实部,所以平衡点 $(0,0)$ 是汇.
也就是说,对充分小的初角位移 θ 和角速度 ω,锤的运动一定趋于
平衡状态: $(\theta,\omega)=(0,0)$.

§3 平衡点的稳定性

n 维系统的平衡点的稳定、渐近稳定和不稳定的定义与二维
系统的一样,不再重复.

§2 的定理 2.1 与 2.2 指出,汇都是渐近稳定的,当然也是稳
定的;源都是不稳定的.

渐近稳定的平衡点都是汇吗? 对于线性系统,§1 中定理 1.1
的证明已给了肯定的回答. 对于非线性系统,二维的中心型稳定焦
点给出了否定的例子.

定理 3.1　$W\subset \mathbf{R}^n,W$ 是开的,$f: W\rightarrow \mathbf{R}^n$ 连续可微. 若 $\bar{x}$ 是
系统

$$\dot{x}=f(x)$$

的稳定平衡点,则 $\mathrm{D}f(\bar{x})$ 的特征值都没有正实部.

证明　用反证法. 设 $\mathrm{D}f(\bar{x})$ 的某一特征值有正实部,证明 $\bar{x}$
是不稳定的平衡点.

不妨设 $\bar{x}=0$,否则作变换 $y=x-\bar{x}$.

把 $\mathbf{R}^n$ 分解为 $E_1\oplus E_2$. 子空间 E_1,E_2 在 $\mathrm{D}f(0)$ 的作用下不变.
记 $A=\mathrm{D}f(0)|E_1,B=\mathrm{D}f(0)|E_2$. A 的特征值实部都是正数,B 的
特征值实部为零或负数.

取 $a>0$,使 a 小于 A 的每个特征值的实部. 于是 E_1 上有一组
基和它相应的内积与模,使对一切 $x\in E_1$,有

$$\langle Ax,x\rangle\geqslant a|x|^2.$$

类似地,有 $b_1>0,b>0(b<a)$,与 E_2 上的一组基和内积与模,使对一切 $y\in E_2$,有

$$-b_1|y|^2\leqslant\langle By,y\rangle\leqslant b|y|^2.$$

若 $z\in \boldsymbol{R}^n$,记 $z=(x,y)$,其中 $x\in E_1,y\in E_2$.取 $\boldsymbol{R}^n$ 的基为 E_1 与 E_2 的基之并,于是 $\boldsymbol{R}^n$ 上的内积与模为 E_1 与 E_2 上的内积与模之和

$$\langle z_1,z_2\rangle=\langle x_1,x_2\rangle+\langle y_1,y_2\rangle$$
$$|z|^2=|x|^2+|y|^2.$$

由导算子的定义有

$$f(z)=Df(0)z+Q(z),$$

其中

$$\frac{|Q(z)|}{|z|}\rightarrow 0,\quad 当 |z|\rightarrow 0.$$

于是对任给的 $\varepsilon>0$,存在 $\delta>0$,使当 $z\in B_\delta(0)$(以 O 为心,δ 为半径的球)时,有

$$|Q(z)|<\varepsilon|z|.$$

令 $Q(z)=(R(x,y),S(x,y))$,就有

$$f(x,y)=(Ax+R(x,y),By+S(x,y))$$
$$\equiv(f_1(x,y),f_2(x,y)).$$

定义锥体:

$$C=\{(x,y)\in E_1\oplus E_2\mid |x|^2$$
$$\geqslant N|y|^2\},$$

其中 $N>0$,使 $Na>b_1$,见图 6.4.

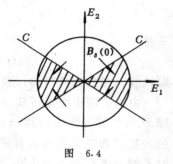

图 6.4

为了继续证明定理 3.1,需要用下面的引理.

引理 3.1 存在充分小的 $\delta>0$,使当 $z(x,y)\in C\bigcap B_\delta(0)$ 时,有以下两个不等式:

(1) $\langle x,f_1(x,y)\rangle-N\langle y,f_2(x,y)\rangle>0$,若 $z\neq 0$;

(2) 存在 $\alpha>0$,使

$$\langle f(z),z\rangle \geqslant \alpha |z|^2.$$

我们先继续完成定理 3.1 的证明,然后再证引理 3.1.

令映射

$$g: E_1 \oplus E_2 \to \boldsymbol{R}^1, \quad g(x,y) = \frac{1}{2}(|x|^2 - N|y|^2).$$

显然,g 连续可微,且 $g^{-1}(0,+\infty) = C$;$g^{-1}(0)$ 是锥 C 的表面.

令 $z(t)$ 是轨线,由锁链法则有

$$\frac{\mathrm{d}}{\mathrm{d}t}g(z(t)) = \mathrm{D}g(z)\frac{\mathrm{d}z(t)}{\mathrm{d}t} = \mathrm{D}g(z)(f(z)).$$

而算子 $\mathrm{D}g(z) = (x,-Ny)$,向量 $f(z) = (f_1(x,y), f_2(x,y))$,所以

$$\frac{\mathrm{d}}{\mathrm{d}t}g(z(t)) = \langle x, f_1(x,y)\rangle - N\langle y, f_2(x,y)\rangle.$$

只要 $z \in C \bigcap B_\delta(0), z \neq 0$,由引理 3.1 中(1)的不等式,就有

$$\frac{\mathrm{d}}{\mathrm{d}t}g(z(t)) > 0.$$

所以,轨线 $z(t)$ 在小球 $B_\delta(0)$ 内经过锥面时由外向内.

另一方面,我们由引理 3.1 中(2)的不等式可以推出,当轨线 $z(t) \subset C \bigcap B_\delta(0)$ 时有

$$\frac{\mathrm{d}}{\mathrm{d}t}|z| = \frac{\langle z, \dot{z}\rangle}{|z|} = \frac{\langle f(z), z\rangle}{|z|} \geqslant \alpha |z|.$$

于是

$$|z(t)| \geqslant \mathrm{e}^{\alpha t}|z(0)|,$$

即轨线以指数的速率离开原点.

由以上两点结论可知,从 $C \bigcap B_\delta(0)$ 内出发的解 $z(t)$ 必离开小球 $B_\delta(0)$. 这是因为,若解 $z(t)$ 不是对一切 $t \geqslant 0$ 有定义,那么由解的开拓定理它必离开有界闭集 $\overline{C \bigcap B_\delta(0)}$,但 $z(t)$ 在小球 $B_\delta(0)$ 内时不能由锥 C 的边界离开,所以 $z(t)$ 只能离开 $B_\delta(0)$;若解 $z(t)$ 对一切 $t \geqslant 0$ 有定义,因为在 $B_\delta(0)$ 内时不能由 C 的边界离开而保持在 $C \bigcap B_\delta(0)$ 内,所以非零轨线 $z(t)$ 以指数的速率离开原点,有 t_0.

使
$$|z(t_0)|\geqslant e^{at_0}|z(0)|=\delta,$$
即 $z(t)$ 也要离开小球 $B_\delta(0)$.

总之,原点的任意邻域内都有这样的点存在,使得从该点出发的解会离开 $B_\delta(0)$. 所以原点是不稳定平衡点. 定理 3.1 证完.

引理 3.1 的证明 先证(1). 记(1)中不等式左端为 M,有
$$M=\langle Ax,x\rangle-N\langle By,y\rangle+\langle x,R(x,y)\rangle-N\langle y,S(x,y)\rangle.$$
而
$$|\langle x,R(x,y)\rangle|\leqslant|x||R(x,y)|\leqslant|z||Q(z)|.$$
所以,当 $z\in B_\delta(0)$ 时由 $|Q(z)|\leqslant\varepsilon|z|$,有
$$|\langle x,R(x,y)\rangle|\leqslant\varepsilon|z|^2.$$
同理,有
$$|\langle y,S(x,y)\rangle|\leqslant\varepsilon|z|^2.$$
于是
$$M\geqslant a|x|^2-Nb|y|^2-(N+1)\varepsilon|z|^2.$$
注意,当 $z\in C$ 时,$N|y|^2\leqslant|x|^2$. 又
$$|z|^2=|x|^2+|y|^2\leqslant|x|^2+\frac{|x|^2}{N}=\frac{N+1}{N}|x|^2,$$
从而有
$$|x|^2\geqslant\frac{N}{N+1}|z|^2.$$
所以,当 $z\in C\bigcap B_\delta(0)$ 时,有
$$M\geqslant(a-b)|x|^2-(N+1)\varepsilon|z|^2$$
$$\geqslant\Big[(a-b)\frac{N}{N+1}-(N+1)\varepsilon\Big]|z|^2.$$
因 $(a-b)>0$,总有 $\varepsilon>0$,使方括号为正. 于是相应的 $\delta>0$,使当 $z\neq 0,z\in C\bigcap B_\delta(0)$ 时(1)中不等式成立.

再证(2). 当 $z\in C\bigcap B_\delta(0)$ 时
$$\langle f(z),z\rangle=\langle Ax,x\rangle+\langle By,y\rangle+\langle Q(z),z\rangle$$
$$\geqslant a|x|^2-b_1|y|^2-\varepsilon|z|^2$$

167

$$\geq \left(a - \frac{b_1}{N}\right)|x|^2 - \varepsilon|z|^2$$

$$\geq \left[\left(a - \frac{b_1}{N}\right)\frac{N}{N+1} - \varepsilon\right]|z|^2.$$

因 $Na > b_1$，$\left(a - \dfrac{b_1}{N}\right) > 0$，所以，总有 $\varepsilon > 0$，使方括号为正数 α. 于是，相应的 $\delta > 0$，使当 $z \in C \cap B_\delta(0)$ 时（2）中不等式成立. 引理证完.

推论 双曲的平衡点或渐近稳定或不稳定.

定义 $\bar{x}$ 是某动力系统的渐近稳定平衡点. 所有当 $t \to +\infty$ 时趋于 $\bar{x}$ 的解曲线的并称为 $\bar{x}$ 的**盆**.记作 $B(\bar{x})$.

下面指出盆的几条性质：

（1）盆 $B(\bar{x})$ 不空.

由渐近稳定平衡点的定义，存在 $\bar{x}$ 的一个邻域 U，使从 U 内出发的解，当 $t \to +\infty$ 时趋于 $\bar{x}$.所以这个邻域 $U \subset B(\bar{x})$，$B(\bar{x})$ 非空.

（2）盆 $B(\bar{x})$ 是开的.

显然，某一条轨线属于盆 $B(\bar{x})$ 的充要条件是这条轨线与上面提到的邻域 U 相交. 设 $x \in B(\bar{x})$，则从 x 出发的轨线与 U 相交. 由流的连续性，存在 x 的一个邻域 N，从 N 内任一点出发的轨线都与 U 相交. 所以，这个邻域 $N \subset B(\bar{x})$，$B(\bar{x})$ 是开集.

（3）若 $\bar{x}$ 与 $\bar{y}$ 是某系统的两个渐近稳定平衡点，则 $B(\bar{x})$ 与 $B(\bar{y})$ 不相交，即 $B(\bar{x}) \cap B(\bar{y}) = \varnothing$.

这是因为若一条轨线当 $t \to +\infty$ 时趋于 $\bar{x}$，则不能同时也趋于 $\bar{y}$.

研究盆 $B(\bar{x})$ 的意义如下：若一个系统为一个物理系统，则可以把盆 $B(\bar{x})$ 内的任一状态与平衡状态 $\bar{x}$ 在实际上等同起来，因为 $B(\bar{x})$ 内任一状态经过一段时间就与状态 $\bar{x}$ 任意接近. 盆的大小告诉我们，为了保证系统能回到平衡状态可以允许对平衡状态有多大的扰动.

§4 Liapunov 函数

考虑集合 $W \subset R^n$，$f: W \to R^n$ 连续可微，$\bar{x} \in W$，$\bar{x}$ 是 §2 中系统 (2.1)

$$\dot{x} = f(x)$$

的平衡点.

定理 4.1 如果 U 是 $\bar{x}$ 的邻域，$U \subset W$，有函数 $V: U \to R^1$，在 U 上连续，在 $U - \bar{x}$ 上可微，满足

(1) $V(\bar{x}) = 0$；$V(x) > 0$，当 $x \neq \bar{x}$.

(2) $\dot{V} = \dfrac{\mathrm{d}}{\mathrm{d}t} V(x(t)) \leqslant 0$，当 $x \neq \bar{x}$，其中 $x(t)$ 是系统 (2.1) 的轨线，则 $\bar{x}$ 是稳定的.

(3) 若函数 V 还满足 $\dot{V} < 0$，当 $x \neq \bar{x}$，则 $\bar{x}$ 是渐近稳定的.

函数 V 满足 (1) 与 (2)，就称为 $\bar{x}$ 的 **Liapunov 函数**；若还满足 (3)，就称为**严格的 Liapunov 函数**. 定理 4.1 又称为 **Liapunov 稳定性定理**.

证明 取 $\delta > 0$，且充分小，使球 $B_\delta(\bar{x}) \subset U$. 令 α 是函数 V 在 $B_\delta(\bar{x})$ 的边界球面 $S_\delta(\bar{x})$ 上的最小值. 则由条件 (1) 可知，$\alpha > 0$. 定义一个 $\bar{x}$ 的邻域

$$U_1 = \left\{ x \in B_\delta(\bar{x}) \,\middle|\, V(x) < \frac{\alpha}{2} \right\}.$$

显然，U_1 与 $S_\delta(\bar{x})$ 不交，由 (2) 可知，函数 V 沿轨线 $x(t)$ 不增，故由 U_1 内出发的轨线不可能与 $S_\delta(\bar{x})$ 相遇，从而不可能离开 $B_\delta(\bar{x})$. 即 $\bar{x}$ 是稳定的平衡点. 定理的第一部分（稳定性的判断）证完.

定理的第二部分（渐近稳定性的判断）可包含在下面的定理 4.2 中，这里就不证明了.

例1　考虑 $\mathbf{R}^3$ 上的微分方程组

$$\begin{cases} \dot{x} = 2y(z-1), \\ \dot{y} = -x(z-1), \\ \dot{z} = -x^2y^2z. \end{cases}$$

由上方程组可看出,z 轴上的点 $(0,0,z)$ 都是其平衡点. 下面我们研究平衡点 $O=(0,0,0)$ 的稳定性(当然不可能是渐近稳定的). 方程组右端向量场 f 在 O 处的导算子 $\mathrm{D}f(0)$ 为

$$\begin{bmatrix} 0 & -2 & 0 \\ 1 & 0 & 0 \\ 0 & 0 & 0 \end{bmatrix},$$

它的特征值为 $0,\pm\sqrt{2}\,\mathrm{i}$. 平衡点 O 不是双曲的,因而 §2 与 §3 的结论无法应用.

下面来求点 O 处的 Liapunov 函数. 考虑

$$V(x,y,z)=ax^2+by^2+cz^2,$$

其中 $a,b,c>0$. 这时有

$$\begin{aligned} \dot{V} &= 2(ax\dot{x}+by\dot{y}+cz\dot{z}) \\ &= 2[2axy(z-1)-bxy(z-1)-cx^2y^2z^2]. \end{aligned}$$

只要取 $a=1,b=2,c=1$,就有 $\dot{V}\leqslant 0$. 显然

$$V(x,y,z)=x^2+2y^2+z^2$$

是点 O 处的 Liapunov 函数. 由定理 4.1 可知,点 O 是稳定平衡点.

例2　考虑质量为 m 的质点在保守力场——$\mathrm{grad}\,\varphi(x)$ 的作用下运动.(其中势函数 $\varphi:W\rightarrow\mathbf{R}^1,W\subset\mathbf{R}^3,W$ 是开的.)

质点的运动满足微分方程

$$m\ddot{x}=-\mathrm{grad}\,\varphi(x),$$

或等价于 $W\times\mathbf{R}^3$ 上的动力系统

$$\begin{cases} \dfrac{\mathrm{d}x}{\mathrm{d}t}=v, \\ m\dfrac{\mathrm{d}v}{\mathrm{d}t}=-\mathrm{grad}\,\varphi(x). \end{cases}$$

系统的平衡点为$(\bar{x},0)$,其中$\bar{x}$使$\mathrm{grad}\varphi(\bar{x})=0$.下面我们研究它的稳定性.

试用总能量

$$E(x,v)=\frac{1}{2}mv^2+\varphi(x)$$

来构造 Liapunov 函数.为满足 Liapunov 函数在$(\bar{x},0)$处为 0 的条件,定义函数$V\colon W\times \mathbf{R}^3\to \mathbf{R}^1$为

$$V(x,v)=E(x,v)-E(\bar{x},0)$$
$$=\frac{1}{2}mv^2+\varphi(x)-\varphi(\bar{x}).$$

由能量守恒定律可知,$\dot{V}\equiv 0$.或直接计算得

$$\dot{V}=\langle mv,\dot{v}\rangle+\langle \mathrm{grad}\varphi(x),\dot{x}\rangle$$
$$=\langle v,-\mathrm{grad}\varphi(x)\rangle+\langle \mathrm{grad}\varphi(x),v\rangle\equiv 0.$$

所以,如果函数$\varphi(x)$有性质:$\varphi(x)>\varphi(\bar{x})$,当$x$在$\bar{x}$附近,且$x\neq\bar{x}$,则$V$就是$(\bar{x},0)$处的 Liapunou 函数;$(\bar{x},0)$是稳定的平衡点.

由此我们得 Lagrange 定理:

Lagrange 定理 如果势函数在$\bar{x}$处局部最小,则保守力场的平衡点$(\bar{x},0)$稳定.

定理 4.2 令U是$\bar{x}$的邻域,$U\subset W$,$V\colon U\to R$是$\bar{x}$的 Liapunov 函数.设P是$\bar{x}$的邻域,$P\subset U$,且是闭的正不变集.若在$P-\bar{x}$内的任意正半轨线上V不是常数,则$\bar{x}$渐近稳定,并且$P\subset B(\bar{x})$.

证明 为了证明此定理只需要证明P内的轨线都趋于$\bar{x}$.

用反证法.设某轨线$x(t)(0\leqslant t<+\infty)$在$P$内,但

$$\lim_{t\to+\infty}x(t)\neq\bar{x}.$$

考虑$x(t)$的ω极限集L,由于P是闭集,$L\subset P$,又必有$y_0\neq\bar{x}$,$y_0\in L$.因为ω极限集是正不变集,所以正半轨线$\varphi_t(y_0)\subset L$.当然$\varphi_t(y_0)\subset P-\bar{x}$.

令$\alpha=\inf_{t\geqslant 0}\{V(x(t))\}$.我们证明,对任意$y\in L$,有$V(y)=\alpha$.这是因为,当$y\in L$,存在递增的$t_n\to+\infty$,使

$$\lim_{n\to\infty} x(t_n) = y.$$

于是对任意 $t \geqslant 0$,存在 N,当 $n \geqslant N$ 时,$t_n > t$. 由于 V 沿着轨线不增,所以

$$V(x(t)) \geqslant V(x(t_n)), \quad \text{当 } n \geqslant N.$$

从而

$$V(x(t)) \geqslant \lim_{n\to\infty} V(x(t_n)) = V(y).$$

即 $V(y)$ 是 $V(x(t))$ 的下确界 α: $V(y) = \alpha$.

因为 $\varphi_t(y_0) \subset L$,当 $t \geqslant 0$,所以 $V(\varphi_t(y_0)) = \alpha$. 也就是在 $P - \bar{x}$ 内有正半轨线 $\varphi_t(y_0)$,在其上 V 是常数. 这与定理的假设矛盾. 所以 P 内的轨线都趋于 $\bar{x}$. 定理证完.

其实当 $\bar{x}$ 有 Liapunov 函数 V 时,$\bar{x}$ 就有定理 4.2 中所提及的闭的、正不变的邻域 P 存在. 例如取 P 为定理 4.1 中的 U_1 的闭包. 再如果 V 是严格的 Liapunov 函数,那么在 $P - \bar{x}$ 内的任意正半轨线上 V 就不是常数. 根据定理 4.2,$\bar{x}$ 是渐近稳定的. 所以定理 4.1 的第二部分是定理 4.2 的推论. 根据以上讨论,定理 4.1 第二部分的条件(3)还可以改为:$\dot{V} = 0$ 的集合(除 $\bar{x}$ 外)内不含整条轨线.

例 应用定理 4.2 讨论 §2 例中的单摆运动:

$$\begin{cases} \dot{\theta} = \omega \\ \dot{\omega} = -\dfrac{g}{l}\sin\theta - \dfrac{k}{m}\omega \end{cases}$$

的平衡点 $(0,0)$.

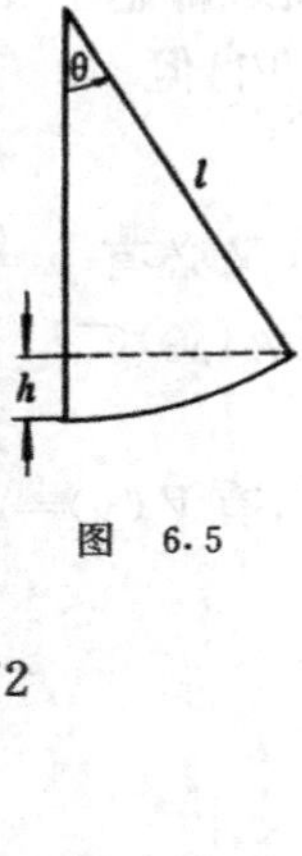

先求 Liapunov 函数. 试用总能量 E:

$$\begin{aligned} E &= \text{动能} + \text{位能} = \frac{1}{2}mv^2 + mgh \\ &= \frac{1}{2}m(l\dot{\theta})^2 + mg(l - l\cos\theta) \\ &= \frac{1}{2}ml^2\omega^2 + mgl(1 - \cos\theta) \\ &= ml\left(\frac{1}{2}l\omega^2 + g - g\cos\theta\right), \end{aligned}$$

图 6.5

有
$$\dot{E} = ml(l\omega\dot{\omega} + \dot{\theta}g\sin\theta) = -kl^2\omega^2 \leqslant 0.$$
由于有摩擦,总能量 E 沿轨线减小.所以 E 是 $(0,0)$ 的 Liapunov
函数.使得 $\dot{E}=0$ 的集合是 θ 轴:$\omega=0$.而 θ 轴上点 $(\theta,0) \neq (0,0)$
处的向量场为 $\left(0, -\dfrac{g}{l}\sin\theta\right)$,与 θ 轴垂直.所以,$\dot{E}=0$ 的集合除
$(0,0)$ 外不含整条轨线.于是 $(0,0)$ 渐近稳定.

下面求 $(0,0)$ 的盆 $B(0,0)$.我们先定义集合:
$$P_c = \{(\theta,\omega) \mid E(\theta,\omega) \leqslant c, \text{且 } |\theta| < \pi\},$$
其中常数 c 使 $0 < c < 2mgl$.

首先有 $(0,0) \in P_c$.

其次,P_c 是闭的.这是因为若 (θ_0,ω_0) 是 P_c 的极限点,则由 E
的连续性有,$E(\theta_0,\omega_0) \leqslant c$,且 $|\theta_0| \leqslant \pi$.但是,$|\theta_0|=\pi$ 将使得
$$E(\theta_0,\omega_0) \geqslant 2mgl > c,$$
所以,$|\theta_0| < \pi$.也就是有 $(\theta_0,\omega_0) \in P_c$.

最后,P_c 是正不变的.因为,若 $(\theta(t),\omega(t))(t \geqslant 0)$ 是从 P_c 内
一点 $(\theta(0),\omega(0))$ 出发的轨线,则任取 $\alpha > 0$,都由于 $\dot{E} \leqslant 0$,而有
$$E(\theta(\alpha),\omega(\alpha)) \leqslant c.$$
如果 $|\theta(\alpha)| \geqslant \pi$,则一定有最小的 $t_0 \in [0,\alpha]$,使 $|\theta(t_0)|=\pi$.于是
$$E(\theta(t_0),\omega(t_0)) \geqslant 2mgl.$$
这与
$$E(\theta(t_0),\omega(t_0)) \leqslant c < 2mgl$$
矛盾,所以,$|\theta(\alpha)| < \pi$,也就是有 $(\theta(\alpha),\omega(\alpha)) \in P_c$.因此,$P_c$ 是正
不变的.

由定理 4.2 知,集合 $P_c \subset B(0,0)$,其中 c 使 $0 < c < 2mgl$.进
而这些集合的并集
$$P = \bigcup\{P_c \mid 0 < c < 2mgl\}$$
$$= \{(\theta,\omega) \mid E(\theta,\omega) < 2mgl, |\theta| < \pi\}$$
也在盆 $B(0,0)$ 内.

§5 梯度系统

考虑开集 $U \subset R^n$，函数 $V: U \to R^1$ 有二阶连续导数，V 的梯度向量场 $\text{grad}V: U \to R^n$，

$$\text{grad}V = \left(\frac{\partial V}{\partial x_1}, \cdots, \frac{\partial V}{\partial x_n} \right).$$

如果 $\bar{x}$ 使 $\text{grad}V(\bar{x}) \neq 0$，则称 $\bar{x}$ 为 V 的**正则点**；非正则点也叫**临界点**.

所谓**梯度系统**，是指如下形式的动力系统

$$\dot{x} = -\text{grad}V(x). \tag{5.1}$$

显然，$\bar{x}$ 是梯度系统(5.1)的平衡点的充要条件是：$\bar{x}$ 是位能函数 $V(x)$ 的临界点.

定理 5.1　对一切 $x \in U$，有 $\dot{V}(x) \leqslant 0$，$\dot{V}(x) = 0$，当且仅当 x 是系统(5.1)的平衡点(V 的临界点).

证明　$\dot{V}(x) = \dfrac{\mathrm{d}}{\mathrm{d}t}V(x(t)) = \mathrm{D}V(x) \cdot \dot{x}(t)$

$\qquad\qquad = \langle \text{grad}V(x), -\text{grad}V(x) \rangle = -|\text{grad}V(x)|^2.$

定理证完.

定理 5.1 指出：梯度系统的轨线沿位能变小的方向.

进而由于梯度向量 $\text{grad}V(x)$ 总是与 $V(x)$ 的等位面正交，而梯度系统(5.1)的轨线与 $-\text{grad}V(x)$ 相切，所以，在 V 的正则点处，梯度系统(5.1)的轨线与 V 的等位面正交.

另外，如果 $\bar{x}$ 是函数 V 的临界点中的孤立最小点，当然，$\bar{x}$ 是系统(5.1)的平衡点；再由定理 5.1 立刻看到，$V(x) - V(\bar{x})$ 在 $\bar{x}$ 的邻域内是 $\bar{x}$ 的严格 Liapunov 函数. 于是 $\bar{x}$ 是系统(5.1)的渐近稳定平衡点. 所以，有以下定理.

定理 5.2　函数 V 的临界点是梯度系统(5.1)的平衡点. V 的正则点处，系统(5.1)的轨线与 V 的等位面正交. V 的孤立最小点

是系统(5.1)的渐近稳定平衡点.

定理 5.3 若 y_0 是梯度系数(5.1)的某条轨线 $x(t)$ 的 ω 极限点(α 极限点),则 y_0 是平衡点.

证明 设 y_0 是 $x(t)$ 的 ω 极限点.因为 $x(t)$ 的 ω 极限集 L 是正不变集,所以从 y_0 出发的轨线 $\varphi_s(y_0)(s \geqslant 0)$ 也在 L 内.应用 §4 定理 4.2 中类似的证明方法可得,对 $s \geqslant 0$,有

$$V(\varphi_s(y_0)) = \inf_{t \geqslant 0}\{V(x(t))\} = \alpha.$$

所以 $\dot{V}(y_0) = 0$.由定理 5.1 知,y_0 是平衡点.

如果 y_0 是系统 $\dot{x} = -\mathrm{grad}V(x)$ 的某条轨线 $x(t)$ 的 α 极限点,则 y_0 就是梯度系统 $\dot{x} = \mathrm{grad}V(x)$ 的轨线 $x(-t)$ 的 ω 极限点.从而 $\mathrm{grad}V(y_0) = 0$,y_0 是平衡点.

推论 5.1 梯度系统没有极限环或闭轨.

推论 5.2 梯度系统只有孤立平衡点时,轨线或趋于无穷,或趋于平衡点.

证明 当 $t \to +\infty$ 时,轨线或趋于无穷,或有 ω 极限点 y_0.若 ω 极限集中有其他 ω 极限点 z_0,则在 y_0, z_0 的任意邻域内都还有其他 ω 极限点.由定理 5.3 知,它们都是平衡点.这与系统只有孤立平衡点的假设矛盾.所以 ω 极限集中只有一个 ω 极限点 y_0,也就是轨线或趋于无穷,或趋于平衡点.

例 函数 $V(x, y) = x^2(x-1)^2 + y^2$ 有二阶连续导数.令 $z = (x, y)$,则

$$
\begin{aligned}
-\mathrm{grad}V(z) &= \left(-\frac{\partial V}{\partial x}, -\frac{\partial V}{\partial y}\right) \\
&= (-2x(x-1)(2x-1), -2y).
\end{aligned}
$$

我们得到梯度系统

$$\dot{z} = -\mathrm{grad}V(z),$$

即

$$
\begin{cases}
\dot{x} = -2x(x-1)(2x-1), \\
\dot{y} = -2y.
\end{cases}
$$

它有平衡点 $z_1(0,0)$，$z_2(1/2,0)$，$z_3(1,0)$. 为研究它们的稳定性，求出导算子

$$Df(z) = \begin{pmatrix} \dfrac{d}{dx}(-2x(x-1)(2x-1)) & 0 \\[3mm] 0 & \dfrac{d}{dy}(-2y) \end{pmatrix}$$

在三个平衡点上的值，分别为

$$Df(z_1) = \begin{pmatrix} -2 & 0 \\ 0 & -2 \end{pmatrix}; \quad Df(z_2) = \begin{pmatrix} 1 & 0 \\ 0 & -2 \end{pmatrix};$$

$$Df(z_3) = \begin{pmatrix} -2 & 0 \\ 0 & -2 \end{pmatrix}.$$

由此可知，z_1 与 z_3 是汇；z_2 是鞍点，为不稳定平衡点.

下页图 6.6(a)是曲面 $V = V(x,y) = x^2(x-1)^2 + y^2$ 的图形，图 6.6(b)中的闭曲线是曲面 $V = V(x,y)$ 的等位面(此处是等高线). 按照定理 5.2 指出的正交关系作的曲线是梯度系统 $\dot{z} = -\mathrm{grad}V(z)$ 的轨线. 还可以联系该例子看由定理 5.2 与定理 5.3 得到的推论 5.1 与推论 5.2 的各个结论.

由定理 5.1 知，

$$\dot{V} = -|\mathrm{grad}V(x)|^2 \leqslant 0,$$

所以，对任意 $C > 0$，集合 $V^{-1}([0,C])$ 是闭的正不变集. 例中的梯度系统只有三个平衡点，所以正不变集中的轨线必趋于三个平衡点之一. 而由每一点出发的轨线又必进入这种不变集合，这是因为过 (x,y) 的轨线必进入集合 $V^{-1}([0,C])$，其中 $C = V(x,y)$. 于是，当 $t \to +\infty$ 时平面上的一切轨线趋于三个平衡点之一.

平衡点 $z_2 = (1/2, 0)$ 是鞍点，只有两条轨线趋于它. 这两条轨线沿着直线 $x = 1/2$ 从上、下半平面趋于 $(1/2, 0)$.

平面被直线 $x = 1/2$ 分为左、右两个半平面，这两个半平面上的轨线分别趋于平衡点 $z_1 = (0,0)$ 与 $z_3 = (1,0)$. 由此得到渐近稳定平衡点 $z_1 = (0,0)$ 与 $z_3 = (1,0)$ 的盆：

$$B(0,0) = \{(x,y) \in \mathbf{R}^2 \mid x < 1/2\},$$
$$B(1,0) = \{(x,y) \in \mathbf{R}^2 \mid x > 1/2\}.$$

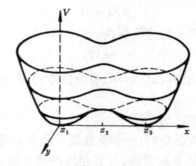

图 6.6(a)

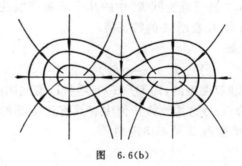

图 6.6(b)

§6 稳定性问题的深入讨论

通过 §2 与 §3 中的讨论,我们知道双曲型平衡点的稳定性与其相应的线性近似系统在原点的稳定性一样. 下面我们介绍一个较深刻的定理.

Hartman 定理 考虑 §2 中系统(2.1)

$$\dot{x} = f(x)$$

其中 $x \in W, W \subset \boldsymbol{R}^n$，$W$ 是开的，$f: W \rightarrow \boldsymbol{R}^n$ 连续可微. 该系统以原点 O 为平衡点，又 $A = \mathrm{D}f(0)$. 如果 A 的一切特征值 $\lambda_k (k = 1, 2, \cdots, n)$ 的实部非零，即

$$\mathrm{Re}\lambda_k \neq 0.$$

则存在一个双方单一的连续变换

$$x = u(\xi),$$

定义在 $\xi = 0$ 的邻域内，$u(0) = 0$，将线性方程 $\dot{\xi} = A\xi$ 的解映为方程 (2.1) 的解.

此定理我们不证明了.

定理进一步告诉我们：一切双曲型平衡点附近的轨线，可以通过一个双方单一的连续变换，与其相应的线性近似系统在原点附近的轨线对应起来.

下面图 6.7 是三维空间 $\boldsymbol{R}^3$ 中的几个双曲型线性系统的轨线图，其中 λ_1, λ_2 与 λ_3 表示 A 的特征值.

设 n 维系统

$$\dot{x} = f(x)$$

的平衡点 $\bar{x}$ 是非双曲型的，即 $\mathrm{D}f(\bar{x})$ 有零特征值或纯虚的特征值.

若此时 $\mathrm{D}f(\bar{x})$ 的其他特征值中有具有正实部的，则根据 §3 的定理，这类平衡点 $\bar{x}$ 是不稳定的.

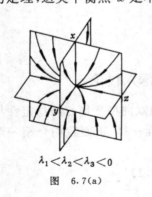

$$\lambda_1 < \lambda_2 < \lambda_3 < 0$$

图 6.7(a)

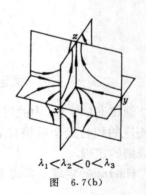

$$\lambda_1 < \lambda_2 < 0 < \lambda_3$$

图 6.7(b)

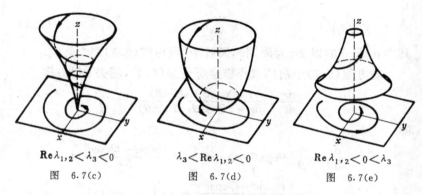

$\text{Re}\lambda_{1,2} < \lambda_3 < 0$ $\lambda_3 < \text{Re}\lambda_{1,2} < 0$ $\text{Re}\lambda_{1,2} < 0 < \lambda_3$

图 6.7(c)   图 6.7(d)   图 6.7(e)

若此时 $Df(\overline{x})$ 的其他特征值都没有正实部,则这类平衡点 $\overline{x}$ 的稳定性需要个别地判断,如同二维系统的中心型平衡点的稳定性需要个别地判断一样.

下面介绍 Liapunov 给出的(参见参考文献[11])三维空间中一类非双曲型平衡点的稳定性的判别法.这个判别方法是平面上中心型平衡点的稳定性的后继函数判别法的推广.判别法的证明我们不介绍了.

考虑三维方程

$$\begin{cases} \dot{x} = -\beta y + P(x,y,z), \\ \dot{y} = \beta x + Q(x,y,z), \\ \dot{z} = \delta z + R(x,y,z), \end{cases} \qquad (6.1)$$

其中 $\beta > 0, \delta < 0$;P, Q, R 是 x, y, z 的幂级数,最低为二次幂.

显然,原点是非双曲型平衡点.等式右端的函数在原点的导算子以 $\pm i\beta$ 与 $\delta(\delta < 0)$ 为特征值.

令 $z = z(x,y)$ 是由方程

$$(-\beta y + P)\frac{\partial z}{\partial x} + (\beta x + Q)\frac{\partial z}{\partial y} - (\delta z + R) = 0 \qquad (6.2)$$

所确定的二元函数,满足条件 $z(0,0) = 0$.令

$$x = r\cos\theta, \qquad y = r\sin\theta. \qquad (6.3)$$

于是设

$$z = \sum_{n=1}^{\infty} a_n r^n, \qquad (6.4)$$

其中 a_n 是 θ 的以 2π 为周期的函数. a_n 可由式(6.2)逐个确定.

对方程(6.1)中前两式作极坐标变换(6.3), 消去 t 得方程

$$\frac{\mathrm{d}r}{\mathrm{d}\theta} = \frac{r(P\cos\theta + Q\sin\theta)}{\beta r + (Q\cos\theta - P\sin\theta)},$$

即

$$\frac{\mathrm{d}r}{\mathrm{d}\theta} = \frac{1}{\beta}(P\cos\theta + Q\sin\theta)\left[1 + \frac{P\sin\theta - Q\cos\theta}{\beta r} \right.$$
$$\left. + \left(\frac{P\sin\theta - Q\cos\theta}{\beta r} \right)^2 + \cdots \right].$$

将上式中 P, Q 内所含 x, y, z 用式(6.3)与式(6.4)代入, 然后就按处理绝对收敛级数那样, 把上式右端整理后按升幂排列成级数. 则该式化为

$$\frac{\mathrm{d}r}{\mathrm{d}\theta} = F_2 r^2 + F_3 r^3 + \cdots, \qquad (6.5)$$

其中 F_i 是 θ 的以 2π 为周期的函数.

设方程(6.5)的解为

$$r = c + u_2 c^2 + u_3 c^3 + \cdots,$$

其中 u_n 是 θ 的函数, 把解代入方程(6.5), 逐个确定 $u_2, u_3, \cdots$, 则有以下结果:

(1) 若 $u_2, \cdots, u_{m-1}$ 都是以 2π 为周期的函数, 而

$$u_m = g_m \theta + v,$$

其中常数 $g_m \neq 0$, v 是以 2π 为周期的函数, 即 u_m 不以 2π 为周期 (m 一定为奇数).

如果 $g_m < 0$, 原点 $(0,0,0)$ 是方程(6.1)的渐近稳定平衡点;

如果 $g_m > 0$, 原点 $(0,0,0)$ 是方程(6.1)的不稳定平衡点.

(2) 若对一切 m, u_m 皆是周期的, 则级数(6.4)有有限的收敛半径. (6.4)是方程(6.2)的解. 将曲面(6.4)代入方程(6.1)中前两式后所得的二维方程组以 $(0,0)$ 为中心. 原点 $(0,0,0)$ 是方程(6.1)

180

的稳定平衡点.

下面完全类似地,采用推广判别中心稳定性的形式级数法来判别方程(6.1)中这一类三维非双曲型平衡点的稳定性.

将形式的级数

$$z = z(x,y) = \sum_{n=1}^{\infty} z_n(x,y) \tag{6.6}$$

(其中 $z_n(x,y)$ 为 x,y 的 n 次齐次式)代入方程(6.1)的前两式,我们便得到形式的方程

$$\begin{cases} \dot{x} = -\beta y + P(x,y,z(x,y)), \\ \dot{y} = \beta x + Q(x,y,z(x,y)). \end{cases} \tag{6.7}$$

然后,再按第二章§3 的方法逐个地计算各次齐次函数 $F_k(x,y)$. 计算每个 $F_k(x,y)$ 之前,先通过方程(6.2)确定出级数 $\sum z_n(x,y)$ 前边需要用到的各次齐次式.(各 $z_n(x,y)$ 的存在性见参考文献[15].)

也像 Liapunov 方法一样,有以下结果:

(1) 有某一个最小的整数 $2m$,使

$$C_{2m} = \frac{1}{2\pi} \int_0^{2\pi} H_{2m} \mathrm{d}\theta \neq 0.$$

如果 $C_{2m} < 0$,原点 $(0,0,0)$ 是方程(6.1)的渐近稳定平衡点;如果 $C_{2m} > 0$,原点 $(0,0,0)$ 是方程(6.1)的不稳定平衡点.

(2) 若对一切 k,$C_k = 0$,则由方程(6.2)定出的级数(6.6)有有限的收敛区域,函数 $z = z(x,y)$ 是 x,y 的解析函数.方程(6.7)以 $(0,0)$ 为中心.原点 $(0,0,0)$ 是方程(6.1)的稳定平衡点.

第七章　多重奇点的分支

§1　从多重奇点分支出的结构稳定奇点的个数

考虑动力系统

$$\begin{cases} \dot{x} = P(x,y), \\ \dot{y} = Q(x,y), \end{cases} \tag{1.1}$$

其中系统(1.1)在 x-y 平面上的区域 B 内有定义，$P,Q \in C^r$，B 的边界为单闭曲线，对于(1.1)是无切的.

设 $O(0,0)$ 是(1.1)的奇点，本章所要讨论的问题是：对于接近于系统(1.1)的**扰动系统**(1.2)

$$\begin{cases} \dot{x} = P(x,y) + p(x,y) = \overline{P}(x,y), \\ \dot{y} = Q(x,y) + q(x,y) = \overline{Q}(x,y), \end{cases} \tag{1.2}$$

从系统(1.1)的奇点 O 能产生出什么类型的结构稳定的分支？为此首先须说明"接近"和"结构稳定"这些概念的确切含义.

定义 1　函数 $P(x,y)$ 和 $\overline{P}(x,y)$ 在 C^r 空间中的距离为

$$d_r(P, \overline{P}) = \max_{(x,y) \in \overline{B}} \left(|P - \overline{P}| + \sum_{i_1+i_2=i,i=2}^{r} \left| \frac{\partial^i (P - \overline{P})}{\partial x^{i_1} \partial y^{i_2}} \right| \right),$$

而系统(1.1),(1.2)的 C^r 距离为

$$d_r((1),(2)) = d_r(P, \overline{P}) + d_r(Q,\overline{Q}). \tag{1.3}$$

易于证明，定义 1 中的 $d_r(P, \overline{P})$ 和 $d_r((1),(2))$ 满足距离的性质，因而是良定义的.

定义 2　若存在 $\delta > 0$，使得只要系统(1.2)按式(1.3)所定义的 C^r 模是 δ-接近系统(1.1)的，即只要 $d_r((1),(2)) < \delta$，就存在 B 到自身的同胚 T_{12}，把(1.1)的轨线映为(1.2)的轨线，则称系统(1.1)在区域 B 上是**结构稳定的**.

定义 3 系统(1.1)的一条轨线 γ 称为是结构稳定的,若存在区域 B,使 $\gamma \subset B$,而系统(1.1)在 B 上是结构稳定的.特别,若轨线 γ 是一个奇点,则称此奇点是**结构稳定的**.

设

$$T = \mathrm{div}(P,Q)\big|_{(x,y)=0}, \qquad (1.4)$$

$$D = \det\left(\frac{\partial(P,Q)}{\partial(x,y)}\right)\bigg|_{(x,y)=0}. \qquad (1.5)$$

由第 6 章 §6 的 Hartman 定理可知,若 $D \neq 0, O$ 是系统(1.1)的鞍点、结点,或使得 $T \neq 0$ 的粗焦点,则存在 O 点邻域 G 中的同胚 T_1,把系统(1.1)的轨线映为其线性化系统

$$\begin{bmatrix} \dot{x} \\ \dot{y} \end{bmatrix} = A \begin{pmatrix} x \\ y \end{pmatrix}, \quad A = \frac{\partial(P,Q)}{\partial(x,y)} \qquad (1.6)$$

的轨线.取 δ 充分小且设系统(1.2)按 C^r 模是 δ-接近系统(1.1)的,则可使系统(1.2)和系统(1.1)有相同的线性化系统(1.6).从而存在同胚 T_2,使系统(1.2)和(1.6)的流在 G 内等价.由此得出,存在同胚 $T_{12} = T_2^{-1} \cdot T_1$,使系统(1.1)和(1.2)的流在 G 内等价.因此由结构稳定性的定义得出

引理 1.1 若 $D \neq 0$,则系统(1.1)的鞍点、结点,或使得 $T \neq 0$ 的粗焦点都是结构稳定的.

如果只考虑 O 所分支出来的奇点数目,则只要 $D \neq 0$ 就可使 O 是"稳定"的.实际上,用隐函数定理易于证明:

引理 1.2 任给 $\varepsilon > 0$,设 $D \neq 0, \delta$ 充分小,系统(1.2)按 C^r 模是 δ-接近系统(1.1)的,则在 O 的邻域 $U_\varepsilon(O)$ 中系统(1.2)存在唯一的奇点 O^*,使得当 $\delta \to 0$ 时,$O^* \to O$.

此引理的证明留给读者作为练习(见习题 68).

下面研究奇点 O 是结构稳定的必要条件.

从第二章 §3 所讲的中心-焦点判别方法,容易知道一个中心经过一个任意小的扰动可以变成焦点,而一个细焦点即使得 $T = 0$ 的焦点经过一个任意小的扰动可以突然改变其稳定性(详见下一

章的讨论和习题 69). 在这两种情况下,奇点 O 在其邻域 $U_\varepsilon(O)$ 中轨线的拓扑结构都发生了突然的改变,因而根据定义 3,在这种情况下该奇点不可能是结构稳定的. 从而有

引理 1.3 系统 (1.1) 的使得 $D>0, T=0$ 的奇点 O 是结构不稳定的.

下一个引理说明 O 为结构稳定的另一个必要条件是 $D \neq 0$.

引理 1.4 若 $D=0$,则对任意 $\varepsilon>0$,存在 $\delta>0$ 及函数 $p(x, y)$ 和 $q(x, y)$,使得系统 (1.2) 按 C^r 模是 δ-接近系统 (1.1) 的,且在 $U_\varepsilon(O)$ 中至少存在两个奇点,因而 O 是结构不稳定的.

证明 设

$$A = \begin{pmatrix} a & b \\ c & d \end{pmatrix} = \frac{\partial(P, Q)}{\partial(x, y)} \bigg|_{(x, y)=0}. \tag{1.7}$$

由维尔斯特拉斯逼近定理知,对任意 $\varepsilon>0$,存在多项式 $\bar{p}(x, y)$ 及 $\bar{q}(x, y)$,使得在 $U_\varepsilon(O)$ 上具有性质

(1) $\bar{p}(0,0)=\bar{q}(0,0)=0, \bar{A}=\dfrac{\partial(\bar{p}, \bar{q})}{\partial(x, y)} \bigg|_{(x, y)=0}=0$;

(2) $d_r((1), (\overline{2}))<\delta/2,$ $\qquad\qquad$ (1.8)

其中系统 $(\overline{1.2})$ 为

$$\begin{cases} \dot{x} = P(x, y) + \bar{p}(x, y) = \bar{P}, \\ \dot{y} = Q(x, y) + \bar{q}(x, y) = \bar{Q}. \end{cases} \tag{$\overline{1.2}$}$$

以下分两种情况讨论:

1) 秩 $A=1$

这时 a, b, c, d 之中至少有一个数不为 0. 通过变换 $x \rightarrow y, y \rightarrow x$,或考虑系统 $\dot{x}=Q(x, y), \dot{y}=P(x, y)$,总可使得 $b \neq 0$. 而这些变换都不改变系统 (1.1) 的奇点,因此不影响对奇点个数的讨论,故不失一般性,可设 $b \neq 0$.

由引理 1.4 条件知,$D=ad-bc=0$,因此

$$c = ad/b. \tag{1.9}$$

令

$$\bar{\bar{p}} = \bar{p} + \alpha_1 x, \quad \overline{\overline{P}} = P + \bar{\bar{p}},$$
$$\bar{\bar{q}} = \bar{q} + \beta_1 x, \quad \overline{\overline{Q}} = Q + \bar{\bar{q}}.$$

其中

$$\alpha_1 = \left. \frac{ax + by - P - \bar{p}}{x_1} \right|_{x=x_1, y=y_1},$$

$$\beta_1 = \left. \frac{cx + dy - Q - \bar{q}}{x_1} \right|_{x=x_1, y=y_1}, \tag{1.10}$$

而 x_1 是一个正数,因此 $x_1 \neq 0, y_1 = -\dfrac{a}{b} x_1.$ $\tag{1.11}$

现取 $x_1 > 0$ 充分小,使得在 $U_\varepsilon(O)$ 中

$$d_r((\bar{\bar{2}}), (\overline{\bar{2}})) < \delta/2, \tag{1.12}$$

其中系统 $(\overline{\overline{1.2}})$ 为

$$\begin{cases} \dot{x} = P(x, y) + \bar{\bar{p}}(x, y) = \overline{\overline{P}}, \\ \dot{y} = Q(x, y) + \bar{\bar{q}}(x, y) = \overline{\overline{Q}}. \end{cases} \tag{$\overline{\overline{1.2}}$}$$

由式(1.8)和(1.12)知, $d_r((1), (\bar{\bar{2}})) < \delta$,而由式(1.9)~(1.11)易证

$$\overline{\overline{P}}(x_1, y_1) = \overline{\overline{Q}}(x_1, y_1) = 0.$$

因此系统 $(\overline{\overline{1.2}})$ 在 $U_\varepsilon(O)$ 中至少有两个奇点 $O(0,0)$ 和 $O_1(x_1, y_1)$.

2) 秩 $A = 0$

这时, $a = b = c = d = 0$. 设 x_1 是一个小正数,则易于验证, $O(0,0)$ 和 $O_1(x_1, 0)$ 是系统 $(\overline{\overline{1.2}})$ 的奇点. 因此在这种情况下,系统 $(\overline{\overline{1.2}})$ 在 $U_\varepsilon(O)$ 中也至少有两个奇点.

综合 1) 和 2) 就证明了引理 1.4.

由引理 1.1~引理 1.4 及第三章 §4 中奇点指数的计算结果就可得到

定理 1.1 若 O 是系统(1.1)的结构稳定的奇点,则 O 必是使得 $D < 0$ 的鞍点;或 $D > 0$, $\triangle = T^2 - 4D \geqslant 0$ 的结点;或 $D > 0$, $\triangle =$

$T^2-4D<0$ 而 $T\neq0$ 的粗焦点,因而 O 的奇点指数是 $+1$ 或 -1.

由以上内容可知,动力系统在小扰动下,不可能从结构稳定的奇点产生出新的拓扑结构,即不存在分支.实际上,下面将看到,分支只能从所谓的多重奇点产生,因此我们首先定义多重奇点的概念.

定义 4 设 $r\geqslant1$ 是一个自然数,系统(1.1)的奇点 O 称为是 r 重的,若

(1) 存在 $\varepsilon_0>0$ 和 $\delta_0>0$,使得任意满足条件 $d_r((1),(2))<\delta_0$ 的系统(1.2)在 $U_{\varepsilon_0}(O)$ 中至多只能有 r 个奇点;

(2) 对任意 $0<\varepsilon<\varepsilon_0$ 和 $\delta>0$,存在一个满足条件 $d_r((1),(2))<\delta$ 的系统(1.2),使得系统(1.2)在 $U_\varepsilon(O)$ 中至少有 r 个奇点.

重数为 1 的奇点称为**简单奇点**,重数 $\geqslant2$ 的奇点称为**多重奇点**.

由定义 4 和引理 1.2 得出,若 $O(0,0)$ 是多重奇点,则 O 是孤立的且 $D=0$.

设 $O(0,0)$ 是 r 重奇点,$r\geqslant1$,ε_0 和 δ_0 是定义 4 所说的数,C 是 $U_{\varepsilon_0}(O)$ 的边界.我们可取 δ_0 充分小,使得任意满足条件 $d_r((1),(2))$ 的系统(1.2)在 C 上不存在奇点,且由系统(1.1)和(1.2)所定义的向量场在此圆的任一点处不指向相反的方向,那么由向量场沿一闭曲线的转角的定义易于证明

引理 1.5 设 $\varepsilon_0>0$,C 是 $U_{\varepsilon_0}(O)$ 的边界,$W_{(1.1)}(C)$ 表示系统(1.1)的向量场沿曲线 C 旋转一周后所转过的角度,则若 $\delta_0>0$ 充分小,系统(1.2)满足条件 $d_r((1),(2))<\delta_0$ 就有

$$W_{(1.1)}(C)=W_{(1.2)}(C).$$

按照定义 4,一个 r 重奇点经扰动后最多可产生出 r 个奇点.下面的定义特别将达到这个最大数的扰动系统区别出来.

定义 5 设 O 是系统(1.1)的 r 重奇点,一个按 C^r 模 δ-接近系统(1.1)的系统(1.2),称为是一个 O 的分支奇点已被分离的系

统,如果在 $U_{\varepsilon_0}(O)$ 中恰有系统(1.2)的 r 个奇点,简称该系统为**分离系统**.

引理 1.4 已证明,一个多重奇点通过一个特别的微扰即可产生至少两个奇点. 为了描述分离系统的特性,我们先说明,任何一个奇点通过一个特别的微扰也可以变成一个结构稳定的奇点. 即

引理 1.6 设 O 是系统(1.1)的奇点,则存在一个按 C^r 模 δ-接近系统(1.1)的系统(1.2),使得至少 O 是系统(1.2)的结构稳定奇点.

此引理请读者自行证明,见习题 70.

下面给出分离系统的一个特性.

引理 1.7 分离系统的奇点都是简单奇点.

证明 设 O 是系统(1.1)的 r 重奇点,系统(1.2)是一个分离系统,按定义 5,系统(1.2)恰有 r 个奇点 $O_1,\cdots,O_r$ 位于 $U_{\varepsilon_0}(O)$ 中. 用反证法. 假设 $O_i(i=1,2,\cdots,r)$ 不全是简单奇点,那么不妨设 O_r 是多重奇点. 令

$$V_i=U_{\varepsilon_i/4}(O_i), \quad \overline{V}_i=U_{\varepsilon_i/2}(O_i), \quad \overline{\overline{V}}_i=U_{\varepsilon_i}(O_i),$$

其中取 ε_i 使得下式成立:

$$V_i \subset \overline{V}_i \subset \overline{\overline{V}}_i \subset U_{\varepsilon_0}(O).$$

由引理 1.6 知,存在 $r-1$ 个按 C^r 模 $(\delta/4)$-接近系统(1.2)的系统 $(1.2)_i(i=1,2,\cdots,r-1)$

$$\begin{cases} \dot{x}=P(x,y)+p_i(x,y)=P_i, \\ \dot{y}=Q(x,y)+q_i(x,y)=Q_i, \end{cases} \tag{1.2$_i$}$$

使得 O_i 是系统(1.2)的结构稳定奇点. 由微积分学可知,我们可构造一个系统 $(\overline{1.2})$

$$\begin{cases} \dot{x}=P(x,y)+\overline{p}(x,y)=\overline{P}, \\ \dot{y}=Q(x,y)+\overline{q}(x,y)=\overline{Q}, \end{cases} \tag{$\overline{1.2}$}$$

使得在 $V_i(i=1,2,\cdots,r-1)$ 中系统 $(\overline{1.2})$ 恒同于系统 $(1.2)_i$,在 V_r 中恒同于系统(1.2). 在 $\overline{\overline{V}}_i$ 之外 $\overline{p}=\overline{q}\equiv0$,而在 V_i 和 $\overline{\overline{V}}_i$ 之间是 C^r

光滑连接的,且
$$d_r((2),(\overline{2})) < \delta/2.$$
于是 $O_i(i=1,2,\cdots,r-1)$ 是系统 $(\overline{1.2})$ 的结构稳定奇点,O_r 是系统 $(\overline{1.2})$ 的至少 2 重的多重奇点. 由引理 1.4 知,存在一个按 C^r 模是 $(\delta/4)$-接近系统 $(\overline{1.2})$ 的系统 $(1.2)_r$,使得该系统在 V_r 中至少有两个奇点 O_{r_1},O_{r_2}. 与前面类似,我们可构造一个系统 $(\overline{\overline{1.2}})$

$$\begin{cases} \dot{x} = P(x,y) + \overline{\overline{p}}(x,y) = \overline{\overline{P}}(x,y), \\ \dot{y} = Q(x,y) + \overline{\overline{q}}(x,y) = \overline{\overline{Q}}(x,y), \end{cases} \quad (\overline{\overline{1.2}})$$

使得在 $\overline{V}_i(i=1,2,\cdots,r-1)$ 中系统 $(\overline{\overline{1.2}})$ 恒同于系统 $(\overline{1.2})$,在 $\overline{V}_r$ 中系统 $(\overline{\overline{1.2}})$ 恒同于系统 $(1.2)_r$,在 $\overline{V}_i$ 之外 $\overline{\overline{p}}=\overline{\overline{q}}\equiv0$,而在 $\overline{V}_i$ 和 $U_{\epsilon_0}(O)$ 之间是 C^r 光滑连接的,且
$$d_r((\overline{2}),(\overline{\overline{2}})) < \delta/2.$$
于是 $d_r((2),(\overline{\overline{2}})) < \delta$,且系统 $(\overline{\overline{1.2}})$ 中有 $r+1$ 个奇点 $O_1,\cdots,$ O_{r-1},O_{r_1},O_{r_2},而这与 O 是 r 重奇点的假设矛盾. 由此就证明了引理.

那么是否存在分离系统呢? 由奇点重数的定义,以及引理 1.6 和引理 1.7 的证明方法知,下面的引理成立.

引理 1.8 若 O 是系统 (1.1) 的 r 重奇点,则存在一个按 C^r 模可任意接近该系统的系统 (1.2),使其在 $U_{\epsilon_0}(O)$ 中有 r 个结构稳定的奇点.

下面几个定理给出本节的主要结果.

定理 1.2 若 O 是系统 (1.1) 的 r 重奇点,I 是 O 的奇点指数,则 $I \equiv r \pmod{2}$.

证明 由引理 1.8 知,存在系统 (1.1) 的充分小的 C^r 扰动系统 (1.2),使得该系统中有 r 个结构稳定奇点 $O_1,\cdots,O_r$,由引理 1.5 知
$$W_{(1.2)}(C) = W_{(1.1)}(C) = 2\pi I.$$
由第三章 §4 中定理 4.4,以及上式和本节定理 1.1 就得出

188

$$I = \frac{1}{2\pi} W_{(1.1)}(C) = \frac{1}{2\pi} W_{(1.2)}(C)$$

$$= I_{(1.2)}(O_1) + I_{(1.2)}(O_2) + \cdots + I_{(1.2)}(O_r)$$

$$\equiv \underbrace{1 + 1 + \cdots + 1}_{r} \pmod{2}$$

$$\equiv r \pmod{2}.$$

与定理 1.2 的证明相同,可证明下面的定理.

定理 1.3 若 O 是系统(1.1)的 r 重奇点,系统(1.2)是按 C^r 模 δ_0-接近系统(1.1)的扰动系统,在 $U_{\epsilon_0}(O)$ 中恰有 k 个结构稳定奇点,则

$$k \equiv r \pmod{2}.$$

证明 类似于定理 1.2 可证

$$I \equiv k \pmod{2}.$$

因此 $k \equiv I \pmod{2}$. 再由定理 1.2 即得

$$k \equiv I \equiv r \pmod{2}.$$

§2 余 维 1 分 支

前一节虽然已给出了多重奇点的一些性质,但是并未解决对于一个给定的系统,其奇点的性态如何的问题. 然而这一问题不可能一般地解决(若 $P \equiv Q \equiv 0$,则扰动系统(1.2)包含了平面系统的全体),因此我们仅限于考虑

$$秩 A = 1$$

的情况,即所谓余维 1 的情况.

由引理 1.4 中情况 1)的证明知不失一般性,可设 $d \neq 0$. (由于我们实际上考虑的是方程组 $P(x,y)=0, Q(x,y)=0$,因此总可以通过调换 x, y 所处位置的地位或 P, Q 来达到 $d \neq 0$,而这些调换完全不影响解的个数和重数.)

我们的目标是对余维 1 情况构造一个由系统右端确定的一元

函数,使得我们所关心的奇点 O 的性态可由此函数零点的性态完全确定. 这种函数如果存在,我们就称之为 O 的这种性态的**分支函数**. 下面的定理给出了一个关于奇点 O 重数的分支函数.

定理 2.1   设在系统(1.1)的奇点 O 的充分小邻域中可由方程
$$Q(x,y) = 0 \tag{2.1}$$
确定一个唯一的隐函数
$$y = \varphi(x),\ \varphi(0) = 0,\ \varphi \in C^r \quad (x = \psi(y),\ \psi(0) = 0,\ \psi \in C^r), \tag{2.2}$$
而
$$G(x) = P(x,\varphi(x)) \quad (G(y) = P(\psi(y),y)). \tag{2.3}$$
则 O 是系统(1.1)的 r 重奇点的充分必要条件是数 0 是函数 $G(x)$ $(G(y))$ 的 r 重根. 特别,条件 $d \neq 0$ 保证函数 $G(x)$ 存在.

证明   不妨设 $G(x)$ 存在,设 δ 充分小,系统(1.2)是系统(1.1)的按 C^r 模 δ-接近系统,则对系统(1.2)也可定义一个与 $G(x)$ 对应的函数 $G_2(x)$. 显然系统(1.2)的奇点个数就等于 $G_2(x)$ 的不相同的零点个数.

先证必要性,即设 O 是系统(1.1)的 r 重奇点. 则由定义 4 的条件(2)知,存在一个充分小的 C^r 扰动系统(1.2),使其有 r 个奇点,从而存在 $x_1 < x_2 < \cdots < x_r$,使得
$$G_2(x_1) = G_2(x_2) = \cdots = G_2(x_r) = 0; \tag{2.4}$$
存在 $x_1^{(1)} < x_1^{(2)} < \cdots < x_1^{(r-1)}$,使得
$$G_2'(x_1^{(1)}) = \cdots = G_2'(x_1^{(r-1)}) = 0; \tag{$2.4)_1$}$$
$$\cdots\cdots\cdots\cdots\cdots\cdots\cdots\cdots\cdots$$
存在 $x_{r-1}^{(1)}$,使得
$$G_2^{(r-1)}(x_{r-1}^{(1)}) = 0 \tag{$2.4)_{r-1}$}$$
$((2.4)_1 \sim (2.4)_{r-1}$ 各式成立是根据罗尔定理). 在上述各式中令 $\delta \to 0$,则数
$$x_i^{(j)} \to 0 \quad (1 \leqslant i \leqslant r-1, 1 \leqslant j \leqslant r-i),$$

190

$$G_2(x) \to G(x).$$

因此有

$$G(0) = G'(0) = \cdots = G^{(r-1)}(0) = 0. \qquad (2.5)$$

若 $G^{(r)}(0)=0$，则存在 $\varepsilon_1>0$ 使当 $|x|<\varepsilon_1<\varepsilon_0$ 时，

$$d_r(G(x),0) < \delta/2.$$

考虑一个系统(1.2)，其中

$$p(x,y) = f(x) - G(x), \quad q(x) = 0,$$
$$f(x) = ax(x - x_1)\cdots(x - x_r),$$

$|x_i|<\varepsilon_1(i=1,2,\cdots,r)$ 是 r 个任意选定的数. 取 a 充分小,使

$$d_r(f(x),0) < \delta/2.$$

因而 $d_r((1),(2))=d_r(p(x,y),0)<\delta$,对系统(1.2)有

$$G_2(x) = G(x) + f(x) - G(x) = f(x).$$

于是系统(1.2)在 $U_{\varepsilon_0}(O)$ 中有 $r+1$ 个奇点. 这与 O 是 r 重奇点矛盾,这就说明 $G^{(r)}(0)\neq 0$. 因此,由式(2.5)即知 0 是 $G(x)$ 的 r 重根.

下面证充分性,即设 0 是 $G(x)$ 的 r 重根,则 $G^{(r)}(0)\neq 0$. 若存在某一 δ-接近系统(1.1)的 C^r 扰动系统(1.2),使其在 $U_{\varepsilon_0}(O)$ 中有 $r+1$ 个奇点,则仿式(2.5)的证明可知,$G^{(r)}(0)=0$. 这一矛盾说明,任意 δ-接近系统(1.1)的 C^r 扰动系统在 $U_{\varepsilon_0}(O)$ 中至多存在 r 个奇点. 另一方面,由 $G^{(r)}(0)\neq 0$ 和式(2.5)知,

$$G(x) = a_r x^r + h(x).$$

于是存在正数 $\varepsilon_1>0$,使当 $|x|<\varepsilon_1<\varepsilon_0$ 时,

$$d_r(h(x),0) < \delta/2.$$

现考虑系统(1.2),其中

$$q(x,y)=0, \quad p(x,y)=f(x)-G(x),$$
$$f(x)=a_r x(x-x_1)\cdots(x-x_{r-1}),$$

而 $|x_i|<\varepsilon_1(i=1,\cdots,r-1)$ 是 $r-1$ 个任意选定的数. 取 x_i 充分小,使

$$d_r(f(x) - a_r x^r, 0) < \delta/2.$$

则

$$d_r((1),(2)) = d_r(p(x,y),0)$$
$$< d_r(f(x) - a_r x^r, 0) + d_r(h(x),0) < \delta,$$

而 $G_2(x) = G(x) + f(x) - G(x) = f(x)$ 在 $U_{\varepsilon_0}(O)$ 中至少有 r 个奇点. 由以上两点,说明 O 是系统(1.1)的 r 重奇点. 定理 2.1 得证.

由定理 1.3 知,若 O 是(1.1)的 r 重奇点,而 δ_0-接近系统 (1.1)的 C^r 扰动系统(1.2)在 $U_{\varepsilon_0}(O)$ 中恰有 k 个结构稳定奇点,那么整数 k 须满足条件

$$k \equiv r \pmod 2.$$

现在我们要反过来问,是否对任意一个满足 $k \equiv r \pmod 2$,$0 \leqslant k \leqslant r$ 的数 k,都存在一个 δ_0-接近系统(1.1)的 C^r 扰动系统(1.2),使其在 $U_{\varepsilon_0}(O)$ 中恰有 k 个结构稳定奇点?下面的定理回答了这一问题.

定理 2.2 设 O 是(1.1)的 r 重奇点,且设在 $U_{\varepsilon_0}(O)$ 中 $G(x)$ 存在,则对任意满足条件 $0 \leqslant k \leqslant r$,$k \equiv r \pmod 2$ 的整数 k 及任意正数 $\delta < \delta_0$,$\varepsilon < \varepsilon_0$,都存在一个 δ-接近系统(1.1)的 C^r 扰动系统(1.2),使得系统(1.2)在 $U_\varepsilon(O)$ 中恰有 k 个结构稳定奇点.

证明 由条件在 $U_{\varepsilon_0}(O)$ 中 $Q \equiv 0$ 保证函数 $G(x)$ 存在;由定理 4 知,0 是 $G(x)$ 的 r 重根,故

$$G(x) = a_r x^r + h(x).$$

令 ε 充分小,则当 $|x| < \varepsilon$ 时,

$$d_r(h(x),0) < \delta/4.$$

令

$$q(x,y) = 0, \quad p(x,y) = f(x) - G(x),$$

其中 $f(x) = a_r(x-x_1)\cdots(x-x_k)(x^{r-k}+\alpha)$,$\alpha > 0$;$|x_i| < \varepsilon$ 是 k 个任意选定的数. 取 α, x_i 充分小,可使

$$d_r(f(x) - a_r x^r, 0) < \frac{\delta}{4}.$$

于是由定理 2.1 的证明知,$d_r((1),(2)) < \delta/2$,而 $G_2(x) = f(x)$ 恰有 k 个零点. 因此系统(1.2)在 $U_{\epsilon/2}(O)$ 中恰有 k 个奇点(注意,由条件 $k \equiv r \pmod 2$ 知 $r-k$ 是偶数,再由 $\alpha > 0$ 知 $x^{r-k} + \alpha$ 没有根). 由于 $x_1, \cdots, x_k$ 都是 $G_2(x)$ 的单根,故由定理 2.1 知,系统(1.2)的奇点都是简单奇点. 如果它们都是结构稳定的,定理即已证完. 如果系统(1.2)的奇点之中还有结构不稳定的,则由引理 1.2,引理 1.6 和引理 1.7 的证明方法知,可构造一个 $(\delta/2)$-接近系统(1.2) 的 C^r 扰动系统 $(\overline{1.2})$,使得该系统在 $U_{\epsilon/2}(O_i)$ 中恰有 1 个结构稳定奇点. 于是系统 $(\overline{1.2})$ 即是 δ-接近系统(1.1)的 C^r 扰动系统,且在 $U_\epsilon(O)$ 中恰有 k 个结构稳定奇点.

作为对定理 2.2 的补充,我们有

定理 2.3 设 O 是(1.1)的 r 重奇点,且设在 $U_{\epsilon_0}(O)$ 中 $G(x)$ 存在,则对任意满足条件 $0 \leq k \leq r$ 的整数 k 及任意正数 $\delta < \delta_0$,$\epsilon < \epsilon_0$,都存在一个 δ-接近系统(1.1)的 C^r 扰动系统(1.2),使得该系统在 $U_\epsilon(O)$ 中恰有 k 个奇点.

证明 在定理 2.2 前半部的证明中取
$$f(x) = a_r x^{r-k}(x - x_1) \cdots (x - x_{k-1})$$
即可.

但必须指出,若 k 不满足条件 $k \equiv r \pmod 2$,则系统(1.2)必然含有高阶奇点(否则与定理 1.3 矛盾),因此不能应用引理 2.1. 这样在 $k \not\equiv r \pmod 2$ 的情况下,定理 2.3 不能像有条件 $k \equiv r \pmod 2$ 时那样保证系统 $(\overline{1.2})$ 恰有 k 个结构稳定奇点. (只能保证系统 $(\overline{1.2})$ 至少有 k 个结构稳定奇点.)

§3 鞍-结点分支

本节仍讨论余维 1 的分支,即设秩 $A = 1$,但补充假设 $T \neq 0$. 在此情况下,可用一个非异线性变换把系统(1.1)化为

$$\begin{cases} \dot{x} = P_2(x,y) = P(x,y), & P_2\text{不含线性项}, \\ \dot{y} = y + Q_2(x,y) = Q(x,y), & Q_2\text{不含线性项}. \end{cases} \tag{3.1}$$

显然,这时方程 $Q=0$ 保证了 $G(x)$ 的存在性. 由第二章 §4 中讨论高阶奇点的方法和向量场旋转度的分析及引理 1.5 就有

定理 3.1 设在系统(1.1)中秩 $A=1, T \neq 0$,则方程 $Q=0$ 保证了函数 $G(x)$ 的存在(或 $G(y)$ 的存在). 若

$$G(x) = a_r x^r + \cdots, \quad r \geqslant 2, \ a_r \neq 0, \tag{3.2}$$

则

(1) 当 r 是奇数且 $a_r > 0$ 时,O 是结点(图 7.1),$I(O)=+1$;

(2) 当 r 是奇数且 $a_r < 0$ 时,O 是鞍点(图 7.2),$I(O)=-1$;

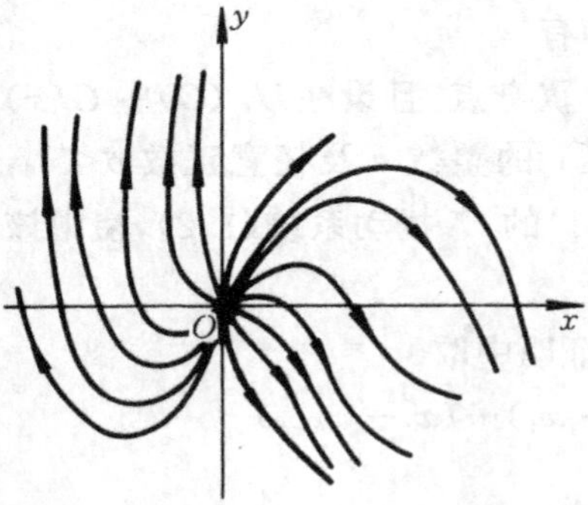

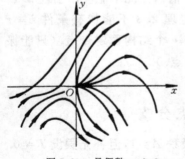

图 7.1 r 是奇数,$a_r > 0$

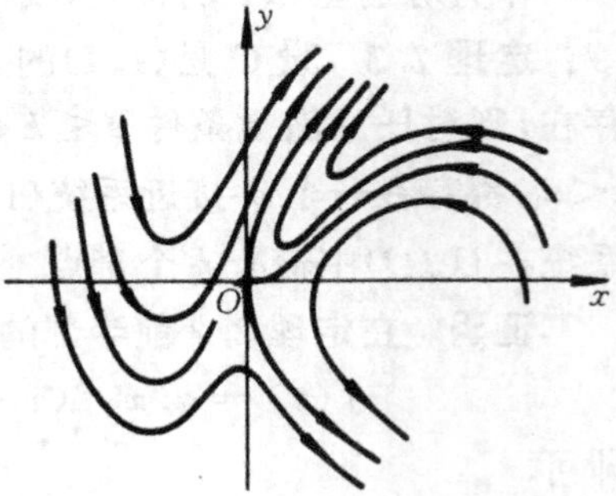

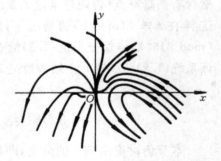

图 7.2 r 是奇数,$a_r < 0$

图 7.3 r 是偶数,$a_r > 0$

图 7.4 r 是偶数,$a_r < 0$

194

(3) 当 r 是偶数时，O 是鞍-结点(图 7.3，图 7.4)，$I(O)=0$.

在计算奇点 O 的指标时，可以用下述方法计算旋转度：设 C 是一个圆心为 O、半径充分小的圆，通过计算沿 C 旋转一周的过程中，向量场穿过一个固定方向(例如 y 轴的方向)的次数，即可算出旋转度.

上面的定理说明，在 $T\not\equiv0$ 的情况下，分支函数完全确定了未扰动系统奇点的性态. 下面的引理说明，当条件 $T\not\equiv0$ 满足时也可确定扰动系统奇点的某些信息.

引理 3.1　设在系统(1.1)中秩 $A=1$，$T\not\equiv0$，δ 是充分小的正数，系统(1.2)是 δ-接近系统(1.1)的 C^r 扰动系统，则系统(1.2)的结构稳定奇点只可能是结点或鞍点.

证明　设 O^* 是系统(1.2)的一个奇点，系统(1.2)在 O^* 的线性化系统的系数矩阵为 A^*，

$$T^* = \mathrm{Tr}A^*, \quad D^* = \det A^*.$$

由于 O^* 是结构稳定奇点，故由引理 1.4 知

$$D^* \not\equiv 0.$$

当 $\delta\to0$ 时，$T^*\to T, D^*\to D=0$，因而

$$\triangle^* = (T^*)^2 - 4D^* > 0.$$

这就证明了系统(1.2)的结构稳定奇点只能是结点或鞍点.

现设 δ-接近系统(1.1)的 C^r 扰动系统(1.2)中有 k 个结构稳定结点 $O_i(i=1,2,\cdots,k)$，$I(O_i)$ 是 O_i 的指标，则由公式

$$I = I_{(1.2)}(O_1) + \cdots + I_{(1.2)}(O_k) \quad (见定理 1.2 证明)$$

和定理 3.1，以及引理 3.1 即得

定理 3.2　设在系统(1.1)中秩 $A=1$，$T\not\equiv0$，奇点 O 的重数是 $r(r\geqslant2)$. δ 是一个充分小的正数，系统(1.2)是 δ-接近系统(1.1)的扰动系统，有 k 个结构稳定奇点 $O_1,O_2,\cdots,O_k$，则

$$0\leqslant k\leqslant r, \quad k\equiv r \pmod{2},$$

并可等于任意一个满足上述条件的数，$O_i(i=1,2,\cdots,k)$ 只能是结点或鞍点，且

(1) 若 O 是结点,则 k 是奇数且在奇点 $O_i(i=1,2,\cdots,k)$ 中,结点个数比鞍点个数多 1 个;

(2) 若 O 是鞍点,则 k 是奇数且在奇点 $O_i(i=1,2,\cdots,k)$ 中,鞍点个数比结点个数多 1 个;

(3) 若 O 是鞍-结点,则 k 是偶数且在奇点 $O_i(i=1,2,\cdots,k)$ 中,结点的个数等于鞍点的个数.

§4 有两个零特征根的余维 1 分支

本节讨论平面系统余维 1 分支的最后一种情况,即秩 $A=1$,$T=0$ 的情况,这时 A 的两个特征根都等于零. 在此情形下首先可用一个非异线性变换把系统(1.1)化为

$$\begin{cases} \dot{x}= y + P_2(x,y), & P_2 \text{ 不含线性项},\\ \dot{y}= Q_2(x,y), & Q_2 \text{ 不含线性项}. \end{cases} \tag{4.1}$$

再通过在原点 O 的邻域中一对一的变换:

$$x \rightarrow x, \quad y + P_2(x,y) \rightarrow y,$$

又可把系统(4.1)化为系统

$$\begin{cases} \dot{x}= y,\\ \dot{y}= \tilde{Q}_2(x,y), & \tilde{Q}_2 \text{ 不含线性项}. \end{cases} \tag{4.2}$$

仍把 $\tilde{Q}_2$ 记为 Q_2,故存在一个原点邻域中是一对一的变换把系统(1.1)化为:

$$\begin{cases} \dot{x}= y,\\ \dot{y}= Q_2(x,y), \end{cases} \tag{4.3}$$

其中 $Q_2(x,y)$ 不含线性项.

由于 $O(0,0)$ 是系统(4.3)的孤立奇点,故可设

$$Q_2(x,y) = a_r x^r(1 + h(x)) + b_n x^n y(1 + g(x)) + y^2 f(x,y),$$

其中 $h(x),g(x),f(x,y)$ 都是解析的,$h(0)=g(0)=0,r\geqslant 2,a_r\neq 0,n$ 是一个自然数. 这时

196

$$G(x) = Q_2(x,0) = a_r x^r + \cdots,$$

故 O 是 r 重奇点.

我们用第二章 §4 中讨论高阶奇点的方法及关于向量场旋转度的分析,可以得出

定理 4.1 设在系统 (1.1) 中秩 $A = 1, T = 0$,则该系统可通过一个在 O 点邻域中一对一的变换将其化为系统 (4.3),且可设

$$Q_2(x,y) = a_r x^r (1 + h(x)) + b_n x^n y (1 + g(x)) + y^2 f(x,y),$$

其中 $h(x), g(x), f(x,y)$ 都是解析的,$h(0) = g(0) = 0, r \geqslant 2, a_r \neq 0, n$ 是一个自然数. 这时 O 是一个 r 重奇点.

当 $r = 2m + 1$ 是一个奇数时,设 $\triangle_r = b_n^2 + 4(m+1)a_r$,则

(1) 若 $a_r > 0$,则 O 就是一个鞍点,$I(O) = -1$(图 7.5);

(2) 若

$$a_r < 0, \ b_n \neq 0, \ n \text{ 是偶数}, \ n < m,$$

或

$$a_r < 0, \ b_n \neq 0, \ n \text{ 是偶数}, \ n = m, \text{ 但} \triangle_r \geqslant 0,$$

则 O 就是一个结点,$I(O) = +1$;

(3) 若

$$a_r < 0, \ b_n \neq 0, \ n \text{ 是奇数}, \ n < m,$$

或

$$a_r < 0, \ b_n \neq 0, \ n \text{ 是奇数}, \ n = m, \text{ 但} \triangle_r \geqslant 0,$$

则 O 就是一个有椭圆域的奇点,$I(O) = +1$(图 7.6);

(4) 若

$$a_r < 0, \quad b_n = 0,$$

或

$$a_r < 0, \quad b_n \neq 0, \quad n > m,$$

或

$$a_r < 0, \quad b_n \neq 0, \quad n = m, \text{ 但} \triangle_r < 0,$$

则 O 就是一个中心或焦点,$I(O) = +1$.

当 $r = 2m$ 是一个偶数时:

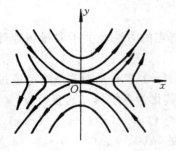

图 7.5　鞍点

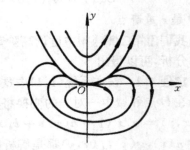

图 7.6　有椭圆域的奇点

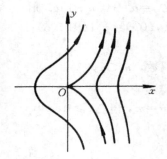

图 7.7　退化奇点

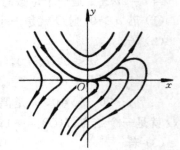

图 7.8　鞍-结点

（5）若 $b_n=0$，或 $b_n\neq 0,n\geqslant m$，则 O 就是一个退化奇点，$I(O)=0$（图 7.7）；

（6）若 $b_n\neq 0,1\leqslant n<m$，则 O 就是一个鞍-结点，$I(O)=0$（图 7.8）.

由定理 1.2、定理 2.2 和定理 4.1 即得

定理 4.2　设在系统 (1.1) 中秩 $A=1,T=0$，奇点 O 的重数是 r，则对任意不超过 r 的奇数 k,O 可以分支出 k 个结构稳定奇点.

O 是一个鞍点的充分必要条件是，O 所分支出的结构稳定的结点和焦点个数之和比 O 所分支出的结构稳定鞍点个数少 1 个.

对鞍点以外的重奇点分支分两种情况进行讨论.

对重数是偶数的奇点有以下的定理：

198

定理 4.3　设在系统(1.1)中，秩 $A=1$，$T=0$，奇点 O 的重数是偶数，$r=2m$，则

(1) 若 O 在一个充分接近系统(1.1)的 C^r 扰动系统(1.2)中分支为 k 个结构稳定奇点 $O_i(i=1,2,\cdots,k)$，则 k 是一个偶数，且 O_i 中结点的个数与焦点的个数之和等于鞍点的个数；

(2) 若 O 是一个退化奇点，则存在一个任意接近系统(1.1)的分离系统(1.2)，使得 O 在系统(1.2)中只分支为结构稳定的焦点和鞍点；

(3) 若 O 是一个鞍-结点，则在一个充分接近系统(1.1)的分离系统中，O 所分支出的奇点之中至少包含一个结点.

证明　(1) 由定理 1.2 及其证明中的公式

$$I(0)=I_{(1.2)}(O_1)+\cdots+I_{(1.2)}(O_k),\tag{4.4}$$

以及定理 4.1 即可得所要证的结论.

(2) 由定理 4.1 知，若 O 是一个退化奇点，则 $b_n=0$ 或 $b_n\neq 0$，$n\geqslant m$.

首先设 $b_n\neq 0$，再设 $0<\varepsilon<\varepsilon_0$ 是一个充分小的正数，正数 $x_i>0(i=1,2,\cdots,n-1)$ 满足不等式

$$0<x_1<x_2<\cdots<x_{n-1}<\varepsilon.\tag{4.5}$$

令

$$b(x)=b_n x(x-x_1)\cdots(x-x_{n-1})=b_n x^n+\cdots+b_1 x.\tag{4.6}$$

由 $m\leqslant n$ 得出 $m-1\leqslant n-1$，设 $\bar{x}_j(j=1,2,\cdots,m)$ 满足不等式

$$0<\bar{x}_1<x_1<\bar{x}_2<x_2<\cdots<x_{m-2}<\bar{x}_{m-1}<x_{m-1}<\bar{x}_m<\varepsilon.\tag{4.7}$$

再令

$$a(x)=a_r x(x-x_1)\cdots(x-x_{m-1})(x-\bar{x}_1)\cdots(x-\bar{x}_m)$$
$$=a_r x^r+\cdots+a_1 x.\tag{4.8}$$

现在考虑系统

$$\begin{cases} \dot{x} = y, \\ \dot{y} = a(x)(1 + h(x)) + b(x)y(1 + g(x)) + y^2 f(x,y). \end{cases}$$

$$(4.9)$$

现取 ε 充分小,使得当 $|x| < \varepsilon$ 时,$1 + h(x) > 0$,且系统(4.3)与系统(4.9)的 C^r 距离 $d_r((3),(9)) < \delta/2$. 由式(4.6)和(4.8)知,式(4.9)的所有位于 $U_\varepsilon(O) \subset U_{\varepsilon_0}(O)$ 中的奇点为:

$$O(0,0), \quad O_i(x_i,0) \ (i = 1,2,\cdots,m-1)$$

和
$$\overline{O}_j(\overline{x}_j,0) \ (j = 1,2,\cdots,m),$$

共有 $r = 2m$ 个奇点. 于是系统(4.9)是一个分离系统. 因此,由引理 1.7 知,系统(4.9)的所有奇点都是简单奇点.

设 $O^*(x^*,0)$ 是系统(4.9)的奇点,则由直接计算可知

$$T^* = b(x^*)(1 + g(x^*)), \quad D^* = -a'(x^*)(1 + h(x^*)).$$

$$(4.10)$$

由式(4.6)可得

$$T(O) = T(O_i) = 0 \quad (i = 1,2,\cdots,m-1). \quad (4.11)$$

由式(4.8)得

$$a'(0) = (-1)^{2m-1} x_1 x_2 \cdots x_{m-1} \overline{x}_1 \ \overline{x}_2 \cdots \overline{x}_m < 0.$$

因此,由式(4.7)以及多项式相邻的简单零点处的导数符号相反的性质知

$$a'(\overline{x}_1) > 0, \ a'(x_1) < 0, \ \cdots, \ a'(x_{m-1}) < 0, \ a'(\overline{x}_m) > 0.$$

$$(4.12)$$

由式(4.10)及(4.12)即得

$$D(O_i) > 0 \ (i = 1,2,\cdots,m-1),$$
$$D(\overline{O}_j) < 0 \ (j = 1,2,\cdots,m).$$

$$(4.13)$$

由式(4.11)和(4.13)可知,$\overline{O}_j(j=1,2,\cdots,m)$ 是系统(4.9)的结构稳定的鞍点,而 O 和 $O_i(i=1,2,\cdots,m-1)$ 是系统(4.9)的细焦点. 由引理 1.6,对系统(4.9)再进行一次微扰动就可得到一个 δ-接近系统(1.1)的 C^r 扰动系统(1.2),使得系统(1.2)中恰有 m 个结构

稳定鞍点和 m 个结构稳定焦点. 这就对 $b_n \neq 0$ 的情况证明了本定理中(2)的结论.

若 $b_n = 0$, 则不必再购造函数 $b(x)$, 只要取 $0 < x_1 < x_2 < \cdots < x_{m-1} < \varepsilon$ 是任意的正数就可完全仿照 $b_n \neq 0$ 时的证明得出结论.

下面证明最后一个结论, 即(3). 设 O 是鞍-结点. 由定理 4.1 知, $b_n \neq 0, 1 \leqslant n < m$. 我们分两步证明:

第一步, 首先证明对一种特殊的分离系统, 即 $p(x,y) \equiv 0$ 的扰动系统

$$\begin{cases} \dot{x} = y, \\ \dot{y} = a_r x^r (1 + h(x)) + b_n x^n y (1 + g(x)) \\ \qquad + y^2 f(x,y) + q(x,y), \\ \qquad = Q(x,y) + q(x,y) = \hat{Q}(x,y) \end{cases} \quad (4.14)$$

结论成立. 设系统(1.1)与系统(4.14)的 C^r 距离 $d_{2m-1}((1),(14)) < \delta_0$, 且在 $U_{\varepsilon_0}(O)$ 中恰有 $2m$ 个奇点 $O_i(x_i, 0)(i = 1, 2, \cdots, 2m)$. 由直接计算得出

$$\begin{aligned} \hat{D}(x) = \hat{D}(x,0) &= -\hat{Q}_x(x,0) \\ &= -q_x(x,0) - 2a_r m x^{2m-1}(1 + h(x)) - a_r x^{2m} h'(x), \end{aligned}$$
$$(4.15)$$

$$\hat{T}(x) = \hat{T}(x,0) = \hat{Q}_y(x,0) = q_y(x,0) + b_n x^n (1 + g(x)), \quad (4.16)$$

$$\begin{aligned} \hat{\triangle}(x) = \hat{\triangle}(x,0) &= \hat{T}^2(x,0) - 4\hat{D}(x,0) \\ &= b_n^2 x^{2n} + \varphi_1(x) + \varphi_2(x) = b_n^2 x^{2n} + \varphi(x), \quad (4.17) \end{aligned}$$

其中

$$\begin{aligned} \varphi_1(x) = 2b_n^2 x^{2n} g(x) &+ b_n^2 x^{2n} g^2(x) \\ &+ 8a_r m x^{2m-1}(1 + h(x)) + 4a_r x^{2m} h'(x), \quad (4.18) \end{aligned}$$

$$\varphi_2(x) = q_y^2(x,0) + 2q_y(x,0)b_n x^n (1 + g(x)) + 4q_x(x,0). \quad (4.19)$$

从 $n < m$ 得出 $2n < 2m - 1$. 此外由于 $g(0) = 0$, 故函数 $\varphi_1(x)$ 可写

成
$$\varphi_1(x) = x^{2n+1} \, \overline{\varphi}_1(x), \qquad (4.20)$$

其中 $\overline{\varphi}_1(x)$ 是一个解析函数. 由于

$$d_{2m-1}((1),(14)) = d_{2m-1}(q(x,y),0) < \delta_0,$$

δ_0 可充分小, 故可选 $0 < \delta_1 < \delta_0$ 及 ε_1 充分小, 使得

(i) $d_{2m-1}(q(x,y),0) < \delta_1$;

(ii) $\hat{\triangle}(-\varepsilon_1) > 0, \quad \hat{\triangle}(\varepsilon_1) > 0$;

(iii) 当 $-\varepsilon_1 \leqslant x \leqslant \varepsilon_1$ 时

$$\varphi_i^{(2n)}(x) < \frac{(2n)! \, b_n^2}{2} \quad (i = 1, 2);$$

(iv) 所有奇点 $O_i (i = 1, 2, \cdots, 2m)$ 都位于 $U_{\varepsilon_1}(O)$ 中,

由 $\varphi(x) = \varphi_1(x) + \varphi_2(x)$ 及 (iii) 中的式子知, 在区间 $[-\varepsilon_1, \varepsilon_1]$ 上

$$|\varphi^{(2n)}(x)| < (2n)! \, b_n^2.$$

因此, 由式 (4.17) 得出 $\hat{\triangle}(x)$ 在区间 $[-\varepsilon_1, \varepsilon_1]$ 上至多有 $2n$ 个根. (为什么? 见习题 71.) 设 $\xi_1, \cdots, \xi_k$ 是 $\hat{\triangle}(x)$ 在此区间上的不同的根 (中间可能有重根), 则 ξ_i 把 $[-\varepsilon_1, \varepsilon_1]$ 分成了 $k+1$ 个小区间, 在每个小区间上 $\hat{\triangle}(x)$ 不变号, 且由于 (i), 故在第一个和最后一个小区间上 $\hat{\triangle}(x) > 0$. 把 $\hat{\triangle}(x) < 0$ 的小区间称为负区间, 并用 $J_1, \cdots, J_l$ 表示 (图 7.9). 由于在两端的小区间上 $\hat{\triangle}(x) > 0$, 故负区间不可能是位于两端的小区间, 即每个负区间的两个端点都是 $\hat{\triangle}(x)$ 的根.

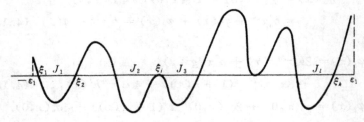

图 7.9 $\hat{\triangle}(x)$ 的零点和负区间

如果 ξ_i 是两个相邻的负区间(如图 7.9 中的 J_2, J_3)的公共端点，则 ξ_i 必是 $\hat{\triangle}(x)$ 的一个偶重根，因此重数至少是 2. 设在 l 个负区间中有 $2l_1$ 个是相邻的，$l-2l_1$ 个是与其他负区间分离的. 那么每一个分离的负区间有两个端点，即对应着 $\hat{\triangle}(x)$ 的至少两个根，而每一对相邻的负区间共有 3 个端点(两端的端点和中间的公共端点)，对应着 $\hat{\triangle}(x)$ 的至少 $2+2\cdot1=4$ 个根(中间的端点对应着至少一个二重根). 因此

$$k \geqslant 2(l-2l_1)+4l_1 = 2l.$$

另一方面，$\hat{\triangle}(x)$ 在此区间上至多有 $2n$ 个根，因此，$2l \leqslant k \leqslant 2n$. 故得

$$l \leqslant n < m. \tag{4.21}$$

由(iv)知，系统(4.14)的所有奇点 O_i 都位于 $U_{\epsilon_1}(O)$ 中且都是结构稳定的，因此由引理 1.7 知，O_i 都是简单奇点. 如果 $O_i(x_i,0)$ 位于某一负区间中，则必有

$$\hat{D}_i = \hat{D}(x_i) > 0.$$

否则

$$\hat{\triangle}_i = \hat{\triangle}(x_i) = \hat{T}_i^2 - 4D_i > 0.$$

此结果与 O_i 在负区间中矛盾.

下面我们证明在每个负区间之中至多含有一个奇点. 若假设不成立，设在某个负区间 J 中含有两个奇点 $O_1(x_1,0)$, $O_2(x_2,0)$. 不妨设 $x_1 < x_2$ 且在 $[x_1, x_2]$ 之间没有其他奇点，则

$$\hat{D}(O_1) > 0, \quad \hat{D}(O_2) > 0.$$

因此由式(4.15)知

$$\hat{Q}_x(O_1) < 0, \quad \hat{Q}_x(O_2) < 0.$$

把 $Q(x,0)$ 在 x_1 点处展开并利用 $Q(O_1)=0$，得 $Q(x,0)$ 在 $x > x_1$ 且充分接近 x_1 处有表达式

$$Q(x,0) = Q(x_1,0) + Q_x(O_1)(x-x_1) + \cdots$$
$$= Q_x(O_1)(x-x_1) + \cdots < 0,$$

即 $Q(x, 0)$ 在 O_1 附近为负. 把 $Q(x, 0)$ 在 x_2 点展开, 可知 $Q(x, 0)$ 在 O_2 附近为正. 故必有 $x_1 < \bar{x} < x_2$ 使 $Q(\bar{x}, 0) = 0$, 这说明 $[x_1, x_2]$ 中有奇点 $\bar{O}(\bar{x}, 0)$, 这与假设矛盾. 因此 J 中至多含有一个奇点. 由此得出, 使 $\triangle < 0$ 的奇点即焦点至多有 l 个. 因此由式 (4.21) 知, 焦点的个数少于 m. 另一方面, 定理的 (1) 中已证位于 O_i 中结点和焦点的个数之和等于鞍点的个数 m, 这就说明 O_i 之中至少有一个结点.

第二步, 考虑一般的扰动系统

$$\begin{cases} \dot{x} = y + p(x, y) = \widetilde{P}(x, y), \\ \dot{y} = Q(x, y) + q(x, y) = \widetilde{Q}(x, y), \end{cases} \tag{4.22}$$

且设系统 (4.22) 是 δ-接近于系统 (1.1) 的 C^{2m} 扰动系统, 在 $U_{\epsilon_0}(O)$ 中恰有 $2m$ 个结构稳定的奇点. 作变换

$$x \to x, \quad y + p(x, y) \to y. \tag{4.23}$$

则当 δ 充分小, O 点的邻域 G 关于 y 是凸的 (即若平行于 y 轴线段的端点在 G 中, 则此线段就完全位于 G 中) 时, 变换 (4.23) 就是 G 上的一对一的并为正则的变换 (请读者自证). 此变换把系统 (4.22) 变为形同系统 (4.14) 的形式

$$\begin{cases} \dot{x} = y, \\ \dot{y} = \hat{Q}(x, y). \end{cases} \tag{4.24}$$

变换 (4.23) 按 C^{2m} 模是 δ-接近恒同映射的. 设 G_1 使 $U_{\epsilon_0}(O) \subset \overline{G}_1 \subset G$, 则当 δ 充分小时, 系统 (4.24) 就在 G_1 上有定义且可任意接近系统 (4.22). 从而按 C^{2m-1} 模可任意接近系统 (1.1), 且对系统 (4.22) 的每一个奇点 O_i, 系统 (4.24) 必有一个奇点 $\hat{O}_i$ 与之对应. 由于变换 (4.23) 是正则的, 故该变换不改变奇点的结构稳定性, 因此系统 (4.24) 中的 $2m$ 个奇点都是结构稳定的. 因而若 O_i 是焦点或结点, 则 $\hat{O}_i$ 也必是焦点或结点. 对充分小的 δ, 系统 (4.24) 的所有奇点都位于 $U_{\epsilon_0}(O)$ 中. 因此系统 (4.24) 具有系统 (4.14) 的形式且满足系统 (4.14) 的所有条件, 现在应用第一步中已证的结论即证明了定理中的 (3).

完全与偶数重奇点的分支定理相对应,对奇数重奇点的分支,我们有

定理 4.4　设在系统(1.1)中秩 $A=1,T=0$,奇点 O 的重数是奇数 $r=2m+1$,则

（1）若 O 在一个充分接近系统(1.1)的 C^r 扰动系统(1.2)中分支为 k 个奇点 $O_i(i=1,2,\cdots,k)$,则 k 是奇数,且 O_i 中结构稳定的鞍点数比结构稳定的结点和焦点的个数之和少 1 个;

（2）若 O 是一个结点或一个有椭圆域的奇点,且 $n=m$,

$$\triangle_r = b_n^2 + 4a_r(m+1) \neq 0,$$

则在充分接近系统(1.1)的分离系统中,O 所分支出的奇点之中至少含有一个结构稳定的结点;

（3）若 O 是细焦点或中心,则存在一个可任意接近系统(1.1)的分离系统,使得在此系统中,O 只分支为结构稳定的鞍点和焦点.

定理 4.4 的证明思路与定理 4.3 的证明完全类似. 然而对 $m=n$ 的情况,其证明更加复杂,故省略.

第八章　Hopf 分支

很多物理系统的方程组里含有一些参数. 现在研究含参数的方程组,为简单起见,考虑只含一个参数 λ 的二维方程

$$\begin{cases} \dfrac{\mathrm{d}x}{\mathrm{d}t} = P(x,y,\lambda), \\[2mm] \dfrac{\mathrm{d}y}{\mathrm{d}t} = Q(x,y,\lambda), \end{cases} \tag{0.1}_\lambda$$

并且假设 P,Q 是 (x,y,λ) 的解析函数,其中 $(x,y) \in W$, $\lambda \in [\lambda_1, \lambda_2]$.

我们在第一章中已研究过这类方程的解随参数 λ 的变化情况,但当时是限制时间 t 在一个有限的区间内. 至于整个的轨线当 λ 变化时如何变化的问题,则要另外研究.

当参数值有很大的改变时,一般说来,系统的运动性质,或者说相图的基本结构将相应地改变. 现在要研究的是参数值有很小的改变时,系统相图的基本结构会不会改变.

当参数从参数值 λ_0 作很小的改变时,如果相图没有基本结构的变化,就称 λ_0 是参数 λ 的普通值,否则称 λ_0 是参数的**分支值**.

例　某线路方程为

$$\begin{cases} \dot{x} = y - (x^3 - \lambda x), \\ \dot{y} = -x, \end{cases} \tag{0.2}_\lambda$$

其中有一参数 λ.

当 $\lambda = 0$ 时,方程成为

$$\begin{cases} \dot{x} = y - x^3, \\ \dot{y} = -x. \end{cases} \tag{0.2}_0$$

它以 $(0,0)$ 为唯一的平衡点,平衡点是中心型的.

206

考虑函数 $V(x,y)=x^2+y^2$,显然有 $V(0,0)=0$;$V(x,y)>0$,当 $(x,y)\neq(0,0)$.并且

$$\dot{V}\,|_{(0.2)_0} = 2x\,\dot{x} + 2y\,\dot{y} = -2x^4 \leqslant 0.$$

最后的不等式中等于 0 成立仅当 $x=0$,但 $x=0$ 不是方程 $(0.2)_0$ 的轨线.根据第六章 §4 的定理 4.2,平衡点 $(0,0)$ 是渐近稳定的.平面上一切轨线都趋于 $(0,0)$.

当 $\lambda>0$ 时,方程 $(0.2)_\lambda$ 以 $(0,0)$ 为唯一的平衡点,是不稳定的焦点.此时方程 $(0.2)_\lambda$ 的等价方程为

$$\ddot{x} + (3x^2-\lambda)\,\dot{x} + x = 0.$$

它是 Lienard 方程当 $f(x)=3x^2-\lambda$, $g(x)=x$ 的情况.很容易检验它满足第五章 §1 中定理 1.1 的一切条件,所以它有唯一稳定的周期解.于是方程 $(0.2)_\lambda$ 有唯一稳定的极限环.

总之,系统 $(0.2)_\lambda$ 当 $\lambda=0$ 时,相平面上一切轨线都以 $(0,0)$ 为唯一的 ω 极限点;当 $\lambda>0$ 时,相平面上一切轨线以极限环为其 ω 极限集,点 $(0,0)$ 是极限环内一切轨线的 α 极限点.这说明相图的基本结构有变化.所以对方程 $(0.2)_\lambda$ 而言,$\lambda=0$ 是参数的分支值.

参数的分支值所对应的系统一定有非粗的奇轨线,例如中心型的平衡点,指数为零的极限环等.这是因为方程 $(0.1)_\lambda$ 右端是 λ 的解析函数.

本章专研究从中心型平衡点产生极限环的问题.

§1 分支问题的 Liapunov 第二方法

定理 1.1 考虑系统

$$\begin{cases} \dot{x}= P(x,y,\lambda), \\ \dot{y}= Q(x,y,\lambda), \end{cases} \qquad (1.1)_\lambda$$

其中 P 与 Q 是 (x,y,λ) 的解析函数.设参数 $\lambda=0$ 时,系统 $(1.1)_0$ 以 $(0,0)$ 为中心型稳定(不稳定)焦点;参数 $\lambda>0$ 时,系统 $(1.1)_\lambda$ 以

$(0,0)$ 为不稳定(稳定)焦点. 则对充分小的 $\lambda>0$, 系统 $(1.1)_\lambda$ 在点 $(0,0)$ 附近至少有一个稳定(不稳定)的极限环.

证明 因为点 $(0,0)$ 是系统 $(1.1)_0$ 的中心型平衡点, 所以存在线性变换

$$\begin{cases} x = au + bv, \\ y = cu + dv \end{cases}$$

将系统 $(1.1)_0$ 化为以下形式

$$\begin{cases} \dot{u} = -v + U_2(u,v) \equiv U(u,v,0), \\ \dot{v} = u + V_2(u,v) \equiv V(u,v,0). \end{cases} \tag{$1.1)_0'$}$$

经过同一个线性变换, 方程 $(1.1)_\lambda$ 化为

$$\begin{cases} \dot{u} = U(u,v,\lambda), \\ \dot{v} = V(u,v,\lambda). \end{cases} \tag{$1.1)_\lambda'$}$$

我们对方程 $(1.1)_\lambda'$ 证明定理的结论, 并且只证括号外面的结论. 因为 $(0,0)$ 是系统 $(1.1)_0$ 从而是系统 $(1.1)_0'$ 的中心型稳定焦点, 根据第二章 §3 所介绍的判断中心的形式级数法, 一定存在一个函数

$$F(u,v) = u^2 + v^2 + F_3(u,v) + \cdots + F_{2k}(u,v),$$

使得沿着方程 $(1.1)_0'$ 的轨线有

$$\left. \frac{\mathrm{d}F}{\mathrm{d}t} \right|_{(1.1)_0'} = -C_0(u^2 + v^2)^k + (u,v \text{ 的高于 } 2k \text{ 次的项}),$$

其中常数 $C_0>0$. 将上式改写为

$$\left. \frac{\mathrm{d}F}{\mathrm{d}t} \right|_{(1.1)_0'} = -\frac{C_0}{2}(u^2 + v^2)^k + (u^2 + v^2)^k \Big[-\frac{C_0}{2} + o(\sqrt{u^2 + v^2}) \Big].$$

显然存在 $r_0>0$, 使得当 $u^2+v^2 \leqslant r_0^2$ 时, 上等式右端的方括号为负.

在区域 $u^2+v^2 \leqslant r_0^2$ 内, 取区域 Ω 如下:

208

$$\Omega = \left\{ (u,v) \,\middle|\, u^2 + v^2 < r_0^2,\ F(u,v) \leqslant \frac{m}{2} \right\}$$

其中

$$m = \min_{u^2 + v^2 = r_0^2} \{ F(u,v) \}.$$

再在 Ω 内取圆 $u^2 + v^2 = r_1^2$. 下面在环形区域 $r_1^2 \leqslant u^2 + v^2 \leqslant r_0^2$ 内估计 $\dfrac{\mathrm{d}F}{\mathrm{d}t}\Big|_{(1.1)'_\lambda}$. 因为

$$\frac{\mathrm{d}F}{\mathrm{d}t}\Big|_{(1.1)'_\lambda} = \frac{\mathrm{d}F}{\mathrm{d}t}\Big|_{(1.1)'_0} + \left(\frac{\mathrm{d}F}{\mathrm{d}t}\Big|_{(1.1)'_\lambda} - \frac{\mathrm{d}F}{\mathrm{d}t}\Big|_{(1.1)'_0} \right),$$

根据前面得到的等式,再注意现在又限制在环形区域 $r_1^2 \leqslant u^2 + v^2$ $\leqslant r_0^2$ 内,所以上式右端的第一项满足不等式

$$\frac{\mathrm{d}F}{\mathrm{d}t}\Big|_{(1.1)'_0} < -\frac{C_0}{2} r_1^{2k};$$

而右端第二项

$$\frac{\mathrm{d}F}{\mathrm{d}t}\Big|_{(1.1)'_\lambda} - \frac{\mathrm{d}F}{\mathrm{d}t}\Big|_{(1.1)'_0} = \frac{\partial F}{\partial u}[U(u,v,\lambda) - U(u,v,0)]$$

$$+ \frac{\partial F}{\partial v}[V(u,v,\lambda) - V(u,v,0)],$$

由于 $\dfrac{\partial F}{\partial u}$ 与 $\dfrac{\partial F}{\partial v}$ 在此环形区域上有界,又 U,V 对 λ 连续,且关于 u,v 在此环形区域上一致,所以存在充分小的 $\lambda_0 > 0$,使得当 $0 \leqslant \lambda \leqslant \lambda_0$ 时右端第二项的绝对值

$$\left| \frac{\mathrm{d}F}{\mathrm{d}t}\Big|_{(1.1)'_\lambda} - \frac{\mathrm{d}F}{\mathrm{d}t}\Big|_{(1.1)'_0} \right| < \frac{C_0}{2} r_1^{2k}.$$

总之,当 $0 \leqslant \lambda \leqslant \lambda_0$ 时,在环形区域 $r_1^2 \leqslant u^2 + v^2 \leqslant r_0^2$ 内

$$\frac{\mathrm{d}F}{\mathrm{d}t}\Big|_{(1.1)'_\lambda} < 0.$$

因此当参数 λ 满足 $0 \leqslant \lambda \leqslant \lambda_0$ 时,系统 $(1.1)'_\lambda$ 的轨线经过曲线 $F(u,v) = \dfrac{m}{2}$ 时由外向内. 而 $\lambda > 0$ 时,曲线 $F(u,v) = \dfrac{m}{2}$ 所围成的

区域 Ω 内只有不稳定的焦点,根据第四章 §7 的定理,区域 Ω 内至少有一个稳定的极限环.注意 Ω 的边界 $F(u,v)=\dfrac{m}{2}$ 收缩到原点时,$r_1 \to 0, \lambda_0 \to 0$.所以对充分小的 λ,方程 $(1.1)_\lambda$ 在原点附近有稳定的极限环.定理证完.

从定理 1.1 的证明可看出这些极限环是这样产生的,既然向量场 (P,Q) 关于 (x,y,λ) 有解析性,那么它在某曲线 $F(x,y)=\alpha_0$ 上由外向内的性质就不能因为 λ 从零变为非零而突然改变.但是 λ 从零变为非零时,平衡点 $(0,0)$ 却突然由汇变成了源,这样就在曲线 $F(x,y)=\alpha_0$ 所围的区域内产生了从平衡点 $(0,0)$ "冒出" 的极限环.

平衡点从稳定改变为不稳定的现象在物理上称为**失稳**.

例 系统

$$\begin{cases} \dot{x}= y, \\ \dot{y}= -x + \lambda y - x^2 y, \end{cases}$$

对一切参数 λ 以 $(0,0)$ 为平衡点.方程右端函数在 $(0,0)$ 处的导算子为

$$\begin{pmatrix} 0 & 1 \\ -1 & \lambda \end{pmatrix},$$

其特征值为

$$\frac{1}{2}(\lambda \pm \sqrt{\lambda^2-4}) = \frac{\lambda}{2} \pm i\sqrt{1-\frac{\lambda^2}{4}} \quad (\text{当 } |\lambda|<2).$$

当 $\lambda>0$ 时,$(0,0)$ 是不稳定焦点.

当 $\lambda=0$ 时,考虑 Liapunov 函数 $F(x,y)=x^2+y^2$.显然有

$$\frac{\mathrm{d}F}{\mathrm{d}t} = 2x\dot{x}+ 2y\dot{y}= 2xy + 2y(-x-x^2 y) = -2x^2 y^2 \leqslant 0,$$

而 $x=0$ 或 $y=0$ 都不是整轨线,所以 $(0,0)$ 是稳定焦点.

由定理 1.1 可知,对充分小的 $\lambda>0$,系统在 $(0,0)$ 附近至少有一个稳定的极限环.

§2 分支问题的 Friedrich 方法

定理 2.1 设 $W \subset R^2$, W 是开集, $f: W \times (-\lambda_0, \lambda_0) \to R^2$, $f(x,\lambda)$ 是 $x \in W$, $\lambda \in (-\lambda_0, \lambda_0)$ 上的解析函数. 方程

$$\dot{x} = f(x,\lambda) \qquad (2.1)_\lambda$$

有平衡点 $\bar{x}(\lambda)$, $f(x,\lambda)$ 在 $\bar{x}(\lambda)$ 处对 x 的导算子记作 $A(\lambda)$. 若 $A(0)$ 的特征值是纯虚数 $\pm i\omega (\omega > 0)$, 即

$$\operatorname{Tr} A(0) = 0, \quad \det A(0) > 0. \qquad (2.2)$$

又矩阵 $B(\lambda)$ 定义如下:

$$A(\lambda) = A(0) + \lambda B(\lambda). \qquad (2.3)$$

若

$$\operatorname{Tr} B(0) \neq 0, \qquad (2.4)$$

则或方程 $(2.1)_0$ 在 $\bar{x}(0)$ 附近全是闭轨, 或方程 $(2.1)_\lambda$ 对充分小的 $\lambda > 0$ 或 $\lambda < 0$ 在 $\bar{x}(\lambda)$ 附近有唯一的极限环, 当 $\lambda \to 0$ 时极限环趋于 $\bar{x}(0)$, 周期趋于 $2\pi/\omega$.

证明 无妨认为 $\bar{x}(\lambda) = 0$, 因为否则作变换 $X = x - \bar{x}(\lambda)$ 即可. 下面先进行分析.

任取一向量 b, $b \neq 0$. 对于方程 $(2.1)_\lambda$ 在原点 O 附近的周期解必有实数 μ 使周期解过 μb (图 8.1). 取 μb 为初值, 即周期解 $x(t, \lambda, \mu)$ 满足条件 $x(0, \lambda, \mu) = \mu b$. 按连续性要求, 平衡点 O 应该是方程 $(2.1)_0$ 的周期解 (显然周期解), 即令 $\mu = 0$ 对应 $\lambda = 0$, 所以我们记

$$\lambda = \mu d(\mu).$$

又设方程 $(2.1)_{\lambda = \mu d(\mu)}$ 过 μb 之周期解的周期为 T_μ. 由于 T_μ 应连

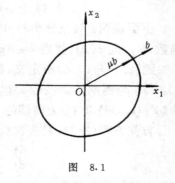

图 8.1

211

续依赖于 μ，又 $\mu \to 0$ 时 $T_\mu \to T_0$，所以 $T_\mu = T_0(1 + \mu c(\mu))$. 通过作变换

$$s = \frac{T_0}{T_\mu} t = \frac{1}{1 + \mu c(\mu)} t \qquad (2.5)$$

可使对变量 t 的周期为 T_μ 的解变为对变量 s 的周期是 T_0 的解，而 T_0 与 μ 无关. 为了初值不改变，再令 $x = \mu y$. 经过以上几个变换就有关系式

$$x\left(\frac{T_\mu}{T_0} s, \mu d(\mu), \mu\right) = \mu y(s, \mu), \qquad (2.6)$$

于是当 $s = 0$ 时，对一切 μ 有 $y(s, \mu)$ 的初值 $y(0, \mu) = b$.

经过以上的变换，方程 $(2.1)_\lambda$ 化为

$$\mu \frac{\mathrm{d}y}{\mathrm{d}s} = \frac{\mathrm{d}x}{\mathrm{d}s} = \frac{\mathrm{d}x}{\mathrm{d}t} \frac{\mathrm{d}t}{\mathrm{d}s} = \frac{T_\mu}{T_0} f(\mu y, \mu d(\mu))$$

$$= (1 + \mu c(\mu))[A(\lambda)\mu y + \mu^2 Q(y, \lambda, \mu)],$$

其中 $Q(y, \lambda, \mu)$ 关于 y 最低是二次幂. 再根据定理的条件式 (2.3)，方程化为

$$\frac{\mathrm{d}y}{\mathrm{d}s} = A(0)y + \mu G(y, \mu), \qquad (2.7)_\mu$$

其中

$$G(y, u) = d(\mu)B(\mu d(\mu))y + c(\mu)A(\mu d(\mu))y$$
$$+ (1 + \mu c(\mu))Q(y, \mu d(\mu), \mu). \qquad (2.8)$$

下面证明：对充分小的 $\mu \in [0, \mu_0]$，存在唯一的一组连续可微函数 $d(\mu)$ 与 $c(\mu)$，使当 $\lambda = \mu d(\mu)$，$T_\mu = T_0(1 + \mu c(\mu))$ 时，且 s 与 y 如式 (2.5) 与 (2.6) 所定义，则方程 $(2.7)_\mu$ 的初值为 b 的解 $y(s, \mu)$ 以 T_0 为周期，$T_0 = 2\pi/\omega$. 也就是，方程 $(2.1)_{\lambda = \mu d(\mu)}$ 的初值为 μb 的解 $x(t, \lambda)$ 是以 T_μ 为周期的.

首先方程 $(2.7)_0$ 是齐次线性方程

$$\frac{\mathrm{d}y}{\mathrm{d}s} = A(0)y.$$

它以 b 为初值的解是

212

$$y(s,0) = e^{A(0)s}b = e^{P\begin{pmatrix} 0 & -\omega \\ \omega & 0 \end{pmatrix}P^{-1}s}b$$

$$= Pe^{\begin{pmatrix} 0 & -\omega \\ \omega & 0 \end{pmatrix}s}P^{-1}b$$

$$= \left[\cos\omega sI + \frac{1}{\omega}\sin\omega sA(0)\right]b. \tag{2.9}$$

这个周期解的周期是 $2\pi/\omega$, 所以 $T_0 = 2\pi/\omega$.

然后, 方程$(2.7)_\mu$ 以 b 为初值的解是

$$y(s,\mu) = e^{A(0)s}b + \mu\int_0^s e^{A(0)(s-\tau)}G(y(\tau,\mu),\mu)d\tau.$$

此解以 $T_0 = 2\pi/\omega$ 为周期的充要条件是

$$\int_0^{T_0} e^{-A(0)\tau}G(y(\tau,\mu),\mu)d\tau = 0.$$

将式(2.8)代入, 得到充要条件

$$\int_0^{\frac{2\pi}{\omega}} e^{-A(0)\tau}[dB(\mu d)y(\tau,\mu) + cA(\mu d)y(\tau,\mu)$$

$$+ (1 + \mu c)Q(y(\tau,\mu),\mu d,\mu)]d\tau = 0. \tag{2.10}$$

这是向量方程式, 是两个方程, 其中有三个变量 μ, c 与 d. 现在我们证明, 可以从这个方程组中确定函数 $d(\mu)$ 与 $c(\mu)$. 从而完成上面所要证明的结果. 为此应用隐函数存在定理.

先证明 $\mu = 0$ 时, 从方程组(2.10)得到唯一的一组解 $c = d = 0$. 因为 $\mu = 0$ 时方程组(2.10)成为

$$\int_0^{\frac{2\pi}{\omega}} e^{-A(0)\tau}[dB(0)y(\tau,0) + cA(0)y(\tau,0)$$

$$+ Q(y(\tau,0),0,0)]d\tau = 0, \tag{2.11}$$

其中 $y(\tau,0)$ 如式(2.9)所表示. 注意, 此方程左端积分号下的第三项积分为零, 这是因为 $Q(y(\tau,0),0,0)$ 只包含 $y(\tau,0)$ 的二次项, 所以被积函数 $e^{-A(0)\tau}Q(y(\tau,0),0,0)$ 是 $\cos\omega\tau$ 与 $\sin\omega\tau$ 的三次齐次式. 又注意矩阵 $A(0)$ 与 $e^{A(0)\tau}$ 可交换, 所以

$$\int_0^{\frac{2\pi}{\omega}} e^{-A(0)\tau}A(0)e^{A(0)\tau}d\tau = \frac{2\pi}{\omega}A(0).$$

再定义矩阵

$$\bar{B} \equiv \frac{\omega}{2\pi} \int_0^{\frac{2\pi}{\omega}} e^{-A(0)\tau} B(0) e^{A(0)\tau} d\tau,$$

方程组(2.11)就成为线性齐次的代数方程组

$$d\bar{B}b + cA(0)b = 0. \tag{2.12}$$

因为有下面的引理,所以这方程组只有零解 $c = d = 0$.

引理 2.1　对一切向量 $b \neq 0$,以列向量 $\bar{B}b$ 与 $A(0)b$ 所组成的矩阵 $(\bar{B}b, A(0)b)$ 的行列式不为零,即

$$\det(\bar{B}b, A(0)b) \neq 0. \tag{2.13}$$

引理 2.1 留待本节最后再证明.

下面证明在 $\mu = c = d = 0$ 处,方程组(2.10)左端的函数对 d 与 c 的 Jacobian 行列式非零. 式(2.10)左端在 $\mu = c = d = 0$ 处对 d 的偏微商是

$$\int_0^{\frac{2\pi}{\omega}} e^{-A(0)\tau} B(0) y(\tau, 0) d\tau = \frac{2\pi}{\omega} \bar{B}b,$$

对 c 的偏微商是

$$\int_0^{\frac{2\pi}{\omega}} e^{-A(0)\tau} A(0) y(\tau, 0) d\tau = \frac{2\pi}{\omega} A(0)b.$$

根据引理 2.1,所求的 Jacobian 行列式

$$\det\left(\frac{2\pi}{\omega} \bar{B}b, \frac{2\pi}{\omega} A(0)b\right) \neq 0,$$

对一切向量 $b \neq 0$. 应用隐函数存在定理,存在 $\mu_0 > 0$,使在区间 $[0, \mu_0]$ 上存在唯一的一组函数 $d(\mu)$ 与 $c(\mu)$ 满足

$$d(0) = c(0) = 0,$$

并满足方程组(2.10). 这就得到了上面所要证明的结果. 事实上,由于方程(2.10)左端函数的解析性,得到的 $d(\mu)$ 与 $c(\mu)$ 也是解析的.

如果在 $[0, \mu_0]$ 上 $d(\mu) \equiv 0$,那么当 $\mu \in [0, \mu_0]$ 时 $\lambda = \mu d(\mu) \equiv 0$,从而方程$(2.1)_\lambda$ 就与方程$(2.1)_0$ 为同一方程. 对这个方程,当

$\mu \in [0, \mu_0]$ 时，以 μb 为初值的解都是周期解，所以在平衡点 $(0,0)$ 附近全是闭轨.

如果在 $[0, \mu_0]$ 上 $d(\mu)$ 不恒为零，那么有 $\mu_1 < \mu_0$ 使当 $\mu \in [0, \mu_1]$ 时，$\lambda = \mu d(\mu)$ 随 μ 单调地变化 ($\lambda > 0$ 或 $\lambda < 0$). 于是方程 $(2.1)_\lambda$ 的以 μb 为初值的解是它的唯一的周期解，周期为 T_μ. 当 $\mu \to 0$ 时，即 $\lambda \to 0$ 时，由解对参数与初值的连续依赖性，这族周期解趋于平衡点 $(0,0)$，周期趋于 $T_0 = 2\pi/\omega$.

定理证完.

例 1 方程

$$\begin{cases} \dot{x}_1 = x_2, \\ \dot{x}_2 = -x_1 + \lambda x_2 \end{cases}$$

对一切参数 λ，$(0,0)$ 是平衡点. 在 $(0,0)$ 处右端函数的导算子为

$$A(\lambda) = \begin{pmatrix} 0 & 1 \\ -1 & \lambda \end{pmatrix}.$$

显然 $A(0)$ 以 $\pm i$ 为特征值. 又因为

$$A(\lambda) = A(0) + \lambda \begin{pmatrix} 0 & 0 \\ 0 & 1 \end{pmatrix},$$

所以

$$B(\lambda) = \begin{pmatrix} 0 & 0 \\ 0 & 1 \end{pmatrix}.$$

显然 $B(\lambda)$ 满足条件 $\mathrm{Tr}B(0) \neq 0$. 总之，此方程满足定理 2.1 的一切条件，下面来确定此方程组是定理结论中的哪一种情况.

这方程组可以求解. 因为它的等价方程是

$$\ddot{x}_1 - \lambda \dot{x}_1 + x_1 = 0.$$

当 $|\lambda| < 2$ 时，它的解是

$$\begin{cases} x_1 = e^{\frac{\lambda}{2}t} \left[C_1 \cos \sqrt{1 - \frac{\lambda^2}{4}} t + C_2 \sin \sqrt{1 - \frac{\lambda^2}{4}} t \right], \\ x_2 = \dot{x}_1. \end{cases}$$

215

显然,当 $-2 < \lambda < 0$ 时,系统以 $(0,0)$ 为稳定焦点;当 $0 < \lambda < 2$ 时,$(0,0)$ 为不稳定焦点;当 $\lambda = 0$ 时,$(0,0)$ 为中心. $\lambda = 0$ 是系统的分支点. 例子是定理 2.1 中 $d(\mu) \equiv 0$ 的情况.

例 2 系统

$$\dot{x} = \frac{d}{dt}\begin{bmatrix} x_1 \\ x_2 \end{bmatrix} = \begin{bmatrix} x_2 \\ -x_1 + \lambda x_2 - x_1^2 x_2 \end{bmatrix} = f(x, \lambda)$$

对任意参数 λ,平衡点为 $(0,0)$. $(0,0)$ 处 $f(x,\lambda)$ 对 x 的导算子为

$$A(\lambda) = \begin{pmatrix} 0 & 1 \\ -1 & \lambda \end{pmatrix}.$$

显然 $A(0)$ 以 $\pm i$ 为特征值. 又有

$$B(\lambda) = \begin{pmatrix} 0 & 0 \\ 0 & 1 \end{pmatrix}.$$

显然 $\mathrm{Tr}B(0) \neq 0$. 总之,此系统满足定理 2.1 的一切条件.

令

$$\lambda = \mu d(\mu), \quad T_\mu = 2\pi(1 + \mu c(\mu)),$$

$$s = \frac{2\pi}{T_\mu}t, \quad x\left(\frac{T_\mu}{2\pi}s, \mu d(\mu), \mu\right) = \mu y(s, \mu).$$

系统化为

$$\mu \frac{dy}{ds} = \frac{T_\mu}{2\pi}f(\mu y, \mu d(\mu)),$$

即

$$\frac{d}{ds}\begin{bmatrix} y_1 \\ y_2 \end{bmatrix} = (1 + \mu c(\mu))\begin{bmatrix} y_2 \\ -y_1 + \mu d(\mu)y_2 - \mu^2 y_1^2 y_2 \end{bmatrix}$$

$$= \begin{pmatrix} 0 & 1 \\ -1 & 0 \end{pmatrix}\begin{bmatrix} y_1 \\ y_2 \end{bmatrix} + \mu\left[c(\mu)\begin{pmatrix} 0 & 1 \\ -1 & \mu d(\mu) \end{pmatrix}\begin{bmatrix} y_1 \\ y_2 \end{bmatrix}\right.$$

$$\left. + d(\mu)\begin{pmatrix} 0 & 0 \\ 0 & 1 \end{pmatrix}\begin{bmatrix} y_1 \\ y_2 \end{bmatrix} + (1 + \mu c(\mu))\begin{bmatrix} 0 \\ -\mu y_1^2 y_2 \end{bmatrix}\right].$$

$$(2.14)$$

下面根据周期解的充要条件

$$\int_0^{2\pi} \mathrm{e}^{-A(0)\tau} \left[c(\mu) \begin{pmatrix} 0 & 1 \\ -1 & \mu d(\mu) \end{pmatrix} \begin{bmatrix} y_1 \\ y_2 \end{bmatrix} \right.$$

$$\left. + d(\mu) \begin{pmatrix} 0 & 0 \\ 0 & 1 \end{pmatrix} \begin{bmatrix} y_1 \\ y_2 \end{bmatrix} + (1 + \mu c(\mu)) \begin{bmatrix} 0 \\ -\mu y_1^2 y_2 \end{bmatrix} \right] \mathrm{d}\tau = 0$$

确定 $c(\mu)$ 与 $d(\mu)$.

由定理 2.1 已知 $c(0) = d(0) = 0$,所以 $c(\mu)$ 与 $d(\mu)$ 可表为

$$c(\mu) = \mu c'(0) + o(\mu), \quad d(\mu) = \mu d'(0) + o(\mu).$$

为确定 $c'(0)$ 与 $d'(0)$,把上两式代入充要条件,用 μ 除之,再令 $\mu \to 0$. 注意,由

$$\mathrm{e}^{-A(0)s} = \begin{pmatrix} \cos s & -\sin s \\ \sin s & \cos s \end{pmatrix}$$

与

$$y(s,0) = \mathrm{e}^{A(0)s} b = \begin{pmatrix} \cos s & \sin s \\ -\sin s & \cos s \end{pmatrix} \begin{bmatrix} b_1 \\ b_2 \end{bmatrix},$$

得到 $c'(0)$ 与 $d'(0)$ 应满足方程

$$c'(0) 2\mu A(0) b + d'(0) 2\mu \bar{B} b$$

$$+ \int_0^{2\pi} \mathrm{e}^{-A(0)s} \begin{bmatrix} 0 \\ -y_1^2 y_2 \end{bmatrix}_{(s,0)} \mathrm{d}s = 0,$$

其中

$$\bar{B} = \frac{1}{2\pi} \int_0^{2\pi} \mathrm{e}^{-A(0)\tau} \begin{pmatrix} 0 & 0 \\ 0 & 1 \end{pmatrix} \mathrm{e}^{A(0)\tau} \mathrm{d}\tau = \frac{1}{2} \begin{pmatrix} 1 & 0 \\ 0 & 1 \end{pmatrix}.$$

又可以直接计算出上述方程左端第三项

$$\int_0^{2\pi} \mathrm{e}^{-A(0)s} \begin{bmatrix} 0 \\ -y_1^2 y_2 \end{bmatrix}_{(s,0)} \mathrm{d}s = -\frac{2\pi}{8} (b_1^2 + b_2^2) \begin{bmatrix} b_1 \\ b_2 \end{bmatrix}.$$

所以 $c'(0)$ 与 $d'(0)$ 满足方程

$$c'(0) \begin{pmatrix} 0 & 1 \\ -1 & 0 \end{pmatrix} b + \frac{1}{2} d'(0) \begin{pmatrix} 1 & 0 \\ 0 & 1 \end{pmatrix} b = \frac{1}{8} (b_1^2 + b_2^2) b.$$

由此得到

$$c'(0) = 0, \quad d'(0) = \frac{1}{4}(b_1^2 + b_2^2).$$

于是对小的 μ，有

$$\lambda = \mu d(\mu) \approx \mu^2 d'(0) = \frac{\mu^2}{4}(b_1^2 + b_2^2) \quad (\lambda > 0),$$

从而

$$\mu \approx \frac{2\sqrt{\lambda}}{\sqrt{b_1^2 + b_2^2}}.$$

又 $T_\mu = 2\pi(1 + o(\mu^2)), s \approx t$，所以对充分小的参数 $\lambda > 0$，系统有周期解

$$x(t, \lambda) = \mu y(s, \mu) = \mu[e^{A(0)s} b + o(\mu)]$$

$$= \frac{2\sqrt{\lambda}}{\sqrt{b_1^2 + b_2^2}} e^{A(0)t} b + o(\lambda),$$

即

$$\begin{bmatrix} x_1 \\ x_2 \end{bmatrix} = 2\sqrt{\lambda} \begin{pmatrix} \cos(t - \alpha) \\ \sin(t - \alpha) \end{pmatrix} + o(\lambda),$$

其中 $\alpha = \arctan \dfrac{b_2}{b_1}$，周期 $\approx 2\pi$。

$\lambda = 0$ 是分支点. 当 $\lambda > 0, \lambda$ 充分小时系统有唯一的极限环；当 $\lambda \to 0$ 时，极限环趋于平衡点 $(0,0)$，周期趋于 2π.

其实可以用比较系数的方法求得函数 $c(\mu), d(\mu)$ 与解 $y(s, \mu)$ 的任意高阶的近似. 下面仍用上面例子中的方程为例来介绍这个方法.

设

$$d(\mu) = d_0 + d_1\mu + d_2\mu^2 + \cdots,$$
$$c(\mu) = c_0 + c_1\mu + c_2\mu^2 + \cdots,$$
$$y(s, \mu) = y_0(s) + y_1(s)\mu + y_2(s)\mu^2 + \cdots.$$

把它们代入例 2 中的式 (2.14)，然后比较 μ 的各次幂的系数.

比较 μ^0 的系数，得方程

218

$$\frac{d}{ds}\begin{bmatrix} y_{01} \\ y_{02} \end{bmatrix} = \begin{pmatrix} 1 & 1 \\ -1 & 0 \end{pmatrix}\begin{bmatrix} y_{01} \\ y_{02} \end{bmatrix}.$$

由于对一切 μ 有 $y(0,\mu)=b$,所以 $y_0(0)=b; y_i(0)=0 (i=1,2,\cdots)$. 求得上方程的解

$$\begin{bmatrix} y_{01} \\ y_{02} \end{bmatrix} = \begin{pmatrix} \cos s & \sin s \\ -\sin s & \cos s \end{pmatrix}\begin{pmatrix} b_1 \\ b_2 \end{pmatrix},$$

周期是 2π.

比较 μ^1 的系数,得非齐次线性方程

$$\frac{d}{ds}\begin{bmatrix} y_{11} \\ y_{12} \end{bmatrix} = \begin{pmatrix} 0 & 1 \\ -1 & 0 \end{pmatrix}\begin{bmatrix} y_{11} \\ y_{12} \end{bmatrix} + c_0\begin{pmatrix} 0 & 1 \\ -1 & 0 \end{pmatrix}\begin{bmatrix} y_{01} \\ y_{02} \end{bmatrix}$$
$$+ d_0\begin{pmatrix} 0 & 0 \\ 0 & 1 \end{pmatrix}\begin{bmatrix} y_{01} \\ y_{02} \end{bmatrix}. \tag{2.15}$$

因为所求解需要以 2π 为周期的,所以确定 c_0, d_0 使非齐次项

$$\begin{bmatrix} c_0 y_{02} \\ -c_0 y_{01} + d_0 y_{02} \end{bmatrix}$$

满足正交条件(第二章 §3 中引理 3.3)

$$\begin{cases} \int_0^{2\pi} [c_0 y_{02}\cos s - (-c_0 y_{01} + d_0 y_{02})\sin s]ds = 0, \\ \int_0^{2\pi} [c_0 y_{02}\sin s + (-c_0 y_{01} + d_0 y_{02})\cos s]ds = 0, \end{cases}$$

即

$$\begin{cases} 2\pi b_2 c_0 + \pi b_1 d_0 = 0, \\ -2\pi b_1 c_0 + \pi b_2 d_0 = 0. \end{cases}$$

由于系数行列式 $= 2\pi^2(b_1^2 + b_2^2) \neq 0$,所以得 $d_0 = c_0 = 0$(根据定理当然应该有此结果!). 这样一来,$y_1(s)$ 所满足的微分方程(2.15)事实上是齐次线性方程. 又因为初条件 $y_1(0)=0$,所以 $y_1(s) \equiv 0$.

比较 μ^2 的系数,得非齐次线性方程

$$\frac{d}{ds}\begin{bmatrix} y_{21} \\ y_{22} \end{bmatrix} = \begin{pmatrix} 0 & 1 \\ -1 & 0 \end{pmatrix}\begin{bmatrix} y_{21} \\ y_{22} \end{bmatrix} + c_1\begin{pmatrix} 0 & 1 \\ -1 & 0 \end{pmatrix}\begin{bmatrix} y_{01} \\ y_{02} \end{bmatrix}$$

$$+ d_1 \begin{pmatrix} 0 & 0 \\ 0 & 1 \end{pmatrix} \begin{bmatrix} y_{01} \\ y_{02} \end{bmatrix} + \begin{bmatrix} 0 \\ - y_{01}^2 y_{02} \end{bmatrix}. \qquad (2.16)$$

为求周期解,确定 c_1, d_1,使非齐次项

$$\begin{bmatrix} c_1 y_{02} \\ - c_1 y_{01} + d_1 y_{02} - y_{01}^2 y_{02} \end{bmatrix}$$

满足正交条件

$$\begin{cases} \int_0^{2\pi} [c_1 y_{02}\cos s - (- c_1 y_{01} + d_1 y_{02} - y_{01}^2 y_{02})\sin s]ds = 0, \\ \int_0^{2\pi} [c_1 y_{02}\sin s + (- c_1 y_{01} + d_1 y_{02} - y_{01}^2 y_{02})\cos s]ds = 0, \end{cases}$$

即

$$\begin{cases} 2\pi b_2 c_1 + \pi b_1 d_1 = \dfrac{\pi}{4} b_1 (b_1^2 + b_2^2), \\ - 2\pi b_1 c_1 + \pi b_2 d_1 = \dfrac{\pi}{4} b_2 (b_1^2 + b_2^2). \end{cases}$$

由此定出

$$c_1 = 0, \quad d_1 = \frac{1}{4}(b_1^2 + b_2^2).$$

把确定出的 c_1 与 d_1 代回方程(2.16),得到 $y_2(s)$ 应满足的微分方程

$$\begin{cases} \dfrac{\mathrm{d}y_{21}}{\mathrm{d}s} = y_{22}, \\ \dfrac{\mathrm{d}y_{22}}{\mathrm{d}s} = - y_{21} + \dfrac{1}{4}(b_1^2 + b_2^2)y_{02} - y_{01}^2 y_{02}. \end{cases}$$

这个非齐次线性方程的解以 2π 为周期.求出它的满足初条件 $y_2(0) = 0$ 的解,记作 $\bar{y}_2(s)$.于是得到解 $y(s, \mu)$ 的二阶近似式

$$y(s, \mu) = \mathrm{e}^{A(0)s}b + \bar{y}_2(s)\mu^2 + o(\mu^2).$$

继续用这个方法可以得到任意高阶的近似.方法就介绍到这里.

下面证明定理 2.1 中用过的引理 2.1.

引理 2.1 的证明 因为矩阵 $A(0)$ 以 $\pm i\omega$ 为特征值,所以存在

220

矩阵 P,使

$$PA(0)P^{-1} = \begin{pmatrix} 0 & -\omega \\ \omega & 0 \end{pmatrix}$$

因为 P 有逆,所以为证明引理 2.1 只需证明

$$\det P(\overline{B} b, A(0)b) \neq 0.$$

令向量 $k = Pb$, 即 $b = P^{-1}k$. 于是上面矩阵中的第二列向量可化为如下形式,

$$PA(0)b = PA(0)P^{-1}k = \begin{pmatrix} 0 & -\omega \\ \omega & 0 \end{pmatrix} \begin{pmatrix} k_1 \\ k_2 \end{pmatrix} = \begin{pmatrix} -\omega k_2 \\ \omega k_1 \end{pmatrix}.$$

(2.17)

由矩阵 $\overline{B}$ 的定义:

$$\overline{B} = \frac{\omega}{2\pi} \int_0^{\frac{2\pi}{\omega}} e^{-A(0)\tau} B(0) e^{A(0)\tau} d\tau,$$

上面矩阵中的第一列向量化为

$$P\overline{B}b = P\overline{B}P^{-1}k = \frac{\omega}{2\pi} \int_0^{\frac{2\pi}{\omega}} P e^{-A(0)\tau} B(0) e^{A(0)\tau} P^{-1} d\tau k$$

$$= \frac{\omega}{2\pi} \int_0^{\frac{2\pi}{\omega}} e^{-\begin{pmatrix} 0 & -\omega \\ \omega & 0 \end{pmatrix}\tau} PB(0)P^{-1} e^{\begin{pmatrix} 0 & -\omega \\ \omega & 0 \end{pmatrix}\tau} d\tau k.$$

令

$$PB(0)P^{-1} = \begin{pmatrix} \alpha & \beta \\ \gamma & \delta \end{pmatrix}.$$

又

$$e^{\begin{pmatrix} 0 & -\omega \\ \omega & 0 \end{pmatrix}\tau} = \begin{pmatrix} \cos\omega\tau & -\sin\omega\tau \\ \sin\omega\tau & \cos\omega\tau \end{pmatrix},$$

得

$$P\overline{B}b = \frac{1}{2} \begin{pmatrix} \alpha + \delta & \beta - \gamma \\ \gamma - \beta & \alpha + \delta \end{pmatrix} \begin{pmatrix} k_1 \\ k_2 \end{pmatrix} = \frac{1}{2} \begin{pmatrix} (\alpha + \delta)k_1 + (\beta - \gamma)k_2 \\ (\gamma - \beta)k_1 + (\alpha + \delta)k_2 \end{pmatrix}.$$

于是

$$\det P(\overline{B}b, A(0)b) = \frac{\omega}{2}(\alpha + \delta)(k_1^2 + k_2^2) = \frac{\omega}{2}\mathrm{Tr}B(0)\,|k|^2.$$

由定理 2.1 设 $\omega>0$，$\mathrm{Tr}B(0) \neq 0$；又引理设 $b \neq 0$，从而 $k \neq 0$. 所以

$$\det P(\overline{B}b, A(0)b) \neq 0.$$

引理得证.

本节与上节各介绍了一个分支定理，下节中我们还要介绍另一个分支定理. 现在将这几个分支定理进行比较.

下节中分支定理条件是：设 $A(\lambda)$ 的特征值是 $\alpha(\lambda) \pm i\beta(\lambda)$，其中 $\alpha(0)=0$，$\beta(\lambda)>0$；又 $\dfrac{\mathrm{d}\alpha(\lambda)}{\mathrm{d}\lambda}\Big|_{\lambda=0} \neq 0$. 这个定理的条件事实上与本节定理 2.1 的条件等价. 因为 $A(0)$ 的特征值是纯虚数，等价于

$$\alpha(0) = 0, \quad \beta(0) > 0;$$

又因为有

$$\mathrm{Tr}B(0) = \mathrm{Tr}\lim_{\lambda\to 0}B(\lambda) = \mathrm{Tr}\lim_{\lambda\to 0}\frac{A(\lambda) - A(0)}{\lambda}$$

$$= \lim_{\lambda\to 0}\frac{\mathrm{Tr}A(\lambda) - \mathrm{Tr}A(0)}{\lambda}$$

$$= 2\lim_{\lambda\to 0}\frac{\alpha(\lambda) - \alpha(0)}{\lambda} = 2\frac{\mathrm{d}\alpha(\lambda)}{\mathrm{d}\lambda}\Big|_{\lambda=0}.$$

所以 $\mathrm{Tr}B(0)>0$（或 <0）等价于 $\dfrac{\mathrm{d}\alpha(\lambda)}{\mathrm{d}\lambda}\Big|_{\lambda=0}>0$（或 <0）.

很容易看出，由本节或下节定理的条件可得：系统 $(2.1)_\lambda$ 的平衡点 $(0,0)$，当 $\lambda=0$ 时是中心型的；而 $\lambda \neq 0$ 时是粗焦点. 若为确定起见，设 $\mathrm{Tr}B(0)>0$，或设 $\dfrac{\mathrm{d}\alpha(\lambda)}{\mathrm{d}\lambda}\Big|_{\lambda=0}>0$，就还可以知道 $\lambda<0$ 时是稳定的粗焦点；$\lambda>0$ 时是不稳定的粗焦点. 至于系统 $(2.1)_0$ 的平衡点 $(0,0)$ 是中心型的，则 $(0,0)$ 有三种可能，或是真中心；或是稳定细焦点；或是不稳定细焦点. 现在应用 §1 的定理 1.1，立刻得到结论：系统 $(2.1)_0$ 的平衡点 $(0,0)$ 是稳定细焦点时（从 $\lambda=0$ 到 $\lambda>0$ 失稳），对充分小的 λ，$\lambda>0$，系统 $(2.1)_\lambda$ 在 $(0,0)$ 附近存在稳定的极限环；系统 $(2.1)_0$ 的平衡点 $(0,0)$ 是不稳定的细焦点时，对

充分小的 $\lambda, \lambda < 0$，系统 $(2.1)_\lambda$ 在 $(0,0)$ 附近有不稳定的极限环. 也就是说,当只讨论分支出的极限环的存在性时,由定理 1.1 立刻得到定理 2.1 与定理 3.1.

定理 2.1 与定理 3.1 的条件的确要求较多. 例如,系统

$$\begin{cases} \dot{x} = -y - 3x^2 + (1-\lambda)xy + y^2, \\ \dot{y} = x\left(1 + \dfrac{2}{9}x - 3y\right) \end{cases}$$

在平衡点 $(0,0)$ 处,有

$$A(\lambda) = Df(0,\lambda) = \begin{pmatrix} 0 & -1 \\ 1 & 0 \end{pmatrix}.$$

虽然满足条件 $\alpha(0) = 0$ 与 $\beta(0) > 0$,但是 $B(\lambda) \equiv 0$,从而 $\mathrm{Tr}\,B(0) = 0$. 总之,不满足定理 2.1 的条件,不能应用. 而经过对中心型平衡点 $(0,0)$ 的判断(见参考文献[4])可知,$\lambda = 0$ 时 $(0,0)$ 是二阶稳定细焦点;$\lambda > 0, \lambda$ 很小时,$(0,0)$ 是一阶不稳定细焦点. 于是应用定理 1.1 立刻知道,以上系统当 $\lambda > 0, \lambda$ 很小时,在 $(0,0)$ 附近存在稳定的极限环.

又如,以下系统

$$\begin{cases} \dot{x} = -y + \lambda x(x^2 + y^2) - x(x^2 + y^2)^2, \\ \dot{y} = x + \lambda y(x^2 + y^2) - y(x^2 + y^2)^2, \end{cases}$$

即

$$\begin{cases} \dot{r} = \lambda r^3 - r^5, \\ \dot{\theta} = 1. \end{cases}$$

它也是说明上述结论的一个例子.

§3 分支问题的后继函数法

定理 3.1(二维的 Hopf 分支定理) 设 $W \subset \mathbf{R}^2$, W 是开集, $f: W \times (-\lambda_0, \lambda_0) \to \mathbf{R}^2$, $f(x,\lambda)$ 是 $x \in W, \lambda \in (-\lambda_0, \lambda_0)$ 上的解析

函数；方程

$$\dot{x} = f(x, \lambda) \tag{3.1}_\lambda$$

对任意 λ 有平衡点 $O(0,0)$，$f(x,\lambda)$ 在 $x=0$ 处对 x 的导算子 $Df(0,\lambda)$ 记作 $A(\lambda)$，$A(\lambda)$ 的特征值是共轭复数 $\alpha(\lambda) \pm i\beta(\lambda)$（$\beta(\lambda) > 0$）. 又

$$\alpha(0) = 0, \qquad \frac{d\alpha(\lambda)}{d\lambda}\bigg|_{\lambda(0)=0} > 0.$$

则对充分小的 x_1 存在唯一的解析函数 $\lambda \equiv \lambda(x_1)$，有 $\lambda(0)=0$，使方程 $(3.1)_{\lambda(x_1)}$ 的经过点 $(x_1,0)$ 的轨道是闭轨，此闭轨周期为

$$T_\lambda \approx \frac{2\pi}{\beta(\lambda)},$$

并有

(1) $\lambda(x_1) \equiv 0 \Longleftrightarrow$ 方程 $(3.1)_0$ 以 $(0,0)$ 为中心.

(2) $\lambda(x_1) \geqslant 0 \Longleftrightarrow$ 方程 $(3.1)_0$ 以 $(0,0)$ 为稳定焦点. 此时对充分小的 $\lambda, \lambda \geqslant 0$ 存在函数 $x_1 = x_1(\lambda)$，有 $x_1(0)=0$，使方程 $(3.1)_\lambda$ 经过点 $(x_1(\lambda),0)$ 的轨线是渐近稳定的闭轨，且

$$\lim_{\lambda \to 0} \frac{x_1(\lambda)}{\sqrt[2m]{\lambda}} = k \neq 0 \quad (m \text{ 是某正整数}).$$

(3) $\lambda(x_1) \leqslant 0 \Longleftrightarrow$ 方程 $(3.1)_0$ 以 $(0,0)$ 为不稳定焦点. 此时对充分小的 $\lambda, \lambda \leqslant 0$ 存在函数 $x_1 = x_1(\lambda)$，有 $x_1(0)=0$，使方程 $(3.1)_\lambda$ 经过点 $(x_1(\lambda),0)$ 的轨线是不稳定的闭轨，且

$$\lim_{\lambda \to 0} \frac{x_1(\lambda)}{\sqrt[2m]{-\lambda}} = k \neq 0 \quad (m \text{ 是某正整数}).$$

证明 分以下共分四步进行.

第一步. 我们证明：存在坐标变换，使方程 $(3.1)_\lambda$ 经变换后右端仍为解析函数，且在平衡点 $(0,0)$ 处的导算子有以下形式

$$\begin{pmatrix} \alpha(\lambda) & -\beta(\lambda) \\ \beta(\lambda) & \alpha(\lambda) \end{pmatrix}. \tag{3.2}$$

因为 $A(\lambda)$ 是实的矩阵，所以相应于共轭复特征值 $\alpha(\lambda) \pm$

$i\beta(\lambda)$ 有共轭的复特征向量 $u(\lambda)\pm iv(\lambda)$,且向量 $u(\lambda)$ 与 $v(\lambda)$ 线性无关. 因为有

$$A(\lambda)(u(\lambda)\pm iv(\lambda)) = (\alpha(\lambda)\pm i\beta(\lambda))(u(\lambda)\pm iv(\lambda)),$$

所以有

$$\begin{cases} Av = \alpha v + \beta u, \\ Au = -\beta v + \alpha u. \end{cases}$$

即

$$A(v \quad u) = (v \quad u)\begin{pmatrix} \alpha & -\beta \\ \beta & \alpha \end{pmatrix}$$

($(v \quad u)$ 表示列向量 v 与 u 组成的矩阵).

取坐标变换如下:

$$\begin{bmatrix} x_1 \\ x_2 \end{bmatrix} = \begin{bmatrix} v_1(\lambda) & u_1(\lambda) \\ v_2(\lambda) & u_2(\lambda) \end{bmatrix}\begin{bmatrix} \xi_1 \\ \xi_2 \end{bmatrix}.$$

经此变换后方程 (3.1)$_\lambda$ 化为方程

$$\dot{\xi} = F(\xi, \lambda). \tag{3.3}_\lambda$$

显然它仍以原点 O 为平衡点,且右端在 $\xi = 0$ 处的导算子有如 (3.2) 的形式.

下面取一组适当的 $u(\lambda)$ 与 $v(\lambda)$,检查它们对 λ 有解析性,从而完成所要的证明. 因为复特征向量的复倍数仍是特征向量,我们取复数 $p + iq$ 使特征向量

$$(p + iq)\left[\begin{bmatrix} u_1 \\ u_2 \end{bmatrix} + i\begin{bmatrix} v_1 \\ v_2 \end{bmatrix}\right]$$

有如下形式

$$\begin{pmatrix} 1 \\ 0 \end{pmatrix} + i\begin{bmatrix} \overline{v}_1 \\ \overline{v}_2 \end{bmatrix}.$$

这是可以实现的,因为这只是要求 p 与 q 满足以下方程组

$$\begin{bmatrix} u_1 \\ u_2 \end{bmatrix}p - \begin{bmatrix} v_1 \\ v_2 \end{bmatrix}q = \begin{pmatrix} 1 \\ 0 \end{pmatrix},$$

而向量 $\begin{bmatrix} u_1 \\ u_2 \end{bmatrix}$ 与 $\begin{bmatrix} v_1 \\ v_2 \end{bmatrix}$ 线性无关,所以上面的方程组有解.

这样一来,只要检查 $\overline{v}_1$ 与 $\overline{v}_2$ 对 λ 有解析性就可以了. 因为向量

$$\begin{bmatrix} 1 + \mathrm{i}\ \overline{v}_1(\lambda) \\ \mathrm{i}\ \overline{v}_2(\lambda) \end{bmatrix}$$

是特征向量,所以有向量的等式

$$A(\lambda) \begin{bmatrix} 1 + \mathrm{i}\ \overline{v}_1(\lambda) \\ \mathrm{i}\ \overline{v}_2(\lambda) \end{bmatrix} = (\alpha(\lambda) + \mathrm{i}\beta(\lambda)) \begin{bmatrix} 1 + \mathrm{i}\ \overline{v}_1(\lambda) \\ \mathrm{i}\ \overline{v}_2(\lambda) \end{bmatrix}.$$

取两端的第一个分量,得到等式

$$a_{11}(\lambda)(1 + \mathrm{i}\ \overline{v}_1) + a_{12}(\lambda)\mathrm{i}\ \overline{v}_2 = (\alpha(\lambda) + \mathrm{i}\beta(\lambda))(1 + \mathrm{i}\ \overline{v}_1),$$

其中 $a_{ij}(\lambda)$ 是矩阵 $A(\lambda)$ 的 i 行 j 列元素. 比较以上等式两端的实部与虚部,就求得

$$\overline{v}_1 = \frac{\alpha - a_{11}}{\beta},$$

与

$$\overline{v}_2 = \frac{\beta - (a_{11} - \alpha)\ \overline{v}_1}{a_{12}} = -\frac{a_{21}}{\beta}$$

(计算最后一等式时可以应用关系式 $2\alpha = a_{11} + a_{22}$, $a_{11} - \alpha = \alpha - a_{22}$, 与 $\alpha^2 + \beta^2 = a_{11}a_{22} - a_{12}a_{21}$). 因为 $f(x, \lambda)$ 解析,所以

$$a_{ij}(\lambda) = \left. \frac{\partial f_i(x_1, x_2, \lambda)}{\partial x_j} \right|_{(x_1, x_2) = (0, 0)}$$

是 λ 的解析函数. 而

$$\alpha = \frac{1}{2}(a_{11} + a_{22}),$$

$$\beta = \frac{1}{2}\ \sqrt{4(a_{11}a_{22} - a_{12}a_{21}) - (a_{11} + a_{22})^2}.$$

又定理假设了根号内的函数当 $\lambda \in (-\lambda_0, \lambda_0)$ 时恒正,所以 $\overline{v}_1$ 与 $\overline{v}_2$ 在 $(-\lambda_0, \lambda_0)$ 内解析. 第一步证完.

226

为方便起见,将变换后的方程仍记为

$$\dot{x} = f(x, \lambda). \tag{3.1}_\lambda$$

它在平衡点 O 处的导算子为

$$\mathrm{D}f(0, \lambda) = A(\lambda) = \begin{pmatrix} \alpha(\lambda) & -\beta(\lambda) \\ \beta(\lambda) & \alpha(\lambda) \end{pmatrix}.$$

第二步. 采用极坐标系,求解并构造后继函数.

将方程 $(3.1)_\lambda$ 表示为

$$\begin{cases} \dot{x}_1 = \alpha(\lambda)x_1 - \beta(\lambda)x_2 + X(x_1, x_2, \lambda), \\ \dot{x}_2 = \beta(\lambda)x_1 + \alpha(\lambda)x_2 + Y(x_1, x_2, \lambda), \end{cases} \tag{3.4}_\lambda$$

其中 X, Y 中的 x_1 与 x_2 至少是二次项.

采用极坐标: $x_1 = r\cos\theta, x_2 = r\sin\theta$. 方程 $(3.4)_\lambda$ 化为

$$\begin{cases} \begin{aligned} \dot{r} &= \frac{1}{r}(x_1\dot{x}_1 + x_2\dot{x}_2) \\ &= \alpha(\lambda)r + \cos\theta\, X(r\cos\theta, r\sin\theta, \lambda) \\ &\quad + \sin\theta\, Y(r\cos\theta, r\sin\theta, \lambda), \end{aligned} \tag{3.5}_\lambda \\ \begin{aligned} \dot{\theta} &= \frac{1}{r^2}(x_1\dot{x}_2 - x_2\dot{x}_1) \\ &= \beta(\lambda) + \frac{1}{r}\cos\theta\, Y(r\cos\theta, r\sin\theta, \lambda) \\ &\quad - \frac{1}{r}\sin\theta\, X(r\cos\theta, r\sin\theta, \lambda). \end{aligned} \tag{3.6}_\lambda \end{cases}$$

因为 $\beta(\lambda) > 0$,所以式 $(3.6)_\lambda$ 的右端对充分小的 r 为正. 把 $(3.5)_\lambda$ 与 $(3.6)_\lambda$ 两式相除得右端解析的微分方程

$$\frac{\mathrm{d}r}{\mathrm{d}\theta} = r\left[\frac{\alpha(\lambda)}{\beta(\lambda)} + R_1(\theta, \lambda)r + R_2(\theta, \lambda)r^2 + \cdots\right]. \tag{3.7}_\lambda$$

因为对任意 $\lambda \in (-\lambda_0, \lambda_0)$,方程 $(3.7)_\lambda$ 满足初条件 $\theta = 0$ 时 $r = 0$ 的解是 $r(\theta) \equiv 0$,它在整个数轴 $(-\infty, +\infty)$ 上有定义. 所以根据解对初值与参数的连续依赖性,对充分小的 λ 与 x_1,方程 $(3.7)_\lambda$ 满足初条件 $\theta = 0$ 时 $r = x_1$ 的解 $r = r(\theta, x_1, \lambda)$ 至少在区间 $[0, 2\pi]$ 上

227

有定义. 解 $r = r(\theta, x_1, \lambda)$ 是 x_1 与 λ 的解析函数, 有性质
$$r(\theta, 0, \lambda) = 0.$$

所以将 $r(\theta, x_1, \lambda)$ 对初值 x_1 展开得到
$$r(\theta, x_1, \lambda) = r_1(\theta, \lambda) x_1 + r_2(\theta, \lambda) x_1^2 + \cdots. \tag{3.8}$$

因为 $r(0, x_1, \lambda) = x_1$, 所以上式中的 $r_i(\theta, \lambda) (i = 1, 2, \cdots)$ 满足初条件
$$r_1(0, \lambda) = 1, \quad r_i(0, \lambda) = 0 \quad (i = 2, 3, \cdots). \tag{3.9}$$

将解 (3.8) 代入方程 (3.7) 后比较 x_1 的各次幂的系数, 得到 r_i $(\theta, \lambda)(i = 1, 2, \cdots)$ 的微分方程

$$\frac{\mathrm{d}r_1}{\mathrm{d}\theta} = \frac{\alpha(\lambda)}{\beta(\lambda)} r_1,$$

$$\frac{\mathrm{d}r_2}{\mathrm{d}\theta} = \frac{\alpha(\lambda)}{\beta(\lambda)} r_2 + r_1^2 R_1(\theta, \lambda),$$

$$\frac{\mathrm{d}r_3}{\mathrm{d}\theta} = \frac{\alpha(\lambda)}{\beta(\lambda)} r_3 + 2r_1 r_2 R_1(\theta, \lambda) + r_1^3 R_2(\theta, \lambda),$$

$$\cdots\cdots\cdots\cdots\cdots\cdots.$$

结合初条件 (3.9), 可以逐个定出 $r_i(\theta, \lambda)$, 其中
$$r_1(\theta, \lambda) = \mathrm{e}^{\frac{\alpha(\lambda)}{\beta(\lambda)}\theta}.$$

于是得到方程 $(3.7)_\lambda$ 当 $\theta = 0$ 时 $r = x_1$ 的解
$$r(\theta, x_1, \lambda) = \mathrm{e}^{\frac{\alpha(\lambda)}{\beta(\lambda)}\theta} x_1 + r_2(\theta, \lambda) x_1^2 + \cdots.$$

定义后继函数 $V(x_1, \lambda)$ 如下:
$$\begin{aligned}
V(x_1, \lambda) &\equiv r(2\pi, x_1, \lambda) - r(0, x_1, \lambda) \\
&= r(2\pi, x_1, \lambda) - x_1 \\
&= (\mathrm{e}^{\frac{\alpha(\lambda)}{\beta(\lambda)}2\pi} - 1) x_1 + r_2(2\pi, \lambda) x_1^2 + \cdots.
\end{aligned}$$

这个量表示方程 $(3.7)_\lambda$ 即方程 $(3.1)_\lambda$ 从 x_1 轴上点 $(x_1, 0)$ 出发的解, 以逆时针方向旋转一周后再与 x_1 轴相交时的 x_1 坐标和原来的 x_1 坐标之差.

第三步. 证明周期解的存在性与唯一性.

根据后继函数 $V(x_1,\lambda)$ 的定义,方程 $(3.1)_\lambda$ 的从点 $(x_1,0)$ 出发的轨线是闭轨的充要条件是:x_1 与 λ 满足方程 $V(x_1,\lambda)=0$. 于是周期解是否存在唯一的问题化为方程 $V(x_1,\lambda)=0$ 是否确定隐函数的问题.

显然,$V(0,0)=0$,但

$$\frac{\partial V}{\partial x_1}\Big|_{(0,0)} = \frac{\partial V}{\partial \lambda}\Big|_{(0,0)} = 0$$

(因为 $\alpha(0)=0$,$V(0,\lambda)=0$). 所以不能直接对方程 $V(x_1,\lambda)=0$ 用隐函数存在定理. 我们将函数 $V(x_1,\lambda)$ 分解如下:

$$V(x_1,\lambda) = x_1 \widetilde{V}(x_1,\lambda),$$

即其中

$$\widetilde{V}(x_1,\lambda) = (e^{\frac{\alpha(\lambda)}{\beta(\lambda)}2\pi} - 1) + r_2(2\pi,\lambda)x_1 + \cdots.$$

分解式右端第一个因子 $x_1=0$ 时,方程 $V(x_1,\lambda)=0$. 这说明对任意 λ,方程 $(3.1)_\lambda$ 的过点 $(x_1,0)=(0,0)$ 的解是周期解. 显然这个周期解是指平衡点 O,不是我们所要的. 我们希望能从方程 $\widetilde{V}(x_1,\lambda)=0$ 中确定函数.

显然,$\widetilde{V}(0,0)=0$(事实上,当 $x_1=0$ 时,从 $\widetilde{V}(0,\lambda)=0$ 中只能解出 $\lambda=0$). 又有

$$\frac{\partial \widetilde{V}(0,0)}{\partial \lambda} = \frac{\mathrm{d}}{\mathrm{d}\lambda}\widetilde{V}(0,\lambda)\Big|_{\lambda=0} = \frac{\mathrm{d}}{\mathrm{d}\lambda}(e^{\frac{\alpha(\lambda)}{\beta(\lambda)}2\pi} - 1)\Big|_{\lambda=0}$$

$$= \frac{2\pi}{\beta(0)}\frac{\mathrm{d}\alpha(\lambda)}{\mathrm{d}\lambda}\Big|_{\lambda=0}.$$

根据定理的条件有

$$\beta(0)>0, \qquad \frac{\mathrm{d}\alpha(\lambda)}{\mathrm{d}\lambda}\Big|_{\lambda=0}>0,$$

所以 $\dfrac{\partial \widetilde{V}(0,0)}{\partial \lambda}>0$. 于是由隐函数存在定理,存在唯一的一个解析函数 $\lambda=\lambda(x_1)$ 对充分小的 x_1 有定义,满足

$$\lambda(0)=0 \quad \text{与} \quad \widetilde{V}(x_1,\lambda)=0,$$

当然也满足方程 $V(x_1,\lambda)=0$.

这就说明,对任一充分小的 x_1,有唯一的一个 $\lambda(x_1)$,使方程 $(3.1)_{\lambda(x_1)}$ 的从点 $(x_1,0)$ 出发的解是周期解.

下面证明函数 $\lambda(x_1)$ 的一个性质.

命题 使 $\lambda^{(k)}(0)\neq 0$ 的最小的自然数 k 是偶数.

证明 设不然,即有 $\lambda^{(2m+1)}(0)\neq 0$,使

$$\lambda(x_1) = \frac{1}{(2m+1)!}\lambda^{(2m+1)}(0)x_1^{2m+1} + o(x_1^{2m+1}).$$

于是当 $|x_1|$ 充分小时,$\lambda(x_1)$ 随 x_1 改变符号而改变符号.

在正 x_1 轴上取一串 $x_n>0,x_n\to 0$. 设 γ_n 是方程 $(3.1)_{\lambda(x_n)}$ 过点 $(x_n,0)$ 的闭轨,γ_n 与负 x_1 轴有交点 $(y_n,0)$,当然 $y_n<0$. 由解对初值与参数的连续依赖性,

$$\lim_{n\to\infty}y_n = \lim_{n\to\infty}r(\pi,x_n,\lambda(x_n)) = r(\pi,0,0) = 0.$$

所以当 n 充分大时,$|x_n|$ 与 $|y_n|$ 都充分小. 但 x_n 与 y_n 反号,所以 $\lambda(x_n)$ 与 $\lambda(y_n)$ 反号.

另一方面,应该是方程 $(3.1)_{\lambda(y_n)}$ 从点 $(y_n,0)$ 出发的解是闭轨. 现有方程 $(3.1)_{\lambda(x_n)}$ 从点 $(y_n,0)$ 出发的解是闭轨,根据函数 $\lambda(x_1)$ 的单值性,$\lambda(x_n)=\lambda(y_n)$. 这和 $\lambda(x_n)$ 与 $\lambda(y_n)$ 反号矛盾.

命题证完.

因为 $\lambda(0)=0$,所以由命题立刻知道 $\lambda'(0)=0$.

根据命题,$\lambda(x_1)$ 只可能有以下三种情况. 下面分别进行讨论.

1) $\lambda(x_1)\equiv 0$

这表示对一切充分小的 x_1,方程 $(3.1)_{\lambda(x_1)}$ 与 $(3.1)_0$ 是同一个方程,对此方程从点 $(x_1,0)$ 出发的解是周期解. 即方程 $(3.1)_0$ 在原点附近全是闭轨,平衡点 $(0,0)$ 是中心.

2) $\lambda(x_1)=\dfrac{1}{(2m)!}\lambda^{(2m)}(0)x_1^{2m}+o(x_1^{2m})$,其中 $\lambda^{(2m)}(0)>0$

这时充分小的 x_1,$\lambda(x_1)\geqslant 0$,示意如图 8.2. 每个 x_1 对应一个 λ;反之,每个 λ 对应两个 x_1,一正一负. 这两个 x_1 的值正如上面命题中提到的 x_n 与 y_n 一样,是一条闭轨在 x_1 轴的正、负两个半轴

上的截距.为了使对应一一化,我们限
制 $x_1 \geqslant 0$.这样就可以由函数 $\lambda = \lambda(x_1)$
反解出 x_1,得到反函数 $x_1 = x_1(\lambda)$.它
对充分小的 $\lambda \geqslant 0$ 有定义,取值 $x \geqslant 0$,
$x_1(0) = 0$.

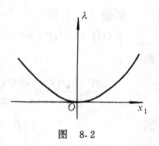

图 8.2

这表示,在此情况下,充分小的
$\lambda \geqslant 0$,方程$(3.1)_\lambda$的经过点$(x_1(\lambda),0)$
的解是周期解.其闭轨在 x_1 轴上的截距 $x_1(\lambda)$ 当 λ 趋于 0 时是与
$\sqrt[2m]{\lambda}$ 同阶的无穷小. λ 趋于 0 时,闭轨缩为一点.极限状态是 $\lambda = 0$,此时方程$(3.1)_0$经过点$(x_1(0),0) = (0,0)$的解是周期解,此周
期解是平衡点.

方程$(3.1)_\lambda$的闭轨在 x_1 轴上的截距 $x_1(\lambda)$ 随参数 λ 变化的曲
线如图 8.3 所示.

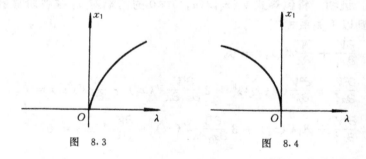

图 8.3   图 8.4

3) $\lambda(x_1) = \dfrac{1}{(2m)!}\lambda^{(2m)}(0)x_1^{2m} + o(x_1^{2m})$,其中 $\lambda^{(2m)}(0) < 0$

通过与情况 2)类似的讨论可知,在此情况下,只有充分小的
负的 λ 使方程$(3.1)_\lambda$有周期解.其闭轨经过点$(x_1(\lambda),0)$.闭轨在
x_1 轴上的截距 $x_1(\lambda)$ 是与 $\sqrt[2m]{-\lambda}$ 同阶的无穷小. $x_1(\lambda)$ 随 λ 变化的
曲线如图 8.4.

第四步.证明闭轨的稳定性.为此,我们先证明以下命题 1 和
命题 2.

命题 1 如果
$$\lambda'(0) = \lambda''(0) = \cdots = \lambda^{(2m-1)}(0) = 0, \quad \lambda^{(2m)}(0) \neq 0,$$
则
$$\frac{\partial V(0,0)}{\partial x_1} = \frac{\partial^2 V(0,0)}{\partial x_1^2} = \cdots = \frac{\partial^{2m} V(0,0)}{\partial x_1^{2m}} = 0,$$
而
$$\frac{\partial^{2m+1} V(0,0)}{\partial x_1^{2m+1}} = -(2m+1)\frac{\partial^2 V(0,0)}{\partial x_1 \partial \lambda}\lambda^{(2m)}(0)$$
$$= -(2m+1)2\pi\frac{\alpha'(0)}{\beta(0)}\lambda^{(2m)}(0)$$
(与 $\lambda^{(2m)}(0)$ 反号!). 特别地,因为已知 $\lambda'(0) = 0$,所以有
$$\frac{\partial V(0,0)}{\partial x_1} = \frac{\partial^2 V(0,0)}{\partial x_1^2} = 0.$$

证明 将恒等式 $V(x_1, \lambda(x_1)) \equiv 0$ 的两端对 x_1 求各阶导数,得到以下关系式

$$\frac{\partial V}{\partial x_1} + \frac{\partial V}{\partial \lambda}\lambda'(x_1) = 0,$$

$$\frac{\partial^2 V}{\partial x_1^2} + \frac{\partial^2 V}{\partial \lambda^2}(\lambda'(x_1))^2 + 2\frac{\partial^2 V}{\partial x_1 \partial \lambda}\lambda'(x_1) + \frac{\partial V}{\partial \lambda}\lambda''(x_1) = 0,$$

$$\frac{\partial^3 V}{\partial x_1^3} + A_1\lambda'(x_1) + 3\frac{\partial^2 V}{\partial x_1 \partial \lambda}\lambda''(x_1) + \frac{\partial V}{\partial \lambda}\lambda'''(x_1) = 0,$$

$$\cdots\cdots\cdots\cdots\cdots\cdots\cdots$$

$$\frac{\partial^j V}{\partial x_1^j} + B_1\lambda'(x_1) + B_2\lambda''(x_1) + \cdots$$
$$+ j\frac{\partial^2 V}{\partial x_1 \partial \lambda}\lambda^{(j-1)}(x_1) + \frac{\partial V}{\partial \lambda}\lambda^{(j)}(x_1) = 0,$$

$$\cdots\cdots\cdots\cdots\cdots\cdots\cdots.$$

如果 $\lambda(x_1)$ 在 $x_1 = 0$ 处的各阶导数直到 $(2m-1)$ 阶都是零,再注意
$$\frac{\partial V(0,0)}{\partial \lambda} = 0,$$

就得到

$$\frac{\partial V(0,0)}{\partial x_1} = \frac{\partial^2 V(0,0)}{\partial x_1^2} = \cdots = \frac{\partial^{2m} V(0,0)}{\partial x_1^{2m}} = 0.$$

若再有 $\lambda^{(2m)}(0) \neq 0$,就得到

$$\frac{\partial^{2m+1} V(0,0)}{\partial x_1^{2m\pm1}} = -(2m+1) \frac{\partial^2 V(0,0)}{\partial x_1 \partial \lambda} \lambda^{(2m)}(0).$$

因为

$$\begin{aligned}
\frac{\partial^2 V(0,0)}{\partial x_1 \partial \lambda} &= \frac{\mathrm{d}}{\mathrm{d}\lambda}\left(\frac{\partial V}{\partial x_1}\Big|_{x_1=0} \right)\Big|_{\lambda=0} \\
&= \frac{\mathrm{d}}{\mathrm{d}\lambda}\left(e^{\frac{\alpha(\lambda)}{\beta(\lambda)}2\pi} - 1 \right)\Big|_{\lambda=0} \\
&= 2\pi \frac{\alpha'(0)}{\beta(0)},
\end{aligned}$$

代入上式,就得到所要证的第二个等式.命题 1 证完.

命题 2 设 m 是使得式 $\dfrac{\partial^{2m+1} V(0,0)}{\partial x_1^{2m+1}} \neq 0$ 的最小正整数.如果 $\dfrac{\partial^{2m+1} V(0,0)}{\partial x_1^{2m+1}} < 0$(或 >0),则对充分小的 x_1,方程 $(3.1)_{\lambda(x_1)}$ 的经过点 $(x_1, 0)$ 的闭轨是渐近稳定的(或不稳定的).

证明 下面证明命题中括号外的结论.

定义函数

$$g(x_1) = \frac{\partial V(x_1, \lambda(x_1))}{\partial x_1} \equiv \frac{\partial V(x_1, \lambda)}{\partial x_1}\Big|_{(x_1, \lambda(x_1))}.$$

我们证明 $g(x_1)$ 在 $x_1 = 0$ 处有局部极大.为此计算 $g(x_1)$ 在 $x_1 = 0$ 处的各阶导数.因为

$$g'(0) = \left[\frac{\partial^2 V}{\partial x_1^2} + \frac{\partial^2 V}{\partial x_1 \partial \lambda} \lambda'(x_1) \right]_{(0,0)},$$

$$\begin{aligned}
g''(0) = &\left[\frac{\partial^3 V}{\partial x_1^3} + \frac{\partial^3 V}{\partial x_1 \partial \lambda^2}(\lambda'(x_1))^2 \right. \\
&\left. + 2\frac{\partial^3 V}{\partial x_1^2 \partial \lambda}\lambda'(x_1) + \frac{\partial^2 V}{\partial x_1 \partial \lambda}\lambda''(x_1) \right]_{(0,0)},
\end{aligned}$$

233

$$g'''(0) = \left[\frac{\partial^4 V}{\partial x_1^4} + A_1 \lambda'(x_1) + A_2 \lambda''(x_1)\right.$$
$$\left. + \frac{\partial^2 V}{\partial x_1 \partial \lambda} \lambda'''(x_1)\right]_{(0,0)},$$

$$\cdots\cdots\cdots\cdots\cdots\cdots\cdots$$

$$g^{(j)}(0) = \left[\frac{\partial^{j+1} V}{\partial x_1^{j+1}} + B_1 \lambda'(x_1) + \cdots\right.$$
$$\left. + B_{j-1} \lambda^{(j-1)}(x_1) + \frac{\partial^2 V}{\partial x_1 \partial \lambda} \lambda^{(j)}(x_1)\right]_{(0,0)},$$

$$\cdots\cdots\cdots\cdots\cdots\cdots\cdots.$$

根据命题的假设,又注意到,由此假设可知,m 是最小正整数,使得 $\lambda^{(2m)}(0) \neq 0$. 于是由上面的一组等式得到

$$g'(0) = \cdots = g^{(2m-1)}(0) = 0,$$

与

$$g^{(2m)}(0) = \frac{\partial^{2m+1} V(0,0)}{\partial x_1^{2m+1}} + \frac{\partial^2 V}{\partial x_1 \partial \lambda} \lambda^{(2m)}(0).$$

再应用命题 1 的结果得到

$$g^{(2m)}(0) = \frac{2m}{2m+1} \frac{\partial^{2m+1} V(0,0)}{\partial x_1^{2m+1}}.$$

根据假设有 $g^{(2m)}(0) < 0$,所以 $g(x_1)$ 在 $x_1 = 0$ 处有局部极大. 另外,显然 $g(0) = 0$,所以对充分小的 $x_1 \neq 0$,$g(x_1) < 0$,也就是对充分小的 $x_1 \neq 0$,有

$$\frac{\partial V(x_1, \lambda(x_1))}{\partial x_1} < 0.$$

又注意到 $V(x_1, \lambda(x_1)) = 0$,根据第三章 §2 后继函数的性质(3),可以知道对充分小的 $x_1 \neq 0$,方程 $(3.1)_{\lambda(x_1)}$ 从点 $(x_1, 0)$ 出发的闭轨是渐近稳定的.

括号内的结论可以类似地证明. 命题 2 证完.

如果方程 $(3.1)_0$ 的中心型平衡点 $(0,0)$ 是稳定(或不稳定)焦点,则根据第二章 §3 中介绍的后继函数判别法,方程 $(3.1)_0$ 的后

234

继函数 $V(x_1,0)$ 的级数展开式$\left(\text{其中 } x_1^k \text{ 项的系数是 } \dfrac{1}{k!}\dfrac{\partial^k V(0,0)}{\partial x_1^k}\right)$的第一个非零系数有负(正)的符号. 恰好对应着命题 2 中的两种情况. 又注意到, 命题 1 指出 $\dfrac{\partial^{2m+1}V(0,0)}{\partial x_1^{2m+1}}$ 与 $\lambda^{(2m)}(0)$ 反号. 再把上面的讨论与前面情况 1)~3) 中的结果联系起来, 即得以下结论:

(i) $\lambda(x_1)\geqslant 0$ 等价于方程 $(3.1)_0$ 以 $(0,0)$ 为中心型稳定焦点. 此时, 对充分小的 $\lambda,\lambda\geqslant 0$, 方程 $(3.1)_\lambda$ 的经过点 $(x_1(\lambda),0)$ 的轨线是闭轨, 并且是渐近稳定的. 又有

$$\lim_{\lambda\to 0}\frac{x_1(\lambda)}{\sqrt[2m]{\lambda}}=k\neq 0.$$

(ii) $\lambda(x_1)\leqslant 0$ 等价于方程 $(3.1)_0$ 以 $(0,0)$ 为中心型不稳定焦点. 此时, 对充分小的 $\lambda,\lambda\leqslant 0$, 方程 $(3.1)_\lambda$ 的经过点 $(x_1(\lambda),0)$ 的轨线是闭轨, 并且是不稳定的. 又有

$$\lim_{\lambda\to 0}\frac{x_1(\lambda)}{\sqrt[2m]{-\lambda}}=k\neq 0.$$

将以上两种情况分别作示意图如图 8.5 与图 8.6.

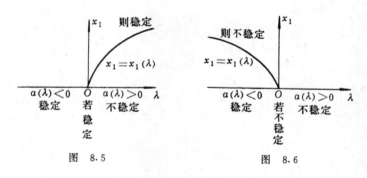

图 8.5   图 8.6

(iii) $\lambda(x_1)\equiv 0$ 等价于对一切 k, $\lambda^{(k)}(0)=0$. 根据命题 1, 即对一切 k,

$$\frac{\partial^k V(0,0)}{\partial x_1^k}=0,$$

也就是方程$(3.1)_0$的后继函数$V(x_1,0)\equiv0$. 即方程$(3.1)_0$的平衡点$(0,0)$是中心.

为完成定理的证明还要估计方程$(3.1)_\lambda$的闭轨的周期T_λ. 因为$\lambda\to0$时$x_1\to0$, 闭轨线缩为原点, 即$\lambda\to0$时$r\to0$. 所以对充分小的λ, 由方程$(3.6)_\lambda$得到

$$\frac{\mathrm{d}\theta}{\mathrm{d}t}\approx\beta(\lambda).$$

所以方程$(3.1)_\lambda$的闭轨的周期$T_\lambda\approx\dfrac{2\pi}{\beta(\lambda)}$.

定理证完.

第九章 从闭轨分支出极限环

上一章研究了从平衡点分支出极限环的问题. 在一定的条件下, 得到的结果是: 若平衡点为方程 $(1.1)_{\lambda_0}$ 的中心型焦点, 则方程 $(1.1)_\lambda$ 的参数 λ, 当 $\lambda > \lambda_0$ 或 $\lambda < \lambda_0$ 趋于 λ_0 时, 方程 $(1.1)_\lambda$ 有一支相应的极限环 Γ_λ 随 $\lambda \to \lambda_0$ 而趋于平衡点; 若平衡点为方程 $(1.1)_{\lambda_0}$ 的真中心, 则无上述 Hopf 分支.

本章研究平衡点为方程 $(1.1)_{\lambda_0}$ 的真中心时, 从闭轨分支出极限环的问题.

§1 Liapunov 第二方法

我们知道线性方程

$$\begin{cases} \dot{x} = y, \\ \dot{y} = -x \end{cases} \tag{1.1}_0$$

以原点为中心. 从正 y 轴上任一点 $(0, A)$ 出发都有闭轨: $x = A\sin t, y = A\cos t$, 周期是 2π.

现在的问题是, 对充分小的 λ, 方程

$$\begin{cases} \dot{x} = y + \lambda f_1(x, y), \\ \dot{y} = -x + \lambda f_2(x, y) \end{cases} \tag{1.1}_\lambda$$

是否有极限环? 它的位置如何? 稳定性如何?

下面总是假设对一切 λ 方程 $(1.1)_\lambda$ 只以 $(0,0)$ 为平衡点, 并且 $\lambda \neq 0$ 时不再是中心型的平衡点.

定义一元函数 $\Phi(A)$ 如下:

$$\Phi(A) \equiv \int_0^{2\pi} [xf_1(x, y) + yf_2(x, y)]dt,$$

其中 $x=A\sin t$，$y=A\cos t$.

定理 1.1 (1) 对充分小的 λ，方程 $(1.1)_\lambda$ 在方程 $(1.1)_0$ 的闭轨 Γ_{A_0}：$x=A_0\sin t$，$y=A_0\cos t$ 附近有闭轨的必要条件是

$$\Phi(A_0) = 0.$$

(2) 若 $A_0>0$，$\Phi(A_0)=0$，又 $\Phi(A)$ 在 $A=A_0$ 不取极值，则对充分小的 λ，方程 $(1.1)_\lambda$ 在 Γ_{A_0} 附近有闭轨.

(3) 如果

$$\Phi(A_0) = \cdots = \Phi^{(2k)}(A_0)=0, \quad \Phi^{(2k+1)}(A_0)<0,$$

则对充分小的 λ，方程 $(1.1)_\lambda$ 在 Γ_{A_0} 附近有极限环. $\lambda>0$ 时是稳定环；$\lambda<0$ 时是不稳定环. 如果条件中 $\Phi^{(2k+1)}(A_0)>0$，则结论中的极限环有相反的稳定性.

定理 1.1 不证明了，因为它是定理 1.2 的特殊情况. 下面举例应用定理 1.1.

例 Van der Pol 方程

$$\ddot{x} +\mu(x^2-1)\dot{x} +x=0$$

有等价方程组

$$\begin{cases} \dot{x}= y, \\ \dot{y}= - x + \mu(1 - x^2)y. \end{cases} \tag{1.2}_\mu$$

为研究它的极限环，定义函数

$$\Phi(A) = \int_0^{2\pi} y^2(1 - x^2)\mathrm{d}t,$$

其中 $x=A\sin t$，$y=A\cos t$. 于是

$$\Phi(A) = \int_0^{2\pi} A^2\cos^2 t(1 - A^2\sin^2 t)\mathrm{d}t$$

$$= A^2\pi\left(1 - \frac{A^2}{4}\right).$$

解方程 $\Phi(A)=0$，得 $A=0$ 与 $A=2$. 又 $\Phi'(2)=-4\pi<0$，所以由定理 1.1 可知，方程 $(1.2)_\mu$ 在圆 $x=2\sin t$，$y=2\cos t$ 附近有极限环. $\mu>0$ 时是稳定环；$\mu<0$ 时是不稳定环.

下面考虑方程

$$
\begin{cases}
\dot{x} = g_1(x,y), \\
\dot{y} = g_2(x,y),
\end{cases} \tag{1.3}_0
$$

设 $(0,0)$ 是它唯一的平衡点,且是真中心. Γ_A 是方程 $(1.3)_0$ 从正 y 轴上点 $(0,A)$ 出发的闭轨,其方程为

$$
\begin{cases}
x = \varphi(t,A), \\
y = \psi(t,A);
\end{cases}
$$

其周期为 $T(A)$.

现在问,方程 $(1.3)_0$ 经过小扰动后的方程

$$
\begin{cases}
\dot{x} = g_1(x,y) + \lambda f_1(x,y), \\
\dot{y} = g_2(x,y) + \lambda f_2(x,y)
\end{cases} \tag{1.3}_\lambda
$$

是否有极限环?

还像上面一样,设对任意 $\lambda(\lambda \neq 0)$,方程 $(1.3)_\lambda$ 都只以 $(0,0)$ 为平衡点,并且不是中心型的.

令 $F(x,y) = C$ 是方程 $(1.3)_0$ 的第一积分,是一族围绕原点的闭曲线.设 C 愈大时闭曲线 $F(x,y) = C$ 所围的区域也愈大.

定义函数 $\Phi(A)$ 如下:

$$
\Phi(A) \equiv \int_0^{T(A)} [F_x f_1 + F_y f_2] \mathrm{d}t,
$$

其中 $x = \varphi(t,A)$, $y = \psi(t,A)$.

定理 1.2 （1) 对充分小的 λ,方程 $(1.3)_\lambda$ 在方程 $(1.3)_0$ 的闭轨 Γ_{A_0}: $x = \varphi(t,A_0)$, $y = \psi(t,A_0)$ 附近有闭轨的必要条件是

$$
\Phi(A_0) = 0.
$$

（2) 若 $A_0 > 0, \Phi(A_0) = 0$,又 $\Phi(A)$ 在 $A = A_0$ 不取极值,则对充分小的 λ,方程 $(1.3)_\lambda$ 在 Γ_{A_0} 附近有闭轨.

（3) 如果

$$
\Phi(A_0) = \cdots = \Phi^{(2k)}(A_0) = 0, \quad \Phi^{(2k+1)}(A_0) < 0,
$$

则对充分小的 λ,方程 $(1.3)_\lambda$ 在 Γ_{A_0} 附近有极限环. $\lambda > 0$ 时是稳定

环;$\lambda < 0$ 时是不稳定环. 如果条件中 $\Phi^{(2k+1)}(A_0) > 0$,则结论中的极限环有相反的稳定性.

证明 函数 $F(x,y)$ 沿方程 $(1.3)_\lambda$ 的轨线的变化率为

$$\frac{\mathrm{d}F}{\mathrm{d}t}\Big|_{(1.3)_\lambda} = F_x\dot{x} + F_y\dot{y} = F_x(g_1 + \lambda f_1) + F_y(g_2 + \lambda f_2).$$

因为 $F(x,y) = C$ 是方程 $(1.3)_0$ 的第一积分,所以

$$F_x g_1 + F_y g_2 = 0.$$

于是沿方程 $(1.3)_\lambda$ 的轨线,函数 $F(x,y)$ 的变化率为

$$\frac{\mathrm{d}F}{\mathrm{d}t}\Big|_{(1.3)_\lambda} = \lambda(F_x f_1 + F_y f_2).$$

设正 y 轴是方程 $(1.3)_0$ 的右端向量场 (g_1, g_2) 的无切线段(当 $(0,0)$ 是方程 $(1.3)_0$ 的中心型平衡点时,它必是方程 $(1.3)_0'$: $\dot{x} = -g_2(x,y), \dot{y} = g_1(x,y)$ 的结点. 而方程 $(1.3)_0'$ 的任一轨线都是向量场 (g_1, g_2) 的正交曲线. 所以 $(1.3)_0'$ 的轨线都是向量场 (g_1, g_2) 的无切线段. 为方便起见,设 y 轴是 (g_1, g_2) 的无切线段). 因为方程 $(1.3)_0$ 从正 y 轴上任一点 $(0,A)$ 出发的轨线经过时间 $T(A)$ 后又返回到正 y 轴上,所以由解对参数的连续依赖性,当 λ 充分小时,方程 $(1.3)_\lambda$ 从 $(0,A)$ 出发的轨线:$x = \varphi_\lambda(t,A), y = \psi_\lambda(t,A)$ 必也经过某一段时间 $T_\lambda(A)$ 后又返回到正 y 轴上.

于是沿方程 $(1.3)_\lambda$ 从点 $(0,A)$ 出发的轨线转一圈,函数 $F(x,y)$ 的改变量为

$$F(0,\psi_\lambda(T_\lambda(A),A)) - F(0,A) = \int_0^{T_\lambda(A)} \frac{\mathrm{d}F}{\mathrm{d}t}\Big|_{(1.3)_\lambda}\mathrm{d}t$$

$$= \lambda\int_0^{T_\lambda(A)}[F_x f_1 + F_y f_2]\mathrm{d}t,$$

其中 $x = \varphi_\lambda(t,A), y = \psi_\lambda(t,A)$.

定义函数 $\Phi_\lambda(A)$ 如下:

$$\Phi_\lambda(A) \equiv \int_0^{T_\lambda(A)}[F_x f_1 + F_y f_2]\mathrm{d}t,$$

其中 $x = \varphi_\lambda(t,A), y = \psi_\lambda(t,A)$.

240

根据解对参数的连续依赖性，又将初值也作为参数，那么，对任给的 $\varepsilon > 0$，存在 $\delta > 0, \lambda_0 > 0$，使得当 $|A_1 - A| < \delta, |\lambda| < \lambda_0$ 时，有

$$|\varphi_\lambda(t, A_1) - \varphi(t, A)| < \varepsilon, \quad |\psi_\lambda(t, A_1) - \psi(t, A)| < \varepsilon$$
$$(t \in [0, 2T(A)]),$$

并且

$$|T_\lambda(A_1) - T(A)| < \varepsilon.$$

又函数 $F_x(x, y) f_1(x, y) + F_y(x, y) f_2(x, y)$ 对 (x, y) 连续，所以，$\Phi_\lambda(A_1)$ 能任意接近 $\Phi(A)$，只要 λ 充分小，A_1 充分接近 A.

下面依次证明定理的三个结论.

（1）若 $\Phi(A_0) \not\equiv 0$，则根据以上讨论，当 λ 充分小，A 充分接近 A_0 时，$\Phi_\lambda(A) \not\equiv 0$. 也就是说，方程 $(1.3)_\lambda$ 从 $(0, A)$ 出发的轨线都不是闭轨；即对充分小的 λ，方程 $(1.3)_\lambda$ 从点 $(0, A_0)$ 附近出发的轨线都不是闭轨. 由解对参数与初值的连续依赖性，定理的（1）证完.

（2）如果 $\Phi(A_0) = 0$，但 $\Phi(A)$ 在 $A = A_0$ 不取极值. 那么，对任给的 $\varepsilon > 0$，存在 δ_1 与 δ_2，$0 < \delta_1, \delta_2 < \varepsilon$，使 $\Phi(A_0 - \delta_1)$ 与 $\Phi(A_0 + \delta_2)$ 异号. 根据前面的讨论，存在 λ_0，使当 $|\lambda| < \lambda_0$ 时

$$\Phi_\lambda(A_0 - \delta_1) \quad \text{与} \quad \Phi_\lambda(A_0 + \delta_2)$$

异号. 于是对 $\lambda, |\lambda| < \lambda_0$，存在 A_λ，

$$A_\lambda \in (A_0 - \delta_1, A_0 + \delta_2) \subset (A_0 - \varepsilon, A_0 + \varepsilon),$$

使

$$\Phi_\lambda(A_\lambda) = 0.$$

也就是说，对任给的 $\varepsilon > 0$，存在 λ_0，当 $|\lambda| < \lambda_0$ 时，方程 $(1.3)_\lambda$ 从 y 轴上的区间 $(A_0 - \varepsilon, A_0 + \varepsilon)$ 内的点 $(0, A_\lambda)$ 出发的轨线是闭轨. 由解对初值与参数的连续性，该闭轨在 Γ_{A_0} 附近. 定理的（2）证完.

（3）如果 $\Phi(A_0) = \cdots = \Phi^{(2k)}(A_0) = 0$，而 $\Phi^{(2k+1)}(A_0) < 0$，则存在 $\delta_0 > 0$，使得 $\Phi(A_0 - \delta_0) > 0$，而 $\Phi(A_0 + \delta_0) < 0$. 根据前面的讨论，存在 $\lambda_0 > 0$，使当 $|\lambda| < \lambda_0$ 时，

$$\Phi_\lambda(A_0 - \delta_0) > 0, \quad \Phi_\lambda(A_0 + \delta_0) < 0.$$

因为按函数 $\Phi_\lambda(A)$ 的定义，当 $\lambda > 0$ 时，$\Phi_\lambda(A)$ 与沿着方程

$(1.3)_λ$ 从点 $(0, A)$ 出发的轨线转一圈后再返回到正 y 轴上时,函

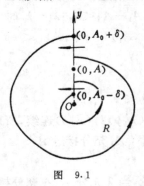

图 9.1

数 $F(x, y)$ 的改变量有相同的符号. 所以 $λ > 0$ 时,方程 $(1.3)_λ$ 从点 $(0, A_0 - δ)$ 出发的轨线再与正 y 轴相交时, 交点在点 $(0, A_0 - δ)$ 之上方;而从点 $(0, A_0 + δ)$ 出发的轨线再与 y 轴相交时,交点在点 $(0, A_0 + δ)$ 之下方. 两段轨线与正 y 轴上连结每条轨线段的两个区间围成一个环形区域 R. 见图 9.1. 因为 R 是正不变集,所以由第四章 §7 的定理 7.2,在这个区域 R 内一定有方程 $(1.3)_λ$ 的稳定的极限环. 当然这个极限环是在 $Γ_{A_0}$ 附近.

$λ < 0$ 时,函数 $Φ_λ(A)$ 与沿着 $(1.3)_λ$ 从点 $(0, A)$ 出发的轨线转一圈后再返回到正 y 轴上时,函数 $F(x, y)$ 的改变量有相反的符号. 所以此时在 $Γ_{A_0}$ 附近有方程 $(1.3)_λ$ 的不稳定的极限环.

$Φ^{(2k+1)}(A_0) > 0$ 的情况,可以类似地讨论. 定理 1.2 证完.

例 Volterra-Lotka 方程

$$\begin{cases} \dot{ξ} = ξ(α - βη), \\ \dot{η} = - η(γ - δξ) \end{cases} \quad (α, β, γ, δ \text{ 皆正})$$

经过变换 $x = \sqrt{α}\,(δξ - γ)$, $y = \sqrt{γ}\,(βη - α)$, $τ = \sqrt{αγ}\,t$ 后,化为

$$\begin{cases} \dot{x} = - y - axy, \\ \dot{y} = x + bxy \end{cases} \quad (a > 0, b > 0), \tag{1.4}_0$$

这里 $\dot{x}$, $\dot{y}$ 分别表示 $\dfrac{dx}{dτ}$ 与 $\dfrac{dy}{dτ}$. 方程 $(1.4)_0$ 在区域: $x > -1/a$, $y > -1/b$ 内有唯一的平衡点 $(0, 0)$,且是中心型平衡点. 它的一切解都是周期的(见第五章 §2),有第一积分

$$F(x, y) = \frac{x}{a} - \frac{1}{a^2}\ln(1 + ax) + \frac{y}{b} - \frac{1}{b^2}\ln(1 + by) = C.$$

242

它是一族围绕原点的闭曲线,C 愈大,$F(x,y)=C$ 所围的区域也愈大.

下面研究有微扰后的方程

$$\begin{cases} \dot{x} = -y(1+ax) + \lambda f_1(x,y), \\ \dot{y} = x(1+by) + \lambda f_2(x,y) \end{cases} \tag{1.4}_\lambda$$

的周期解的问题(见参考文献[6]).为了应用定理 1.2,我们构造函数

$$\begin{aligned} \Phi(A) &= \int_0^{T(A)} [F_x f_1 + F_y f_2] \mathrm{d}\tau \\ &= \int_0^{T(A)} \left[\frac{x f_1}{1+ax} + \frac{y f_2}{1+by} \right] \mathrm{d}\tau \\ &= \int_0^{T(A)} \frac{\dot{y} f_1 - \dot{x} f_2}{(1+ax)(1+by)} \mathrm{d}\tau, \end{aligned}$$

其中 $x = \varphi(\tau, A), y = \psi(\tau, A)$ 是方程 $(1.4)_0$ 过点 $(0, A)$ 的闭轨. 显然这条闭轨满足方程

$$\frac{x}{a} - \frac{1}{a^2}\ln(1+ax) + \frac{y}{b} - \frac{1}{b^2}\ln(1+by) = \frac{A}{b} - \frac{1}{b^2}\ln(1+bA).$$

$$\tag{1.5}$$

所以 $\Phi(A)$ 可以改写为

$$\Phi(A) = \int_{\Gamma_A} \frac{f_1 \mathrm{d}y - f_2 \mathrm{d}x}{(1+ax)(1+by)},$$

其中 Γ_A 为闭曲线(1.5).对于给定的 f_1 与 f_2,计算(近似计算)出函数 $\Phi(A)$ 的曲线,就可以根据它讨论方程 $(1.4)_\lambda$ 的极限环的存在性、稳定性等问题.

§2 Poincaré 方法

我们知道系统

$$\begin{cases} \dot{x} = y, \\ \dot{y} = -x \end{cases}$$

以原点$(0,0)$为真中心，$t=0$时从点b出发的解为

$$\boldsymbol{\Psi}(t)b = \begin{pmatrix} \cos t & \sin t \\ -\sin t & \cos t \end{pmatrix} \begin{pmatrix} b_1 \\ b_2 \end{pmatrix}.$$

$\boldsymbol{\Psi}(t)$是基本解矩阵，它有性质 $\boldsymbol{\Psi}(0) = \boldsymbol{\Psi}(2\pi) = I$. 又显然

$$\boldsymbol{\Psi}^{-1}(t) = \begin{pmatrix} \cos t & -\sin t \\ \sin t & \cos t \end{pmatrix}.$$

下面我们考虑非线性方程

$$\begin{cases} \dot{x} = y + \lambda f_1(x,y), \\ \dot{y} = -x + \lambda f_2(x,y). \end{cases} \tag{$2.1)_\lambda$}$$

设$(0,0)$是它的唯一的平衡点，而$\lambda \neq 0$时，平衡点是非中心型的.

把方程$(2.1)_\lambda$在$t=0$时从点$(0, A+\xi)$出发的解记为

$$\begin{cases} x = \varphi(t,\xi,\lambda), \\ y = \psi(t,\xi,\lambda). \end{cases} \tag{$2.2)_\lambda$}$$

显然对一切ξ与λ有

$$\begin{cases} \varphi(0,\xi,\lambda) = 0, \\ \psi(0,\xi,\lambda) = A + \xi. \end{cases} \tag{2.3}$$

又根据前面的讨论可以知道，$\lambda=0$时有

$$\begin{pmatrix} \varphi(t,\xi,0) \\ \psi(t,\xi,0) \end{pmatrix} = \boldsymbol{\Psi}(t) \begin{pmatrix} 0 \\ A+\xi \end{pmatrix} = \begin{pmatrix} (A+\xi)\sin t \\ (A+\xi)\cos t \end{pmatrix} \tag{2.4}$$

与

$$\begin{pmatrix} \varphi(t,0,0) \\ \psi(t,0,0) \end{pmatrix} = \begin{pmatrix} A\sin t \\ A\cos t \end{pmatrix}. \tag{2.5}$$

因为方程$(2.1)_\lambda$的满足初条件$t=0$时过点$(0, A+\xi)$的解$(2.2)_\lambda$应该满足等价的积分方程

$$\begin{pmatrix} \varphi(t,\xi,\lambda) \\ \psi(t,\xi,\lambda) \end{pmatrix} = \boldsymbol{\Psi}(t) \begin{pmatrix} 0 \\ A+\xi \end{pmatrix}$$

$$+ \lambda \boldsymbol{\Psi}(t) \int_0^t \boldsymbol{\Psi}^{-1}(u) \begin{pmatrix} f_1(\varphi(u,\xi,\lambda), \psi(u,\xi,\lambda)) \\ f_2(\varphi(u,\xi,\lambda), \psi(u,\xi,\lambda)) \end{pmatrix} du. \tag{2.6}$$

所以解 $(2.2)_\lambda$ 是一个以 $2\pi+\tau$ 为周期的函数的充要条件是

$$\begin{pmatrix} \varphi(2\pi+\tau,\xi,\lambda) \\ \psi(2\pi+\tau,\xi,\lambda) \end{pmatrix} - \begin{pmatrix} \varphi(0,\xi,\lambda) \\ \psi(0,\xi,\lambda) \end{pmatrix} = 0.$$

也就是

$$(\Psi(2\pi+\tau) - \Psi(0))\begin{pmatrix} 0 \\ A+\xi \end{pmatrix}$$
$$+ \lambda\Psi(2\pi+\tau)\int_0^{2\pi+\tau} \Psi^{-1}(u)\begin{pmatrix} f_1 \\ f_2 \end{pmatrix}du = 0.$$

注意 $\Psi(0)=I$，$\Psi(2\pi+\tau)=\Psi(\tau)$，上面的充要条件成为：

$$\begin{pmatrix} H(\xi,\lambda,\tau) \\ K(\xi,\lambda,\tau) \end{pmatrix} \equiv \begin{pmatrix} \cos\tau-1 & \sin\tau \\ -\sin\tau & \cos\tau-1 \end{pmatrix}\begin{pmatrix} 0 \\ A+\xi \end{pmatrix}$$
$$+ \lambda\begin{pmatrix} \cos\tau & \sin\tau \\ -\sin\tau & \cos\tau \end{pmatrix}\int_0^{2\pi+\tau}\left[\begin{pmatrix} \cos u & -\sin u \\ \sin u & \cos u \end{pmatrix}\right.$$
$$\left.\cdot\begin{pmatrix} f_1(\varphi(u,\xi,\lambda),\psi(u,\xi,\lambda)) \\ f_2(\varphi(u,\xi,\lambda),\psi(u,\xi,\lambda)) \end{pmatrix}\right]du = 0. \qquad (2.7)$$

这是变量 ξ,λ,τ 所满足的一个方程组. 如果对于充分小的 λ，以上方程组确定出变量 ξ 与 τ 是 λ 的函数，即 $\xi=\xi(\lambda)$，$\tau=\tau(\lambda)$. 那就是说，对充分小的 λ，方程 $(2.1)_\lambda$ 的从点 $(0,A+\xi(\lambda))$ 出发的解是周期为 $2\pi+\tau(\lambda)$ 的周期解.

为应用隐函数定理，下面检查定理所需的条件. 首先，显然有

$$\begin{cases} H(0,0,0) = 0, \\ K(0,0,0) = 0. \end{cases}$$

其实对任意 ξ，有

$$\begin{cases} H(\xi,0,0) = 0, \\ K(\xi,0,0) = 0. \end{cases} \qquad (2.8)$$

再计算 Jacobian 式 $\left|\dfrac{\partial(H,K)}{\partial(\xi,\tau)}\right|_{(0,0,0)}$. 因为

$$\begin{pmatrix} H(\xi,0,\tau) \\ K(\xi,0,\tau) \end{pmatrix} \equiv \begin{pmatrix} \cos\tau-1 & \sin\tau \\ -\sin\tau & \cos\tau-1 \end{pmatrix}\begin{pmatrix} 0 \\ A+\xi \end{pmatrix},$$

所以
$$\begin{pmatrix} \dfrac{\partial H}{\partial \xi} \\[2mm] \dfrac{\partial K}{d \xi} \end{pmatrix}_{(0,0,0)} = \begin{pmatrix} 0 \\ 0 \end{pmatrix},$$

$$\begin{pmatrix} \dfrac{\partial H}{\partial \tau} \\[2mm] \dfrac{\partial K}{d \tau} \end{pmatrix}_{(0,0,0)} = \begin{pmatrix} 0 & 1 \\ -1 & 0 \end{pmatrix} \begin{pmatrix} 0 \\ A \end{pmatrix} = \begin{pmatrix} A \\ 0 \end{pmatrix}.$$

于是 Jacobian 式为零. 不能直接确定 ξ 与 τ 为 λ 的函数.

因为

$$\left. \frac{\partial H}{\partial \tau} \right|_{(0,0,0)} = A \neq 0,$$

所以根据隐函数定理, 由方程 $H(\xi, \lambda, \tau) = 0$ 中可解出 τ, 得到定义在 $(\xi, \lambda) = (0,0)$ 邻域内的函数 $\tau = \tau(\xi, \lambda)$, 它满足 $\tau(0,0) = 0$, 又使
$$H(\xi, \lambda, \tau(\xi, \lambda)) \equiv 0.$$

此外, 函数 $\tau = \tau(\xi, \lambda)$ 还有以下性质:
$$\tau(\xi, 0) \equiv 0. \tag{2.9}$$
这是因为 $H(\xi, 0, \tau) = (A + \xi) \sin\tau$, 对任意 ξ 都要求 $H(\xi, 0, \tau) = 0$, 就得到 $\sin\tau = 0$, 所以 $\tau = 0$ (因为 τ 很小!). 也就是 $\tau(\xi, 0) \equiv 0$.

将 $\tau = \tau(\xi, \lambda)$ 代入方程 $K(\xi, \lambda, \tau) = 0$, 得到 ξ 与 λ 的方程
$$K(\xi, \lambda, \tau(\xi, \lambda)) = 0. \tag{2.10}$$
如果能从上方程中解出 $\xi = \xi(\lambda)$, 那么只要把它代回 $\tau = \tau(\xi, \lambda)$, 就得 ξ 与 τ 都是 λ 的函数, 它们使充要条件 (2.7) 得到满足.

而方程 (2.10) 左端的函数, 当 $\lambda = 0$ 时, 对一切 ξ 有
$$K(\xi, 0, \tau(\xi, 0)) = K(\xi, 0, 0) = 0.$$
所以不能根据隐函数定理解出 ξ. 但也就是因为 $K(\xi, \lambda, \tau(\xi, \lambda))$ 有以上性质, 所以它有因子 λ, 即
$$K(\xi, \lambda, \tau(\xi, \lambda)) \equiv \lambda K_1(\xi, \lambda).$$
这样就定义了一个函数 $K_1(\xi, \lambda)$. 只要能从方程 $K_1(\xi, \lambda) = 0$ 中解

得函数 $\xi=\xi(\lambda)$，满足 $\xi(0)=0$，那么所得到的这个函数也能使方程 $K(\xi,\lambda,\tau(\xi,\lambda))=0$ 满足. 下面我们给函数 $K_1(\xi,\lambda)$ 加条件，使它满足隐函数定理的要求.

首先要求函数 $K_1(\xi,\lambda)$ 满足条件：$K_1(0,0)=0$. 根据 $K_1(\xi,\lambda)$ 的定义，

$$K_1(0,0)=\left(\frac{\partial K(\xi,\lambda,\tau(\xi,\lambda))}{\partial\lambda}\right)_{(\xi,\lambda)=(0,0)}$$

$$=\left(\frac{\partial K}{\partial\lambda}+\frac{\partial K}{\partial\tau}\frac{\partial\tau}{\partial\lambda}\right)_{(0,0,0)}.$$

注意前面计算过 $\dfrac{\partial K}{\partial\tau}\Big|_{(0,0,0)}=0$，所以

$$K_1(0,0)=\frac{\partial K}{\partial\lambda}\Big|_{(0,0,0)}.$$

应用式 (2.7) 的第二个分量计算得到

$$K_1(0,0)=\int_0^{2\pi}[\sin u\,f_1(\varphi(u,0,0),\psi(u,0,0))$$

$$+\cos u\,f_2(\varphi(u,0,0),\psi(u,0,0))]\mathrm{d}u.$$

因为 $\varphi(u,0,0)=A\sin u,\psi(u,0,0)=A\cos u$，所以 $K_1(0,0)=0$ 的条件就成为以下条件

$$\Phi(A)\equiv\int_0^{2\pi}[\sin u\,f_1(A\sin u,A\cos u)$$

$$+\cos u\,f_2(A\sin u,A\cos u)]\mathrm{d}u=0. \quad (2.11)$$

其次要求满足条件：$\dfrac{\partial K_1}{\partial\xi}\Big|_{(0,0)}\neq0$. 根据 $K_1(\xi,\lambda)$ 的定义，

$$\frac{\partial K_1}{\partial\xi}=\frac{1}{\lambda}\frac{\partial K(\xi,\lambda,\tau(\xi,\lambda))}{\partial\xi},$$

其中

$$\frac{\partial K(\xi,\lambda,\tau(\xi,\lambda))}{\partial\xi}=\frac{\partial K(\xi,\lambda,\tau)}{\partial\xi}+\frac{\partial K(\xi,\lambda,\tau)}{\partial\tau}\cdot\frac{\partial\tau}{\partial\xi}.$$

由式 (2.7)

$$K(\xi,\lambda,\tau)=(\cos\tau-1)(A+\xi)$$

$$+\lambda \int_0^{2\pi+\tau} \left[\sin(u-\tau) f_1(\varphi(u,\xi,\lambda), \psi(u,\xi,\lambda)) \right.$$
$$\left. + \cos(u-\tau) f_2(\varphi(u,\xi,\lambda), \psi(u,\xi,\lambda)) \right] \mathrm{d}u.$$

所以

$$\frac{\partial K(\xi,\lambda,\tau(\xi,\lambda))}{\partial \xi}$$

$$= \cos\tau - 1 + \lambda \int_0^{2\pi+\tau} \left[\sin(u - \tau) \left(\frac{\partial f_1}{\partial x} \frac{\partial \varphi}{\partial \xi} + \frac{\partial f_1}{\partial y} \frac{\partial \psi}{\partial \xi} \right) \right.$$

$$+ \cos(u - \tau) \left(\frac{\partial f_2}{\partial x} \frac{\partial \varphi}{\partial \xi} + \frac{\partial f_2}{\partial y} \frac{\partial \psi}{\partial \xi} \right) \left. \right] \mathrm{d}u$$

$$+ (-\sin\tau)(A + \xi) \frac{\partial \tau}{\partial \xi}$$

$$+ \lambda f_2(\varphi(2\pi + \tau, \xi, \lambda), \psi(2\pi + \tau, \xi, \lambda)) \frac{\partial \tau}{\partial \xi}$$

$$+ \lambda \int_0^{2\pi+\tau} \left[-\cos(u - \tau) f_1 + \sin(u - \tau) f_2 \right] \mathrm{d}u \cdot \frac{\partial \tau}{\partial \xi}.$$

因为 $\tau(\xi,0) \equiv 0$(式(2.9)),所以把 $\tau(\xi,\lambda)$ 按 λ 展开有以下形式:

$$\tau(\xi,\lambda) = B_1(\xi)\lambda + B_2(\xi)\lambda^2 + \cdots.$$

于是 $\dfrac{\tau(\xi,\lambda)}{\lambda}$ 有界;又

$$\left. \frac{\partial \tau}{\partial \xi} \right|_{(0,0)} = - \left. \frac{H'_\xi}{H'_\tau} \right|_{(0,0,0)} = \frac{0}{A} = 0;$$

当 $\lambda = 0$ 时 $\tau = 0$;还有

$$\left. \frac{\partial \varphi}{\partial \xi} \right|_{(u,0,0)} = \sin u \quad \text{与} \quad \left. \frac{\partial \psi}{\partial \xi} \right|_{(u,0,0)} = \cos u.$$

所以

$$\left. \frac{\partial K_1}{\partial \xi} \right|_{(0,0)} = \int_0^{2\pi} \left[\sin u \left(\frac{\partial f_1}{\partial x} \sin u + \frac{\partial f_1}{\partial y} \cos u \right) \right.$$

$$+ \cos u \left(\frac{\partial f_2}{\partial x} \sin u + \frac{\partial f_2}{\partial y} \cos u \right) \left. \right] \mathrm{d}u.$$

应用式(2.11)中定义的函数 $\Phi(A)$,条件 $\left. \dfrac{\partial K_1}{\partial \xi} \right|_{(0,0)} \neq 0$ 就变为

$$\Phi'(A) \neq 0. \tag{2.12}$$

总结以上讨论即知：如果 $\Phi(A_0)=0$，而 $\Phi'(A_0) \neq 0$，那么就存在函数 $\xi=\xi(\lambda)$，$\tau=\tau(\lambda)$，使得方程 $(2.1)_\lambda$ 的经过点 $(0, A_0+\xi(\lambda))$ 的解是周期为 $2\pi+\tau(\lambda)$ 的周期解. 并且当 $\lambda \to 0$ 时，这一支周期解趋于方程 $(2.1)_0$ 的周期解：$x=A_0 \sin t$，$y=A_0 \cos t$.

下面讨论这种周期解的稳定性.

设 Γ_{λ_0} 是方程 $(2.1)_{\lambda_0}$ 的从点 $(0, A_0+\xi(\lambda_0)) \equiv (0, A_0+\xi_0)$ 出发的闭轨，为讨论 Γ_{λ_0} 的稳定性，先计算 ξ 充分接近 ξ_0 时，方程 $(2.1)_{\lambda_0}$ 从点 $(0, A_0+\xi)$ 出发的轨线再一次返回到正 y 轴上时的截距与原截距 $A_0+\xi$ 之差 $\Delta(\xi)$. 因为

$$\Delta(\xi) = \varphi(2\pi+\tau(\xi, \lambda_0), \xi, \lambda_0) - \varphi(0, \xi, \lambda_0),$$

其中 $\tau=\tau(\xi, \lambda_0)$ 是由方程 $H(\xi, \lambda_0, \tau)=0$ 所确定的. 再由函数 K 与 K_1 的定义，就得到

$$\Delta(\xi) = K(\xi, \lambda_0, \tau(\xi, \lambda_0)) = \lambda_0 K_1(\xi, \lambda_0).$$

而函数 $\xi=\xi(\lambda)$ 是由方程 $K_1(\xi, \lambda)=0$ 所确定的，所以 $K_1(\xi_0, \lambda_0)=K_1(\xi(\lambda_0), \lambda_0)=0$，于是将函数 $K_1(\xi, \lambda_0)$ 对 ξ 在 ξ_0 展开，得展开式

$$\Delta(\xi) = \lambda_0 \left[\frac{\partial K_1}{\partial \xi} \Big|_{(\xi_0, \lambda_0)} (\xi-\xi_0) \right.$$

$$\left. + \frac{\partial^2 K_1}{\partial \xi^2} \Big|_{(\xi_0, \lambda_0)} (\xi-\xi_0)^2 + \cdots \right].$$

只要 $\dfrac{\partial K_1}{\partial \xi} \Big|_{(0,0)} \neq 0$，则对充分小的 λ_0（当然 ξ_0 也很小）有

$$\frac{\partial K_1}{\partial \xi} \Big|_{(\xi_0, \lambda_0)} \quad \text{与} \quad \frac{\partial K_1}{\partial \xi} \Big|_{(0,0)} = \Phi'(A_0)$$

同号. 而当 ξ 充分接近 ξ_0 时，$\Delta(\xi)$ 与展开式的第一项同号，也就是与 $\lambda_0 \Phi'(A_0)(\xi-\xi_0)$ 同号. 因而由 $\Delta(\xi)$ 的定义，$\lambda_0 \Phi'(A_0)<0$ 时，Γ_{λ_0} 稳定；$\lambda_0 \Phi'(A_0)>0$ 时，Γ_{λ_0} 不稳定.

总结以上讨论，我们已经证明了下面的定理.

定理 2.1 若 A_0 是方程 $\Phi(A)=0$（$\Phi(A)$ 的定义见式 (2.11)）的正根；又 $\Phi'(A_0)>0$. 则方程 $(2.1)_\lambda$ 有唯一的一个闭轨 Γ_λ，当

249

$\lambda \to 0$ 时, Γ_λ 趋于(2.1)$_0$的闭轨: $x = A_0 \sin t, y = A_0 \cos t$. $\lambda < 0$, 相应的闭轨 Γ_λ 稳定; $\lambda > 0$, 相应的闭轨 Γ_λ 不稳定. 如果 $\Phi'(A_0) < 0$, 则有关稳定性的结论相反.

§3 后继函数法

考虑含参量 λ 的方程

$$\begin{cases} \dot{x} = P(x,y,\lambda), \\ \dot{y} = Q(x,y,\lambda). \end{cases} \quad (3.1)_\lambda$$

设参量 $\lambda = 0$ 时的方程(3.1)$_0$为

$$\begin{cases} \dot{x} = P(x,y,0) \equiv P_0(x,y), \\ \dot{y} = Q(x,y,0) \equiv Q_0(x,y). \end{cases} \quad (3.1)_0$$

它有闭轨 Γ_a, 其方程为 $x = \varphi(t,a), y = \psi(t,a), 0 \leqslant t \leqslant T_a$.

像在第三章§3中那样, 在 $x\text{-}y$ 平面上, Γ_a 的附近取新的曲线坐标 s, n. 新旧坐标之间关系如下:

$$\begin{cases} x = \varphi(s,a) - n\psi'(s,a), \\ y = \psi(s,a) + n\varphi'(s,a), \end{cases} \quad (3.2)$$

其中 φ', ψ' 表示对 s 求微商. 坐标 s 与 n 满足条件 $0 \leqslant s \leqslant T_a, |n| < h$ 时, 对应到 Γ_a 的一个环形邻域, 显然, $s = 0$ 与 $s = T_a$ 是同一段法线.

在闭轨 Γ_a 附近取新坐标, 方程(3.1)$_\lambda$就化为:

$$\frac{\mathrm{d}n}{\mathrm{d}s} = \frac{\varphi' Q - \psi' P - n(\varphi'' P + \psi'' Q)}{\varphi' P + \psi' Q} \equiv R(s,n,a,\lambda), \quad (3.3)_\lambda$$

其中 $P = P(x,y,\lambda), Q = Q(x,y,\lambda)$, 而 x 与 y 用式(3.2)代入.

设 $n = n(s,n_0,a,\lambda)$ 是方程(3.3)$_\lambda$满足初条件 $s = 0$ 时 $n = n_0$ 的解, 即

$$n(0,n_0,a,\lambda) = n_0. \quad (3.4)$$

定义后继函数

$$\Psi(n_0,a,\lambda) \equiv n(T_a,n_0,a,\lambda) - n(0,n_0,a,\lambda)$$

$$\equiv \int_0^{T_a} R(s, n(s, n_0, \alpha, \lambda), \alpha, \lambda) \mathrm{d}s.$$

若 $(\bar{n}_0, \bar{\alpha}, \bar{\lambda})$ 使 $\Psi(n_0, \alpha, \lambda) = 0$, 这
就表示方程 $(3.3)_\lambda$ 在闭轨 Γ_α 附
近的点 $(0, \bar{n}_0)$ 处出发的轨线是
闭轨线, 见图 9.2.

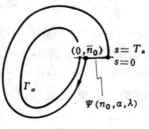

图 9.2

怎样的 α 可以使得从方程

$$\Psi(n_0, \alpha, \lambda) = 0$$

中能解出 $n_0 = n_0(\lambda)$ 呢?

引理 3.1 $\Psi'_{n_0}(0, \alpha, 0) = \mathrm{e}^{\int_0^{T_a} [P'_{0x}(x,y) + Q'_{0y}(x,y)] \mathrm{d}t} - 1,$
其中 $x = \varphi(t, \alpha), y = \psi(t, \alpha)$.

证明 由 Ψ 的定义, 再由式 (3.4) 得以下关系式

$$\Psi'_{n_0}(0, \alpha, 0) = n'_{n_0}(T_a, 0, \alpha, 0) - 1. \tag{3.5}$$

而函数 $n'_{n_0}(s, n_0, \alpha, 0)$ 满足下面的变分方程

$$\frac{\mathrm{d}}{\mathrm{d}s} n'_{n_0}(s, n_0, \alpha, 0) = R'_n(s, n, \alpha, 0)|_{n=n(s, n_0, \alpha, 0)} n'_{n_0}(s, n_0, \alpha, 0).$$

又由式 (3.4) 知道它满足初条件

$$n'_{n_0}(0, n_0, \alpha, 0) = 1.$$

所以

$$n'_{n_0}(s, n_0, \alpha, 0) = \mathrm{e}^{\int_0^s R'_n(\tau, n(\tau, n_0, \alpha, 0), \alpha, 0) \mathrm{d}\tau}.$$

因为 $n(s, 0, \alpha, 0) \equiv 0$, 于是

$$n'_{n_0}(T_a, 0, \alpha, 0) = \mathrm{e}^{\int_0^{T_a} R'_n(\tau, 0, \alpha, 0) \mathrm{d}\tau}.$$

类似于在第三章 §3 中计算 $R'_n(s, 0) = A_1(s)$, 可以计算出上
式中的被积函数

$$R'_n(s, 0, \alpha, 0) = P'_{0x}(\varphi, \psi) + Q'_{0y}(\varphi, \psi) - \frac{\mathrm{d}}{\mathrm{d}s} \ln(\varphi'^2 + \psi'^2),$$

其中 $\varphi = \varphi(s, \alpha), \psi = \psi(s, \alpha)$. 将上式代回积分号下, 再利用式
(3.5), 立刻得到引理 3.1 所要证明的结果.

定理 3.1 如果

$$\int_0^{T_a}[P'_{0x}(x,y) + Q'_{0y}(x,y)]\mathrm{d}t < 0 \quad (\text{或} > 0),$$

其中 $x=\varphi(t,\alpha)$，$y=\psi(t,\alpha)$. 即 Γ_a 是方程 $(3.1)_0$ 的稳定(或不稳定)环,则对充分小的 λ,方程 $(3.1)_\lambda$ 在 Γ_a 附近有稳定(或不稳定)的极限环 $\Gamma_{a(\lambda)}$,当 $\lambda \to 0$ 时它趋于 Γ_a.

证明 由 Ψ 的定义,有

$$\Psi(0,\alpha,0) = 0.$$

由定理的假设,再应用引理 3.1 有

$$\Psi'_{n_0}(0,\alpha,0) < 0.$$

根据隐函数存在定理,对充分小的 λ 存在函数 $n_0 = n_0(\lambda)$,满足 $n_0(0)=0$,并且有

$$\Psi(n_0(\lambda),\alpha,\lambda) \equiv 0. \tag{3.6}$$

也就是说,方程 $(3.1)_\lambda$ 从方程 $(3.1)_0$ 的极限环 Γ_a 附近的点 $(s,n)=(0,n_0(\lambda))$ 出发的轨线是闭轨. 当 $\lambda \to 0$ 时,该闭轨趋于 Γ_a.

因为 $\Psi'_{n_0}(0,\alpha,0) < 0$,所以对充分小的 λ,有

$$\Psi'_{n_0}(n_0(\lambda),\alpha,\lambda) < 0.$$

根据第三章 §2 中后继函数的性质(3),方程 $(3.1)_\lambda$ 从点 $(s,n)=(0,n_0(\lambda))$ 出发的这一闭轨是稳定的极限环.

定理证完.

如果 Γ_a 是方程 $(3.1)_0$ 的一族闭轨中的一条,并不是极限环,当然,此时定理 3.1 的条件不能成立. 下面讨论此时是否也有某些 α,使在闭轨 Γ_a 的附近会出现方程 $(3.1)_\lambda$ 的闭轨.

引理 3.2

$$\Psi'_\lambda(0,\alpha,0) = \frac{1}{\varphi'^2(0,\alpha) + \psi'^2(0,\alpha)}\mathrm{e}^{\int_0^{T_a}(P'_{0x}+Q'_{0y})\mathrm{d}t}$$

$$\times \int_0^{T_a}\mathrm{e}^{-\int_0^\tau(P'_{0x}+Q'_{0y})\mathrm{d}\eta}(\varphi'Q'_\lambda - \psi'P'_\lambda)_{\lambda=0}\mathrm{d}\tau,$$

其中 $x=\varphi(s,\alpha)$，$y=\psi(s,\alpha)$.

252

证明 由 Ψ 的定义,要求 $\Psi'_\lambda(0,\alpha,0)$ 就是求

$$n'_\lambda(s,n_0,\alpha,\lambda)|_{(T_\alpha,0,\alpha,0)}.$$

因为 $n(s,n_0,\alpha,\lambda)$ 满足方程 $(3.3)_\lambda$,所以

$$\frac{\mathrm{d}}{\mathrm{d}s}n(s,n_0,\alpha,\lambda) \equiv R(s,n(s,n_0,\alpha,\lambda),\alpha,\lambda).$$

将上式两端对 λ 求微商,得到

$$\frac{\mathrm{d}}{\mathrm{d}s}n'_\lambda(s,n_0,\alpha,\lambda) = R'_n(s,n,\alpha,\lambda)n'_\lambda(s,n_0,\alpha,\lambda) + R'_\lambda(s,n,\alpha,\lambda).$$

令 $n_0=\lambda=0$. 又注意 $n(s,0,\alpha,0)=0$,得知函数 $n'_\lambda(s,0,\alpha,0)$ 满足微分方程

$$\frac{\mathrm{d}}{\mathrm{d}s}n'_\lambda(s,0,\alpha,0) = R'_n(s,0,\alpha,0)n'_\lambda(s,0,\alpha,0) + R'_\lambda(s,0,\alpha,0).$$

又由式 (3.4) 知,$n'_\lambda(s,0,\alpha,0)$ 满足初条件

$$n'_\lambda(0,0,\alpha,0) = 0.$$

所以

$$n'_\lambda(s,0,\alpha,0) = \mathrm{e}^{\int_0^s R'_n(\tau,0,\alpha,0)\mathrm{d}\tau}$$

$$\times \int_0^s \mathrm{e}^{-\int_0^\tau R'_n(\eta,0,\alpha,0)\mathrm{d}\eta} R'_\lambda(\tau,0,\alpha,0)\mathrm{d}\tau. \quad (3.7)$$

上式中的 $R'_n(s,0,\alpha,0)$ 在引理 3.1 中已经计算出来了. 下面计算 $R'_\lambda(s,0,\alpha,0)$. 由 $(3.3)_\lambda$ 中 R 的表示式

$$R'_\lambda(s,0,\alpha,0) = \frac{\partial}{\partial\lambda}R(s,0,\alpha,\lambda)\Big|_{\lambda=0} = \frac{\partial}{\partial\lambda}\left[\frac{\varphi'Q - \psi'P}{\varphi'P + \psi'Q}\right]\Big|_{\lambda=0},$$

其中 $P = P(\varphi(s,\alpha),\psi(s,\alpha),\lambda)$,$Q = Q(\varphi(s,\alpha),\psi(s,\alpha),\lambda)$. 于是

$$R'_\lambda(s,0,\alpha,0) = \frac{\varphi'Q'_\lambda - \psi'P'_\lambda}{\varphi'P + \psi'Q}\Big|_{\lambda=0}$$

$$- \frac{(\varphi'Q - \psi'P)(\varphi'P + \psi'Q)'_\lambda}{(\varphi'P + \psi'Q)^2}\Big|_{\lambda=0},$$

其中等式右端后一项为零,因为

$$\varphi'Q - \psi'P|_{\lambda=0} = \varphi'Q_0 - \psi'P_0 = \varphi'\psi' - \psi'\varphi' = 0.$$

将 R'_n 与 $R'_λ$ 代回式 (3. 7),再令 $s=T_α$,就得到

$$n'_λ(T_α,0,α,0) = e^{\int_0^{T_α}[P'_{0x}(x,y)+Q'_{0y}(x,y)]dτ}$$

$$\times \int_0^{T_α} \left[e^{-\int_0^τ \left[P'_{0x}(x,y)+Q'_{0y}(x,y)-\frac{d}{dη}\ln(φ'^2+ψ'^2)\right]dη} \right.$$

$$\left. \times \frac{φ'Q'_λ - ψ'P'_λ}{φ'P + ψ'Q}\bigg|_{λ=0} \right]dτ.$$

注意

$$e^{\int_0^τ \frac{d}{dη}\ln(φ'^2+ψ'^2)dη} = \frac{φ'^2(τ,α) + ψ'^2(τ,α)}{φ'^2(0,α) + ψ'^2(0,α)},$$

又 $φ'^2+ψ'^2=φ'P_0+ψ'Q_0$. 所以

$$n'_λ(T_α,0,α,0) = \frac{1}{φ'^2(0,α) + ψ'^2(0,α)} e^{\int_0^{T_α}(P'_{0x}+Q'_{0y})dτ}$$

$$\times \int_0^{T_α} e^{-\int_0^τ(P'_{0x}+Q'_{0y})dη}(φ'Q'_λ - ψ'P'_λ)_{λ=0}dτ,$$

其中 $x=φ(s,α), y=ψ(s,α)$.

引理证完.

定义函数

$$Φ(α) = \int_0^{T_α} \left\{ e^{-\int_0^τ[P'_{0x}(x,y)+Q'_{0y}(x,y)]dη} \right.$$

$$\left. \times [φ'Q'_λ(x,y,0) - ψ'P'_λ(x,y,0)] \right\}dτ, \qquad (3.8)$$

其中 $x=φ(s,α), y=ψ(s,α)$.

当 $Γ_α$ 是非孤立闭轨时,由于

$$\int_0^{T_α}(P'_{0x} + Q'_{0y})dτ = 0,$$

所以 $Φ(α)$ 与 $Ψ'_λ(0,α,0)$ 有关系式

$$Φ(α) = [φ'^2(0,α) + ψ'^2(0,α)]Ψ'_λ(0,α,0).$$

因此,$Φ(α)$ 与 $Ψ'_λ(0,α,0)$ 同号.

定理 3.2 (1) 对充分小的 $λ$,方程 $(3.1)_λ$ 在方程 $(3.1)_0$ 的闭轨 $Γ_0$ 的附近有闭轨的必要条件是

254

$$\Phi(\alpha_0) = 0.$$

（2）若 $\Phi(\alpha_0) = 0$，又 $\Phi(\alpha)$ 在 $\alpha = \alpha_0$ 不取极值，则对充分小的 λ，方程 $(3.1)_\lambda$ 在 Γ_{α_0} 附近有闭轨.

（3）设 $\Phi(\alpha_0) = 0$，$\Phi'(\alpha_0) \neq 0$，则对充分小的 λ，方程 $(3.1)_\lambda$ 在 Γ_{α_0} 附近有唯一的一个极限环.

证明　（1）若 $\Phi(\alpha_0) \neq 0$，则

$$\Psi'_\lambda(0, \alpha_0, 0) \neq 0.$$

由于 $\Psi(0, \alpha, 0) = 0$，所以对充分小的 $\lambda, \lambda \neq 0$，就有 $\Psi(0, \alpha_0, \lambda) \neq 0$. 对每一个这种 λ，当 n_0 充分小时，有

$$\Psi(n_0, \alpha_0, \lambda) \neq 0.$$

也就是说，对充分小的 $\lambda (\lambda \neq 0)$，方程 $(3.1)_\lambda$ 在 Γ_{α_0} 的附近没有闭轨.

（2）由定理所设，存在 h_1 与 $h_2 (h_1, h_2 > 0)$ 使 $\Phi(\alpha_0 - h_1)$ 与 $\Phi(\alpha_0 + h_2)$ 异号，于是

$$\Psi'_\lambda(0, \alpha_0 - h_1, 0) \quad \text{与} \quad \Psi'_\lambda(0, \alpha_0 + h_2, 0)$$

异号，即在 $\lambda = 0$ 附近，函数

$$\Psi(0, \alpha_0 - h_1, \lambda) \quad \text{与} \quad \Psi(0, \alpha_0 + h_2, \lambda)$$

之中的一个是 λ 的增函数，另一个是 λ 的减函数. 因 $\Psi(0, \alpha, 0) = 0$，所以

$$\Psi(0, \alpha_0 - h_1, 0) = \Psi(0, \alpha_0 + h_2, 0) = 0.$$

所以，对充分小的 $\lambda, \lambda \neq 0$，

$$\Psi(0, \alpha_0 - h_1, \lambda) \quad \text{与} \quad \Psi(0, \alpha_0 + h_2, \lambda)$$

异号. 于是存在 $\alpha = \alpha(\lambda), \alpha(\lambda) \in (\alpha_0 - h_1, \alpha_0 + h_2)$，使

$$\Psi(0, \alpha(\alpha), \lambda) = 0.$$

也就是说，对充分小的 λ，方程 $(3.1)_\lambda$ 的通过方程 $(3.1)_0$ 的闭轨 $\Gamma_{\alpha(\lambda)}$ 上一点 $x = \varphi(0, \alpha(\lambda)), y = \psi(0, \alpha(\lambda))$ 的轨线是闭轨. 由解对初值与参数的连续依赖性，这闭轨在 Γ_{α_0} 附近.

（3）根据（2）闭轨是存在的. 为证极限环是唯一的，只要证明 λ

充分小时,方程 $(3.1)_\lambda$ 在 Γ_{a_0} 附近没有两个闭轨.

设不然,有 $\lambda_i \to 0(i \to \infty)$,使方程 $(3.1)_{\lambda_i}$ 在 Γ_{a_0} 附近有两个闭轨,即有 $\alpha_i^{(1)} \to \alpha_0, \alpha_i^{(2)} \to \alpha_0(i \to \infty)$,使

$$\Psi(0, \alpha_i^{(j)}, \lambda_i) = 0 \quad (j = 1, 2; i = 1, 2, \cdots),$$

根据 Rolle 定理,存在 α_i,且 α_i 在 $\alpha_i^{(1)}$ 与 $\alpha_i^{(2)}$ 之间,使

$$\Psi_a'(0, \alpha_i, \lambda_i) = 0. \tag{3.9}$$

注意 $\Psi(0, \alpha, 0) = 0$,所以将 $\Psi(0, \alpha, \lambda)$ 按 λ 展开有

$$\Psi(0, \alpha, \lambda) = \Psi_\lambda'(0, \alpha, 0)\lambda + \chi(\alpha, \lambda)\lambda^2.$$

将上式两端对 α 求微商,令 $\alpha = \alpha_i, \lambda = \lambda_i$,再由式 (3.9) 就得到关系式

$$\Psi_a'(0, \alpha_i, \lambda_i) = \Psi_{\lambda a}''(0, \alpha_i, 0)\lambda_i + \chi_a'(\alpha_i, \lambda_i)\lambda_i^2 = 0.$$

因为 $\lambda_i \neq 0$,所以

$$\Psi_{\lambda a}''(0, \alpha_i, 0) + \chi_a'(\alpha_i, \lambda_i)\lambda_i = 0.$$

令 $i \to \infty$,于是 $\lambda_i \to 0, \alpha_i \to \alpha_0$,上式取极限就得到

$$\Psi_{\lambda a}''(0, \alpha_0, 0) = 0. \tag{3.10}$$

由前面 $\Phi(\alpha)$ 与 $\Psi_\lambda'(0, \alpha, 0)$ 的关系式,得到

$$\Phi'(\alpha_0) = [\varphi'^2(0, \alpha_0) + \psi'^2(0, \alpha_0)]_a' \Psi_\lambda'(0, \alpha_0, 0)$$
$$+ [\varphi'^2(0, \alpha_0) + \psi'^2(0, \alpha_0)]\Psi_{\lambda a}''(0, \alpha_0, 0). \tag{3.11}$$

因为 $\Phi(\alpha_0) = 0$,从而 $\Psi_\lambda'(0, \alpha_0, 0) = 0$,所以等式右端第一项为零;由式 (3.10),等式右端第二项为零,于是 $\Phi'(\alpha_0) = 0$.这与假设矛盾,所以只有唯一的一个极限环.

定理证完.

下面考虑 Hamilton 系统的扰动方程

$$\begin{cases} \dot{x} = \dfrac{\partial H}{\partial y} + \lambda F(x, y), \\[2mm] \dot{y} = -\dfrac{\partial H}{\partial x} + \lambda G(x, y) \end{cases} \tag{3.12}_\lambda$$

的极限环问题.先按式 (3.8) 求出系统 $(3.12)_\lambda$ 相应的函数 $\Phi(\alpha)$,注意此时有

256

$$P_0 = \frac{\partial H}{\partial y}, \quad Q_0 = -\frac{\partial H}{\partial x}.$$

所以

$$P'_{0x} + Q'_{0y} = \frac{\partial^2 H}{\partial x \partial y} - \frac{\partial^2 H}{\partial x \partial y} = 0.$$

设 Hamilton 系统 $(3.12)_0$ 的闭轨 Γ_α 有方程

$$x = \varphi(t, \alpha), \quad y = \psi(t, \alpha).$$

于是

$$\varphi' = \frac{\partial H}{\partial y}, \quad \psi' = -\frac{\partial H}{\partial x}.$$

又有

$$P'_\lambda = F(x, y), \quad Q'_\lambda = G(x, y),$$

所以

$$\Phi(\alpha) = \int_0^{T_\alpha} \left[\frac{\partial H}{\partial x} \cdot F(x, y) + \frac{\partial H}{\partial y} \cdot G(x, y) \right] dt,$$

其中 $(x, y) = (\varphi(t, \alpha), \psi(t, \alpha))$，$T_\alpha$ 是 Γ_α 的周期.

然后,根据函数 $\Phi(\alpha)$ 的性质并应用定理 3.2 就可以研究方程 $(3.12)_\lambda$ 的极限环的存在性和唯一性.

如果定理 3.2 的条件(3)成立,我们还可以讨论这个唯一的极限环的稳定性. 为此注意以下几点.

(1) 因为对一切 α, 有 $\Psi(0, \alpha, 0) = 0$. 所以 $\Psi(0, \alpha, \lambda)$ 按 λ 的展开式为

$$\Psi(0, \alpha, \lambda) = \left. \frac{\partial \Psi}{\partial \lambda} \right|_{\lambda=0} \lambda + \cdots.$$

从而有

$$\Psi'_\alpha(0, \alpha, \lambda) = \Psi''_{\lambda\alpha} |_{\lambda=0} \lambda + \cdots.$$

(2) 因为 $\Phi(\alpha_0) = 0$, 从而 $\Psi'_\lambda(0, \alpha_0, 0) = 0$. 又 $\Phi'(\alpha_0) \neq 0$, 根据式(3.11)得

$$\Psi''_{\lambda\alpha}(0, \alpha_0, 0) \neq 0.$$

由此可知,当 λ 充分小时,$\Psi''_{\lambda\alpha}(0,\alpha(\lambda),0) \neq 0$ $(\alpha(\lambda) \to \alpha_0$,当 $\lambda \to 0)$. 由上面的关系式有

$$\Psi'_{\alpha}(0,\alpha(\lambda),\lambda) \neq 0.$$

(3) 由 $\Psi(0,\alpha(\lambda),\lambda)=0$ 及 $\Psi'_{\alpha}(0,\alpha(\lambda),\lambda) \neq 0$,又设 α 增加时闭轨 Γ_{α} 扩大,就可以由 $\Psi'_{\lambda}(0,\alpha(\lambda),\lambda)$ 的符号判断极限环的稳定性,其方法与本章 §1 和 §2 中相应的部分类似.

第十章　同宿分支及异宿分支

§1　鞍点的不变流形

考虑系统

$$\dot{x} = AX + g(X) = f(X), \quad X \in \pmb{R}^2, \ g \in C^r, \ r \geqslant 1. \quad (1.1)$$

设 O 是系统的鞍点,即设

$$g(O) = 0, \quad Dg(O) = 0, \quad \det A < 0.$$

通过非异线性变换,可把系统(1.1)化为

$$\begin{cases} \dot{x} = \lambda^- \ x + r(x,y), \\ \dot{y} = \lambda^+ \ y + s(x,y). \end{cases} \quad (1.2)$$

系统(1.2)的线性化系统显然有两条不变流形 $x=0$ 及 $y=0$,它们由奇点 $O(0,0)$ 两条进入 O 的轨线和两条离开 O 的轨线组成.

我们来证明,对于非线性系统(1.1),这些不变流形仍然存在.

定理 1.1(鞍点不变流形的存在性)　设在系统(1.1):

$$\dot{X} = AX + g(X), \quad X \in \pmb{R}^2, \ g \in C^r, \ r \geqslant 1$$

中 $g(O)=0, Dg(O)=0, \det A < 0$,则系统(1.1)存在两条当 $t \to +\infty$ 时进入 O 的不变流形,称为鞍点 O 的**稳定流形**,及两条当 $t \to -\infty$ 时进入 O 的不变流形,称为鞍点 O 的**不稳定流形**,它们分别在 O 点与系统(1.1)的线性化系统 $\dot{X} = AX$ 的两条不变直线相切.

证明　设已用非异线性变换把系统(1.1)化为系统(1.2),则由条件 $g(O)=0, Dg(O)=0$ 知,当 $x,y \to 0$ 时,

$$r = o(\|X\|), \quad s = o(\|X\|), \quad \|X\| = \sqrt{x^2 + y^2}. $$

$$(1.3)$$

259

现在考虑由直线 $y=x, y=-x$ 及 $x=\varepsilon(\varepsilon>0)$ 构成的三角形 OAB，其三条边 AB, OB, OA 上的内法向分别为 $n_1=(-1,0)$，$n_2=(1,-1)$ 及 $n_3=(1,1)$(图 10.1)，由计算可得

$$n_1 \cdot f(X)|_{X \in AB} = -\lambda^- \varepsilon - r(\varepsilon,0) = -\lambda^- \varepsilon\left(1 + \frac{\gamma(\varepsilon,0)}{\varepsilon}\right);$$

$$n_2 \cdot f(X)|_{X \in OB} = x\left(\lambda^- - \lambda^+ + \frac{r(x,x)}{x} - \frac{s(x,x)}{x}\right);$$

$$n_3 \cdot f(X)|_{X \in OA} = x\left(\lambda^- - \lambda^+ + \frac{r(x,x)}{x} + \frac{s(x,x)}{x}\right).$$

由式(1.3)知，只要 ε 充分小，就可使

$$n_1 \cdot f(X)|_{X \in AB} > 0, \quad n_2 \cdot f(X)|_{X \in OB} < 0,$$
$$n_3 \cdot f(X)|_{X \in OA} < 0,$$

因此系统(1.2)的轨线从 AB 边进入 OAB，而从 OA 边及 OB 边离开 OAB(图 10.2).

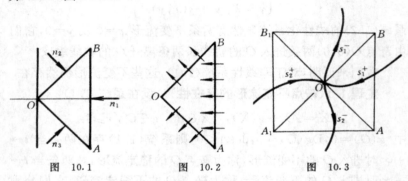

图 10.1　　　　图 10.2　　　　图 10.3

现在把线段 AB 上点的纵坐标分成两类:

$$\mathrm{I} = \{y | X = (\varepsilon,y) \in AB, \varphi(t,X) \text{ 从 } OB \text{ 边穿出 } \triangle OAB\},$$
$$\mathrm{II} = \{y | X = (\varepsilon,y) \in AB, \varphi(t,X) \text{ 从 } OA \text{ 边穿出 } \triangle OAB\},$$

其中 $\varphi(t,X)$ 表示系统(1.2)的在 $t=0$ 时通过 X 点的解. 集合 I 和 II 显然是非空的(例如，对接近 ε 的 y 有 $y \in \mathrm{I}$，而对接近 $-\varepsilon$ 的 y 有 $y \in \mathrm{II}$). 又由解对初值的连续性，易证 I 和 II 都是开集. 任取 $y_2 \in \mathrm{II}, y_1 \in \mathrm{I}$，显然有

$$y_2 \leqslant y_1,$$

因此有

$$a = \sup_{y \in \text{I}} \{y\} \leqslant \inf_{y \in \text{II}} \{y\} = b,$$

即区间 $[a,b]$ 非空(也可能退缩为一点). 设 $c \in [a,b]$,则 c 既不属于 I 也不属于 II,否则与 I、II 是开集,及 a,b 是上、下确界矛盾. 现在设 $M = (\varepsilon, c)$,由于 $c \bar{\in}$ I,$c \bar{\in}$ II,因此 $\varphi(t, M)$ 既不能从 OA 边也不能从 OB 边离开 $\triangle OAB$,而只能从 M 点进入此三角形之后就一直停留在它里面. 而 $\triangle OAB$ 中只有唯一的极限集,即奇点 O. 故必有当 $t \to +\infty$ 时 $\varphi(t, M) \to 0$,即系统(1.2)存在一条当 $t \to +\infty$ 时进入 O 的不变流形 s_1^+.

现在用直线 $y = x, y = -x, x = \varepsilon, x = -\varepsilon, y = \varepsilon, y = -\varepsilon$ 把 O 的正方形邻域划分成四个三角形 $OAB, OBB_1, OB_1A_1, OA_1A$,则用与上面同样的方法可以证明在 $\triangle OA_1B_1$ 中也存在一条当 $t \to +\infty$ 时进入 O 的不变流形 s_2^+,而在 $\triangle OB_1B$ 及 $\triangle OA_1A$ 中,则分别存在一条当 $t \to -\infty$ 时进入 O 的不变流形 s_1^- 及 s_2^-(图 10.3).

不变流形 s_1^+ 本身是系统(1.2)的轨线,具有与 r, s 相同的光滑性. 任取点 $X \in s_1^+$,设

$$k(X) = \frac{\mathrm{d}y}{\mathrm{d}x},$$

k 表示 s_1^+ 在 O 点处的斜率,则有

$$k(X) = \frac{\mathrm{d}y}{\mathrm{d}x} = \frac{\lambda^+ y + s(X)}{\lambda^- x + r(X)} = \frac{\lambda^+ \dfrac{y}{x} + \dfrac{s(X)}{x}}{\lambda^- \dfrac{y}{x} + \dfrac{r(X)}{x}}.$$

在上式中令 $X \to 0$,并注意 $k(X) \to k, \dfrac{y}{x} \to k$,及式(1.3),就得到

$$k = \frac{\lambda^+}{\lambda^-} k.$$

由于 $\lambda^- < 0 < \lambda^+$,故 $k = 0$. 因此系统(1.2)的不变流形 s_1^+ 在 O 点和其线性化系统的不变直线 $y = 0$ 相切. 同理,可证 s_2^+ 在 O 点和

$y=0$ 相切,而 s_1^-, s_2^- 在 O 点与系统(1.2)的线性化系统的另一条不变直线 $x=0$ 相切.用线性变换再把系统(1.2)化为(1.1)就可对系统(1.1)得到相应的结论.

上面已证鞍点存在与之相连的不变流形,但这并不是鞍点的特性,因为结点也具有这一性质.鞍点的特性在于它具有孤立的不变流形,而与结点相连的不变流形却是稠密的.为证明鞍点的这一性质,首先证明

引理 1.1 设 γ 是系统(1.2)的在 $\triangle OAB$ 中进入 O 的不变流形,则 γ 可表示成显函数 $\gamma: y=y(x)$.

证明 由

$$\dot{x} = x\left(\lambda^- + \frac{r(x,y)}{x}\right)$$

及式(1.3)知,只要 ε 充分小,在 $\triangle OAB$ 中就有 $\dot{x}<0$,因此在 γ 的参数方程 $x=x(t), y=y(t)$ 中,$x(t)$ 是 t 的单调函数.如果 $y(t)$ 不能表为 $x(t)$ 的显函数,则必存在某一个 x,使它对应于至少两个 y 值,设为 $y(t_1), y(t_2)$.由于 $y(t_1), y(t_2)$ 对应的 x 值相同,因此 $x(t_1)=x(t_2)$,而 $t_1 \neq t_2$,这与 $x(t)$ 的单调性矛盾,故 γ 可表为显函数 $y=y(x)$.

引理1.2 设 $\gamma_1: y=y_1(x)$ 和 $\gamma_2: y=y_2(x)$ 是 $\triangle OAB$ 中系统(1.2)的进入 O 的不变流形,则 $z(x)=y_1(x)-y_2(x)$,当 $x \neq 0$ 时是 x 的恒正或恒负的函数,且满足微分方程

$$\frac{\mathrm{d}z}{\mathrm{d}x} = \frac{z}{x}(-\lambda + R(x)), \tag{1.4}$$

其中

$$\lambda = -\frac{\lambda^-}{\lambda^+} > 0, \quad \text{当 } x \to 0 \text{ 时 } R(x) \to 0.$$

证明 由微分方程解的唯一性和 O 是 $\triangle OAB$ 中唯一的奇点,即可知曲线 $y=y_1(x)$ 和 $y=y_2(x)$ 只在 O 点相交,而在 $x \neq 0$ 时,$y=y_1(x)$ 恒在 $y=y_2(x)$ 之上或之下,这就表示当 $x \neq 0$ 时,

262

$z(x)$恒正或恒负.

设 $r_i(x)=r(x,y_i(x))$, $s_i(x)=s(x,y_i(x))$,则由中值定理和 r_y', s_y' 对 x,y 的连续性易证

$$r_1 - r_2 = az, \quad s_1 - s_2 = bz, \tag{1.5}$$

其中当 $x \to 0$ 时,$a=a(x)\to 0$, $b=b(x)\to 0$. 又在 $\triangle OAB$ 内部,显然有

$$\left| \frac{y_1(x)}{x} \right| \leqslant 1, \quad \left| \frac{y_2(x)}{x} \right| \leqslant 1. \tag{1.6}$$

因此有

$$\frac{\mathrm{d}z(x)}{\mathrm{d}x} = \frac{\mathrm{d}y_1(x)}{\mathrm{d}x} - \frac{\mathrm{d}y_2(x)}{\mathrm{d}x} = \frac{z}{x}(-\lambda + R),$$

其中

$$R(x) = \frac{\lambda^- \lambda^+ + \left(\lambda^- + \dfrac{r_2}{x}\right)b - \left(\lambda^+\left(\dfrac{y_2}{x}\right) - \dfrac{s_2}{x}\right)a + \lambda^+\left(\dfrac{r_2}{x}\right)}{\left(\lambda^- + \dfrac{r_1}{x}\right)\left(\lambda^- + \dfrac{r_2}{x}\right)}$$

$$- \frac{\lambda^- \lambda^+}{(\lambda^-)^2}.$$

由于当 $x \to 0$ 时,

$$\frac{r_1}{x} \to 0, \quad \frac{r_2}{x} \to 0, \quad \frac{y_2}{x} \text{ 有界},$$

$$a \to 0, \quad b \to 0, \quad \frac{s_1}{x} \to 0, \quad \frac{s_2}{x} \to 0.$$

因此有当 $x \to 0$ 时 $R(x)\to 0$.

定理 1.2(非退化鞍点不变流形的孤立性) 设在系统(1.1)中有

$$g(O) = 0, \quad \mathrm{D}g(O) = 0, \quad \det A < 0,$$

则鞍点 O 的 4 条不变流形都是孤立的,即它们是系统(1.1)的线性系统不变流形邻域中唯一的系统(1.1)的不变流形.

证明 设已用非异线性变换把系统(1.1)化为系统(1.2).由条件知,引理 1.1 和引理 1.2 成立.

设 $\triangle OAB$ 中存在系统 (1.2) 的两条不同的进入鞍点 O 的不变流形 γ_1, γ_2，则由引理 1.1 和引理 1.2 知，γ_1, γ_2 可表为显函数

$$\gamma : y = y_1(x) \quad \text{及} \quad \gamma_2 : y = y_2(x),$$

且对 $x > 0$, $z(x) = y_1(x) - y_2(x) > 0$，满足

$$\frac{\mathrm{d}z(x)}{\mathrm{d}x} = \frac{z}{x}(-\lambda + R),$$

其中 $\lambda > 0$，当 $x \to 0$ 时 $R \to 0$.

现在选取 x_0，使得当 $0 < x < x_0$ 时 $|R| < \lambda/2$，并从 x 到 x_0 对上式积分，则得到

$$z = z(x_0) \mathrm{e}^{\int_x^{x_0} \frac{\lambda - R}{x} \mathrm{d}x} > z(x_0) \mathrm{e}^{\frac{1}{2}\lambda \int_x^{x_0} \frac{\mathrm{d}x}{x}} \geqslant z(x_0)\left(\frac{x_0}{x}\right)^{\frac{1}{2}\lambda}.$$

因此当 $x \to 0$ 时，$z(x) \to +\infty$，这与 $z(x) \to 0$ 矛盾. 由此 $\triangle AOB$ 中不可能存在两条进入 O 的不变流形，即这种不变流形是唯一的. 同理可证，在其余三个三角形中也各只存在一条不变流形. 用线性变换把系统 (1.2) 化为系统 (1.1) 即知，可把鞍点 O 的邻域划分为 4 个区域，使得每个区域中只存在系统 (1.1) 的一条不变流形.

定理证完.

下面考察与鞍点的不变流形有关的一些度量关系.

设

$$A = \begin{pmatrix} a & b \\ c & d \end{pmatrix}, \tag{1.7}$$

s^+, s^- 是鞍点 O 的稳定流形和不稳定流形. s^+, s^- 在 O 点的斜率分别为 k^+, k^-. 又设 e^+, e^- 分别是 s^+, s^- 在 O 点的单位切向量，其方向由下式确定

$$e^* \cdot \overrightarrow{OM} > 0, \tag{1.8}$$

其中"$*$"代表"$+$"或"$-$"号，而 M 是 s^* 上 O 点近旁的一点. 又设

$$\lambda^- < 0 < \lambda^+$$

是 A 的特征值，则我们有

引理 1.3 $Ae^+ = \lambda^- e^+$, $Ae^- = \lambda^+ e^-$.

264

证明 设 s_L^* 是 s^* 在 O 点的切线,则 s_L^* 的斜率就是 k^*,且 s_L^* 是系统 $\dot{X} = AX$ 的不变流形(定理 1. 1,定理 1. 2). 任取 $X \in s_L^*$,由于 s_L^* 是直线,故 s_L^* 在 X 处的切向量 AX 平行于向量 OX,故有

$$Ae^* \,/\!/\, e^*,$$

即存在非零实数 μ_1, μ_2,使 $Ae^+ = \mu_1 e^+$, $Ae^- = \mu_2 e^-$. 这表明 e^* 就是 A 的特征向量,而 μ_1 和 μ_2 就是 A 的特征值. 由式(1. 8)知,Ae^+ 与 e^+ 反向,Ae^- 与 e^- 同向,故

$$\mu_1 = \lambda^-, \quad \mu_2 = \lambda^+.$$

引理 1. 4 k^* 满足方程

$$bk^2 + (a - d)k - c = 0.$$

证明 我们有

$$\frac{\mathrm{d}y}{\mathrm{d}x} = \frac{cx + dy + o(\parallel X \parallel)}{ax + by + o(\parallel X \parallel)} = \frac{c + d\left(\dfrac{y}{x}\right) + \dfrac{o(\parallel X \parallel)}{x}}{a + b\left(\dfrac{y}{x}\right) + \dfrac{o(\parallel X \parallel)}{x}},$$

$$(1. 9)$$

让 $M(x, y)$ 沿着轨线 s^* 趋于 O 点,则 $x, y(x)$ 满足上式,再注意当 $x \to 0$ 时

$$\frac{y}{x} \to k^*, \quad \frac{\mathrm{d}y}{\mathrm{d}x} \to k^*.$$

故在式(1. 9)中令 $x \to 0$ 即得

$$k^* = \frac{c + dk^*}{a + bk^*}.$$

因此 k^* 满足方程

$$bk^2 + (a - d)k - c = 0.$$

引理 1. 5 $a + bk^+ = d - bk^- = \lambda^-$, $a + bk^- = d - bk^+ = \lambda^+$.

证明 向量 $(1, k^*)^{\mathrm{T}}$ 是 s^* 在 O 点的切向量,由引理 1. 3 知,它是 A 的特征向量. 又 $(1, k^*)^{\mathrm{T}}$ 和 e^* 的方向相同,故有

$$\begin{pmatrix} a & b \\ c & d \end{pmatrix} \begin{pmatrix} 1 \\ k^* \end{pmatrix} = \lambda^{-*} \cdot \begin{pmatrix} 1 \\ k^* \end{pmatrix}.$$

因而有

$$a + bk^* = \lambda^{-*}. \tag{1.10}$$

再由引理 1.4 及根与系数的关系得

$$k^* + k^{-*} = -\frac{a-d}{b}. \tag{1.11}$$

由式(1.10)和(1.11)即得

$$a + bk^* = d - bk^{-*} = \lambda^{-*}.$$

§2 同宿环.异宿环与后继函数

同一个鞍点 O 的稳定流形 s^+ 和不稳定流形 s^- 有时可以重合,这时这一重合的轨线 $S^{(1)}$ 就形成了一种特殊的轨线(见图 10.4),称为鞍点**分界线环**或者**同宿环**或**同宿轨线**. 如果 P 是 $S^{(1)}$ 上一点,$\varphi(t,p)$ 是 $t=0$ 时系统过 p 点的轨线,那么同宿轨线的特征是

当 $t \to +\infty$ 时 $\varphi(t,p) \to 0$;　当 $t \to -\infty$ 时 $\varphi(t,p) \to 0$.

$$\tag{2.1}$$

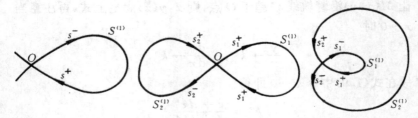

图 10.4　各种同宿轨线

一个鞍点 O_1 的不稳定流形 s_1^- 有时可以和另一个鞍点 O_2 的稳定流形重合,这时这一重合的轨线 s_{12} 就形成了另一种特殊轨线,称为**鞍点连线**或**异宿轨线**. 若干条异宿轨线可形成一个环,称为**异宿环**. 按环上鞍点的个数,可记为 $S^{(2)}$,$S^{(3)}$,… 等等(见图 10.5). 如果 p 是异宿轨线 s_{12} 上一点,$\varphi(t,p)$ 是系统当 $t=0$ 时通过 p 点的轨线,那么异宿轨线的特征是

266

当 $t \rightarrow + \infty$ 时 $\varphi(t, p) \rightarrow O_2$；　当 $t \rightarrow - \infty$ 时 $\varphi(t, p) \rightarrow O_1$.

$$(2.2)$$

同宿环和异宿环又统称为**奇环**或**奇闭轨线**.

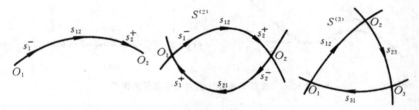

图 10.5　异宿轨线和异宿环

对于同(异)宿环,首先要研究的问题是它的内侧稳定性,即它内侧邻近的轨线是趋近于它还是远离于它的问题. 为此我们先要研究变分方程和后继函数的性质.

设

$$\dot{X} = f(X), \quad X \in \mathbf{R}^n, f \in C^r, r \geqslant 1 \qquad (2.3)$$

定义了一个动力系统,$\varphi(t, p)$ 是系统(2.3)的在 $t = 0$ 时过 $p \in \mathbf{R}^n$ 的轨线. 那么 $\varphi(t, p)$ 就是系统(2.3)的流,$\dfrac{\partial \varphi}{\partial p}$ 是流 $\varphi(t, p)$ 的导算子. 我们有

引理 2.1　$\dfrac{\partial \varphi}{\partial p} f(p) = f(\varphi(t, p))$.

这个引理是解对初值的可微性的一种表述形式,在常微分方程的经典教科书中通常将它写为 $\varphi(t, p)$ 的导数公式.

引理 2.2　$\varphi(t, p)$ 满足变分方程

$$\frac{\partial \varphi}{\partial t} = \frac{\partial \varphi}{\partial p} f(p).$$

证明　我们有

$$\frac{\partial \varphi}{\partial t} = f(\varphi(t, p)) = \frac{\partial \varphi}{\partial p} f(p).$$

$\varphi(t, p)$ 定义了 $\mathbf{R}^n \rightarrow \mathbf{R}^n$ 的一个算子,称为流算子,它把 $p \in \mathbf{R}^n$

267

变到 $p_1 = \varphi(t, p)$，而 $\dfrac{\partial \varphi}{\partial p}$ 是流算子 $\varphi(t, p)$ 的导算子，它把 p 点处的切向量 $f(p)$ 变到 p_1 点处的切向量 $f(p_1)$（图 10.6）.

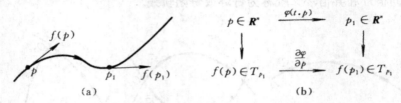

图 10.6　流算子和导算子的几何意义及作用

把轨线 $\varphi(t, p)$，$0 \leqslant t \leqslant t_0$ 看成 $\mathbf{R}^n$ 中的曲线，则我们可定义 p 点及 p_1 点处的切空间 T_p 及 T_{p_1}. 由此又可定义 $T_p \to T_{p_1}$ 的线性映射 $A: f(p) \to f(p_1)$，引理 2.1 表明，A 恰好就是导算子. 流算子 $\varphi(t, p)$ 作用在 $\mathbf{R}^n$ 上，而流的导算子 $\dfrac{\partial \varphi}{\partial p}$ 作用在切空间 T_p 上，它们的作用可用图 10.6(b) 中的图表说明.

引理 2.3　设 $A = A(t)$ 是 t 的矩阵函数，即其元素都是 t 的函数，则
$$\frac{\mathrm{d}}{\mathrm{d}t}(\det A) = \mathrm{Tr}\left(A^* \cdot \frac{\mathrm{d}A}{\mathrm{d}t}\right),$$
其中 A^* 是 A 的伴随矩阵（习题 85）.

引理 2.4　设 $X(t)$ 是 t 的矩阵函数，满足方程
$$\frac{\mathrm{d}X}{\mathrm{d}t} = AX.$$
则
$$\frac{\mathrm{d}}{\mathrm{d}t}(\det X) = \mathrm{Tr}\, A \det X \quad （习题 86）.$$

引理 2.5　$u = \dfrac{\partial \varphi}{\partial p}$ 满足变分方程
$$\begin{cases} \dot{u} = \dfrac{\partial f(\varphi(t, p))}{\partial X} u = (\mathrm{D}_X f(\varphi(t, p)))u, \\ u(0) = I. \end{cases}$$

证明　由解对初值的可微性及交换对 t 求导和对 p 求导的顺

268

序即得 u 满足引理中的方程；再由 $\varphi(0,p)=p$ 两边对 p 求导即得 $u(0)=I$.

引理 2.6 $\det\left(\dfrac{\partial\varphi(t,p)}{\partial p}\right)=e^{\int_0^t \mathrm{Tr}\frac{\partial f(\varphi(t,p))}{\partial X}\mathrm{d}t}$.

证明 由引理 2.4 和引理 2.5 即得.

现设 γ 是 (2.3) 的一条轨线，l_1,l_2 是 γ 的两条无切线段，n_1,n_2 是 l_1,l_2 的单位方向向量，γ 与 l_1,l_2 分别交于 N_1,N_2 点. 在 l_1 上取定一点 M_1，l_2 上取定一点 M_2 后，则 N_1,N_2 可表示为

$$N_1 = M_1 + un_1, \quad N_2 = M_2 + v(u)n_2. \qquad (2.4)$$

定义 1 函数 $v=v(u)$ 称为系统 (2.3) 的轨线 γ 从 N_1 点到 N_2 点的对应函数或传递函数. 如果 γ 盘旋一周后再次与 l_1 相交，并且 l_2 与 l_1 重合，这时我们称函数 $v=v(u)$ 为 γ 的后继函数 (见图 10.7).

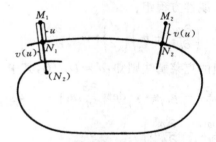

图 10.7 对应函数 (传递函数) 与后继函数的意义

下面导出对应函数与后继函数的导数公式.

引理 2.7 设

$$\Delta_1 = \det\left(\frac{\partial\varphi(t,p)}{\partial t},n_1\right), \quad \Delta_2 = \det\left(\frac{\partial\varphi(t,p)}{\partial t},n_2\right)$$

则当 $v=v(u)$ 表示对应函数时，

$$v'(u) = \frac{\Delta_1}{\Delta_2}e^{\int_0^\tau \mathrm{Tr}\frac{\partial f(\varphi(t,p))}{\partial X}\mathrm{d}t},$$

其中 τ 表示轨线 γ 从 N_1 点到 N_2 点所用的时间.

当 $v = v(u)$ 表示后继函数时,

$$v'(u) = e^{\int_0^\tau \mathrm{Tr} \frac{\partial f(\varphi(t,p))}{\partial X} dt},$$

这时 τ 表示 γ 从 l_1 出发,盘旋一周后再次与 l_1 相交所用的时间(回复时间).

证明 由 N_1, N_2, τ 的意义知

$$\varphi(\tau, N_1) = \varphi(\tau(u), N_1) = N_2,$$

由式(2.4)得

$$\varphi(\tau, M_1 + un_1) = M_2 + vn_2.$$

在此等式两边对 u 求导即得

$$\frac{\partial \varphi}{\partial t} \tau' + \frac{\partial \varphi}{\partial p} n_1 = v' n_2.$$

将 $(\tau', v')^{\mathrm{T}}$ 看成未知向量,$\left(\dfrac{\partial \varphi}{\partial t}, -n_2 \right)$ 看成系数矩阵,由此可将上述等式写成一个线性方程组:

$$\left(\frac{\partial \varphi}{\partial t}, - n_2 \right) \begin{pmatrix} \tau' \\ v' \end{pmatrix} = - \frac{\partial \varphi}{\partial p} n_1.$$

由解线性方程组的克莱姆法则知,$v' = D_{v'}/D$,其中

$$D = \det \left(\frac{\partial \varphi}{\partial t}, - n_2 \right) = - \det \left(\frac{\partial \varphi}{\partial t}, n_2 \right) = - \Delta_2,$$

$$D_{v'} = \det \left(\frac{\partial \varphi}{\partial t}, - \frac{\partial \varphi}{\partial p} n_1 \right)$$

$$= - \det \left(\frac{\partial \varphi}{\partial p} \right) (f(p), n_1) \quad (\text{注意:式中的 } p \text{ 即为 } N_1)$$

$$= - \det \left(\frac{\partial \varphi}{\partial p} \right) \left(\frac{\partial \varphi}{\partial t}, n_1 \right) = - \Delta_1 \det \left(\frac{\partial \varphi}{\partial p} \right).$$

因此,由引理 2.6 即得

$$v' = \frac{D_{v'}}{D} = \frac{\Delta_1}{\Delta_2} e^{\int_0^\tau \mathrm{Tr} \frac{\partial f(\varphi(t,p))}{\partial X} dt}.$$

当 $v = v(u)$ 表示后继函数时,l_2 与 l_1 重合,$\Delta_1 = \Delta_2$,因此这时

$$v' = e^{\int_0^\tau \mathrm{Tr} \frac{\partial f(\varphi(t,p))}{\partial X} dt}.$$

270

引理 2.7 中的公式含有轨线的方程,因此一般无法算出.但有些特殊的轨线有时可以写出其解.下面考虑用特殊轨线的方程求出它邻近轨线的后继函数的近似表示式.

引理 2.8 设系统(2.3)的轨线 γ_0 的参数方程为 $X=\varphi_0(t)$,M_1,M_2 是 γ_0 上两点,l_1,l_2 是沿 M_1,M_2 的法向量方向所取的无切线段,γ 是 γ_0 邻近的一条轨线,与 l_1,l_2 分别交于 N_1,N_2 点,$u=M_1N_1$,$v=M_2N_2$.则

$$\frac{v}{u} = \frac{1}{E_{12}}\mathrm{e}^{J_{12}} + \alpha,$$

其中

$$E_{12} = \frac{\|f(M_2)\|}{\|f(M_1)\|};$$

$$J_{12} = \int_{t_1}^{t_2}\mathrm{Tr}\left.\frac{\partial f(\varphi(t,p))}{\partial X}\right|_{x\in\gamma_0}\mathrm{d}t = \int_{t_1}^{t_2}\mathrm{Tr}\frac{\partial f(\varphi_0(t))}{\partial X}\mathrm{d}t$$

(t_1,t_2 是 M_1,M_2 所对应的时刻);

$$\alpha \to 0, \quad \text{当 } u \to 0 \text{ 时}.$$

证明 如图 10.8 所示.

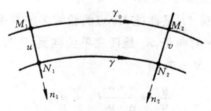

图 10.8 特殊轨线 γ_0 近旁的对应函数

设 n_1,n_2 表示 M_1,M_2 点处的单位法向量,$n_1^{\perp},n_2^{\perp}$ 表示与 n_1,n_2 正交,且长度与 n_1,n_2 相等的向量.则

$$n_1^{\perp} = \frac{f(M_1)}{\|f(M_1)\|}, \quad n_2^{\perp} = \frac{f(M_2)}{\|f(M_2)\|}.$$

而

271

$$\Delta_1 = \det\left(\frac{\partial \varphi}{\partial t}, n_1\right) = \det\left(\frac{\partial \varphi_0(t)}{\partial t}, n_1\right) + \alpha_1$$

$$= \det(f(M_1), n_1) + \alpha_1 = f(M_1) \cdot n_1^{\perp} + \alpha_1 = \|f(M_1)\| + \alpha_1.$$

同理可证 $\Delta_2 = \|f(M_2)\| + \alpha_2$. 因而由引理 2.7 得

$$v'(u) = \frac{\|f(M_1)\| + \alpha_1}{\|f(M_2)\| + \alpha_2} e^{\int_0^{\tau} \mathrm{Tr} \frac{\partial f(\varphi(t,p))}{\partial X} dt}$$

$$= \frac{\|f(M_1)\| + \alpha_1}{\|f(M_2)\| + \alpha_2} e^{\int_{t_1}^{t_2} \frac{\partial f(\varphi_0(t))}{\partial X} dt + \alpha_3}$$

$$= \frac{1}{E_{12}} e^{J_{12}} + \alpha_4.$$

由解对初值的连续性知,当 $u \to 0$ 时,$N_1 \to M_1, N_2 \to M_2$. 因此有

$$\alpha_i \to 0 \ (i = 1, 2, 3, 4), \quad v(0) = 0, \quad v'(0) = \frac{1}{E_{12}} e^{J_{12}}.$$

故

$$\frac{v}{u} = v'(0) + \alpha = \frac{1}{E_{12}} e^{J_{12}} + \alpha, \quad \alpha \to 0, \text{ 当 } u \to 0 \text{ 时}.$$

下面导出经过轨线上同一点具有不同方向的两条无切线段之间的无切弧参数的对应关系.

引理 2.9 设 $l, \bar{l}$ 是都过 M_0 点的轨线 γ 的两条无切线段,n, $\bar{n}$ 是 $l, \bar{l}$ 的单位方向向量,n_0 是任意单位向量,γ 与 $l, \bar{l}$ 交于 $N, \bar{N}$ 点,$M_0N = u, M_0 \bar{N} = \bar{u}$. 则

$$\frac{\bar{u}}{u} = \frac{n \cdot n_0}{\bar{n} \cdot n_0}(1 + \alpha),$$

其中当 $u \to 0$ 时, $\alpha \to 0$ (习题 87).

§3   同(异)宿环的稳定性

下面的定理是研究同(异)宿环、极限环稳定性的一个重要依据.

272

定理 3.1 设 L 表示 $\dot{X} = f(X)$ 的一个极限环或同宿环或异宿环,γ 是 L 内侧距离 L 充分近的一条轨线,因此 γ 从 L 的一条无切线段 l 出发并经过时间 τ 后将再次与 l 相交. p 是 γ 上任意一点,$\varphi(t, p)$ 是系统 (2.3)(见 267 页)的在 $t=0$ 时经过 p 点的解(因此 $\varphi(t, p)$ 就是 γ 的参数方程):

$$I(\gamma) = \int_0^\tau \mathrm{Tr}\, \frac{\partial f(\varphi(t, p))}{\partial X} \mathrm{d}t.$$

则当 $I(\gamma) < 0$(或 >0)时,L 是内侧稳定的(或不稳定)的.

证明 在 L 上任意取一点 M,设 l 是过 M 点的无切线段,其方向指向 L 内部,γ 从 l 上 N_1 点出发,经过时间 τ 后再次与 l 交于 N_2 点. 设 $MN_1 = u, MN_2 = v$,则显然,

当 $\dfrac{v}{u} < 1$(或 >1)时,L 是内侧稳定(或不稳定)的.

由解对初值的光滑性知,后继函数 $v = v(u)$ 是 u 的光滑函数(光滑性与式 (2.3) 右端函数 $f(X)$ 相同). 因此由引理 2.7 及带 Peano 余项的泰劳公式得

$$v = v'(u)u + \alpha = \mathrm{e}^{I(\gamma)} u + \alpha,$$

其中 α 是 u 的高阶无穷小. 故若 $I(\gamma) < 0$(或 >0),则当 u 充分小时有 $v/u < 1$(或 >1). 这就证明了定理.

如果 L 是一个周期为 T 的极限环 Γ,那么当 $u=0$ 时,积分 $I(\gamma)$ 就变成 Γ 的特征指数

$$I(T) = \int_0^T \mathrm{Tr}\, \frac{\partial f(\varphi_0(t))}{\partial X} \mathrm{d}t$$

($I(T)$ 与特征指数 γ_0 差一个常数倍 T,$\varphi_0(t)$ 是 Γ 的参数方程),由解对初值的连续性知,当 $u \to 0$ 时 $I(\gamma) \to I(T)$. 因此由定理 3.1 再次得出第三章 §3 中判断极限环稳定性的定理. 但是当 L 表示一个同宿环时,如果 $u=0$,则积分 $I(\gamma)$ 形式上将变成一个无穷积分

$$\int_{-\infty}^{\infty} \mathrm{Tr}\, \frac{\partial f(\varphi_0(t))}{\partial X} \mathrm{d}t$$

(这时 $\varphi_0(t)$ 表示同宿环的参数方程). 这就产生一些新问题,例如

此无穷积分是否收敛？如果收敛,当 $u \to 0$ 时,积分 $I(\gamma)$ 是否趋于它？至于当 L 表示一个异宿环时,$I(\gamma)$ 将有什么变化就更不清楚了.虽然如此,通过与极限环的类比,我们有理由猜想,上述无穷积分的符号应当能决定同宿环的稳定性.下面将证明这一猜想是正确的.以下分粗(临界)情况的同(异)宿环 4 种情形来讨论同(异)宿环的稳定性.

1. 粗鞍点同宿环的稳定性

设原点 $O(0,0)$ 是 $\dot{X} = f(X)$ 的非退化鞍点,O 有一个与它相连的同宿环 $S^{(1)}$.令

$$\sigma_0 = \mathrm{Tr} \left. \frac{\partial f(X)}{\partial X} \right|_{X=0}.$$

本小节假定 $\sigma_0 \neq 0$,这时 O 称为一个粗鞍点,而 $S^{(1)}$ 称为粗鞍点同宿环.

讨论粗鞍点同宿环的稳定性,要用到鞍点的下述性质:

引理 3.1 设 O 是 $\dot{X} = f(X)$ 的非退化鞍点,s^+, s^- 分别是 O 的稳定流形和不稳定流形,l_1 是过 s^+ 上 M_1 点的无切弧,l_2 是过 s^- 上 M_2 点的无切弧,$N_1 \in l_1$,$M_1 N_1 = u$,γ 是式(2.3)的 $t=0$ 时过 N_1 点的轨线,经过时间 τ 后交 l_2 于 N_2 点.则

$$\tau \to +\infty, \quad \text{当 } u \to 0 \text{ 时(见图 10.9).}$$

证明 首先可用非异线性变换将

$$\dot{X} = f(X), \quad X \in R^2, f \in C^r, r \geqslant 1 \tag{3.1}$$

化为

$$\begin{cases} \dot{x} = \lambda^- x + r_1(x,y), \\ \dot{y} = \lambda^+ y + r_2(x,y). \end{cases} \tag{3.2}$$

其中 $\lambda^- < 0 < \lambda^+$,$r_1, r_2$ 是 x, y 的高阶无穷小.由本章定理 1.1 知,系统(3.2)有两个不变流形

$$s^+: y = \varphi(x) \quad \text{及} \quad s^-: x = \psi(y),$$
$$\varphi, \psi \in C^1, \quad \varphi(0) = \varphi'(0) = 0, \quad \psi(0) = \psi'(0) = 0.$$

作变量替换 $x - \psi(y) \to x, y - \varphi(x) \to y$（此记号的含义是令 $u = x - \psi(y), v = y - \varphi(x)$，然后在变换后所得的系统中再把 u, v 重新记成 x, y），则系统(3.2)成为

$$\begin{cases} \dot{x} = \lambda^- x + \Phi(x, y), \\ \dot{y} = \lambda^+ y + \Psi(x, y), \end{cases} \tag{3.3}$$

其中

$$\Phi(0, y) = \Psi(x, 0) \equiv 0, \quad \left. \frac{\partial \Phi}{\partial x} \right|_{(x,y)=(0,0)} = \left. \frac{\partial \Psi}{\partial y} \right|_{(x,y)=(0,0)} = 0 \tag{3.4}$$

（习题 88）. 显然，$s^+: y = 0$ 及 $s^-: x = 0$ 是系统(3.3)的稳定流形和不稳定流形，因而 $x = \rho$ 是 s^+ 的无切线段，$y = \rho$ 是 s^- 的无切线段. 设 $N_1(\rho, u)$ 是 $x = \rho$ 上一点，γ 是系统(3.3)的轨线，在 $t = 0$ 时从 N_1 出发，经过 τ_1 时间后交 $y = x$ 于 $N(\xi, \xi)$ 点，再经过 τ_2 时间后交 $y = \rho$ 于 $N_2(v, \rho)$ 点. 在 $[\xi, \rho]$ 上 γ 可表示为 $y = \varphi_1(x)$，在 $(0, \xi]$ 上 γ 可表示为 $x = \psi_1(y)$，且当 $u \to 0$ 时 $\varphi_1(x) \to 0, \psi_1(y) \to 0$，

$$\tau = \tau_1 + \tau_2,$$

$$\tau_1 = \int_\rho^\xi \frac{dx}{\lambda^- x + \Phi(x, \varphi_1(x))} = \int_\xi^\rho \frac{dx}{-\lambda^- x - \Phi(x, \varphi_1(x))}$$

$$> \int_\xi^\rho \frac{dx}{-\lambda^- x + \varepsilon x} \geqslant \frac{1}{-\lambda^- + \varepsilon} \ln \frac{\rho}{\xi},$$

其中 ε 是一个充分小的正数. 当 ε 取定后，取 ρ, u 充分小，使得

$$|\Phi(x, \varphi_1(x))| < \varepsilon.$$

由于当 $u \to 0$ 时 $\xi \to 0$，因此当 ε, ρ 固定后，当 $u \to 0$ 时 $\tau_1 \to +\infty$. 同理可证，当 $u \to 0$ 时 $\tau_2 \to +\infty$. 因此

$$\tau \to +\infty.$$

将系统化为系统(3.1)，再由本章引理 2.9 即得本引理.

定理 3.2 设 $S^{(1)}$ 是系统 $\dot{X} = f(X), X \in \mathbf{R}^2, f \in C^1$ 的与鞍点

O 相连的同宿环,

$$\sigma_0 = \mathrm{div} f(X)|_{X=0}.$$

则当 $\sigma_0 < 0$(或 > 0)时,$S^{(1)}$ 是稳定(或不稳定)的.

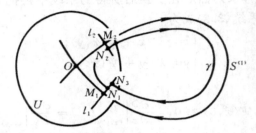

图 10.9 γ 在鞍点 O 的邻域 U 内"慢"化

证明 如图 10.9 所示. 不妨设 $\delta_0 > 0$,则由 $\mathrm{div} f(X)$ 对 X 的连续依赖性,存在 O 的邻域 U,使得在 U 中

$$\mathrm{div} f(X) > \frac{1}{2} \sigma_0. \tag{3.5}$$

在 U 内取两条固定的无切弧 l_1, l_2,设 γ 是 $S^{(1)}$ 内侧充分接近 $S^{(1)}$ 的轨线,从 l_1 上 N_1 点出发,与 l_2 交于 N_2 点并再次与 l_1 交于 N_3 点. 设与 N_1, N_2, N_3 点相应的时刻分别为 $t_1 = 0, t_2$ 及 t_3,则

$$I(\gamma) = \int_0^{t_3} \mathrm{Tr} \frac{\partial f(X)}{\partial X}\Big|_{X \in \gamma} \mathrm{d}t = \left(\int_0^{t_2} + \int_{t_2}^{t_3} \right) \left(\mathrm{Tr} \frac{\partial f}{\partial X}\Big|_{X \in \gamma} \right) \mathrm{d}t$$
$$= I_1(\gamma) + I_2(\gamma).$$

由引理 3.1 及解对初值的连续性知,当 $u \to 0$ 时

$$t_2 \to +\infty, \quad I_2(\gamma) \to I_2 = \int_{T^-}^{T^+} \mathrm{Tr} \frac{\partial f(X)}{\partial X}\Big|_{X \in S^{(1)}} \mathrm{d}t,$$

其中 $u = M_1 N_1$,M_1 是 l_1 与 $S^{(1)}$ 的交点,M_2 是 l_2 与 $S^{(1)}$ 的交点;T^- 是交于 M_2 点所对应的时刻,T^+ 是交于 M_1 点所对应的时刻. 又由 U 的特性知

$$I_1(\gamma) > \frac{1}{2} \sigma_0 t_2.$$

因此当 $u \to 0$ 时

$$I(\gamma) \to +\infty > 0.$$

由定理 3.1 知 $S^{(1)}$ 不稳定. 同理可证, 若 $\sigma_0 < 0$, 则 $S^{(1)}$ 稳定.

2. 临界情况下同宿环的稳定性

在这一小节中我们考虑 $\sigma_0 = 0$, 即所谓临界情况下同宿环的稳定性. 由于这时不可避免地要遇到无穷积分

$$\sigma = \int_{-\infty}^{\infty} \mathrm{div} f(X) \big|_{X \in S^{(1)}} \mathrm{d}t,$$

因此我们首先讨论它的收敛性.

引理 3.2 设 $S^{(1)}$ 是 $\dot{X} = f(X)$ 的与鞍点 O 相连的同宿环,

$$\sigma_0 = \mathrm{div} f(X) \big|_{X=0}, \quad \sigma = \int_{-\infty}^{\infty} \mathrm{div} f(X) \big|_{X \in S^{(1)}} \mathrm{d}t.$$

则当 $\sigma_0 < 0 (>0)$ 时 $\sigma = -\infty (+\infty)$; 当 $\sigma_0 = 0$ 时 $-\infty < \sigma < +\infty$.

证明 将无穷积分分为三部分, 即

$$\sigma = \left(\int_{-\infty}^{T^-} + \int_{T^-}^{T^+} + \int_{T^+}^{+\infty} \right) (\mathrm{div} f(X) \big|_{X \in S^{(1)}}) \mathrm{d}t$$

$$= I^- + I_0 + I^+.$$

若 $\sigma_0 \neq 0$, 则由定理 3.2 的证明知, I^-, I^+ 都是符号与 σ_0 相同的无穷大, 而 I_0 是有限数, 因此当 $\sigma_0 < 0 (>0)$ 时

$$\sigma = -\infty (\text{或} +\infty).$$

下面设 $\sigma_0 = 0$. 在鞍点 O 的小邻域 U 中 s^+, s^- 可表示为

$$s^+ : y^+ = k^+ x + \varphi^+(x) \quad \text{及} \quad s^- : y^- = k^- x + \varphi^-(x),$$

其中 φ^+, φ^- 连续可微, 且当 $x \to 0$ 时是 x 的高阶无穷小 (如果 k^+ 或 k^- 不是有限数, 则 s^+ 或 s^- 可表示为 y 的函数. 可类似证明). 设 $f(X) = (P(x,y), Q(x,y))^{\mathrm{T}}$, 则

$$\mathrm{div} f(X) = P_x + Q_y$$

$$= \sigma_0 + (P_{xx}^0 + Q_{xy}^0)x + (P_{xy}^0 + Q_{yy}^0)y + o(\rho),$$

其中 $P_{xx}^0, Q_{xy}^0, P_{xy}^0, Q_{yy}^0$ 分别表示 $P_{xx}, Q_{xy}, P_{xy}, Q_{yy}$ 在 $O(0,0)$ 处的

277

值, $\rho = \sqrt{x^2 + y^2}$. 由于

$$\frac{\mathrm{d}x}{\mathrm{d}t} = P(x,y),$$

故

$$\mathrm{d}t = \frac{\mathrm{d}x}{P(x,y)}.$$

在 I^+ 中作变量替换

$$\mathrm{d}t = \frac{\mathrm{d}x}{P(x,y)},$$

则

$$
\begin{aligned}
I^+ &= \int_{T^+}^{+\infty} \mathrm{div} f(X) \big|_{X \in S^{(1)}} \mathrm{d}t \\
&= \int_{x(T^+)}^0 \frac{\sigma_0 + (P_{xx}^0 + Q_{xy}^0)x + (P_{xy}^0 + Q_{yy}^0)y + o(\rho)}{P_x^0 x + P_y^0 y + o(\rho)} \mathrm{d}x \\
&= \int_{x(T^+)}^0 \frac{[(P_{xx}^0 + Q_{xy}^0) + k^+ (P_{xy}^0 + Q_{yy}^0)]x + o(\rho)}{(P_x^0 + k^+ P_y^0)x + o(\rho)} \mathrm{d}x.
\end{aligned}
$$

因此 I^+ 是有限的. 同理可证 I^- 有限. I_0 显然是有限的, 故当 $\sigma_0 = 0$ 时, 积分 σ 是有限的.

下面证明 σ 这个量在变量替换下是不变的.

引理 3.3 设系统 $\dot{X} = f(X)$, $X \in \mathbf{R}^2$, $f \in C^1$ 有同宿环 $S^{(1)}$, 非异变量替换 $T: Y = h(X)$ 把此系统化为 $\dot{Y} = \bar{f}(Y)$, 而 $S^{(1)}$ 成为 $\bar{S}^{(1)}$, 即为系统 $\dot{Y} = \bar{f}(Y)$ 的同宿环. 则

$$\sigma = \int_{-\infty}^{\infty} \mathrm{div} f(X) \big|_{X \in S^{(1)}} \mathrm{d}t = \int_{-\infty}^{\infty} \mathrm{div}\, \bar{f}(Y) \big|_{Y \in \bar{S}^{(1)}} \mathrm{d}t = \bar{\sigma}.$$

证明 设

$$f(X) = (P(x,y), Q(x,y))^{\mathrm{T}}, \quad \bar{f}(Y) = (\bar{P}(u,v), \bar{Q}(u,v))^{\mathrm{T}},$$

$$T: \begin{pmatrix} u \\ v \end{pmatrix} = \begin{pmatrix} \varphi(x,y) \\ \psi(x,y) \end{pmatrix}, \quad T^{-1}: \begin{pmatrix} x \\ y \end{pmatrix} = \begin{pmatrix} \xi(u,v) \\ \eta(u,v) \end{pmatrix}$$

则由

278

$$T \circ T^{-1} = T^{-1} \circ T = I(\text{恒同})$$

知

$$D_X T^{-1} \circ T(X) = I \quad (I \text{ 为 } 2 \times 2 \text{ 矩阵}),$$

或

$$\begin{bmatrix} \xi_u \varphi_x + \xi_v \psi_x & \eta_u \varphi_x + \eta_v \psi_x \\ \xi_u \varphi_y + \xi_v \psi_y & \eta_u \varphi_y + \eta_v \psi_y \end{bmatrix} = \begin{bmatrix} 1 & 0 \\ 0 & 1 \end{bmatrix},$$

$$\bar{P} = \dot{u} = \varphi_x \dot{x} + \varphi_y \dot{y} = \varphi_x P + \varphi_y Q,$$

$$\bar{Q} = \dot{v} = \psi_x \dot{x} + \psi_y \dot{y} = \psi_x P + \psi_y Q.$$

由上面各式可算出

$$\operatorname{div} \bar{f}(Y) = \bar{P}_u + \bar{Q}_u = UP + VQ + \operatorname{div} f(X),$$

其中

$$U = (\varphi_x)_u + (\psi_x)_v, \quad V = (\varphi_y)_u + (\psi_y)_v,$$

故

$$V_x - U_y \equiv 0.$$

又

$$(u,v) \in \bar{S}^{(1)} \Longleftrightarrow (\varphi(x,y), \psi(x,y)) \in \bar{S}^{(1)} \Longleftrightarrow (x,y) \in S^{(1)},$$

故由 Green 公式知

$$\oint_{S^{(1)}} (UP + VQ) \mathrm{d}t = \oint_{S^{(1)}} (U \mathrm{d}x + V \mathrm{d}y)$$

$$= \iint_{\Omega} (V_x - U_y) \mathrm{d}x \mathrm{d}y \equiv 0,$$

其中 Ω 是由 $S^{(1)}$ 所围成的区域,而

$$\sigma = \oint_{S^{(1)}} \operatorname{div} f(Y) \mathrm{d}t$$

$$= \oint_{S^{(1)}} (UP + VQ) \mathrm{d}t + \oint_{S^{(1)}} \operatorname{div} f(X) \mathrm{d}t$$

$$= \oint_{S^{(1)}} \operatorname{div} f(X) \mathrm{d}t = \sigma.$$

(由于 $S^{(1)}, \bar{S}^{(1)}$ 在鞍点处不光滑,故在应用 Green 公式时,需用光

滑闭曲线去逼近它们,从而对它们仍可应用 Green 公式参见参考文献[17].）

在引理 3.1 的证明中,我们已经看到,系统(3.1)的鞍点的不变流形可以通过一个光滑的非异变换被拉直. 事实上,我们可以证明下面的更强的结果:

定理 3.3(二维 C^1-Hartman 定理） 设 $O(0,0)$ 是系统

$$\dot{X} = f(X), \quad X \in \mathbf{R}^2, f \in C^1$$

的非退化鞍点(即 $\det A < 0, A = D_X f(X)|_{x=0}$),则存在 O 点邻域中的 C^1 变量替换

$$T : Y = h(X),$$

使得系统 $\dot{X} = f(X)$ 化为系统 $\dot{Y} = AY$.

此定理的证明略去. 有兴趣的读者可参见参考文献[31].

有了以上的准备工作,就可以证明这一小节的主要结果.

定理 3.4 设系统 $\dot{X} = f(X), X \in \mathbf{R}^2, f \in C^1$ 存在与鞍点 O 相连的同宿环 $S^{(1)}$,

$$\sigma = \int_{-\infty}^{\infty} \operatorname{div} f(X)|_{X \in S^{(1)}} \mathrm{d}t,$$

则当 $\sigma < 0$(或 > 0)时,$S^{(1)}$ 是稳定(或不稳定)的.

证明 由定理 3.3 知,存在鞍点 O 的球形邻域 $G = B(0,r)$ 中的 C^1 变量替换 T_1,使得 T_1 把系统 $\dot{X} = f(X)$ 化为其在鞍点 O 的线性化系统 $\dot{Y} = AY$. 现定义下面的

$$T = \begin{cases} T_1, & X \in G = B(0,r), \\ \text{光滑连接}, & X \in B(0,2r) \backslash G, \\ \text{非异线性}, & X \in \mathbf{R}^2 \backslash B(0,2r); \end{cases}$$

并设 T 把系统 $\dot{X} = f(X)$ 化为系统 $\dot{Y} = \bar{f}(Y)$,把系统 $\dot{X} = f(X)$ 的同宿环化为系统 $\dot{Y} = \bar{f}(Y)$ 的同宿环 $\bar{S}^{(1)}$,把区域 G 变为区域 $\bar{G}$. 则由 T 的定义可知,在区域 $\bar{G}$ 内,$\bar{S}^{(1)}$ 的稳定流形 $\bar{s}^+$ 和不稳定流形 $\bar{s}^-$ 分别和坐标轴 $v = 0$ 和 $u = 0$ 重合,且

$$\operatorname{div} \bar{f}(Y) = \operatorname{Tr} A = \sigma_0 = 0.$$

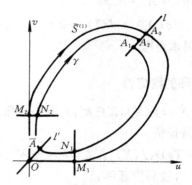

图 10.10　系统 $\dot{Y} = \bar{f}(Y)$ 的同宿环 $\bar{S}^{(1)}$

如图 10.10 所示,在 $\bar{S}^{(1)}$ 内部作以 O 为端点的射线 l^1 及直线 $u = \rho$,
$v = \rho,l$ 是过 $\bar{S}^{(1)}$ 上 A_0 点的无切线段,$\bar{S}^{(1)}$ 内侧从点 $A_1 \in l$ 出发的轨
线 γ 依次与直线 $u = \rho,l',v = \rho$ 相交于 $N_1,\bar{A},N_2$ 点并再次交 l 于
A_2 点,设 γ 从 A_1 出发又绕回 l 的时间为 τ. 取 ρ 充分小,使得由直
线 $u = 0,u = \rho,v = 0,v = \rho$ 所构成的正方形完全位于区域 $\bar{G}$ 中. 设

$$
\begin{aligned}
\bar{\sigma}(A_1) &= \int_0^\tau \operatorname{div} \bar{f}(Y)|_{Y \in \gamma}\, \mathrm{d}t \\
&= \left(\int_{\widehat{A_1 N_1}} + \int_{\widehat{N_1 \bar{A}}} + \int_{\widehat{\bar{A} N_2}} + \int_{\widehat{N_2 A_2}} \right) \operatorname{div} \bar{f}(Y)|_{Y \in \gamma}\, \mathrm{d}t \\
&= \bar{I}_1 + \bar{I}_2 + \bar{I}_3 + \bar{I}_4.
\end{aligned}
$$

$$
\begin{aligned}
\bar{\sigma} &= \int_{-\infty}^{\infty} \operatorname{div} f(Y)|_{Y \in \bar{S}^{(1)}}\mathrm{d}t \\
&= \left(\int_{\widehat{A_0 M_1}} + \int_{M_1 O} + \int_{O M_2} + \int_{\widehat{M_2 A_0}} \right) \operatorname{div} f(Y)|_{Y \in \bar{S}^{(1)}}\mathrm{d}t \\
&= I_1 + I_2 + I_3 + I_4.
\end{aligned}
$$

由于在 $\bar{G}$ 内 $\operatorname{div} \bar{f}(Y) \equiv 0$,故

$$\bar{I}_2 = \bar{I}_3 = I_2 = I_3 = 0.$$

而由解对初值的连续性知,当 $A_1 \to A_0$ 时,

$$\bar{I}_1 \to I_1, \quad \bar{I}_4 \to I_4.$$

因此由引理 3.3 知,当 $A_1 \to A_0$ 时,

$$\sigma(A_1) = I(\gamma) \to \bar{\sigma} = \sigma.$$

再由定理 3.1 即得本定理.

3. 粗情况下异宿环的稳定性

设 O 是系统 $\dot{X} = f(X), X \in \mathbf{R}^2, f \in C^1$ 的鞍点,$\lambda^- < 0 < \lambda^+$ 是系统在鞍点 O 的特征值,

$$\sigma_0 = \operatorname{Tr} D_X f(X)|_{X=0}, \quad \lambda = -\lambda^- / \lambda^+.$$

则由于 $\sigma_0 = \lambda^- + \lambda^+$,故易于证明:

引理 3.4 $\sigma_0 < 0 (=0, >0)$ 的充分必要条件为 $\lambda > 1 (=1, <1)$.

因此定理 3.2 又可叙述为:

定理 3.2′   设 $S^{(1)}$ 是系统 $\dot{X} = f(X), X \in \mathbf{R}^2, f \in C^1$ 的与鞍点 O 相连的同宿环,$\lambda^- < 0 < \lambda^+$ 是系统在 O 点的特征值,

$$\lambda = -\lambda^- / \lambda^+.$$

则当 $\lambda > 1$(或 <1)时,$S^{(1)}$ 是稳定(或不稳定)的.

以这种形式表述的定理 3.2′ 可以被推广到(粗情况下的)异宿环上,这就是下面的定理.

定理 3.5   设 $S^{(n)}$ 是系统 $\dot{X} = f(X), X \in \mathbf{R}^2, f \in C^1$ 的由 O_1, $\cdots, O_n$ 及异宿轨线 $s_{12}, \cdots, s_{n1}$ 组成的异宿环,$D_X f(X)$ 在 O_i 处的特征值为

$$\lambda_i^- < 0 < \lambda_i^+, \quad \lambda_i = -\lambda_i^- / \lambda_i^+, \quad \lambda = \lambda_1 \lambda_2 \cdots \lambda_n.$$

则当 $\lambda > 1$(或 <1)时,$S^{(n)}$ 是稳定(或不稳定)的.

证明   由引理 3.1 的证明知,对每一个 i,存在变量替换 T_i,且 T_i 在 O_i 的邻域 G_i 中将系统化为

$$\frac{\mathrm{d}v}{\mathrm{d}u} = -\frac{v + \Psi_i(u, v)}{\lambda_i(u + \Phi_i(u, v))}.$$

再由定理 3.4 的证明知,存在 $\mathbf{R}^2 \rightarrow \mathbf{R}^2$ 的变量替换 T,使得 T 把 $S^{(n)}$ 变为 $\bar{S}^{(n)}$,G_i 变为 $\bar{G}_i$,而 $u=0, 0 \leqslant v \leqslant 1$ 局部与 $\bar{s}_i^+ = \bar{s}_{i-1,i}$ 重合,$0 \leqslant u \leqslant 1, v=0$ 局部与 $\bar{s}_i^- = s_{i,i+1}$ 重合,函数 Φ_i, Ψ_i 在正方形 $0 \leqslant u \leqslant 1, 0 \leqslant v \leqslant 1$ 中连续可微,

$$\Phi_i(0, v) = \Psi_i(u, 0) \equiv 0,$$

且 Φ_i, Ψ_i 是 u, v 的高阶无穷小(见图 10.11).

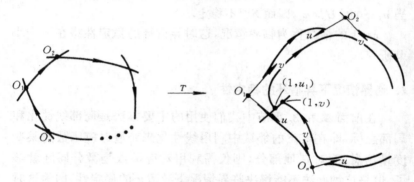

图 10.11 在 $T(S^{(n)})$ 邻域中的局部坐标

当 $\sqrt{u^2 + v^2} \rightarrow 0$ 时,可使得对局部坐标系成立:

$$1 - \varepsilon_i < \frac{1 + \dfrac{\Psi_i(u, v)}{v}}{1 + \dfrac{\Phi_i(u, v)}{u}} < 1 + \varepsilon_i.$$

因此方程的过第 i 个局部坐标系中 $(1, u_i), (v_i, 1)$ 点的积分线将满足

$$v_i = u_i^{\lambda_i(1 + \bar{\varepsilon}_i)}, \quad -\varepsilon_i < \bar{\varepsilon}_i < \varepsilon_i.$$

又由对应函数的性质知,u_{i+1} 是 v_i 的连续可微函数,即

$$u_{i+1} = \varphi_i(v_i), \quad \varphi_i(0) = 0, \quad \varphi_i'(0) = k_i \neq 0,$$

或

$$u_{i+1} = k_i v_i [1 + \alpha_i(v_i)], \quad \text{当 } v_i \rightarrow 0 \text{ 时}, \alpha_i \rightarrow 0.$$

设 $\bar{S}^{(n)}$ 内侧离它充分近的轨线 γ 从 $(1, u_1)$ 点出发绕一周后再

次交直线段 $u=1$ 于 $(1,U)$ 点，且
$$U = \varphi_n(v_n) = k_n v_n [1 + \alpha_n(v_n)].$$
则反复运用上述各式即得

$$U = u_1^{\prod\limits_{i=1}^{n} \lambda_i(1 + \bar{\epsilon}_i)} \prod\limits_{j=1}^{n-1} [k_j(1 + \alpha_j)]^{\prod\limits_{i=j+1}^{n} \lambda_i(1 + \bar{\epsilon}_i)} k_n(1 + \alpha_n).$$

由此即得，若 $\lambda > 1$，则当 $u_1 \to 0$ 时 $U < u_1$，$S^{(n)}$ 稳定；若 $\lambda < 1$，则当 $u_1 \to 0$ 时 $U > u_1$，因而 $S^{(n)}$ 不稳定.

$\lambda = 1$ 的情况称为临界情况，这时异宿环的稳定性将在下一小节研究.

4. 临界情况下异宿环的稳定性

在前面 2. 和 3. 小节中我们使用的主要方法是局部线性化和局部坐标，即在鞍点的邻域中利用线性化来获取对应函数的某些度量信息，而对其他部分，则仅需利用对应函数是微分同胚就够了. 但是这种办法不能解决临界情况下异宿环的稳定性，因为这时需要更详细的了解对应函数的度量性质.

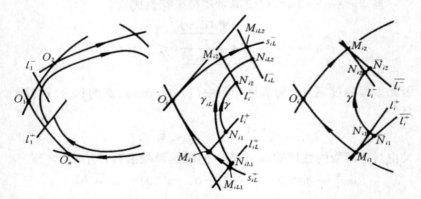

图 10.12　$S^{(n)}$ 上鞍点 O_i 邻域中对应函数 $v_i, \bar{v}_i, v_{iL}$ 的意义

如图 10.12，设 $O_1, \cdots, O_n$ 是 $\dot{X} = f(X)$ $(X \in \mathbf{R}^2, f \in C^1)$ 的鞍

点，s_i^+ 和 s_i^- 是 O_i 的稳定流形和不稳定流形，

$$s_{i,i+1} = s_i^- = s_{i+1}^+ \quad (i = 1, 2, \cdots, n)$$

构成一个异宿环 $S^{(n)}$，s_{iL}^+ 和 s_{iL}^- 是 $\dot{X} = A_i X (X \in \mathbf{R}^2, A_i = D_X f(O_i))$ 的不变流形.（根据定理 1.1，s_{iL}^+, s_{iL}^- 实际上就是 s_i^+, s_i^- 在 O_i 点的切线.）设

$$M_{iL1} \in s_{iL}^+, \quad M_{iL2} \in s_{iL}^-, \quad M_{i1} \in s_i^+, \quad M_{i2} \in s_i^-,$$

使得

$$OM_{iL1} = OM_{iL2} = \widehat{OM}_{i1} = \widehat{OM}_{i2} = \rho_i = C_i \rho,$$

其中 C_i 是待定常数（在定理 3.6 中将给出）. $l_{iL}^+, l_{iL}^-, l_i^+, l_i^-$ 分别是过 $M_{iL1}, M_{iL2}, M_{i1}, M_{i2}$ 点的直线段，使得

$$l_{iL}^+ \mathbin{/\!/} l_i^+ \mathbin{/\!/} s_{iL}^-, \quad l_{iL}^- \mathbin{/\!/} l_i^- \mathbin{/\!/} s_{iL}^+.$$

易证当 ρ 充分小时，$l_{iL}^+, l_{iL}^-, l_i^+, l_i^-$ 对 $S^{(n)}$ 及其邻近的轨线都是无切的. 设 γ 是 $S^{(n)}$ 内侧充分靠近它的轨线，当 $t=0$ 时，γ 从 l_1^+ 上 N_{11} 点出发，$M_{11} N_{11} = u_1$. 则易证当 u_1 充分小时，γ 将依次与 $l_1^+, l_1^-, \cdots$，l_n^+, l_n^- 相交于 $N_{11}, N_{12}, \cdots, N_{n1}, N_{n2}$ 点并重新与 l_1^+ 交于 $N_{n+1,1}$ 点. 设

$$M_{i1} N_{i1} = u_i, \quad M_{i2} N_{i2} = v_i, \quad M_{11} N_{n+1,1} = u;$$

又设 $\overline{l_i^+}, \overline{l_i^-}$ 是过 M_{i1}, M_{i2} 处法线方向的直线段. 则当 ρ 充分小时，$\overline{l_i^+}, \overline{l_i^-}$ 对 $S^{(n)}$ 及其邻近的轨线都是无切的，当 u_1 充分小时，γ 将依次与 $\overline{l_1^+}, \overline{l_1^-}, \cdots, \overline{l_n^+}, \overline{l_n^-}$ 相交于 $\overline{N}_{11}, \overline{N}_{12}, \cdots, \overline{N}_{n1}, \overline{N}_{n2}$ 点并将再次交 $\overline{l_1^+}$ 于 $\overline{N}_{n+1,1}$ 点. 设

$$M_{i1} \overline{N}_{i1} = \overline{u}_i, \quad M_{i2} \overline{N}_{i2} = \overline{v}_i, \quad M_{11} \overline{N}_{n+1,1} = \overline{u}.$$

又设 $N_{iL1} \in l_{iL}^+, M_{iL1} N_{iL1} = u_i$；$\gamma_{iL}$ 是系统 $\dot{X} = A_i X$ 的在 $t=0$ 时从 N_{iL1} 点出发的轨线，γ_{iL} 与 l_{iL}^- 相交于 N_{iL2} 点，

$$M_{iL2} N_{iL2} = v_{iL}.$$

则由解对方程右端的连续性可证下面引理.

引理 3.5 当 $\rho \to 0$ 时，

$$v_i / v_{iL} \to 1.$$

引理 3.5 中的 v_{iL} 是线性系统 $\dot{X} = A_i X$ 的鞍点 O_i 邻域中的对应函数,由于系统 $\dot{X} = AX$ 是可积分出来的. 因此 v_{iL} 可以确切地计算出来,即

引理 3.6 $v_{iL} = \rho_i^{1-\lambda_i} u_i^{\lambda_i}$ (习题 89).

由引理 3.5 和引理 3.6 即得

引理 3.7 $v_i = \rho_i^{1-\lambda_i} u_i^{\lambda_i} (1+\alpha)$,当 $\rho \to 0$ 时 $\alpha \to 0$.

设 s_i^+, s_i^- 在 O_i 处的交角为 θ_i(θ_i 实际上就是直线 s_{iL}^+ 与 s_{iL}^- 的夹角),

$$\angle N_{i1} M_{i1} \bar{N}_{i1} = \varphi_i(\rho_i),$$

则由解对方程右端的连续性易证,当 $\rho \to 0$ 时,

$$\varphi_i(\rho_i) \to \varphi_i = |90° - \theta_i|. \tag{3.6}$$

因此由 §2 中引理 2.9 即得

引理 3.8 $\bar{u}_i = (1+\alpha_1) u_i \cos\varphi_i$,$\bar{v}_i = (1+\alpha_2) v_i \cos\varphi_i$,当 $\rho \to 0$ 时 $\alpha_i \to 0$ ($i=1,2$).

由 §2 中引理 2.8 和上面的引理即得

$$\frac{u_2}{v_1} = \frac{\bar{u}_2 \cos\varphi_1}{\bar{v}_1 \cos\varphi_2} (1+\beta) = \left(\frac{1}{E_{12}} e^{J_{12}} + \gamma \right) \frac{\cos\varphi_1}{\cos\varphi_2} (1+\beta),$$

$$\tag{3.7}$$

其中当 ρ 固定,$u_1 \to 0$ 时,$\gamma \to 0$;当 $\rho \to 0$ 时,$\beta \to 0$.

下面对 E_{12} 和 J_{12} 给出近似估计.

引理 3.9 设 $E_{12} = \| f(M_{21}) \| / \| f(M_{12}) \|$,则

$$E_{12} = - \frac{\rho_2 \lambda_2^-}{\rho_1 \lambda_1^+} (1+\beta),$$

其中当 $\rho \to 0$ 时,$\beta \to 0$.

证明 设 $f(X) = (P(x,y), Q(x,y))^{\mathrm{T}}$,并分别在 M_{12} 和 M_{21} 处把 P, Q 展开(利用带有 Peano 余项的展式),则

在 M_{12} 处

$$P = a_1(x - x_1) + b_1(y - y_1) + \alpha_1,$$
$$Q = c_1(x - x_1) + d_1(y - y_1) + \alpha_2, \tag{3.8}$$

其中 α_1, α_2 当 $\rho \to 0$ 时是 ρ 的高阶无穷小. ((x_1, y_1) 是 O_1 的坐标.)

在 M_{21} 处

$$P = a_2(x - x_2) + b_2(y - y_2) + \alpha_3,$$
$$Q = c_2(x - x_2) + d_2(y - y_2) + \alpha_4, \tag{3.9}$$

其中 α_3, α_4 当 $\rho \to 0$ 时是 ρ 的高阶无穷小. ((x_2, y_2) 是 O_2 的坐标.)

设 M_{1L2} 的坐标为 (x^-, y^-), M_{2L1} 的坐标为 (x^+, y^+), 则由解对方程右端的连续性知, 在 O_1 邻域内成立:

$$x = x^- + \alpha_5, \quad y = y^- + \alpha_6, \tag{3.10}$$

其中 α_5, α_6 当 $\rho \to 0$ 时是 ρ 的高阶无穷小. 在 O_2 的邻域内成立:

$$x = x^+ + \alpha_7, \quad y = y^+ + \alpha_8, \tag{3.11}$$

其中 α_7, α_8 当 $\rho \to 0$ 时是 ρ 的高阶无穷小.

设 $e_1^- = (e_{11}^-, e_{12}^-)$, $e_2^+ = (e_{21}^+, e_{22}^+)$ 分别是 O_1, O_2 处和异宿轨线 s_{12} 相切的单位向量, 其方向指向 O_1, O_2 之间, 则

$$x^- - x_1 = \rho_1 e_{11}^-, \quad x^+ - x_2 = \rho_2 e_{21}^+,$$
$$y^- - y_1 = \rho_1 e_{12}^-, \quad y^+ - y_2 = \rho_2 e_{22}^+. \tag{3.12}$$

又设 k_1^-, k_2^+ 分别是 s_{12} 在 O_1, O_2 处的斜率, 则显然

$$k_1^- = e_{12}^-/e_{11}^-, \quad k_2^+ = e_{22}^+/e_{21}^+. \tag{3.13}$$

由式 $(3.8) \sim (3.13)$ 和 §1 中引理 1.5 即得, 在 M_{12} 处有

$$P = \rho_1 \lambda_1^+ (e_{11}^- + \beta_2), \tag{3.14}$$

其中

$$\beta_2 = \frac{\beta_1}{\lambda_1^+}, \quad \beta_1 = \frac{a_1\alpha_5 + b_1\alpha_6 + \alpha_1}{\rho_1}, \quad \text{当 } \rho \to 0 \text{ 时}, \beta_2 \to 0.$$

同理

$$Q = \rho_1 \lambda_1^+ (e_{12}^- + \beta_3), \quad \text{当 } \rho \to 0 \text{ 时}, \beta_3 \to 0. \tag{3.15}$$

类似, 在 M_{21} 处有

$$P = \rho_2 \lambda_2^- (e_{21}^+ + \beta_4), \quad \text{当 } \rho \to 0 \text{ 时}, \beta_4 \to 0; \tag{3.16}$$

287

$$Q = \rho_2\lambda_2^-(e_{22}^+ + \beta_5), \quad \text{当 } \rho \to 0 \text{ 时}, \beta_5 \to 0. \quad (3.17)$$

由式(3.14)~(3.17)并注意 e_1^-, e_2^+ 都是单位向量,即得

$$E_{12} = \frac{\| f(M_{21}) \|}{\| f(M_{12}) \|} = \sqrt{\frac{(P^2 + Q^2)|_{X=M_{21}}}{(P^2 + Q^2)|_{X=M_{12}}}}$$

$$= -\frac{\rho_2\lambda_2^-}{\rho_1\lambda_1^+}(1 + \beta), \quad \text{当 } \rho \to 0 \text{ 时}, \beta \to 0.$$

引理得证.

引理 3.10 设

$$J_{12} = \int_{\widehat{M_{12}M_{21}}} \operatorname{div} f(X)|_{X \in s_{12}} \mathrm{d}t,$$

则

$$J_{12} = \left(\lambda_1 - \frac{1}{\lambda_2}\right)\ln\rho + \overline{A}_{12},$$

当 $\rho \to 0$ 时, $\overline{A}_{12} \to A_{12}$ 有限.

证明 在 O_1, O_2 的邻域 G_1, G_2 内 s_{12} 可分别表示为

$$s_1^-: y - y_1 = k_1^-(x - x_1) + o(x - x_1),$$
$$s_2^+: y - y_2 = k_2^+(x - x_2) + o(x - x_2).$$

设当 $t = T_1^-$ 及 $t = T_2^+$ 时在 s_{12} 上与 T_1^-, T_2^+ 对应的点分别位于 G_1, G_2 内,则

$$J_{12} = \int_{\widehat{M_{12}M_{21}}} \operatorname{div} f(X)|_{X \in s_{12}} \mathrm{d}t$$

$$= \int_{x(M_{12})}^{x(M_{21})} \frac{\operatorname{div} f(X)|X \in s_{12}}{P} \mathrm{d}x$$

$$= \left[\int_{x(M_{12})}^{x(T_1^-)} + \int_{x(T_1^-)}^{x(T_2^+)} + \int_{x(T_2^+)}^{x(M_{21})}\right]\left(\frac{P_x + Q_y}{P}\right)\mathrm{d}x$$

$$= J_{121} + J_{122} + J_{123}.$$

在 G_1 内

$$P_x + Q_y = (P_x^{(1)} + Q_y^{(1)}) + (P_{xx}^{(1)} + Q_{xy}^{(1)})(x - x_1)$$
$$+ (P_{xy}^{(1)} + Q_{yy}^{(1)})(y - y_1) + o(x - x_1),$$

288

$$P = a_1(x - x_1) + b_1(y - y_1) + o(x - x_1)$$
$$= (a_1 + b_1 k_1^-)(x - x_1) + o(x - x_1)$$
$$= \lambda_1^+(x - x_1) + o(x - x_1),$$
$$x(M_{12}) = x_1 + \rho_1 e_{11}^- + o(\rho) = x_1 + c_1 \rho e_{11}^- + o(\rho),$$

其中 $*^{(1)}$ 表示函数 $*$ 在 O_1 处的值. 因此 J_{121} 有分解

$$J_{121} = J_{1211} + J_{1212},$$

其中

$$J_{1211} = \int_{x(M_{12})}^{x(T_1^-)} \frac{P_x^{(1)} + Q_y^{(1)}}{P} dx$$

$$= \int_{x_1 + c_1 \rho e_{11}^- + o(\rho)}^{x(T_1^-)} \frac{\lambda_1^- + \lambda_1^+}{\lambda_1^+ + \dfrac{o(\rho)}{\rho}} \cdot \frac{dx}{x - x_1}$$

$$= (1 - \lambda_1)\ln \frac{1}{\rho} + A_1 + \alpha_9,$$

其中 $A_1 = (1 - \lambda_1)\ln \left| \dfrac{x(T_1^-) - x_1}{c_1 e_{11}^-} \right|$ 有限, 当 $\rho \to 0$ 时, $\alpha_9 \to 0$;

$$J_{1212} = \int_{x(M_{12})}^{x(T_1^-)} \frac{(P_{xx}^{(1)} + Q_{xy}^{(1)} + k_1^-(P_{xy}^{(1)} + Q_{yy}^{(1)}))(x - x_1) + o(x - x_1)}{\lambda_1^+(x - x_1) + o(x - x_1)} dx$$

有限. 同理

$$J_{123} = \left(1 - \frac{1}{\lambda_2}\right)\ln \rho + \overline{A}_3,$$

当 $\rho \to 0$ 时, $\overline{A}_3 \to A_3$ 有限. 又显然, J_{122} 是有限的, 故

$$J_{12} = \left(\lambda_1 - \frac{1}{\lambda_2}\right)\ln \rho + \overline{A}_{12},$$

故 $\rho \to 0$ 时, $\overline{A}_{12} \to A_{12}$ 有限.

由式(3.7)和引理 3.9 即得

引理 3.11　$u_2 = \left[-\dfrac{\rho_1 \lambda_1^+ \cos\varphi_1}{\rho_2 \lambda_2^- \cos\varphi_2}(1 + \beta)e^{J_{12}} + \gamma \right] v_1$, 其中当 $\rho \to 0$ 时, $\beta \to 0$, 当 ρ 固定 $v_1 \to 0$ 时 $\gamma \to 0$.

由引理 3.10 得出

引理 3.12　设 $I_{n1} = J_{n1} + \lambda_n J_{n-1,n} + \cdots + \lambda_2 \cdots \lambda_n J_{12}$，则

$$I_{n1} = \left(1 + \frac{1}{\lambda_1}\right)(\lambda - 1)\ln\rho + \overline{A},$$

当 $\rho \to 0$ 时，$\overline{A} \to A$ 有限.

由引理 3.12 得出

引理 3.13　当 $\rho \to 0$ 时，$\rho^{1-\lambda}\mathrm{e}^{I_{n1}}$ 存在有限极限.

引理 3.14

（1）当 $n = 1$ 时，若 $\lambda = 1$，则积分

$$I = \int_{-\infty}^{\infty} \mathrm{div}f(X)|_{X \in s^{(1)}}\mathrm{d}t$$

收敛；

（2）当 $n = 2$ 时，若 $\lambda = 1$，则积分

$$I_{12} = \int_{-\infty}^{\infty} \mathrm{div}f(X)|_{X \in s_{12}}\mathrm{d}t$$

和积分

$$I_{21} = \int_{-\infty}^{\infty} \mathrm{div}f(X)|_{X \in s_{21}}\mathrm{d}t$$

都收敛.

证明　当 $n = 1$ 时 O_1 和 O_2 重合，$\lambda = 1$ 就是 $\lambda = \lambda_1 = \lambda_2 = 1$；当 $n = 2$ 时 $\lambda = 1$ 就是 $\lambda = \lambda_1\lambda_2 = 1$. 无论哪种情况都有

$$\lambda_1 - \frac{1}{\lambda_2} = \lambda_2 - \frac{1}{\lambda_1} = 0.$$

因此，由引理 3.10 即证得引理 3.14 成立.

引理 3.14 的（1）就是引理 3.2 中当 $\sigma_0 = 0$ 时的结论. 一般说来，当 $n \geqslant 3$ 时不再有类似引理 3.14 的结论. 也就是说，当 $n \geqslant 3$ 时即使 $\lambda = 1$ 也不能保证单个的积分

$$I_{ij} = \int_{-\infty}^{\infty} \mathrm{div}f(X)|_{X \in s_{ij}}\mathrm{d}t$$

是收敛的，而只能保证这些积分的一个特殊的线性组合是收敛的.

这就是引理 3.12. 有了以上的准备就可以证明这一小节的主要结果.

定理 3.6 设 $\dot{X} = f(X), X \in \mathbf{R}^2, f \in C^1$ 有连接鞍点 $O_1, \cdots,$ O_n 的异宿环 $S^{(n)}$. $\lambda_i^- < 0 < \lambda_i^+$ 是 $D_X f(X)$ 在 O_i 处的特征值,

$$\lambda_i = -\frac{\lambda_i^-}{\lambda_i^+},$$

$s_{ij}(j = i+1 \pmod n))$ 是 $S^{(n)}$ 的从 O_i 到 O_{i+1} 的异宿轨线, M_{i1} 和 M_{i2} 分别是 $s_{i-1,i}$ 和 $s_{i,i+1}$ 上使得

$$\overset{\frown}{O_i M_{i1}} = \overset{\frown}{O_i M_{i2}} = C_i \rho$$

的点,其中常数 $C_i(i = 1, 2, \cdots, n)$ 由方程组

$$\frac{C_1^{2-\lambda_1}(\lambda_1^+)\cos\varphi_1}{C_2(-\lambda_2^-)\cos\varphi_2} = 1; \quad \frac{C_2^{2-\lambda_2}(\lambda_2^+)\cos\varphi_2}{C_3(-\lambda_3^-)\cos\varphi_3} = 1;$$

$$\cdots\cdots\cdots\cdots; \quad \frac{C_n^{2-\lambda_n}(\lambda_n^+)\cos\varphi_n}{C_1(-\lambda_1^-)\cos\varphi_1} = 1; \tag{3.18}$$

所确定,而 $\cos\varphi_i = \sin\theta_i$, θ_i 是 $s_{i-1,i}$ 和 $s_{i,i+1}$ 在 O_i 处的夹角. 又设

$$J_{ij} = \int_{\overset{\frown}{M_{i2}M_{j1}}} \operatorname{div} f(X)|_{X \in s_{ij}} \mathrm{d}t \quad (j = i + 1 \pmod n)),$$

$$I_{n1} = J_{n1} + \lambda_n J_{n-1,n} + \cdots + \lambda_2 \cdots \lambda_n J_{12}.$$

$$\lambda = \lambda_1 \lambda_2 \cdots \lambda_n.$$

那么当 $\lambda > 1$(或 < 1)或 $\lambda = 1$, $\sigma_{n1} < 0$(或 > 0)时, $S^{(n)}$ 是稳定(或不稳定)的,其中 $\sigma_{n1} = \lim\limits_{\rho \to 0} I_{n1}$. (引理 3.12 保证,若 $\lambda = 1$,则当 $\rho \to 0$ 时, I_{n1} 必定存在有限极限.)

证明 当 $\rho \to 0$ 时让 $u_1 = u_1(\rho)$ 是 ρ 的充分高阶的无穷小,使得当 $t = 0$ 时, $\dot{X} = f(X)$ 的从 $N_{11} \in l_1^+$ 出发的轨线环绕一周后能再次与 l_1^+ 相交. 反复应用引理 3.7 和引理 3.11 得出

$$v_1 = C_1^{1-\lambda_1} \rho^{1-\lambda_1} u_1^{\lambda_1}(1 + \delta_1), \quad \text{当} \ \rho \to 0 \ \text{时}, \delta_1 \to 0.$$

$$u_2 = \left[\frac{C_1 \lambda_1^+ \cos\varphi_1}{C_2(-\lambda_2^-)\cos\varphi_2} \mathrm{e}^{J_{12}}(1 + \bar{\beta}_1) + \bar{\gamma}_1\right] v_1$$

$$= \left[\frac{C_1 \lambda_1^+ \cos\varphi_1}{C_2(-\lambda_2^-)\cos\varphi_2} e^{J_{12}}(1+\bar{\beta}_1) + \bar{\gamma}_1 \right] C_1^{1-\lambda_1} \rho^{1-\lambda_1} u_1^{\lambda_1}(1+\delta_1)$$

$$= \rho^{1-\lambda_1} u_1^{\lambda_1}(e^{J_{12}}(1+\beta_1)+\gamma_1),$$

其中当 $\rho \to 0$ 时, $\beta_1 = \bar{\beta}_1 + \delta_1 + \bar{\beta}_1 \delta_1 \to 0$；当 ρ 固定 $u_1 \to 0$ 时

$$\gamma_1 = C_1^{1-\lambda_1}(1+\delta_1)\bar{\gamma}_1 \to 0.$$

$$v_2 = C_2^{1-\lambda_2} \rho^{1-\lambda_2} u_2^{\lambda_2}(1+\delta_2) \quad (当 \rho \to 0 时, \delta_\lambda \to 0)$$

$$= C_2^{1-\lambda_2} \rho^{1-\lambda_2}[\rho^{1-\lambda_1} u_1^{\lambda_1}(e^{J_{12}}(1+\beta_1)+\gamma_1)]^{\lambda_2}(1+\delta_2)$$

$$= C_2^{1-\lambda_2} \rho^{1-\lambda_1\lambda_2} u_1^{\lambda_1\lambda_2}(e^{\lambda_2 J_{12}}(1+\beta_1)^{\lambda_2}+\bar{\gamma}_2)(1+\delta_2)$$

$$= C_2^{1-\lambda_2} \rho^{1-\lambda_1\lambda_2} u_1^{\lambda_1\lambda_2}(e^{\lambda_2 J_{12}}(1+\beta_2)+\gamma_2),$$

其中当 ρ 固定, $u_1 \to 0$ 时

$$\bar{\gamma}_2 = (e^{J_{12}}(1+\beta_1)+\gamma_1)^{\lambda_2} - e^{\lambda_2 J_{12}}(1+\beta_1)^{\lambda_2} \to 0,$$

$$\gamma_2 = (1+\delta_2)\gamma_2 \to 0;$$

当 $\rho \to 0$ 时

$$\beta_2 = (1+\beta_1)^{\lambda_2}(1+\delta_2) - 1 \to 0.$$

……依此类推,可得

$$v_n = C_n^{1-\lambda_n} \rho^{1-\lambda_1\cdots\lambda_n} u_1^{\lambda_1\cdots\lambda_n}(e^{\lambda_n J_{n-1,n} + \cdots + \lambda_2\cdots\lambda_n J_{12}}(1+\beta_n)+\gamma_n)$$

$$= C_n^{1-\lambda_n} \rho^{1-\lambda} u_1^{\lambda}(e^{I_{n1}-J_{n1}}(1+\beta_n)+\gamma_n),$$

其中当 $\rho \to 0$ 时 $\beta_n \to 0$；当 ρ 固定, $u_1 \to 0$ 时 $\gamma_n \to 0$.

$$u = \left[\frac{C_n \lambda_n^+ \cos\varphi_n}{C_1(-\lambda_1^-)\cos\varphi_1} e^{J_{n1}}(1+\bar{\beta}_{n+1}) + \bar{\gamma}_{n+1} \right] v_n$$

$$= \left[\frac{C_n \lambda_n^+ \cos\varphi_n}{C_1(-\lambda_1^-)\cos\varphi_1} e^{J_{n1}}(1+\bar{\beta}_{n+1}) + \bar{\gamma}_{n+1} \right] C_n^{1-\lambda_n} \rho^{1-\lambda} u_1^{\lambda}$$

$$\cdot (e^{I_{n1}-J_{n1}}(1+\beta_n)+\gamma_n)$$

$$= \rho^{1-\lambda} u_1^{\lambda}(e^{I_{n1}}(1+\beta_{n+1})+\gamma_{n+1}),$$

其中当 $\rho \to 0$ 时 $\bar{\beta}_{n+1} \to 0$,

$$\beta_{n+1} = \beta_n + \bar{\beta}_{n+1} + \beta_n \bar{\beta}_{n+1} \to 0;$$

当 ρ 固定, $u_1 \to 0$ 时 $\bar{\gamma}_{n+1} \to 0$,

292

$$\bar{\gamma}_{n+1} = C_n^{1-\lambda_n} e^{I_{n1}-J_{n1}} (1+\beta_n)\bar{\gamma}_{n+1} + e^{J_{n1}} (1+\bar{\beta}_{n+1})\gamma_n$$
$$+ C_n^{1-\lambda_n} \gamma_n \bar{\gamma}_{n+1} \to 0;$$

$$\frac{u}{u_1} = u_1^{\lambda-1} (\rho^{1-\lambda} e^{I_{n1}} (1+\beta_{n+1}) + \gamma_{n+1}\rho^{1-\lambda}).$$

现设 $\lambda>1$. 由引理 3.13 知, 存在常数 $D\geqslant0$, 使当 $\rho\to0$ 时,

$$\rho^{1-\lambda} e^{I_{n1}} \to D.$$

由于 $\lambda>1$, 故可取 ε 充分小, 使

$$0 < \varepsilon^{\lambda-1} ((D+\varepsilon)(1+\varepsilon) + \varepsilon) < 1.$$

当 ρ 充分小时,

$$0 < \rho^{1-\lambda} e^{I_{n1}} < D+\varepsilon, \quad 0 < 1+\beta_{n+1} < 1+\varepsilon.$$

因此

$$0 < \frac{u}{u_1} < u_1^{\lambda-1} ((D+\varepsilon)(1+\varepsilon) + \gamma_{n+1}\rho^{1-\lambda}).$$

现在令 ρ 固定而 u_1 充分小, 则由 γ_{n+1} 的性质知, 可使

$$0 < u_1 < \varepsilon, \quad 0 < \gamma_{n+1}\rho^{1-\lambda} < \varepsilon,$$

因此

$$0 < \frac{u}{u_1} < \varepsilon^{\lambda-1} ((D+\varepsilon)(1+\varepsilon) + \varepsilon) < 1.$$

这就说明 $S^{(n)}$ 稳定. 同理可证, 当 $\lambda<1$ 时 $S^{(n)}$ 是不稳定的.

如果 $\lambda=1$, 则由引理 3.12 知, 当 $\rho\to0$ 时 I_{n1} 存在有穷极限 σ_{n1}, 而

$$0 < \frac{u}{u_1} = e^{I_{n1}} (1+\beta_{n+1}) + \gamma_{n+1}.$$

因此与 $\lambda\neq1$ 时的情况相类似, 可以证明, 当 $\sigma_{n1}<0$ 时,

$$0 < \frac{u}{u_1} < 1,$$

因而 $S^{(n)}$ 稳定; 当 $\sigma_{n1}>0$ 时

$$\frac{u}{u_1} > 1,$$

因而 $S^{(n)}$ 不稳定.

定理 3.6 推论 若 $\lambda_1 = \lambda_2 = \cdots = \lambda_n = 1$, 则当 $J_{12} + \cdots + J_{n1}$

293

<0（或>0）时，$S^{(n)}$ 稳定（或不稳定）.

证明 由引理 3.10 知，所有的积分

$$J_{ij} = \int_{-\infty}^{\infty} \operatorname{div} f(X)|_{X \in s_{ij}} \mathrm{d}t \quad (j = i + 1 \pmod{n})$$

都是收敛的. 再由 I_{n1} 的定义知，这时

$$I_n = J_{12} + \cdots + J_{n1}.$$

因此由定理 3.6 知推论成立.

当 $n=1, \sigma_0 \neq 0$ 时定理 3.6 就成为定理 3.2；当 $n=1, \sigma_0 = 0$，

$$\sigma = \int_{-\infty}^{\infty} \operatorname{div} f(X)|_{X \in s^{(1)}} \mathrm{d}t \neq 0$$

时，定理 3.6 就成为定理 3.4；当 $n>1, \lambda \neq 1$ 时，定理 3.6 就成为定理 3.5. 因此定理 3.6 包括了前面 3 小节中所有关于同（异）宿环稳定性的结果.

§4 同（异）宿轨线经扰动破裂后鞍点的稳定流形与不稳定流形的相互位置

在这一节中考虑带有参数 $\varepsilon \in \mathbf{R}^1$ 的系统

$$\dot{X} = f_0(X) + \varepsilon f_1(X, \varepsilon), \quad X \in \mathbf{R}^2, f_0, f_1 \text{ 解析}. \qquad I(\varepsilon)$$

设当 $\varepsilon=0$ 时的系统 $I(O)$ 有一和鞍点 O 相连的同宿环 $S^{(1)}$. 如图 10.13 所示，当 $|\varepsilon|$ 充分小而不等于零时，$S^{(1)}$ 通常会发生"破

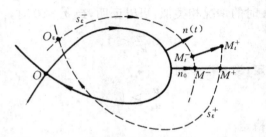

图 10.13 同宿轨线经扰动后破裂

294

裂",即 O_ε 的稳定流形 s_ε^+ 与不稳定流形 s_ε^- 不再重合,而是一条包围在另一条外面.究竟哪一条不变流形在外面并包围另一条是非常重要的问题,有时平面系统的全局结构完全要由这一问题决定,本节的中心也正是这一问题.

设 $I(O)$ 的同宿环 $S^{(1)}$ 的参数方程为 $X=X_0(t)$,在系统 $I(\varepsilon)$ 中,$I(O)$ 的鞍点 O 变为 $I(\varepsilon)$ 的鞍点 O_ε,$S^{(1)}$ 成为 O_ε 的稳定流形 s_ε^+ 和不稳定流形 s_ε^-.设 s_ε^* 的参数方程为 $X_\varepsilon^*(t)$($*$ 表示"+"号或"−"号),$n(t)=f_0^\perp(X_0(t))$ 是过 $X_0(t)\in S^{(1)}$ 的长度与 $f_0(X_0(t))$ 相等的外法向量.

由参考文献[32]知,$X_\varepsilon^*(t)$ 有下列展开式

$$X_\varepsilon^*(t) = X_0(t) + \varepsilon X_1^*(t) + \cdots. \tag{4.1}$$

当 $*$ 表示"+"号时,上式在 $[0,+\infty)$ 内一致地成立;当 $*$ 代表"−"号时,上式在 $(-\infty,0]$ 内一致地成立.

利用求导算子的锁链法则(参看第四章 §3 及参考文献[20]的第 2 章)我们有

$$\left.\frac{\mathrm{d}}{\mathrm{d}\varepsilon}f_0(X_\varepsilon^*(t))\right|_{\varepsilon=0} = \mathrm{D}f_0(X_\varepsilon^*(t))\mathrm{D}X_\varepsilon^*(t)\Big|_{\varepsilon=0}$$
$$= \mathrm{D}f_0(X_0(t))X_1^*(t),$$

$$\left.\frac{\mathrm{d}^2}{\mathrm{d}\varepsilon^2}f_0(X_\varepsilon^*(t))\right|_{\varepsilon=0} = \frac{\mathrm{d}}{\mathrm{d}\varepsilon}\left(\frac{\mathrm{d}}{\mathrm{d}\varepsilon}f_0(X_\varepsilon^*(t))\right)\Big|_{\varepsilon=0}$$
$$= \frac{\mathrm{d}}{\mathrm{d}\varepsilon}\left(\mathrm{D}f_0(X_\varepsilon^*(t))(X_\varepsilon^*(t))'\right)\Big|_{\varepsilon=0} \tag{4.2}$$
$$= (2!)\mathrm{D}f_0(X_0(t))X_2^*(t) + \mathrm{D}^2f_0(X_0(t))(X_1^*(t))^2,$$

$$\cdots\cdots\cdots\cdots\cdots\cdots\cdots$$

(见习题 91).同样的,对 $f_1(X_\varepsilon^*(t))$ 亦有类似的展开式成立,因此

$$f_0(X_\varepsilon^*(t))=f_0(X_0(t))+\varepsilon\mathrm{D}f_0(X_0(t))X_1^*(t)+\cdots,$$
$$f_1(X_\varepsilon^*(t))=f_1(X_0(t))+\varepsilon\mathrm{D}f_1(X_0(t))X_1^*(t)+\cdots. \tag{4.3}$$

把式(4.1)代入方程

$$\dot{X}_\varepsilon^*(t) = f_0(X_\varepsilon^*(t)) + \varepsilon f_1(X_\varepsilon^*(t), \varepsilon),$$

利用式(4.3)并比较方程左、右两边 ε 的同次幂的系数就得到

$$\dot{X}_0(t) = f_0(X_0(t)),$$

$$\dot{X}_1^*(t) = \mathrm{D}f_0(X_0(t))X_1^*(t) + g_1(X_0(t)),$$

$$\dot{X}_2^*(t) = \mathrm{D}f_0(X_0(t))X_2^*(t) + g_2(X_0(t), X_1^*(t)), \tag{4.4}$$

$$\cdots\cdots\cdots\cdots$$

其中

$$g_1(X_0(t)) = f_1(X_0(t)),$$

$$g_2^*(X_0(t), X_1^*(t)) = \frac{1}{2!}\mathrm{D}^2 f_0(X_0(t))(X_1^*(t))^2$$
$$+ \mathrm{D}f_1(X_0(t))X_1^*(t),$$

$$\cdots\cdots\cdots\cdots,$$

并且 $g_n^*(X_0(t), X_1^*(t), \cdots, X_{n-1}^*(t))$ 是一个只依赖于 $X_0(t)$, $X_1^*(t), \cdots, X_{n-1}^*(t)$ 的 t 的复合函数. 如果把 $X_0(t), X_1^*(t), \cdots$, $X_{n-1}^*(t)$ 看成新的变元,则有

$$g_n^+|_{X_0(t)=Y_1, X_1^+(t)=Y_2, \cdots, X_{n-1}^+(t)=Y_n} = g_n^-|_{X_0(t)=Y_1, X_1^-(t)=Y_2, \cdots, X_{n-1}^-(t)=Y_n}.$$

因此,实际上通过比较系数即可确定与 t 无关的一系列函数

$$g_n(Y_1, Y_2, \cdots, Y_n), \quad Y_i \in R^2$$

使得

$$g_1(t) = g_1|_{Y_1=X_0(t)}, \quad \cdots, \quad g_n^*(t) = g_n|_{Y_1=X_0(t), \cdots, Y_n=X_{n-1}^*(t)}.$$

因此 $g_n^*(t)$ 可通过逐次地确定 $X_1^*(t), \cdots, X_{n-1}^*(t)$ 而被确定.

如图 10.13 所示,设 M_0 是 $S^{(1)}$ 上对应于 $t=0$ 时刻的点,$n_0 = f_0^\perp(M_0)$,l_0 是过 M_0 方向为 n_0 的直线段,那么当 $|\varepsilon|$ 充分小时,l_0 仍是系统 $I(\varepsilon)$ 的经过 M_0 附近点的轨线的无切弧.因此可设 s_ε^+ 与 l_0 交于 $M^+(u^+)$ 点($u^+ = |M_0 M^+|$),s_ε^- 与 l_0 交于 $M^-(u^-)$ 点($u^- = |M_0 M_0^-|$).显然,若 $u^+ > u^-$,则 s_ε^+ 在 s_ε^- 的外面;若 $u^+ < u^-$,则相

反.

现在定义一个函数

$$M_\epsilon(t) = -n(t) \cdot \overrightarrow{X_\epsilon^-(t)X_\epsilon^+(t)}, \qquad (4.5)$$

那么由图 10.13 可看出：

引理 4.1 如果 $M_\epsilon(O) < 0$，则 $u^+ > u^-$，s_ϵ^+ 在 s_ϵ^- 之外；如果 $M_\epsilon(O) > 0$，则 $u^+ < u^-$，s_ϵ^+ 在 s_ϵ^- 之内.（实际上，$M_\epsilon(O)$ 就是向量 $\overrightarrow{X_\epsilon^-(O)X_\epsilon^+(O)}$ 在 l_0 上投影的有向长度.）

令

$$M_k^*(t) = -n(t) \cdot X_k^*(t); \quad M_k(t) = M_k^+(t) - M_k^-(t).$$

那么

$$M_\epsilon(t) = M_1(t)\epsilon + M_2(t)\epsilon^2 + \cdots. \qquad (4.6)$$

设 α, β, X 都是 R^2 中的向量，A 是一个 2×2 矩阵，

$$\alpha = (\alpha_1, \alpha_2)^T, \quad \beta = (\beta_1, \beta_2)^T;$$
$$\alpha^\perp = (-\alpha_2, \alpha_1), \quad \alpha \wedge \beta = \alpha_1\beta_2 - \alpha_2\beta_1. \qquad (4.7)$$

则有下面各式成立

$$\alpha^\perp \cdot \beta = \alpha \wedge \beta, \qquad (4.8)$$

$$\frac{d}{dt}(\alpha \wedge \beta) = \left(\frac{d\alpha}{dt}\right) \wedge \beta + \alpha \wedge \left(\frac{d\beta}{dt}\right), \qquad (4.9)$$

$$(A\beta) \wedge X + \beta \wedge (AX) = (\mathrm{Tr}A)(\beta \wedge X) \quad (\text{习题 90}).$$

$$(4.10)$$

利用式 $(4.8) \sim (4.10)$ 和式 (4.4) 就得出

$$M_k^*(t) = -n(t) \cdot X_k^*(t) = -f_0^\perp(X_0(t)) \cdot X_k^*(t)$$
$$= -f_0(X_0(t)) \wedge X_k^*(t);$$

$$\frac{dM_1^*(t)}{dt} = \left(-\frac{d}{dt}f_0(X_0(t))\right) \wedge X_1^*(t) - f_0(X_0(t)) \wedge \dot{X}_1^*(t)$$

$$= (-Df_0(X_0(t))\dot{X}(t)) \wedge X_1^*(t)$$

$$\quad - f_0(X_0(t)) \wedge \dot{X}_1^*(t)$$

$$= (-(\mathrm{D}f_0)f_0) \wedge X_1^* - f_0 \wedge ((\mathrm{D}f_0)X_1^* + g_1)$$

$$= -[((\mathrm{D}f_0)f_0) \wedge X_1^* + f_0 \wedge ((\mathrm{D}f_0)X_1^*) + f_0 \wedge g_1]$$

$$= (\mathrm{Tr}\mathrm{D}f_0(X_0(t)))(-f_0(X_0(t)) \wedge X_1^*(t))$$

$$\quad - f_0(X_0(t)) \wedge g_1(X_0(t))$$

$$= \sigma(t)M_1^*(t) - D_1(t); \tag{4.11}$$

$$\frac{\mathrm{d}M_2^*(t)}{\mathrm{d}t} = \sigma(t)M_2^*(t) - D_2^*(t);$$

$$\vdots \tag{4.12}$$

$$\frac{\mathrm{d}M_k^*(t)}{\mathrm{d}t} = \sigma(t)M_k^*(t) - D_k^*(t);$$

其中

$$\sigma(t) = \mathrm{Tr}\mathrm{D}f_0(X_0(t)),$$

$$D_k^*(t) = f_0(X_0(t)) \wedge g_k(X_0(t), X_1^*(t), \cdots, X_{k-1}^*(t)).$$

当 $t \to \pm\infty$ 时,$X_k^*(t) \to O_\varepsilon = O + \varepsilon O_1 + \varepsilon^2 O_2 + \cdots$,由此得出

$$X_k^+(+\infty) = X_k^-(-\infty) = O_k. \tag{4.13}$$

式(4.4)中的变分方程连同无穷远边值条件(4.13),唯一地确定了分别在 $[0, +\infty)$ 及 $(-\infty, 0]$ 上有界的一系列函数 $X_1^*(t)$,$X_2^*(t)$,$\cdots$,因而确定了函数 $g_n^*(t)$ 及函数

$$D_n^*(t) = f_0(X_0(t)) \wedge g_n^*(t) \quad (n \geqslant 2).$$

由 $M_k^*(t)$ 所满足的微分方程就可解出

$$M_k^*(t) = \mathrm{e}^{\int_0^t \sigma(\xi)\mathrm{d}\xi} \left(M_k^*(O) - \int_0^t D_k^*(\xi)\mathrm{e}^{-\int_0^\xi \sigma(\eta)\mathrm{d}\eta}\mathrm{d}\xi \right) \quad (k \geqslant 2).$$

因此

$$M_k^*(O) = M_k^*(T^*)\mathrm{e}^{-\int_0^{T^*} \sigma(t)\mathrm{d}t} + \int_0^{T^*} D_k^*(t)\mathrm{e}^{-\int_0^t \sigma(\xi)\mathrm{d}\xi}\mathrm{d}t \quad (k \geqslant 2).$$

故有

引理 4.2

$$M_1(O) = M_1^+(O) - M_1^-(O)$$

298

$$= M_1^+(T^+)\mathrm{e}^{-\int_0^{T^+}\sigma(t)\mathrm{d}t} - M_1^-(T^-)\mathrm{e}^{-\int_0^{T^-}\sigma(t)\mathrm{d}t}$$

$$+ \int_{T^-}^{T^+} D_1(t)\mathrm{e}^{-\int_0^t\sigma(\xi)\mathrm{d}\xi}\mathrm{d}t;$$

$$M_k(O) = M_k^+(O) - M_k^-(O)$$

$$= M_k^+(T^+)\mathrm{e}^{-\int_0^{T^+}\sigma(t)\mathrm{d}t} - M_k^-(T^-)\mathrm{e}^{-\int_0^{T^-}\sigma(t)\mathrm{d}t}$$

$$+ \int_{T^-}^0 D_k^-(t)\mathrm{e}^{-\int_0^t\sigma(\xi)\mathrm{d}\xi}\mathrm{d}t + \int_0^{T^+} D_k^+(t)\mathrm{e}^{-\int_0^t\sigma(\xi)\mathrm{d}\xi}\mathrm{d}t,$$

其中 T^-,T^+ 是满足条件 $T^- < 0 < T^+$ 的任意实数.

引理 4.3 当 $t\to+\infty$ 时,$M_k^+(t)\mathrm{e}^{-\lambda^- t}$ 趋于有限极限 M_k^+;当 $t\to-\infty$ 时,$M_k^-(t)\mathrm{e}^{-\lambda^+ t}$ 趋于有限极限 M_k^-,其中 $\lambda^- < 0 < \lambda^+$ 是 $\mathrm{D}f_0$ (X) 在鞍点 O 的特征值.

证明 由二维的 C^1-Hartman 定理(定理 3.3),系统 $I(O)$ 局部 C^1 等价于其在 O 点的线性系统:

$$\dot{X} = \begin{bmatrix} \lambda^- & 0 \\ 0 & \lambda^+ \end{bmatrix} X. \tag{4.14}$$

系统(4.14)鞍点的稳定流形和不稳定流形分别为

$$s^+ : (0,\mathrm{e}^{\lambda^- t}) \quad \text{和} \quad s^- : (\mathrm{e}^{\lambda^+ t},0).$$

将系统(4.14)再化回系统 $I(O)$ 易知,系统 $I(O)$ 的鞍点 O 的稳定流形 $X_0^+(t)$ 和不稳定流形 $X_0^-(t)$ 有性质:

当 $t\to *\infty$ 时,$|X_0^*(t)|\mathrm{e}^{-\lambda^{-*} t}$ 趋于有限极限. (4.15)

由式(4.15)及 $f_0(X)$ 的展开式即知

当 $t\to *\infty$ 时,$|f_0(X_0^*(t))|\mathrm{e}^{-\lambda^{-*} t}$ 趋于有限极限.

(4.16)

由式(4.1)知,当 $t\to *\infty$ 时,

$$|X_k^*(t)| \text{ 趋于有限极限.} \tag{4.17}$$

由 $M_k^*(t)$ 的意义和 Cauchy 不等式得出

$$|M_k^*(t)\mathrm{e}^{-\lambda^{-*}t}| = |-f_0^\perp(X_0(t)) \cdot X_k^*(t)|\mathrm{e}^{-\lambda^{-*}t}$$

$$\leqslant |-f_0^\perp(X_0(t))| \cdot |X_k^*(t)| \cdot \mathrm{e}^{-\lambda^{-*}t}$$

$$\leqslant |f_0(X_0(t))| \cdot |X_k^*(t)| \cdot \mathrm{e}^{-\lambda^{-*}t}. \quad (4.18)$$

因此,由式(4.16),(4.17)和(4.18)就得出引理.

引理 4.4 任给 $\tau > 0$,存在正数 $K > 0$ 及 $T > 0$,使得

$$\text{当 } t > T \text{ 时, } \mathrm{e}^{-\int_0^t \sigma(\xi)\mathrm{d}\xi} < K\mathrm{e}^{(-\sigma_0+\tau)t};$$

$$\text{当 } t < -T \text{ 时, } \mathrm{e}^{-\int_0^t \sigma(\xi)\mathrm{d}\xi} < K\mathrm{e}^{(-\sigma_0-\tau)t},$$

其中 $\sigma_0 = \mathrm{Tr} f_0(X)|_{X=0}$ 是系统 $I(O)$ 在鞍点 O 处的发散量.

证明 当 $t \to \pm\infty$ 时 $\sigma(t) \to \sigma_0$,因此对 $\tau > 0$,存在 $T > 0$,使得当 $t > T$ 或 $t < -T$ 时下式成立

$$|\sigma(t) - \sigma_0| < \tau.$$

故当 $t > T$ 时

$$\mathrm{e}^{-\int_0^t \sigma(\xi)\mathrm{d}\xi} \leqslant \mathrm{e}^{-\int_0^T \sigma(\xi)\mathrm{d}\xi} \cdot \mathrm{e}^{\int_T^t \sigma(\xi)\mathrm{d}\xi} < \mathrm{e}^{-\int_0^T \sigma(\xi)\mathrm{d}\xi} \cdot \mathrm{e}^{(t-T)(-\sigma_0+\tau)}$$

$$< K_1 \mathrm{e}^{(-\sigma_0+\tau)t},$$

其中

$$K_1 = \mathrm{e}^{-\int_0^T \sigma(\xi)\mathrm{d}\xi - T(-\sigma_0+\tau)}.$$

同理,当 $t < -T$ 时

$$\mathrm{e}^{-\int_0^T \sigma(\xi)\mathrm{d}\xi} < K_2 \mathrm{e}^{(-\sigma_0-\tau)t}.$$

取 $K = \max(K_1, K_2)$ 即得引理.

引理 4.5 当 $t \to +\infty$ 时

$$M_k^+(t)\mathrm{e}^{-\int_0^t \sigma(\xi)\mathrm{d}\xi} \to 0;$$

当 $t \to -\infty$ 时

$$M_k^-(t)\mathrm{e}^{-\int_0^t \sigma(\xi)\mathrm{d}\xi} \to 0.$$

证明 由 $\sigma_0 = \lambda^- + \lambda^+$ 及 $\lambda^- < 0 < \lambda^+$,易证 $\lambda^- < \sigma_0 < \lambda^+$. 故存在正数 τ,使

$$0 < \tau < \min(\lambda^+ - \sigma_0, \sigma_0 - \lambda^-).$$

由引理 4,对此正数 τ 存在正数 K 和 T,使当 $t > T$ 时

$$e^{-\int_0^t \sigma(\xi)d\xi} < Ke^{(-\sigma_0 + \tau)t}.$$

因此,再由引理 4.3 知,当 $t > T$ 时

$$\| M_k^+(t)e^{-\int_0^t \sigma(\xi)d\xi} \| \leqslant Ke^{(-\sigma_0 + \tau)t} \| M_k^+(t) \|$$

$$\leqslant Ke^{(\lambda^- - \sigma_0 + \tau)t} \| M_k^+(t)e^{-\lambda^- t} \|.$$

故当 $t \to +\infty$ 时

$$\| M_k^+(t)e^{-\int_0^t \sigma(\xi)d\xi} \| \to 0 \cdot \| M_k^+ \| = 0.$$

同理,可证当 $t \to -\infty$ 时,

$$\| M_k^-(t)e^{-\int_0^t \sigma(\xi)d\xi} \| \to 0.$$

引理 4.6 积分

$$\int_{-\infty}^{\infty} D_1(t)e^{-\int_0^t \sigma(\xi)d\xi}dt \quad 及 \quad \int_0^{*\infty} D_k^*(t)e^{-\int_0^t \sigma(\xi)d\xi}dt \quad (k \geqslant 2)$$

收敛.

证明 在引理 4.4 中取正数 τ,使 $0 < \tau < \min(\lambda^+, -\lambda^-)$,则由式(4.16)知,存在正数 $K_1 > 0$,使

$$\| f_0^\perp(X_0^*(t)) \| = \| f_0(X_0^*(t)) \| \leqslant K_1 e^{\lambda^- * t}. \quad (4.19)$$

由于 $f_1(X)$ 是至少 C^2 的,故 $\| Df_1(X_0(t)) \|$ 有界,设为 K_2,即

$$\| Df_1(X_0(t)) \| < K_2. \quad (4.20)$$

因此,对一切 $k \geqslant 2$,

$$\| D_k^*(t)e^{-\int_0^t \sigma(\xi)d\xi} \|$$

$$= \| (f_0(X_0^*(t)) \wedge Df_1(X_0^*(t))X_{k-1}^*(t))e^{-\int_0^t \sigma(\xi)d\xi} \|$$

$$= \| (f_0^\perp(X_0^*(t)) \cdot Df_1(X_0^*(t))X_{k-1}^*(t))e^{-\int_0^t \sigma(\xi)d\xi} \|$$

$$\leqslant \| f_0^\perp(X_0^*(t)) \| \cdot \| Df_1(X_0^*(t))X_{k-1}^*(t) \| e^{-\int_0^t \sigma(\xi)d\xi}$$

301

$$\leqslant K_1 K_2 \parallel X_{k-1}^*(t) \parallel \mathrm{e}^{\lambda^{-*}t} \cdot \mathrm{e}^{(-\sigma_0 * \tau)t}.$$

故存在 $K_3, K_4 > 0$,使

$$\parallel D_k^+(t)\mathrm{e}^{-\int_0^t \sigma(\xi)\mathrm{d}\xi} \parallel \leqslant K_3 \mathrm{e}^{(-\lambda^+ + \tau)t}, \quad t \geqslant 0, \qquad (4.21)$$

$$\parallel D_k^-(t)\mathrm{e}^{-\int_0^t \sigma(\xi)\mathrm{d}\xi} \parallel \leqslant K_4 \mathrm{e}^{(-\lambda^- - \tau)t}, \quad t \leqslant 0. \qquad (4.22)$$

由式(4.21)和(4.22)即知,对一切 $k \geqslant 2$,积分

$$\int_{-\infty}^0 D_k^-(t)\mathrm{e}^{-\int_0^t \sigma(\xi)\mathrm{d}\xi}\mathrm{d}t \quad \text{和} \quad \int_0^{+\infty} D_k^+(t)\mathrm{e}^{-\int_0^t \sigma(\xi)\mathrm{d}\xi}\mathrm{d}t$$

都收敛.

当 $k=1$ 时,

$$D_1(t) = f_0(X_0(t)) \wedge g_1(X_0(t)) = f_0^{\perp}(X_0(t)) \cdot f_1(X_0(t)).$$

由于 f_1 是至少 C^2 的,$X_0(t)$ 在 $(-\infty, \infty)$ 上有界,故 $f_1(X_0(t))$ 在 $(-\infty, \infty)$ 上有界,用与上面类似的论述即可证明积分

$$\int_{-\infty}^{\infty} D_1(t)\mathrm{e}^{-\int_0^t \sigma(\xi)\mathrm{d}\xi}\mathrm{d}t$$

收敛.因此对一切自然数 k,引理成立.

由引理 4.2,引理 4.5 和引理 4.6 就得到

引理 4.7 设 $M_\varepsilon(O) = M_1 \varepsilon + M_2 \varepsilon^2 + \cdots$,则

$$M_1 = \int_{-\infty}^{\infty} (f_0(X_0(t)) \wedge g_1(X_0(t)))\mathrm{e}^{-\int_0^t \mathrm{div} f_0(X_0(\xi))\mathrm{d}\xi}\mathrm{d}t,$$

$$M_2 = \int_{-\infty}^0 (f_0(X_0(t)) \wedge g_2(X_0(t), X_1^-(t)))\mathrm{e}^{-\int_0^t \mathrm{div} f_0(X_0(\xi))\mathrm{d}\xi}\mathrm{d}t,$$

$$+ \int_0^{+\infty} (f_0(X_0(t)) \wedge g_2(X_0(t), X_1^+(t)))\mathrm{e}^{-\int_0^t \mathrm{div} f_0(X_0(\xi))\mathrm{d}\xi}\mathrm{d}t,$$

$$\cdots\cdots\cdots\cdots\cdots$$

$$M_k = \int_{-\infty}^0 (f_0(X_0(t)) \wedge g_k(X_0(t), X_1^-(t), \cdots, X_{k-1}^-(t)))$$

$$\cdot \mathrm{e}^{-\int_0^t \mathrm{div} f_0(X_0(\xi))\mathrm{d}\xi}\mathrm{d}t$$

$$+ \int_0^{+\infty} (f_0(X_0(t)) \wedge g_k(X_0(t), X_1^+(t), \cdots, X_{k-1}^+(t)))$$

$$\cdot e^{-\int_0^t \mathrm{div} f_0(X_0(\xi))\mathrm{d}\xi}\mathrm{d}t$$

$$\cdots\cdots\cdots\cdots\cdots,$$

其中 $X_1^*(t),\cdots,X_k^*(t),\cdots$ 可通过变分方程组(4.4)和无穷远边值条件(4.13)逐次地确定,而

$$g_1(Y_1),\quad g_2(Y_1,Y_2),\quad\cdots,\quad g_n(Y_1,Y_2,\cdots,Y_n)$$

可通过比较方程

$$\dot X_\varepsilon(t)=f_0(X_\varepsilon(t))+\varepsilon f_1(X_\varepsilon(t),\varepsilon),$$
$$X_\varepsilon(t)=X_0+\varepsilon X_1+\varepsilon^2 X_2+\cdots$$

两边 ε 的同次幂的系数而得出.

由引理 4.1 和引理 4.7 就得到

定理 4.1 设 $M_1,M_2,\cdots,M_k\cdots$ 的意义如引理 4.7 中所述,

$$M_1=M_2=\cdots=M_{k-1}=0,\quad M_k\ne0.$$

则当 $|\varepsilon|$ 充分小时,若

$$\varepsilon^k M_k<0,$$

则 s_ε^+ 在 s_ε^- 之外;若

$$\varepsilon^k M_k>0,$$

则 s_ε^+ 在 s_ε^- 之内.

现假设系统 $I(\varepsilon):\dot X=f_0(X)+\varepsilon f_1(X,\varepsilon)$, $X\in \boldsymbol{R}^2$, f_0,f_1 解析,有异宿环 $S^{(n)}$. 则与同宿轨线相类似,异宿轨线 s_{ij} 在小扰动下也可能破裂为 $s_{ij\varepsilon}^+$ 与 $s_{ij\varepsilon}^-$. 因而需要研究判断它们的相对位置的问题(图 10.14).

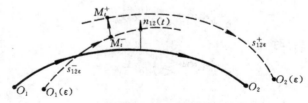

图 10.14 异宿轨线经扰动后的破裂

303

完全与同宿轨线相类似,可以证明当$|\varepsilon|$充分小时,$I(\varepsilon)$存在解 $X^*_{12\varepsilon}(t)$,使得在$[0,+\infty)$上一致地成立:

$$X^+_{12\varepsilon}(t) = X_{12}(t) + \varepsilon X^+_{121}(t) + \cdots.$$

而在$(-\infty,0]$上下式一致地成立:

$$X^-_{12\varepsilon}(t) = X_{12}(t) + \varepsilon X^-_{121}(t) + \cdots.$$

设 l_{12} 是 s_{12} 的无切线段,则当$|\varepsilon|$充分小时,l_{12} 仍是 $s^+_{12\varepsilon}$ 与 $s^-_{12\varepsilon}$ 的无切线段. 故可设 $s^-_{12\varepsilon}$,$s^+_{12\varepsilon}$ 与 l_{12} 交于 M^-_{12},M^+_{12};设 s_{12} 与 l_{12} 交于 M_{12};

$$M_{12}M^+_{12}=u^+_{12}, \quad M_{12}M^-_{12}=u^-_{12}.$$

则 u^+_{12},u^-_{12} 的大小就确定了 $s^-_{12\varepsilon}$ 和 $s^+_{12\varepsilon}$ 的相对位置. 设 $S^{(n)}$ 是按顺时针方向定向的,以 $S^{(n)}$ 的内外为标准,则 $u^+_{12}>u^-_{12}$ 表示 $s^+_{12\varepsilon}$ 在 $s^-_{12\varepsilon}$ 之外(即 $\overrightarrow{M^-_{12}M^+_{12}} \cdot n_{12}>0$,其中 n_{12} 是 s_{12} 在 M_{12} 处的外法向向量). 反之则相反.

定义函数

$$\begin{aligned}
M_{12\varepsilon}(t) &= -\, n_{12}(t) \cdot \overrightarrow{M^-_{12}(t)M^+_{12}(t)} \\
&= -\, f^\perp_0(X_{12}(t)) \cdot (X^+_{12\varepsilon}(t) - X^-_{12\varepsilon}(t)) \\
&= (-\, f^\perp_0(X_{12}(t)) \wedge X^+_{12\varepsilon}(t)) \\
&\quad - (-\, f^\perp_0(X_{12}(t)) \wedge X^-_{12\varepsilon}(t)) \\
&= M^+_{12\varepsilon}(t) - M^-_{12\varepsilon}(t).
\end{aligned}$$

类似于引理 4.4 等,我们有

引理 4.8 对任意 $\tau>0$,存在正数 $M>0$,$T_{12}>0$,使当 $t>T_{12}$ 时

$$e^{-\int_0^t \sigma_{12}(\xi)d\xi} < Me^{(-\sigma_{20}+\tau)t};$$

当 $t<-T_{12}$ 时

$$e^{-\int_0^t \sigma_{12}(\xi)d\xi} < Me^{(-\sigma_{10}-\tau)t}.$$

其中

$$\sigma_{i0} = \lambda^+_i + \lambda^-_i, \quad \sigma_{ij}(t) = \mathrm{div}\, f_0(X_{12}(t)).$$

304

引理 4.9 当 $t \to +\infty$ 时，$M_{121}^+(t)\mathrm{e}^{-\lambda_1^- t}$ 趋于有限极限；当 $t \to -\infty$ 时，$M_{121}^-(t)\mathrm{e}^{-\lambda_2^+ t}$ 趋于有限极限.

引理 4.10 当 $t \to +\infty$ 时，

$$M_{121}^+(t)\mathrm{e}^{-\int_0^t \sigma_{12}(\xi)\mathrm{d}\xi} \to 0;$$

当 $t \to -\infty$ 时，

$$M_{121}^-(t)\mathrm{e}^{-\int_0^t \sigma_{12}(\xi)\mathrm{d}\xi} \to 0.$$

引理 4.11 积分

$$\int_{-\infty}^{\infty} (f_0(X_{12}(t)) \wedge f_1(X_{12}(t),0))\mathrm{e}^{-\int_0^t \mathrm{div} f_0(X_{12}(\xi))\mathrm{d}\xi}\mathrm{d}t.$$

引理 4.12 设 $M_{12\varepsilon}(O) = M_{121}\varepsilon + M_{122}\varepsilon^2 + \cdots$，则

$$M_{121} = \int_{-\infty}^{\infty} (f_0(X_{12}(t)) \wedge f_1(X_{12}(t),0))\mathrm{e}^{-\int_0^t \mathrm{div} f_0(X_{12}(\xi))\mathrm{d}\xi}\mathrm{d}t.$$

定理 4.2 设 M_{121} 的意义如引理 4.12 中所述，则当 $\varepsilon \cdot M_{121} < 0(>0)$ 时，

$$u_{12}^+ > u_{12}^- \quad (\text{或 } u_{12}^+ < u_{12}^-).$$

故 $s_{12\varepsilon}^+$ 在 $s_{12\varepsilon}^-$ 之外(或之内).

附注 1 M_1 和 $M_k(k \geq 2)$ 的表达式在形式上是不统一的，即计算 M_1 时涉及的自变量仅有一个 $X_0(t)$；而在计算例如 M_2 时，自变量除有 $X_0(t)$ 外还有 $X_1^+(t)$ 及 $X_1^-(t)$；随着 k 的增加，M_k 中还会出现 $X_2^+(t)$，$X_2^-(t)$，$\cdots$，$X_{k-1}^+(t)$，$X_{k-1}^-(t)$ 这样更多的新的自变量. 由于 $X_k^+(t)$ 和 $X_k^-(t)(k \geq 2)$ 都满足同样的变分方程和同样的无穷远边值条件，因此出现一个如何分辨它们的问题. 要回答此问题必须找出 $X_k^+(t)$ 和 $X_k^-(t)$ 的区别，而这种区别的来源是 $X_\varepsilon^+(t)$ 和 $X_\varepsilon^-(t)$ 的区别. 根据 $X_\varepsilon^+(t)$ 和 $X_\varepsilon^-(t)$ 的几何意义可知，必存在一条经过 O_ε 的直线 l，使得 $X_\varepsilon^+(t)$ 在 $[0,\infty)$ 上与 l 只相交一次，而 $X_\varepsilon^-(t)$ 在 $(-\infty,0]$ 上与 l 也只相交一次. 即 $X_\varepsilon^+(t)$ 确定了 $[0,\infty) \to l$ 的一个有界的一一映射，$X_\varepsilon^-(t)$ 确定了一个 $(-\infty,0] \to l$ 的有界的一一映射. 这一性质"遗传"到 $X_k^+(t)$ 及 $X_k^-(t)$ 上之后，便给出了

区别它们的方法,那就是当我们根据无穷远边值条件,从 $X_k^*(t)$ 所满足的变分方程确定了两个线性无关的解 $u_k(t)$ 和 $v_k(t)$ 后,其中必有一个,比如说 $u_k(t)$ 确定了 $[0,+\infty)\rightarrow l$ 的一个是有界的一一映射,而另一个,即 $v_k(t)$ 或者在 $[0,+\infty)$ 上无界,或者虽然在 $[0,+\infty)$ 上有界但不是一对一的. 即存在 $t_1>t_2>0$,使 $v_k(t_1)\in l,v_k(t_2)\in l$,那么这时我们就可确定

$$X_k^+(t)=u_k(t), \quad X_k^-(t)=v_k(t),$$

$v_k(t)$ 必然是一个 $(-\infty,0]\rightarrow l$ 的有界的一一映射.

此外,我们还要注意,只有当 $M_1=0$ 时才需要去计算 M_2. 而 $M_1=0$ 意味着

$$X_1^+(O)=X_1^-(O).$$

因此,这时 $X_1^+(t)$ 和 $X_1^-(t)$ 可统一为一个 C^0 的函数 $X_1(t)$,而

$$M_2=\int_{-\infty}^{\infty}(f_0(X_0(t))\wedge g_2(X_0(t),X_1(t)))e^{-\int_0^t\mathrm{div}f_0(X_0(\xi))\mathrm{d}\xi}\mathrm{d}t$$

获得了与 M_1 统一形式的表达式.同理,当 $M_1=M_2=\cdots M_k=0$ 时,$X_i^+(t)$ 和 $X_i^-(t)(1\leqslant i\leqslant k)$ 都统一为一个 C^0 的函数 $X_i(t)(1\leqslant i\leqslant k)$,而 M_{k+1} 就具有了和 $M_1,M_2,\cdots,M_k$ 统一的表达形式.

附注 2 实际应用定理 1 时要涉及 g_n 的具体表达式,这里我们具体地写出 g_1 和 g_2 的表达式:

g_1 就是 f_1,因此

$$M_1=\int_{-\infty}^{\infty}(f_0(X_0(t))\wedge f_1(X_0(t)))e^{-\int_0^t\mathrm{div}f_0(X_0(\xi))\mathrm{d}\xi}\mathrm{d}t.$$

当 $M_1=0$ 时,

$$g_2=\frac{1}{2}\mathrm{D}^2f_0(X_0(t))X_1(t)^2+\mathrm{D}f_1(X_0(t))X_1(t),$$

这里出现如何理解 $\mathrm{D}^2f_0(X_0(t))X_1(t)^2$ 和如何计算它的问题.设 F 是 $\boldsymbol{R}^2\rightarrow\boldsymbol{R}^2$ 的映射,$\mathrm{D}(F,h_1)$ 表示 F 的微分,F 的导算子 $\mathrm{D}F$ 是 $\boldsymbol{R}^2\rightarrow L(\boldsymbol{R}^2\rightarrow\boldsymbol{R}^2)$ 的映射;此映射还可再微分,其导算子 $\mathrm{D}^2F=\mathrm{D}(\mathrm{D}F)$ 是一个

306

$$\boldsymbol{R}^2 \times \boldsymbol{R}^2 \to L(L(\boldsymbol{R}^2 \to \boldsymbol{R}^2) \to L(\boldsymbol{R}^2 \to \boldsymbol{R}^2))$$

的映射. 具体计算方法是

$$D(F, h_1) = \begin{bmatrix} D(F_1, h_1) \\ D(F_2, h_1) \end{bmatrix} = \begin{bmatrix} F_{1x}dx + F_{1y}dy \\ F_{2x}dx + F_{2y}dy \end{bmatrix}$$

$$= \begin{bmatrix} F_{1x} & F_{1y} \\ F_{2x} & F_{2y} \end{bmatrix} \begin{pmatrix} dx \\ dy \end{pmatrix} = (DF)h_1,$$

$$(D^2F)h_1h_2 = D(D(F_1h_1))h_2 = \begin{bmatrix} D(F_{1x}, h_1) & D(F_{1y}, h_1) \\ D(F_{2x}, h_1) & D(F_{2y}, h_1) \end{bmatrix} h_2$$

$$= \begin{bmatrix} F_{1xx}dx + F_{1xy}dy & F_{1xy}dx + F_{1yy}dy \\ F_{2xx}dx + F_{2xy}dy & F_{2xy}dx + F_{2yy}dy \end{bmatrix} h_2.$$

因此

$$g_2 = \frac{1}{2} \begin{bmatrix} A_{11} & A_{12} \\ A_{21} & A_{22} \end{bmatrix} + (DF_1(X_0(t)))X_1(t),$$

其中

$$A_{11} = f_{01xx}(X_0(t))X_{11}(t) + f_{01xy}(X_0(t))X_{12}(t),$$
$$A_{12} = f_{01xy}(X_0(t))X_{11}(t) + f_{01yy}(X_0(t))X_{12}(t),$$
$$A_{21} = f_{02xx}(X_0(t))X_{11}(t) + f_{02xy}(X_0(t))X_{12}(t),$$
$$A_{22} = f_{02xy}(X_0(t))X_{11}(t) + f_{02yy}(X_0(t))X_{12}(t).$$

§5 同(异)宿环的分支

仍考虑系统

$$\dot{X} = f_0(X) + \varepsilon f_1(X, \varepsilon), \quad X \in \boldsymbol{R}^2, f_0, f_1 \text{ 解析.} \qquad I(\varepsilon)$$

假设系统 $I(O)$ 有一稳定(不稳定)的同宿环 $S^{(1)}$,则 $I(O)$ 的在 $S^{(1)}$ 内侧邻近的轨线都是向外(向内)盘旋的. 根据解对参数的连续性,当 $|\varepsilon|$ 充分小时,$I(\varepsilon)$ 的 $t=0$ 时通过 $S^{(1)}$ 内侧充分靠近 $S^{(1)}$ 上点的轨线仍是向外(向内)盘旋的(图 10.15(a)和(c),其中箭头表示后继点的移动方向). 这时,如果 s_ε^- 在 s_ε^+ 之外(之内),则 $S^{(1)}$ 邻域中

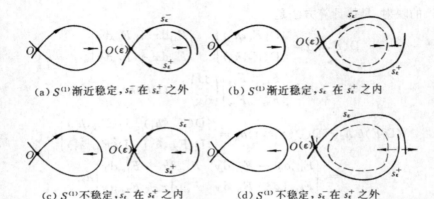

(a) $S^{(1)}$ 渐近稳定, s_ε^- 在 s_ε^+ 之外　　　(b) $S^{(1)}$ 渐近稳定, s_ε^- 在 s_ε^+ 之内

(c) $S^{(1)}$ 不稳定, s_ε^- 在 s_ε^+ 之内　　　(d) $S^{(1)}$ 不稳定, s_ε^- 在 s_ε^+ 之外

图 10.15　从同宿环分支出极限环

所有轨线都是向外(向内)盘旋的,因此,$I(\varepsilon)$ 在 $S^{(1)}$ 的邻域中不存在任何极限环;如果 s_ε^- 在 s_ε^+ 之内(之外),则 s_ε^-(s_ε^+)是向内盘旋的,因此根据环域原理,$I(\varepsilon)$ 在 $S^{(1)}$ 的邻域中必至少存在一条闭轨线(图 10.15(b)和(d)).

　　由以上的论述和定理 3.2,定理 3.4 及定理 4.1 就得出

定理 5.1　设系统 $I(\varepsilon):\dot{X}=f_0(X)+\varepsilon f_1(X,\varepsilon),X\in\mathbf{R}^2,f_0$ 和 f_1 解析,当 $\varepsilon=0$ 时有与鞍点 O 相连的同宿环 $S^{(1)}:X=X_0(t)$.

$$\sigma_0=\operatorname{div}f_0(O),$$

$$\sigma_1=\int_{-\infty}^{\infty}\operatorname{div}f_0(X_0(t))\mathrm{d}t,$$

$M_1,\cdots,M_n,\cdots$ 的意义如引理 4.7 中所述. 则当 $|\varepsilon|$ 充分小时,若 $\sigma_iM_j\varepsilon>0$,$I(\varepsilon)$ 在 $S^{(1)}$ 的邻域中至少存在一个极限环;若 $\sigma_iM_j\varepsilon<0$,$I(\varepsilon)$ 在 $S^{(1)}$ 的邻域中不存在任何极限环. 其中 σ_i,M_j 分别是 σ_0,σ_1 及 $M_1,M_2,\cdots,M_n,\cdots$ 中第一个不为零的判定量.

　　由定理 3.6 和定理 4.2 得出

定理 5.2　设系统 $I(\varepsilon):\dot{X}=f_0(X)+\varepsilon f_1(X,\varepsilon),X\in\mathbf{R}^2,$

308

f_0, f_1 解析；当 $\varepsilon=0$ 时有一异宿环 $S^{(n)}$，$S^{(n)}$ 内部包含一奇点 O，$S^{(n)}$ 由 n 个鞍点 $O_1, O_2, \cdots, O_n$ 及连接它们的异宿轨线构成；λ 和 σ_{n1} 的意义如定理 3.6 所述，$\sigma_0 = \mathrm{div} f_0(O)$. 则当 $\lambda \neq 1$，$\sigma_0(1-\lambda) > 0$ 或 $\lambda=1, \sigma_0 \sigma_{n1} > 0$ 时，$S^{(n)}$ 内至少存在系统 $I(0)$ 的一个极限环.

定理 5.3　设系统 $I(\varepsilon)$：$\dot{X} = f_0(X) + \varepsilon f_1(X, \varepsilon)$，$X \in \mathbf{R}^2$，$f_0, f_1$ 解析；当 $\varepsilon=0$ 时存在一个由鞍点 $O_1, \cdots, O_n$ 及连接它们的异宿轨线组成的异宿环 $S^{(n)}$；$\lambda, \sigma_{n1}, M_{ij}(j = i+1 \pmod n)$ 如定理 3.6 和定理 4.2 中所述. 若

(1) $M_{ij}(j = i+1 \pmod n)$ 的符号相同；

(2) $\lambda \neq 1$，$(1-\lambda) M_{12} \varepsilon > 0$ 或 $\lambda=1$，$\sigma_{n1} M_{12} \varepsilon > 0$.

则当 $|\varepsilon|$ 充分小时，系统 $I(\varepsilon)$ 在 $S^{(n)}$ 的邻域中至少存在一个极限环 $\Gamma(\varepsilon)$，当 $\varepsilon \to 0$ 时，$\Gamma(\varepsilon) \to S^{(n)}$.

而若 $\lambda \neq 1$，$(1-\lambda) M_{12} \varepsilon < 0$ 或 $\lambda=1$，$\sigma_{n1} M_{12} \varepsilon < 0$，则当 $|\varepsilon|$ 充分小时 $I(\varepsilon)$ 在 $S^{(n)}$ 的邻域中不存在任何闭轨线.

下面讨论同宿环的分支极限环的唯一性.

首先说明唯一性与稳定性之间的关系，我们有

定理 5.4　设系统 $I(\varepsilon)$：$\dot{X} = f_0(X) + \varepsilon f_1(X, \varepsilon)$，$X \in \mathbf{R}^2$，$f_0$，$f_1 \in C^1$；当 $\varepsilon=0$ 时有同宿环 $S^{(1)}$，$I(\varepsilon)$ 的使得当 $\varepsilon \to 0$ 时 $\Gamma(\varepsilon) \to S^{(1)}$ 的闭轨线 $\Gamma(\varepsilon)$ 都是稳定或不稳定的. 则当 $|\varepsilon|$ 充分小时，$I(\varepsilon)$ 在 $S^{(1)}$ 的邻域中至多存在一条闭轨线.

证明　假设 $I(\varepsilon)$ 在 $S^{(1)}$ 的任意小邻域中总存在不止一条闭轨线，那么当 $\varepsilon \to 0$ 时，这些闭轨线都要趋于 $S^{(1)}$. 因此由解的唯一性知，这些闭轨线必是一个套住一个构成类似于同心圆的样式. 设 $\Gamma_1(\varepsilon)$ 和 $\Gamma_2(\varepsilon)$ 是相邻的闭轨线（即 $\Gamma_1(\varepsilon)$ 和 $\Gamma_2(\varepsilon)$ 之间没有闭轨线），则由环域定理知，$\Gamma_1(\varepsilon)$ 和 $\Gamma_2(\varepsilon)$ 的稳定性必定相反. 这与假设矛盾. 因此 $I(\varepsilon)$ 在 $S^{(1)}$ 的邻域中至多存在一条闭轨线.

类似于定理 3.2 和定理 3.4 我们有

定理 5.5　设系统 $I(\varepsilon)$：$\dot{X} = f_0(X) + \varepsilon f_1(X, \varepsilon)$，$X \in \mathbf{R}^2$，$f_0$

和 $f_1 \in C^1$；当 $\varepsilon = 0$ 时存在与鞍点 O 相连的同宿环 $S^{(1)}$ 及

$$\sigma_0 = \operatorname{div} f_0(O),$$

那么当 $\sigma_0 < 0 (>0)$ 时，对充分小的 ε，系统 $I(\varepsilon)$ 的位于 $S^{(1)}$ 邻域中的闭轨线 $\Gamma(\varepsilon)$ 必是稳定（不稳定）的. 因而如果 $\Gamma(\varepsilon)$ 存在，$\Gamma(\varepsilon)$ 必是唯一的.

证明 设 $\sigma_0 > 0$，如图 10.16 所示. 由 $\operatorname{div} I(\varepsilon)$ 对 X 和 ε 的连续性知，存在鞍点 O 的邻域 G，使得当 ε 充分小时，在 G 中有下式成立

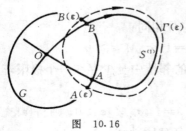

图 10.16

$$\operatorname{div} I(\varepsilon) > \frac{1}{2}\sigma_0.$$

设 $S^{(1)}, \Gamma(\varepsilon)$ 分别与 G 交于 A, B，$A(\varepsilon), B(\varepsilon)$ 点，所对应的时刻为 $t_1, t_2, t_1(\varepsilon), t_2(\varepsilon)$. 设

$$I = \int_{t_1}^{t_2} \operatorname{div} f_0(X_0(t)) \mathrm{d}t,$$

其中 $X_0(t)$ 是 $S^{(1)}$ 的参数方程，则显然 I 有限. 设 $T(\varepsilon)$ 是 $\Gamma(\varepsilon)$ 的周期，$X_\varepsilon(t)$ 是 $\Gamma(\varepsilon)$ 的参数方程，

$$I(\varepsilon) = \int_0^{T(\varepsilon)} \operatorname{div} I(\varepsilon) \Big|_{X=X_\varepsilon(t)} \mathrm{d}t = \int_{t_2(\varepsilon)}^{t_2(\varepsilon)+T(\varepsilon)} \operatorname{div} I(\varepsilon) \Big|_{X=X(\varepsilon)} \mathrm{d}t,$$

则

$$I(\varepsilon) = \left(\int_{t_2(\varepsilon)}^{t_1(\varepsilon)} + \int_{t_1(\varepsilon)}^{t_2(\varepsilon)+T(\varepsilon)} \right) (\operatorname{div} I(\varepsilon) |_{X=X_\varepsilon(t)}) \mathrm{d}t$$

$$= I_1(\varepsilon) + I_2(\varepsilon).$$

由鞍点的性质（§3 中引理 3.1）及解对参数与初值的连续性知，当 $\varepsilon \to 0$ 时

$$T(\varepsilon) \to +\infty, \quad t_i(\varepsilon) \to t_i \quad (i = 1, 2),$$

$$|I_1(\varepsilon) - I| < \delta,$$

其中 δ 是任意预先指定的正数. 故

$$|I_1(\varepsilon)| \leqslant |I| + |I_1(\varepsilon) - I| < |I| + \delta,$$

310

$$|I(\varepsilon)| > I_2(\varepsilon) - |I_1(\varepsilon)|$$
$$> \frac{1}{2}\sigma_0(t_2(\varepsilon) + T(\varepsilon) - t_1(\varepsilon)) - |I| - \delta.$$

因此当 $\varepsilon \to 0$ 时 $I(\varepsilon) \to +\infty > 0$. 故当 $|\varepsilon|$ 充分小时,$I(\varepsilon) > 0$. 因而 $\Gamma(\varepsilon)$ 必是不稳定的. 再由定理 5.4 知,若 $\Gamma(\varepsilon)$ 存在,则 $\Gamma(\varepsilon)$ 必是唯一的.

定理 5.6 设系统 $I(\varepsilon)$: $\dot{X} = f_0(X) + \varepsilon f_1(X, \varepsilon)$, $X \in \mathbf{R}^2$, $f_0, f_1 \in C^1$;当 $\varepsilon = 0$ 时存在与鞍点 O 相连的同宿环 $S^{(1)} = X = X_0$ (t). 设对充分小的 $\varepsilon_0 > 0$,当 $|\varepsilon| \leqslant \varepsilon_0$ 时

$$\sigma_0(\varepsilon) = \mathrm{div}I(\varepsilon)|_{X=O(\varepsilon)} \equiv 0,$$

其中 $O(\varepsilon)$ 是 $I(\varepsilon)$ 的鞍点,

$$\sigma = \int_{-\infty}^{\infty} \mathrm{div}f_0(X_0(t))\mathrm{d}t.$$

则当 $\sigma < 0 (>0)$,$|\varepsilon|$ 充分小时,系统 $I(\varepsilon)$ 的位于 $S^{(1)}$ 邻域中的闭轨线 $\Gamma(\varepsilon)$ 必是稳定(不稳定)的. 因而,如果 $\Gamma(\varepsilon)$ 存在,则 $\Gamma(\varepsilon)$ 必是唯一的.

证明 如图 10.17 所示,通过把 $I(\varepsilon)$ 的鞍点 $O(\varepsilon)$ 平移到原点,不妨设对 $|\varepsilon|$ 充分小,$O(\varepsilon)$ 恒为原点 $O(0,0)$. 于是由定理的条件知:当 $|\varepsilon| \leqslant \varepsilon_0$ 时,

$$\sigma_0(\varepsilon) = \mathrm{div}I(\varepsilon)|_{X=0} \equiv 0.$$

由二维的 C^1-Hartman 定理 (定理 3.3) 知,对 $|\varepsilon| \leqslant \varepsilon_0$,存在 O 的邻域 U_ε 及 $\mathbf{R}^2 \to \mathbf{R}^2$ 的非异的对 ε 连续的变换 T_ε,使得在 U_ε 内,T_ε 把 $I(\varepsilon)$ 化为其线性化系统

$$\bar{I}(\varepsilon): \dot{Y} = A_\varepsilon Y.$$

不妨设 $\{U_\varepsilon\}$ 是单调的,

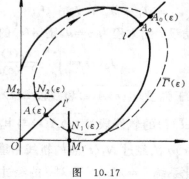

图 10.17

$$G = \bigcap_{|\varepsilon| \leqslant \varepsilon_0} U_\varepsilon,$$

311

那么 G 是非空的,且是与 ε 无关的 O 的邻域. 设 T_0 把 $S^{(1)}$ 化为 $\bar{S}^{(1)}$, 在 G 内作以 O 为端点的射线 l' 及直线 $y=\rho, x=\rho$. 设 l 是过 $\bar{S}^{(1)}$ 上 A_0 点的无切线段, 则当 $|\varepsilon|$ 充分小时, 由解对初值和参数的连续性知, 以上几条线段对 $\bar{S}^{(1)}$ 邻域中的闭轨线 $\bar{\Gamma}(\varepsilon)$ 也是无切的, 其中 $\bar{\Gamma}(\varepsilon)$ 是 $\bar{S}^{(1)}$ 邻域中的闭轨 $\Gamma(\varepsilon)$ 在 T_ε 下的像. 因此可以设 $\bar{\Gamma}(\varepsilon)$ 依次与 $l, x=\rho, l'$ 及 $y=\rho$ 相交于 $A_0(\varepsilon), N_1(\varepsilon), A(\varepsilon)$ 及 $N_2(\varepsilon)$ 点. 又设 $\bar{\Gamma}(\varepsilon)$ 的周期为 $\bar{T}(\varepsilon)$, 则有

$$
\begin{aligned}
J(\varepsilon) &= \int_0^{\bar{T}(\varepsilon)} \operatorname{div} \bar{I}(\varepsilon)|_{Y \in \bar{\Gamma}(\varepsilon)} \mathrm{d}t \\
&= \left(\int_{\widehat{A_0(\varepsilon)N_1(\varepsilon)}} + \int_{\widehat{N_1(\varepsilon)A(\varepsilon)}} + \int_{\widehat{A(\varepsilon)N_2(\varepsilon)}} + \int_{\widehat{N_2(\varepsilon)A_0(\varepsilon)}} \right) \\
&\quad \cdot (\operatorname{div} \bar{I}(\varepsilon)|_{Y \in \bar{\Gamma}(\varepsilon)}) \mathrm{d}y \\
&= J_1(\varepsilon) + J_2(\varepsilon) + J_3(\varepsilon) + J_4(\varepsilon).
\end{aligned}
$$

不妨设 $\sigma > 0$, 由引理 3.3 知

$$
\begin{aligned}
\sigma &= \int_{-\infty}^{\infty} \operatorname{div} I(O)|_{Y \in \bar{S}^{(1)}} \mathrm{d}t \\
&= \left(\int_{\widehat{A_0 M_1}} + \int_{M_1 O} + \int_{O M_2} + \int_{\widehat{M_2 A_0}} \right) (\operatorname{div} I(O)|_{Y \in \bar{S}^{(1)}}) \mathrm{d}t \\
&= J_1 + J_2 + J_3 + J_4.
\end{aligned}
$$

不妨设 l' 的方程为 $v=u$, 则 $A(\varepsilon)$ 的坐标可写成 $(a(\varepsilon), a(\varepsilon))$. 于是

$$
J_2(\varepsilon) = \int_\rho^{a(\varepsilon)} \frac{\sigma_0(\varepsilon)}{\lambda^-(\varepsilon)u} \mathrm{d}u \equiv O = J_2.
$$

(由于弧段 $\widehat{N_1(\varepsilon)A(\varepsilon)}$ 和线段 $M_1 O$ 都位于邻域 G 内, 而在此邻域内, $\bar{I}(\varepsilon)$ 的轨线段 $\widehat{N_1(\varepsilon)A(\varepsilon)}$ 与其线性化系统 $\dot{u} = \lambda^-(\varepsilon)u, \dot{v} = \lambda^+(\varepsilon)v$ 的经过 $N_1(\varepsilon)$ 点的轨线相重合, $\bar{I}(O)$ 的轨线段 $\widehat{M_1 O}$ 与其线性化系统 $\dot{u} = \lambda^- u, \dot{v} = \lambda^+ v$ 的经过 M_1 的轨线相重合.) 同理, 有

$$
J_3(\varepsilon) \equiv 0 = J_3.
$$

给定任意 $\tau > 0$, 由解对参数和初值的连续性知, 当 $\varepsilon \to 0$ 时

$$J_1(\varepsilon) \to J_1, \quad J_4(\varepsilon) \to J_4.$$

故若 ε_0 充分小, 则当 $|\varepsilon| \leqslant \varepsilon_0$ 时就有

$$|J_1(\varepsilon) - J_1| < \frac{\tau}{2}, \quad |J_4(\varepsilon) - J_4| < \frac{\tau}{2}.$$

故

$$
\begin{aligned}
|J(\varepsilon) - \sigma| &\leqslant |J_1(\varepsilon) - J_1| + |J_2(\varepsilon) - J_2| \\
&\quad + |J_3(\varepsilon) - J_3| + |J_4(\varepsilon) - J_4| \\
&< \tau.
\end{aligned}
$$

由 τ 的任意性即得, 当 $\varepsilon \to 0$ 时 $J(\varepsilon) \to \sigma$. 故当 $|\varepsilon|$ 充分小时 $J(\varepsilon) >$ 0. 因而 $\Gamma(\varepsilon)$ 必是不稳定的. 再由定理 5.4 知, 若 $\Gamma(\varepsilon)$ 存在, 则 $\Gamma(\varepsilon)$ 必是唯一的. 同理, 可证当 $\sigma < 0$ 时 $\Gamma(\varepsilon)$ 必是稳定的, 因而若 $\Gamma(\varepsilon)$ 存在也必是唯一的.

附注 1 定理 5.6 并未一般地证明当 $\sigma_0 = 0, \sigma \neq 0$ 时分支极限环的唯一性, 而是在附加了条件 $\sigma_0(\varepsilon) \equiv 0$ 的情况下证明了其唯一性. 根据下文中提到的韩茂安的结果, 我们不可能指望得到它的一般性的结果. 关于同宿环分支极限环的唯一性的最新结果, 是由韩茂安, 李良应发表在参考文献 [46] 中所证明的定理 1.1 和定理 1.2. 根据他们的结果, 如果定理 5.6 中的 f_0, f_1 是解析的, M_1 的意义如引理 4.7 所述, 那么当 $M_1 \neq 0$ 时 $I(\varepsilon)$ 在 $S^{(1)}$ 的邻域中就至多存在一个极限环. 该文中还声称, 当 $\sigma_0 = 0, \sigma \neq 0$ 时从 $S^{(1)}$ 可以产生两个极限环. 因此定理 5.5 已不可能通过把 $\sigma_0 \neq 0$ 换为条件 $\sigma_0 = 0, \sigma \neq 0$ 而得到进一步的改进. 但可惜该文中未能给出这一断言的实际例子. 由于该文中的证明需要更多的工具, 因此无法在本节中介绍细节, 有兴趣的读者可参看该文献.

附注 2 同宿环分支极限环的个数与扰动的光滑性有密切关系, 如果不限定扰动的光滑性, 那么可举例子说明, 无论再附加什么其他条件都无法保证分支的唯一性. 下面的例子是韩茂安在与作者的通信中提供的: 考虑系统

$$\begin{cases} \dot{x} = y, \\ \dot{y} = x - x^2 + y[H + \varepsilon]^{1/3}[H + 2\varepsilon]^{1/3}[H + 3\varepsilon]^{1/3}, \end{cases}$$

$$H = \frac{y^2}{2} + \frac{x^3}{3} - \frac{x^2}{2},$$

则当 $\varepsilon > 0$ 时,$I(\varepsilon)$ 有 3 个极限环

$$\Gamma_i : H = -i\varepsilon \quad (i = 1, 2, 3);$$

当 $\varepsilon \to 0$ 时,

$$\Gamma_i \to S^{(1)} : H = 0.$$

类似,可证从 $I(0)$ 的同宿环 $S^{(1)}$ 可在 C^0 扰动下出现 n 个极限环. 因此解析系统的同宿环在 C^0 扰动下可产生任意有限个极限环.

例 1　考虑系统

$$\begin{pmatrix} \dot{x} \\ \dot{y} \end{pmatrix} = \begin{pmatrix} 2y - \mu(y^2 - 2x^2 + x^4)(4x - 4x^3) \\ 4x - 4x^3 + 2\mu y(y^2 - 2x^2 + x^4) \end{pmatrix} + \varepsilon \begin{pmatrix} -4x + 4x^3 \\ 2y \end{pmatrix},$$

$$I(\varepsilon)$$

其中 $\mu \neq 0$ 是固定常数,ε 是充分小的数. 易于验证

$$S^{(1)} : \quad y^2 - 2x^2 + x^4 = 0$$

是系统 $I(0)$ 的同宿环. 可算出

$$\sigma_0 = 0, \operatorname{div} I(0)|_{X \in S^{(1)}} = \mu[(4x_0(t) - 4x_0^3(t))^2 + (2y_0(t))^2]$$

$((x_0(t), y_0(t))$ 是 $S^{(1)}$ 的参数方程). 故由定理 3.4 知,当 $\mu > 0$ 时 $\sigma > 0, S^{(1)}$ 不稳定;当 $\mu < 0$ 时 $\sigma < 0, S^{(1)}$ 稳定. 又有

$$f_0(X) \wedge f_1(x_1, O)|_{X \in S^{(1)}}$$
$$= (4x_0(t) - 4x_0^3(t))^2 + (2y_0(t))^2 > 0,$$

故 $M_1 > 0$. 因此由定理 5.1 和定理 5.6 知,当 $\mu\varepsilon > 0$ 时 $I(\varepsilon)$ 在 $S^{(1)}$ 的邻域中存在唯一的极限环,其稳定性与 $S^{(1)}$ 的稳定性相同;当 $\mu\varepsilon < 0$ 时 $I(\varepsilon)$ 在 $S^{(1)}$ 的邻域中不存在任何闭轨线.

例 2　考虑系统

$$\begin{pmatrix} \dot{x} \\ \dot{y} \end{pmatrix} = \begin{pmatrix} P \\ Q \end{pmatrix} = \begin{pmatrix} (1 - x^2)(U_1(x)(1 - y^2) + U_2(y)) \\ (1 - y^2)(V_1(y)(1 - x^2) + V_2(x)) \end{pmatrix},$$

$$(5.1)$$

其中 $U_i,V_i \in C^1$ 且 $U_2(1) > 0, U_2(-1) < 0, V_2(1) < 0, V_2(-1) > 0, U_1'(O) + V_1'(O) \neq 0$. 系统(5.1)有一异宿环 $S^{(4)}$，它由 4 个奇点 $O_1(1,1), O_2(-1,1), O_3(-1,-1), O_4(1,-1)$ 及连接这些奇点的直线段组成. $S^{(4)}$ 内有唯一奇点 $O(0,0)$. 我们有

$$\lambda_1^- = -2U_2(1), \quad \lambda_1^+ = -2V_2(1), \quad \lambda_1 = -\frac{U_2(1)}{V_2(1)};$$

$$\lambda_2^- = 2V_2(1), \quad \lambda_2^+ = -2U_2(-1), \quad \lambda_2 = \frac{V_2(1)}{U_2(-1)};$$

$$\lambda_3^- = 2U_2(-1), \quad \lambda_3^+ = 2V_2(-1), \quad \lambda_3 = -\frac{U_2(-1)}{V_2(-1)};$$

$$\lambda_4^- = -2V_2(-1), \quad \lambda_4^+ = 2U_2(1), \quad \lambda_4 = \frac{V_2(-1)}{U_2(1)};$$

$$\lambda = \lambda_1\lambda_2\lambda_3\lambda_4 = 1;$$

$$\cos\varphi_1 = \cos\varphi_2 = \cos\varphi_3 = \cos\varphi_4 = 1, \quad c_1 = c_2 = c_3 = c_4;$$

$$J_{12} = 2\int_{-1+\rho}^{1-\rho} \left(\frac{U_1(1)}{V_2(1)} + \frac{xV_2(1) + U_2(x)}{(1-x^2)V_2(1)} \right) dx;$$

$$J_{23} = 2\int_{-1+\rho}^{1-\rho} \left(-\frac{V_2(-1)}{U_2(-1)} + \frac{xU_2(-1) - V_2(x)}{(1-x^2)U_2(-1)} \right) dx;$$

$$J_{34} = 2\int_{-1+\rho}^{1-\rho} \left(\frac{U_1(-1)}{V_2(-1)} + \frac{-xV_2(-1) + U_2(x)}{(1-x^2)V_2(-1)} \right) dx;$$

$$J_{41} = 2\int_{-1+\rho}^{1-\rho} \left(-\frac{V_1(1)}{U_2(1)} + \frac{-xU_2(1) - V_2(x)}{(1-x^2)U_2(1)} \right) dx;$$

$$I_{41} = \frac{2(-V_1(1) + U_1(-1) + V_1(-1) - U_1(1))}{U_2(1)} \int_{-1+\rho}^{1-\rho} dx;$$

$$\sigma_{41} = \frac{4(-U_1(1) + U_1(-1) - V_1(1) + V_1(-1))}{U_2(1)}.$$

取

$$U_1(x) = \left(\frac{a-b}{2} - \alpha \right)x^3 + \frac{a+b}{2}x^2 + \alpha x, \quad U_2(y) = y;$$

$$V_1(y) = \left(\frac{c-d}{2} - \beta \right)y^3 + \frac{c+d}{2}y^2 + \beta y, \quad V_2(x) = -x.$$

则

$$\sigma_{41} = 4(-a + b - c + d), \quad \sigma_0 = \alpha + \beta.$$

取适当的 $a, b, c, d, \alpha, \beta$, 可使定理 5.2 条件满足, 因此可使系统 (5.1) 在 $S^{(4)}$ 内部存在极限环.

例 3 考虑系统

$$\begin{pmatrix} \dot{x} \\ \dot{y} \end{pmatrix} = \begin{pmatrix} P - \varepsilon Q \\ Q + \varepsilon P \end{pmatrix} \tag{5.2}$$

其中 P, Q 的意义与例 2 相同. 由于 $f_0(X) \wedge f_1(X, 0)$ 定号, 故在此例中 $M_{ij}(j = i + 1 \pmod 4), i = 1, 2, 3, 4)$ 的符号相同, 而调整例 2 中 $a, b, c, d, \alpha, \beta$ 的大小及 ε 的符号, 可使定理 5.2, 定理 5.3 的条件满足, 从而可使系统 (5.2) 至少产生两个极限环.

评注 关于同宿环的稳定性, 早在 1923 年 Dulac 就曾在右端为解析的条件下用所谓半正则函数进行过研究, 并得出了粗情况下同宿环稳定性的判据(§3 中定理 3.2)(见参考文献[17]). 1958 年 A. A. Andronov 等在参考文献[2]中把条件减弱为假设方程右端是 C^1 的, 用讨论后继函数的方法又重新证明了这一定理. 1963 年参考文献[32]在右端为 C^1 的条件下给上述定理一个很直观的证明. 从参考文献[32]的证明中可以很清楚地看出, 为什么在粗情况下(即 $\sigma_0 \neq 0$ 时), 仅用鞍点本身的信息就可决定同宿环的稳定性. 1982 年参考文献[20]中又给出上述定理一个面貌全新的处理. 不过在参考文献[20]和[32]中的证明都要用到§3 中定理 3.1, 而这是参考文献[2]在计算后继函数的导数时导出的, 因此此文献中的工作是基础性的. 1968 年 L. A. Cerkas 在参考文献[33]中假设右端为 C^2 的条件下, 引进局部坐标又重新证明了上述定理并将他的方法推广获得了粗情况下异宿环稳定性的判据(§3 中定理 3.5), 这一结果在从同宿环的稳定性转向研究异宿环的稳定性时可以说起了路标的作用. 在参考文献[36]中用旋转向量场的方法也给予上述定理一个新的证明, 但综观全部结果和研究此问题的过程, 以参考文献[20], [32]和[33]中的三种方法最有特色和

316

启发性,而参考文献[2]中的工作则是三者的基础.尽管从 1923 年到 1983 年后这 60 多年中上述定理被用各种方法反复证明,并且对同宿环的稳定性研究也已进展到异宿环上,但对于临界情况的研究(即 $\sigma_0 = 0$ 的情况)却始终未有进展.1985 年冯贝叶和钱敏在参考文献[34]中解决了这一问题(§3 中定理 3.4),其主要方法是使用了 C^1-Hartman 定理(§3 中定理 3.3)和把后继函数分段加以拼接.后来参考文献[39]中也采用了此方法.尽管 C^1-Hartman 定理本身很重要,但叙述并证明这一结果的文献并不多,在参考文献[20]中只叙述并证明了通常的 Hartman 定理.在参考文献[42]中曾专有一章讨论光滑线性化问题但未给出证明;Hartman 本人在参考文献[44]中以及 Bo Den 在参考文献[43]中都曾对二维情况给出光滑线性化的证明,但都相当繁;冯贝叶在参考文献[31]中给出了一个较简单的证明.在文献[34]之前马知恩等在参考文献[36]中已证明了积分 σ 在临界情况下的收敛性,这为文献[34]中的结果的表述扫清了障碍.1990 年冯贝叶又将他的方法加以推广,在参考文献[35]中解决了临界情况下异宿环的稳定性,其结果包括了上面所提到的全部有关同、异宿环稳定性的结果(§3 中定理 3.6).罗定军、韩茂安、朱德明在参考文献[40]中对 §3 中定理 3.4 给出了新的更简单的证明,但是他们的方法难以推广到临界情况时的异宿环上.关于同、异宿环破裂后的相互位置的判据最早是由 Melnikov 于 1963 年在参考文献[32]中对非自治系统给出,冯贝叶和钱敏根据他的方法讨论了自治系统,得出了 §4 中定理 4.1,并结合 §3 中定理 3.4 给出了同宿环分支出极限环的解析判据(§5 中定理 5.1).袁晓凤在参考文献[37]中讨论了二阶 Melnikov 函数及其应用,并明确给出了计算二阶 Melnikov 函数的公式;孙建华则在参考文献[38]中用较简明的记法讨论了一般的高阶 Melnikov 函数.关于分支极限环的唯一性,最早是由 A. A. Andronov 等在参考文献[2]中对粗情况($\sigma_0 \neq 0$)给出了证明(§5 中定理 5.5).该文献中并举例说明对于临界情况 $\sigma_0 = 0$ 唯一

317

性可以不成立.因此研究者一般都认为关于唯一性的结果已到此为止了.但是 1990 年罗定军和朱德明在参考文献[39]中,韩茂安和李良应在参考文献[46]中又证明了新的唯一性定理(§5 中定理 5.6),这些结果加强了 §5 中定理 5.1.本章各定理的证明综合采用了上述各文献中的技巧,这里就不一一指出了.

限于篇幅,关于同、异宿环分支的一些新的进展未能收入本章,我们仅向有兴趣进一步钻研的读者指出有关的进展和查找文献的线索如下:冯贝叶在参考文献[31]中讨论了无穷远分界线的稳定性、无穷远同宿环的 Melnikov 判据,以及从无穷远分界线分支出极限环的解析判据;从同、异宿环分支同、异宿环的条件,以及空间同宿环的稳定性.朱德明在参考文献[45]中把 Melnikov 函数推广到了高维空间;韩茂安等在参考文献[41]中则进一步讨论了同宿环分支极限环的个数、唯二性,以及两点异宿环分支极限环的唯一性等问题.

关于同、异宿环的分支还有一些问题尚未解决.稳定性方面可进一步研究第二临界情形($\sigma_0 = \sigma = 0$)时同宿环的稳定性.如果记 $\sigma_1 = \sigma$,并用 σ_2 表示下一个判定量,也就是要问,当 $\sigma_2 = ?$ 时此情形也可提出分支极限环的唯一性问题.关于自治系统(至少是三维)产生混沌的解析条件,目前几乎完全是空白,仅有的结果是 Silnikov 定理,但是该定理要求系统存在同宿环,因此关于空间系统同宿环的存在条件也是一个很有意义的问题.此外,关于从空间同宿环分支出所谓的("周期")加倍同宿环和极限环的解析条件也是一个空白点,在这方面还有很多工作可探讨,有兴趣的读者可参看参考文献[47].另外,临界情况下空间同宿环的稳定性(粗情况下稳定性的判据可见参考文献[31])是否有类似于平面情况的判据?(或者说平面临界同宿环的稳定性的判据是否能推广到空间?)这也是一个有待解决的问题.

第十一章 高 维 问 题

§1 离散动力系统

先证明一个代数方面的结论.

引理 1.1 设 T 是 n 维向量空间 E 上的线性算子. 则以下结论等价:

(1) 对一切 $x \in E$,有

$$\lim_{n \to \infty} T^n x = 0. \tag{1.1}$$

(2) T 的特征值的绝对值都小于 1.

(3) 有 E 的一组基和相应的模,及一个数 $\mu < 1$,使得对一切 $x \in E$,有

$$|Tx| \leqslant \mu |x|.$$

证明 由结论(3)可得结论(1)是显然的. 由结论(1)得结论(2)可以用反证法. 设算子 T 有实特征值 λ, $|\lambda| \geqslant 1$,则对于 λ 的特征向量 x,有 $T^n x = \lambda^n x$,于是式(1.1)不成立. 若 T 有复特征值 λ, $|\lambda| \geqslant 1$,则对 T 的复扩张作类似的讨论,也可得到与式(1.1)有矛盾. 下面我们证明由结论(2)可推出结论(3).

将空间 E 嵌入复扩张 E_c,将 T 开拓为复空间 E_c 上的复线性算子 T_c,

$$T_c(x + \mathrm{i}y) = Tx + \mathrm{i}Ty.$$

只要在复扩张 E_c 上找到结论(3)中所需的模,再把它限制到实空间 E 上就可得到结论(3).

将 E_c 表为算子 T_c 的广义特征向量空间 F_λ 的直和,则 F_λ 在 T_c 的作用下不变. 当 $x \in E_c$ 时,定义

$$|x| = \sum |x_\lambda|,$$

其中 $x_\lambda \in F_\lambda, \sum x_\lambda = x$. 于是,可以只在 F_λ 上证明结论(3),或设 T_c 只有一个特征值 λ.

现在设 T_c 的 Jordan 型只有一个 Jordan 块

$$\begin{bmatrix} \lambda & & & & \\ 1 & \lambda & & & \\ & 1 & \ddots & & \\ & & \ddots & \ddots & \\ & & & 1 & \lambda \end{bmatrix}.$$

我们可以像在第六章开始的引理中那样,对任意的 $\varepsilon>0$,取一组基 $\beta_\varepsilon = \{e_1, \cdots, e_n\}$,使 T_c 的矩阵有以下形式

$$\begin{bmatrix} \lambda & & & \\ \varepsilon & \ddots & & \\ & \ddots & \ddots & \\ & & \varepsilon & \lambda \end{bmatrix}.$$

对这组基定义 E_c 的模如下:若 $z \in E_c, z = \sum_{j=1}^{n} \alpha_j e_j$,令

$$|z| = \max_{1 \le j \le n} \{|\alpha_j|\}.$$

不难验算

$$|T_c z| \le (|\lambda| + \varepsilon)|z|.$$

由结论(2)有 $|\lambda|<1$,所以可以选 $\varepsilon>0$,使得

$$|\lambda| + \varepsilon = \mu < 1.$$

结论(3)得证. 引理证完.

定义 W 是 E 中的开集,映射 $g : W \to E$ 是连续可微的,则称 $g, g^2, g^3, \cdots$ 为一个**离散动力系统**. 也简称为离散动力系统 g.

若 $\bar{x} \in W$ 使 $g(\bar{x}) = \bar{x}$,则称 $\bar{x}$ 为离散动力系统 g 的**不动点**.

例如,考虑向量场 f 的流 $\varphi_t(x)$,设 $\varphi_t(0)$ 是闭轨 γ,周期为 $\lambda, \lambda>0$. 过 O 作 f 的截割 S,显然 $t=\lambda$ 时,$\varphi_\lambda(0)=0$ 在 S 上. 根据第四章 §5 中介绍的截割的性质,存在点 O 的一个邻域 U,与 U 上的一个连续可微函数 $\tau(x), \tau : U \to R^1$,使

$$\varphi_{\tau(x)}(x) \in S \quad (\text{对一切 } x \in U),$$

且 $\tau(0)=\lambda$.

令 $S_0 = U \cap S$. 在 S_0 上定义
映射 $g : S_0 \to S$, 又

$$g(x) = \varphi_{\tau(x)}(x).$$

于是 $g, g^2, g^3, \cdots$ 是截割 S 上的
一个离散动力系统. 称 g 为闭轨
γ 的一个 Poincaré 映射. 显然 O
是它的不动点(见图 11.1).

注意, 在第三章 §3 中的后
继函数 $f(c)$ 是闭轨 Γ_0 的一个
Poincaré 映射.

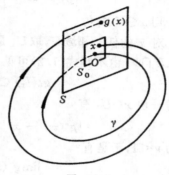

图 11.1

定义 离散动力系统 g 的不动点 $\bar{x}$ 称为是**渐近稳定的**, 如果 $\bar{x}$
的每一个邻域 $U(U \subset W)$, 包含一个 $\bar{x}$ 的邻域 U_1, 使 $g(U_1) \subset U$, 并
且对一切 $x \in U_1$, 有

$$\lim_{n \to \infty} g^n(x) = \bar{x}.$$

离散动力系统 g 的不动点 $\bar{x}$ 称为是 g 的**汇**, 如果 g 在 $\bar{x}$ 处的
导算子 $\mathrm{D}g(\bar{x})$ 的特征值的绝对值都小于 1.

定理 1.1 设 $\bar{x}$ 是离散动力系统 $g : W \to E$ 的不动点. 若
$\mathrm{D}g(\bar{x})$ 的特征值的绝对值都小于 1, 即 $\bar{x}$ 是 g 的汇, 则 $\bar{x}$ 是渐近
稳定的.

证明 根据定理的假设, 应用引理 1.1 可知, 存在 E 上的一
个模与某一个数 $\mu < 1$, 使对一切 $x \in E$, 有

$$|\mathrm{D}g(\bar{x})x| \leqslant \mu|x|.$$

由导算子的定义, 对 $\varepsilon_0 = \dfrac{1-\mu}{2}$, 存在 $\bar{x}$ 的邻域 V, 使当 $x \in V$
时, 有

$$|g(x) - g(\bar{x})| \leqslant |\mathrm{D}g(\bar{x})(x - \bar{x})| + \varepsilon_0|x - \bar{x}|.$$

321

注意 $g(\bar{x})=\bar{x}$，再由上面的不等式与 $\mu+\varepsilon_0=\dfrac{1+\mu}{2}=\nu<1$ 就得到不等式

$$|g(x)-\bar{x}| \leqslant \nu|x-\bar{x}|, \tag{1.2}$$

对一切 $x\in V$ 成立.

对 $\bar{x}$ 的任一邻域 U，取 U_1 是以 $\bar{x}$ 为中心，r 为半径的小球，且 $U_1\subset U\bigcap V$. 由不等式 (1.2) 可见

$$g(U_1)\subset U_1\subset U.$$

又对一切 $x\in U_1$ 有

$$|g^n(x)-\bar{x}| \leqslant \nu^n|x-\bar{x}|.$$

因为 $\nu<1$，于是有

$$\lim_{n\to\infty} g^n(x)=\bar{x}.$$

定理证完.

§2 闭轨的稳定性. 渐近稳定性. 周期吸引子

令 W 是 $\mathbf{R}^n$ 中的开集，$f:W\to\mathbf{R}^n$ 是连续可微的. 方程

$$\dot{x}=f(x) \tag{2.1}$$

的流记作 φ_t.

定义 γ 是方程 (2.1) 的闭轨. 称 γ 为**稳定的**，如果对 W 内任一开集 $U,U\supset\gamma$，存在一个开集 $U_1,\gamma\subset U_1\subset U$，使对一切 $t>0$，皆有 $\varphi_t(U_1)\subset U$. 称 γ 为**渐近稳定的**，若再有，当 $x\in U_1$ 时，有

$$\lim_{t\to+\infty} d(\varphi_t(x),\gamma)=0.$$

显然，平面上的稳定极限环都是渐近稳定的闭轨.

为研究闭轨 γ 的性质，先讨论闭轨 γ 的 Poincaré 映射 g 的性质与它的关系.

为简单起见，设 O 在闭轨 γ 上. 取 S 为 f 在 O 的截割，于是 Poincaré 映射 g 以 O 为不动点.

命题 1 若 $x\in S_0$，使

$$\lim_{n \to \infty} g^n(x) = 0,$$

则

$$\lim_{t \to +\infty} d(\varphi_t(x), \gamma) = 0.$$

证明 由所设,对一切 $n, g^n(x)$ 有意义. 所以

$$g^n(x) \equiv x_n \in S_0.$$

令 $\tau(x_n) = \tau_n$. 因为 τ 连续, $x_n \to 0$, 所以

$$\tau(x_n) = \tau_n \to \tau(0) = \lambda$$

该 λ 即是闭轨 γ 的周期. 从而正数集合 $\{\tau_n\}$ 有上界 $\bar{\tau}$.

由流的连续性及 $x_n \to 0$, 所以对任意 $\varepsilon > 0$, 存在自然数 N, 使当 $n > N, s \in [0, \bar{\tau}]$ 时, 有

$$|\varphi_s(x_n) - \varphi_s(0)| < \varepsilon.$$

由于级数 $\sum \tau_n$ 发散 $(\tau_n \to \lambda \neq 0)$, 根据流的性质, 对任意 $t > 0$, 可以找到一个整数 $n(t)$ 与一个正数 $s(t) \in [0, \bar{\tau}]$, 使

$$\varphi_t(x) = \varphi_{s(t)}(x_{n(t)}). \tag{2.2}$$

并且 $t \to +\infty$ 时 $n(t) \to \infty$.

于是, 存在 T, 当 $t > T$ 时, $n(t) > N$, 从而

$$d(\varphi_t(x), \gamma) \leqslant |\varphi_t(x) - \varphi_{s(t)}(0)| = |\varphi_{s(t)}(x_{n(t)}) - \varphi_{s(t)}(0)| < \varepsilon.$$

这就是所要证的.

命题 2 若 g 的不动点 O 是一个汇,则 γ 是渐近稳定的.

证明 按闭轨渐近稳定的定义,对 γ 的任一开邻域 U 来找开集 U_1.

先构造 U_1. 由流的连续性,存在 γ 的一个邻域 $N, N \subset U$, 使当 $x \in N, |t| < 2\lambda$ (λ 是闭轨 γ 的周期), 就有

$$\varphi_t(x) \in U.$$

令 H 是 E 内包含截割 S 的超平面 (H 比 E 低一维!). 因 O 是 g 的汇,像在定理 1.1 中得到不等式 (1.2) 一样,存在空间 H 的一个模和点 O 在空间 H 内的一个邻域 $V, V \subset S_0$, 使当 $x \in V$ 时, 有

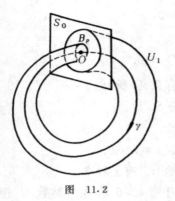

图　11.2

$$|g(x)| \leqslant \nu |x|, \qquad (2.3)$$

其中常数 $\nu < 1$.

令 $\rho > 0$，ρ 充分小，使 H 内的球 B_ρ（O 为中心，ρ 为半径）在 $V \cap N$ 内. 并且，当 $x \in B_\rho$ 时，$\tau(x) < 2\lambda$.

定义开集 U_1（见图 11.2）如下：
$$U_1 = \{y \mid y = \varphi_t(x), x \in B_\rho, t > 0\}.$$
再证明 U_1 满足渐近稳定性定义中的要求.

首先，U_1 显然是 γ 的邻域.

其次，$U_1 \subset U$. 这是因为若 $y \in U_1$，则存在 $x \in B_\rho, t > 0$，使
$$\varphi_t(x) = y.$$
由于 $B_\rho \subset V$，所以对点 x，不等式(2.3)成立. 从而 $g(x) \in B_\rho$. 再用不等式(2.3)可得，对一切 n
$$|g^n(x)| \leqslant \nu^n |x|. \qquad (2.4)$$
于是 $g^n(x) = x_n \in B_\rho$.

像在命题 1 中得到等式(2.2)一样，也可以找到整数 $n(t)$ 与正数 $s(t) \in (0, 2\lambda)$，使
$$y = \varphi_t(x) = \varphi_{s(t)}(x_{n(t)}).$$
因为 $x_{n(t)} \in B_\rho \subset N$，又 $|s(t)| < 2\lambda$. 由 N 的定义，$y \in U$.

最后，对一切 $y \in U_1$，当 $t \to +\infty$ 时，有
$$d(\varphi_t(y), \gamma) \to 0.$$
这是因为，由不等式(2.4)知，当 $x \in B_\rho$ 时
$$\lim_{n \to \infty} g^n(x) = 0.$$
根据命题 1，对一切 $x \in B_\rho$，有
$$\lim_{t \to +\infty} d(\varphi_t(x), \gamma) = 0.$$
而对任意 $y \in U_1$，有 $x \in B_\rho$ 与 $s > 0$ 使 $y = \varphi_s(x)$，从而
$$\varphi_t(y) = \varphi_t(\varphi_s(x)) = \varphi_{t+s}(x).$$

命题 2 证完.

下面定理 2.1 将给出闭轨有渐近稳定性的一个判断方法. 看起来它类似于: 若导算子 $Df(\bar{x})$ 的 n 个特征值皆有负实部, 则平衡点 $\bar{x}$ 渐近稳定. 但是应用它可不像判断平衡点 $\bar{x}$ 的渐近稳定性那样方便, 因为需要知道方程的流.

定理 2.1 设 γ 是方程 (2.1) 的闭轨, 周期是 λ. 若有点 $p, p \in \gamma$, 使线性映射 $D\varphi_\lambda(p)$ 有 $n-1$ 个特征值的绝对值小于 1, 则 γ 是渐近稳定的.

在证明定理之前, 先指出如下两件事实.

(1) 若有点 $p, p \in \gamma$, 使 $D\varphi_\lambda(p)$ 有上述性质, 则对任意点 $q, q \neq p, q \in \gamma$, 也使 $D\varphi_\lambda(q)$ 有上述性质.

这是因为, 由 $q \in \gamma$ 得知 $q = \varphi_\alpha(p)$, α 是某个实数. 根据计算导算子的锁链法则, 有

$$D\varphi_\lambda(p) = D\varphi_{-\alpha}\varphi_\lambda\varphi_\alpha(p) = D\varphi_{-\alpha}(q) \cdot D\varphi_\lambda(q) \cdot D\varphi_\alpha(p).$$

又不难验算

$$D\varphi_{-\alpha}(q) = [D\varphi_\alpha(p)]^{-1}.$$

所以 $D\varphi_\lambda(q)$ 与 $D\varphi_\lambda(p)$ 相似.

(2) 1 总是算子 $D\varphi_\lambda(p)$ 的一个特征值.

为此只要证明有向量 ξ, 使

$$D\varphi_\lambda(p)\xi = \xi.$$

由导算子的定义有

$$\varphi_\lambda(p + \Delta p) - \varphi_\lambda(p) = D\varphi_\lambda(p) \cdot \Delta p + o(|\Delta p|).$$

令 $p + \Delta p$ 也在 γ 上, 于是上式变为

$$\Delta p = D\varphi_\lambda(p) \cdot \Delta p + o(|\Delta p|).$$

从而

$$\frac{\Delta p}{|\Delta p|} = D\varphi_\lambda(p)\frac{\Delta p}{|\Delta p|} + \frac{o(|\Delta p|)}{|\Delta p|}.$$

因为 $|\Delta p| \to 0$ 时, $\dfrac{\Delta p}{|\Delta p|} \to \dfrac{f(p)}{|f(p)|}$. 所以向量 $f(p)$ 使

$$f(p) = D\varphi_\lambda(p) \cdot f(p).$$

定理 2.1 的证明 设 $0 \in \gamma$. 根据定理的假设以及上面指出的事实,把空间 E 分解为

$$E = F + H, \tag{2.5}$$

其中 F 是由 $D\varphi_\lambda(0)$ 的特征值 1 的特征向量 $f(0)$ 所生成的;H 是相应于 $D\varphi_\lambda(0)$ 的绝对值小于 1 的特征值的特征向量空间,是 E 的一个 $n-1$ 维的子空间. H 与 F 在 $D\varphi_\lambda(0)$ 的作用下都是不变的.

显然,限制 $D\varphi_\lambda(0)$ 在 H 上得到的映射 $D\varphi_\lambda(0) \mid H$ 的一切特征值的绝对值都小于 1.

令 $S \subset H$, S 是 f 在 O 处的截割,$g: S_0 \to S$ 是一个 Poincaré 映射. 我们来证明

$$Dg(0) = D\varphi_\lambda(0) \mid H. \tag{2.6}$$

因为 $g(x) = \varphi_{\tau(x)}(x)$,其中 $x \in S_0$, $\tau: S_0 \to \boldsymbol{R}^1$, $\tau(0) = \lambda$. 所以由复合函数微商公式,即可将式(2.6)化为

$$Dg(0) = \left(\frac{d}{dt}\varphi_\lambda(0) \cdot D\tau(0) + D\varphi_\lambda(0) \right) \Big| H. \tag{2.7}$$

为了计算 $D\tau(0)$,注意 $\tau(x)$ 是方程 $h(\varphi_t(x)) = 0$ 所确定的隐函数,其中 $h: E \to \boldsymbol{R}^1$, $h(x) = 0$ 的充要条件是 $x \in H$(第四章 §5). 所以有恒等式

$$h(\varphi_{\tau(x)}(x)) \equiv 0.$$

将恒等式的两端在空间 H 内 $x = 0$ 处对 x 求微商,得

$$Dh(\varphi_\lambda(0)) + \frac{d}{dt}h(\varphi_\lambda(0))D\tau(0) = 0. \tag{2.8}$$

上式中的 $\frac{d}{dt}h(\varphi_\lambda(0)) \neq 0$. 这是因为

$$\frac{d}{dt}h(\varphi_\lambda(0)) = h\left(\frac{d}{dt}\varphi_\lambda(0) \right) = h(f(\varphi_\lambda(0)))$$
$$= h(f(0)).$$

而 $f(0) \notin H$,所以 $h(f(0)) \neq 0$.

另外,不难按导算子的定义得到以下关系式

$$\mathrm{D}h(\varphi_\lambda(0))x = h(\mathrm{D}\varphi_\lambda(0)x).$$

因为当 $x \in H$ 时，$\mathrm{D}\varphi_\lambda(0)x \in H$，所以上式右端为零. 从而左端的导算子 $\mathrm{D}h(\varphi_\lambda(0))|H = 0$.

根据以上讨论，由式(2.8)得

$$\mathrm{D}\tau(0)|H = 0.$$

再由式(2.7)就可得到所要证明的式(2.6). 式(2.6)指出，g 的不动点 O 为汇. 由命题 2，γ 是渐近稳定的. 定理 2.1 证完.

定义 若 γ 是以 λ 为周期的闭轨，有一点 $p \in \gamma$，使 $\mathrm{D}\varphi_\lambda(p)$ 有 $n-1$ 个特征值的绝对值小于 1，则称 γ 为**周期吸引子**.

事实上，上面的定理 2.1 已经证明了周期吸引子一定是渐近稳定的闭轨.

定理 2.2 设 γ 是周期吸引子，若 $\lim\limits_{t \to +\infty} d(\varphi_t(x), \gamma) = 0$，则存在唯一的一个点 $z \in \gamma$，使 $\lim\limits_{t \to +\infty} |\varphi_t(x) - \varphi_t(z)| = 0$.

证明 如定理 2.1 中一样，设 $O \in \gamma$；又 H, g 与 τ 也如同定理 2.1 中所述.

无妨对 $x \in S_0$ 来证明，因为凡趋于 γ 的轨道都与 S_0 相交. 又不难看出，为了证明定理只要证明存在唯一的 $z \in \gamma$，使

$$\varphi_{n\lambda}(x) \to z \ (= \varphi_{n\lambda}(z)).$$

将 $\varphi_{n\lambda}(x)$ 表示如下：

$$\varphi_{n\lambda}(x) = \varphi_{t_n}(g^n(x)) \quad (n = 1, 2, \cdots), \tag{2.9}$$

其中

$$\lambda + t_{n-1} = t_n + \tau(g^{n-1}(x)). \tag{2.10}$$

这是因为式(2.9)的左端 $= \varphi_\lambda \varphi_{(n-1)\lambda}(x) = \varphi_\lambda \varphi_{t_{n-1}}(g^{n-1}(x))$，而右端 $= \varphi_{t_n}(g(g^{n-1}(x))) = \varphi_{t_n} \varphi_{\tau(g^{n-1}(x))}(g^{n-1}(x))$.

因为 γ 是周期吸引子，定理 2.1 的证明中曾指出，g 的不动点 O 是汇. 由定理 1.1 的证明可知，有 H 的一种模，和 O 的一个邻域 V，使当 $x \in V$ 时，有

$$|g(x)| \leqslant \nu |x|, \tag{2.11}$$

其中常数 $\nu < 1$. 由此可知 $g''(x) \to 0$.

因为 $\mathrm{D}\tau(0)|H = 0$(定理 2.1 中已证明). 所以对任意 $\varepsilon > 0$,只要 $x \in H$, $|x|$ 充分小就有
$$|\tau(x) - \lambda| = |\tau(x) - \tau(0)| \leqslant \varepsilon|x|,$$
再由式(2.10)与(2.11)就得到,对一切 n,有
$$|t_n - t_{n-1}| \leqslant \varepsilon|g^{n-1}(x)| \leqslant \varepsilon\nu^{n-1}|x|. \tag{2.12}$$
所以,$\{t_n\}$ 是 Cauchy 序列,存在实数 $\bar{t}$,使 $t_n \to \bar{t}$.

令 $z = \varphi_{\bar{t}}(0)$,就有
$$\varphi_{n\lambda}(x) = \varphi_{t_n}(g^n(x)) \to z.$$
并且当 ε 和 $|x|$ 充分小时,由不等式
$$|t_n| \leqslant |t_0| + \varepsilon|x| \sum_{k=0}^{\infty} \nu^k = \frac{\varepsilon|x|}{1 - \nu}$$
可知,序列 $\varphi_{n\lambda}(x) = \varphi_{t_n}(g^n(x))$ 在 O 附近,从而知点 z 在 O 附近.

定理 2.2 证完.

定义 轨道 $\varphi_t(x)$ 与 $\varphi_t(z)$ 满足关系式
$$\lim_{t \to +\infty} |\varphi_t(x) - \varphi_t(z)| = 0,$$
则称它们是**同步的**.

最后,应用定理 2.1 讨论二维系统
$$\begin{cases} \dot{x} = P(x, y), \\ \dot{y} = Q(x, y) \end{cases}$$
的闭轨 γ 的稳定性.

因为此时 $\mathrm{D}\varphi_\lambda(0)$ 是一个二维矩阵,又一定有一个特征值为 1,所以定理的条件成为 $\mathrm{D}\varphi_\lambda(0)$ 有一个特征值的绝对值小于 1. 根据前面的讨论可知,闭轨 γ 的法线可取为子空间 H. 而第三章 §3 中的后继函数 $f(c)$ 就是这里的 Poincaré 映射 $g(x)$. 因为这时 $\mathrm{D}\varphi_\lambda(0)|H = \mathrm{D}g(0) = f'(0)$,于是,闭轨 γ 稳定的充分条件就是
$$|f'(0)| < 1.$$
这正是在第三章 §3 中曾得到的条件

$$\int_0^T [P'_x(\varphi(t),\psi(t)) + Q'_y(\varphi(t),\psi(t))]dt < 0.$$

§3 三维 Hopf 分支定理

为了讨论三维 Hopf 分支定理,先介绍流的中心流形定理.

流的中心流形定理   令 W 是 $\mathbf{R}^n$ 内原点 O 的邻域,$\Phi_t(t\geqslant 0)$ 是流.$\Phi_t: W \rightarrow \mathbf{R}^n$,$\Phi_t(0)=0$,$\Phi_t(x)$ 对 t 与 x 是 C^{k+1} 的. 设

$$D\Phi_t(0): \mathbf{R}^n \rightarrow \mathbf{R}^n,$$

它的特征值或在单位圆上;或在单位圆内,当 $t>0$. 令 H 是单位圆上那些特征值相应的特征向量空间. 则存在 $\mathbf{R}^n$ 中原点 O 的一个邻域 V 和一个 C^k 的子流形 M,$O \in M \subset V$,M 与 H 同维数,且在原点 O 与 H 相切,使

(1) 若 $x \in M, t>0$ 又 $\Phi_t(x) \in V$,则 $\Phi_t(x) \in M$.

(2) 若 $t>0$,$\Phi_t^n(x) \in V$,当 $n=0,1,2,\cdots$,则当 $n \rightarrow \infty$ 时 $\Phi_t^n(x) \rightarrow M$.

定理证明从略. 为了加深对定理的印象,看一个简单的例子.

根据导算子的定义

$$\Phi_t(x) - \Phi_t(0) = D\Phi_t(0)x + o(|x|).$$

当我们考虑流 $\Phi_t(x)=e^{At}x$ 时,显然有

$$D\Phi_t(0)x = e^{At}x,$$

从而 $D\Phi_t(0)=e^{At}$. 如果矩阵 A 有以下形式

$$A = \begin{bmatrix} 0 & -\beta & 0 \\ \beta & 0 & 0 \\ 0 & 0 & \delta \end{bmatrix},$$

其中 $\delta<0$. 则

$$D\Phi_t(0) = e^{At} = \begin{bmatrix} \cos\beta t & -\sin\beta t & 0 \\ \sin\beta t & \cos\beta t & 0 \\ 0 & 0 & e^{\delta t} \end{bmatrix}.$$

于是 $D\Phi_t(0)$ 的特征值是 $e^{\pm i\beta t}$ 与 $e^{\delta t}$. 显然,流 $\Phi_t(x)=e^{At}x$ 满足定理的一切条件,并且 $\Phi_t(x)=e^{At}x$ 对 t 与 x 是 C^{k+1} 的,其中的 k 可以是任意正整数. 此时,相应于模为 1 的特征值 $e^{\pm i\beta t}$ 的特征向量空间 H 是向量

$$\begin{bmatrix}1\\0\\0\end{bmatrix} \quad 与 \quad \begin{bmatrix}0\\1\\0\end{bmatrix}$$

生成的,是 x_1-x_2 平面,即平面 $x_3=0$.

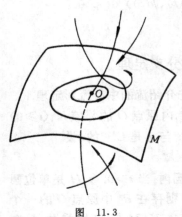

图 11.3

根据流的中心流形定理,存在 $\mathbf{R}^3$ 中原点 O 的一个邻域 V 与一张光滑程度任意指定(k 是任意正整数!)的曲面 M(见图 11.3),$O\in M\subset V$,M 在原点 O 与 H 相切. 对于这个具体的例子,曲面 M 就是 H:$x_3=0$. 因为此时流 $\Phi_t(x)=e^{At}x$,即

$$\Phi_t(x)=\begin{bmatrix}x_1\cos\beta t-x_2\sin\beta t\\x_1\sin\beta t+x_2\cos\beta t\\x_3 e^{\delta t}\end{bmatrix}.$$

显然,从平面 H:$x_3=0$ 上出发的轨线,当 $t\to+\infty$ 时总在 H 上;从 $\mathbf{R}^3$ 中任一点出发的轨线,当 $t\to+\infty$ 时,都趋于平面 H:$x_3=0$.

下面用 Liapunov 第二方法证明三维 Hopf 分支定理.

定理 3.1 设开集 $W\subset\mathbf{R}^3$,W 包含原点,$f:W\times(-\lambda_0,\lambda_0)\to\mathbf{R}^3$,$f$ 解析. 又设方程

$$\dot{x}=f(x,\lambda) \tag{3.1}_\lambda$$

对任意 λ 以原点 $O=(0,0,0)$ 为平衡点,当 $\lambda=0$ 时,方程 $(3.1)_0$ 的右端 $f(x,0)$ 在 $x=0$ 处的导算子 $Df(0,0)$ 以 $\pm i\beta(0),\delta(0)$ 为特征值,$\beta(0)>0,\delta(0)<0$.

如果平衡点 $(0,0,0)$ 当 $\lambda=0$ 时是渐近稳定的,而 $\lambda>0$ 时是不稳定的(产生失稳!),则对充分小的 $\lambda,\lambda>0$,方程 $(3.1)_\lambda$ 在原点附近有渐近稳定的闭轨.

证明 由定理假设可知,对充分小的 $\lambda>0$,方程 $(3.1)_\lambda$ 右端函数 $f(x,\lambda)$,在 $x=0$ 处对 x 的导算子 $\mathrm{D}f(0,\lambda)$ 以 $\alpha(\lambda)\pm\mathrm{i}\beta(\lambda)$ 与 $\delta(\lambda)$ 为其特征值,其中 $\alpha(0)=0$,$\beta(\lambda)>0$,$\delta(\lambda)<\delta<0$.

先设导算子 $\mathrm{D}f(0,\lambda)$ 有标准形式

$$\mathrm{D}f(0,\lambda)=\begin{bmatrix}\alpha(\lambda)&-\beta(\lambda)&0\\\beta(\lambda)&\alpha(\lambda)&0\\0&0&\delta(\lambda)\end{bmatrix}. \tag{3.2}$$

考虑 (x_1,x_2,x_3,λ) 四维空间中的微分方程

$$\begin{cases}\dot{x}_1=f_1(x_1,x_2,x_3,\lambda),\\\dot{x}_2=f_2(x_1,x_2,x_3,\lambda),\\\dot{x}_3=f_3(x_1,x_2,x_3,\lambda),\\\dot{\lambda}_3=f_4(x_1,x_2,x_3,\lambda)\equiv0.\end{cases} \tag{3.3}$$

方程右端的函数仍简单地记作 $f(x,\lambda)$,显然它在 $x=0,\lambda=0$ 处的导算子 $\mathrm{D}f(0,0)$ 有以下形式

$$\mathrm{D}f(0,0)=\begin{bmatrix}0&-\beta(0)&0&0\\\beta(0)&0&0&0\\0&0&\delta(0)&0\\0&0&0&0\end{bmatrix},$$

这个导算子以 $\pm\mathrm{i}\beta(0),\delta(0)$ 与 0 为特征值.

设 $\varphi_t(x,\lambda)$ 是方程 (3.3) 的流,因为流的导算子是导算子的流,所以有

$$\frac{\mathrm{d}}{\mathrm{d}t}\mathrm{D}\varphi_t(x,\lambda)=\mathrm{D}f(x,\lambda)\big|_{(x,\lambda)=\varphi_t(x,\lambda)}\mathrm{D}\varphi_t(x,\lambda).$$

因为 $x=0,\lambda=0$ 是方程 (3.3) 的平衡点,有 $\varphi_t(0,0)=(0,0)$,所以矩阵 $\mathrm{D}\varphi_t(0,0)$ 满足微分方程

$$\frac{d}{dt}D\varphi_t(0,0) = Df(0,0) \cdot D\varphi_t(0,0).$$

又注意 $D\varphi_0(0,0)=I$,所以 $D\varphi_t(0,0)$ 是线性方程

$$\dot{x} = Df(0,0)x$$

的基本解矩阵. 于是

$$D\varphi_t(0,0) = e^{Df(0,0)t} = \begin{pmatrix} \cos\beta(0)t & -\sin\beta(0)t & 0 & 0 \\ \sin\beta(0)t & \cos\beta(0)t & 0 & 0 \\ 0 & 0 & e^{\delta(0)t} & 0 \\ 0 & 0 & 0 & 1 \end{pmatrix}.$$

即 $D\varphi_t(0,0)$ 以 $e^{\pm i\beta(0)t}, e^{\delta(0)t}$ 与 1 为特征值. 总之,流 $\varphi_t(x,\lambda)$ 满足流的中心流形定理的一切条件. 于是令 H 是 $D\varphi_t(0,0)$ 在单位圆上的特征值 $e^{\pm i\beta(0)t}$ 与 1 的特征向量所张的三维子空间,该子空间为 $x_3=0$. 根据流的中心流形定理,存在原点 $(0,0,0,0)$ 的邻域 V 和三维曲面 M(可取曲面 M 有任意指定阶的光滑性,因为流 $\varphi_t(x,\lambda)$ 是解析的),$O \in M \subset V, M$ 在原点与 H 相切,使得

(1) 若 $(x,\lambda) \in M, t>0$ 时 $\varphi_t(x,\lambda) \in V$,则 $\varphi_t(x,\lambda) \in M$.

(2) 若 $t>0, \varphi_{nt}(x,\lambda) \in V$,对 $n=0,1,2,\cdots$,则当 $n\to\infty$ 时, $\varphi_{nt}(x,\lambda)$ 与 M 的距离趋于零.

因 M 与 H 相切,记 M 的方程为 $x_3=x_3(x_1,x_2,\lambda)$. 令 λ_0 充分小,M_{λ_0} 表示曲面 M 与平面 $\lambda=\lambda_0$ 之交,于是 M_{λ_0} 是二维曲面 $x_3 = x_3(x_1,x_2,\lambda_0)$. 这样得到一族二维曲面 M_λ.

下面指出 $\mathbf{R}^3$ 中的曲面族 M_λ 的两条性质. 首先,对充分小的 λ_0, M_{λ_0} 过点 $(x_1,x_2,x_3)=(0,0,0)$,即 $x_3(0,0,\lambda_0)=0$. 这是因为,对充分小的 λ_0,点 $(0,0,0,\lambda_0) \in V$. 又 $(0,0,0,\lambda_0)$ 是方程(3.3)的平衡点,所以对 $t>0, n=0,1,2,\cdots$,

$$\varphi_{nt}(0,0,0,\lambda_0) = (0,0,0,\lambda_0) \in V.$$

根据流的中心流形定理结论(2),点 $(0,0,0,\lambda_0) = \lim_{n\to\infty}\varphi_{nt}(0,0,0,\lambda_0)$ 应该在 M 上,即 $x_3(0,0,\lambda_0)=0$. 所以点 $(0,0,0)$ 在 M_{λ_0} 上.

332

更重要的是这第二个性质. 若 $(x, \lambda_0) \in M$, 又对 $t > 0$, $\varphi_t(x, \lambda_0) \in V$, 则由流的中心流形定理知, $\varphi_t(x, \lambda_0) \in M$. 但注意到 $\dot{\lambda} = 0$, 即 t 变化时 λ 不变化, 所以当 $t > 0$ 时, $\varphi_t(x, \lambda_0) \in M_{\lambda_0}$. 也就是说, 对充分小的 λ, 方程$(3.1)_\lambda$ 从曲面 M_λ 上出发的轨线在原点附近时, 总在曲面 M_λ 上.

因为过曲面 M_λ 上原点附近的每一点有方程$(3.1)_\lambda$ 的轨线在 M_λ 上, 所以 M_λ 的法线与向量场 $f(x, \lambda)$ 垂直. 由此可知, 曲面 M_λ 的方程 $x_3 = x_3(x_1, x_2, \lambda)$ 的右端函数满足下面的偏微分方程

$$f_1(x_1, x_2, x_3, \lambda) \frac{\partial x_3}{\partial x_1} + f_2(x_1, x_2, x_3, \lambda) \frac{\partial x_3}{\partial x_2}$$
$$- f_3(x_1, x_2, x_3, \lambda) = 0.$$

(注意, 若 $\alpha(\lambda) = 0$, 这个方程正是第六章 §6 的 Liapunov 定理中的方程(6.2).)

将函数 $x_3 = x_3(x_1, x_2, \lambda)$ 代入方程$(3.1)_\lambda$ 中的前两个方程, 得到二维空间 $\boldsymbol{R}^2$ 中的方程组

$$\begin{cases} \dot{x}_1 = f_1(x_1, x_2, x_3(x_1, x_2, \lambda), \lambda), \\ \dot{x}_2 = f_2(x_1, x_2, x_3(x_1, x_2, \lambda), \lambda). \end{cases} \quad (3.4)_\lambda$$

这个方程组的轨线是方程$(3.1)_\lambda$ 在曲面 M_λ 上的轨线在 x_1-x_2 平面上的投影. 因为对充分小的 λ 有 $x_3(0, 0, \lambda) = 0$, 所以对充分小的 λ, 方程$(3.4)_\lambda$ 以原点 $(0, 0)$ 为平衡点. 又不难计算出方程$(3.4)_\lambda$ 在平衡点 $(0, 0)$ 处的线性近似方程的系数矩阵是

$$\begin{pmatrix} \alpha(\lambda) & -\beta(\lambda) \\ \beta(\lambda) & \alpha(\lambda) \end{pmatrix}.$$

注意 $\alpha(0) = 0$, 所以方程$(3.4)_0$ 以 $(0, 0)$ 为中心型平衡点.

因为定理假设原点 $(0, 0, 0)$ 是方程$(3.1)_0$ 的渐近稳定平衡点, 因此按第六章 §6 最后介绍的形式级数法讨论方程$(3.1)_0$ 的平衡点 $(0, 0, 0)$ 时, 一定有某个整数 $2m$, 使 $C_3 = \cdots = C_{2m-1} = 0$, 而 $C_{2m} < 0$. 只要我们取中心流形 M 充分光滑, 就可以使得应用第二章 §3 所介绍的形式级数法判断方程$(3.4)_0$ 的平衡点 $(0, 0)$ 时, 同

样地,有 $C_3 = \cdots = C_{2m-1} = 0$,而 $C_{2m} < 0$. 并且得到一个函数 $\Phi(x_1, x_2)$,使

$$\frac{\mathrm{d}\Phi}{\mathrm{d}t}\bigg|_{(3.4)_0} = C_{2m}(x_1^2 + x_2^2)^m + (x_1, x_2 \text{ 高于 } 2m \text{ 次的项}).$$

所以原点 $(0,0)$ 是方程 $(3.4)_0$ 的稳定焦点.

因为定理假设原点 $(0,0,0)$ 是方程 $(3.1)_\lambda$(λ 充分小)的不稳定平衡点,所以 $\alpha(\lambda)$ 不能是负的. 如果 $\alpha(\lambda) > 0$,则原点 $(0,0)$ 是方程 $(3.4)_\lambda$ 的不稳定平衡点. 如果 $\alpha(\lambda) = 0$,则再应用第六章 §6 中的形式级数法讨论方程 $(3.1)_\lambda$ 的平衡点 $(0,0,0)$,一定有某个整数 $k(\lambda)$,使 $C_3 = \cdots = C_{k(\lambda)-1} = 0$,而 $C_{k(\lambda)} > 0$. 令 k 是 $k(\lambda)$ 的上界(上界 k 存在是因为,若 λ_0 对应 $k(\lambda_0)$,则对充分接近 λ_0 的 λ,有 $k(\lambda) \leqslant k(\lambda_0)$,由有限覆盖定理可得 k). 取流形 M 有充分高的光滑程度(高于 k 阶连续可微),就可以使得用判断二维中心的形式级数法判断方程 $(3.4)_\lambda$ 的平衡点 $(0,0)$ 时,也有 $C_3 = \cdots = C_{k(\lambda)-1} = 0$,而 $C_{k(\lambda)} > 0$. 于是原点 $(0,0)$ 是方程 $(3.4)_\lambda$ 的不稳定焦点. 总之,原点 $(0,0)$ 是方程 $(3.4)_\lambda$ 的不稳定平衡点.

应用证明第八章 §1 中定理 1.1 的同样的方法(不用其结果,因为 $x_3(x_1, x_2, \lambda)$ 可能不解析,从而方程 $(3.4)_\lambda$ 的右端可能不解析)可以证明,对充分小的 $\lambda,\lambda > 0$,方程 $(3.4)_\lambda$ 在原点附近有渐近稳定的闭轨,其方程为 $x_1 = \varphi(t, \lambda), x_2 = \psi(t, \lambda)$. 从而对应于方程 $(3.4)_\lambda$ 的这个闭轨,方程 $(3.1)_\lambda$ 有在曲面 M_λ 上渐近稳定的闭轨

$$\Gamma_\lambda: \quad x_1 = \varphi(t, \lambda), \quad x_2 = \psi(t, \lambda),$$
$$x_3 = \chi(t, \lambda) \equiv x_3(\varphi(t, \lambda), \psi(t, \lambda), \lambda),$$

且与方程 $(3.4)_\lambda$ 的闭轨有相同的周期.

我们指出,事实上,限制在曲面 M_λ 上的渐近稳定的闭轨 Γ_λ 在全空间也是渐近稳定的. 为了应用定理 2.1 以得到 Γ_λ 在全空间的渐近稳定性,只需要检验映射 $\mathrm{D}\varphi_{T_\lambda}(\bar{x}, \lambda)$(其中 $\bar{x}$ 在闭轨 Γ_λ 上,T_λ 是 Γ_λ 的周期)的三个特征值. 由于 λ 充分小时,映射 $\mathrm{D}\varphi_{T_\lambda}(\bar{x}, \lambda)$ 与映射 $\mathrm{D}\varphi_{T_0}(0,0)$ 能任意接近,所以前者有一个特征值

——其特征向量与曲面 M_λ 不相切的——与后者的特征值 $\mathrm{e}^{\frac{2\pi\delta(0)}{\beta(0)}}$ (<1)能任意接近,从而它的绝对值小于 1. 此外前者在曲面 M_λ 上有两个特征向量,即沿着闭轨的一个,我们在前面已证明过它的特征值总是 1;另一个的特征值,由于 Γ_λ 在曲面 M_λ 上是渐近稳定的,所以(根据第三章§3 中的讨论)这个特征值必不大于 1. 若此特征值小于 1,则映射 $\mathrm{D}\varphi_{T_\lambda}(\overline{x},\lambda)$ 有两个特征值的绝对值小于 1. 根据定理 2.1,闭轨 Γ_λ 在空间渐近稳定. 若此特征值为 1,则 Γ_λ 是指数为零的极限环,是临界情况. 这时利用中心流形的局部吸引性作细致的分析后(参见参考文献[19]和[20]),也可以证得 Γ_λ 在空间的渐近稳定性.

最后还要指出,若方程$(3.1)_\lambda$ 右端函数在原点 O 处的导算子

$$\mathrm{D}f(0,A)=A(\lambda)$$

不具有标准形式(3.2),那么需要用它的特征向量作坐标变换. 而定理中方程右端的函数含有参数 λ,为使坐标变换后的右端仍然是 x 与 λ 的解析函数,这就需要特征向量是 λ 的解析函数. 而事实上,设矩阵 A 的第 k 个特征值 a_k 相应的特征向量为 ξ_k,根据矩阵函数的 Cauchy 公式,在第 k 个特征向量 ξ_k 上的投影算子 P_k 有表达式

$$P_k = \frac{1}{2\pi\mathrm{i}} \oint_{\Gamma_k} (\mu I - A)^{-1}\mathrm{d}\mu,$$

其中 Γ_k 是围绕特征值 a_k 而不围绕 a_j $(j \neq k)$ 的一条闭曲线(参见参考文献[7]或[8]). 由此可知,$A=A(\lambda)$ 是 λ 的解析函数时,它的特征向量也是 λ 的解析函数.

下面证明的三维 Hopf 分支定理是第八章§3 中的分支定理(定理 3.1)的推广.

定理 3.2 设 $W \subset \mathbf{R}^3$,W 是开集,$f : W \times (-\lambda_0,\lambda_0) \to \mathbf{R}^3$,$f(x,\lambda)$ 是 $x \in W,\lambda \in (-\lambda_0,\lambda_0)$ 上的解析函数. 方程

$$\dot{x} = f(x,\lambda) \qquad\qquad (3.1)_\lambda$$

对任意 λ 有平衡点 O,$f(x,\lambda)$ 在 $x=0$ 处对 x 的导算子 $\mathrm{D}f(0,\lambda)$ 记

作 $A(\lambda)$. $A(\lambda)$ 除特征值 $\alpha(\lambda) \pm i\beta(\lambda)(\alpha(0)=0,\beta(0)>0)$ 之外,另一个特征值为 $\delta(\lambda)<\delta<0$. 又有

$$\frac{d\alpha(\lambda)}{d\lambda}\bigg|_{\lambda=0} > 0.$$

则:

(1) 若方程$(3.1)_0$以原点 O 为稳定而不渐近稳定的平衡点,则方程$(3.1)_0$的解在原点附近某一过原点的曲面上全是闭轨.

(2) 若方程$(3.1)_0$以原点 O 为渐近稳定(不稳定)平衡点,则对充分小的 $\lambda,\lambda>0(\lambda<0)$ 方程$(3.1)_\lambda$在原点附近有渐近稳定(不稳定)的闭轨 Γ_λ,周期 $T_\lambda \approx \dfrac{2\pi}{\beta(\lambda)}$,当 $\lambda \to 0$ 时 Γ_λ 收缩到原点.

证明 根据定理 3.1 最后的讨论,无妨设导算子$Df(0,\lambda)$有以下形式

$$Df(0,\lambda) = \begin{pmatrix} \alpha(\lambda) & -\beta(\lambda) & 0 \\ \beta(\lambda) & \alpha(\lambda) & 0 \\ 0 & 0 & \delta(\lambda) \end{pmatrix}. \qquad (3.2)$$

在方程组$(3.1)_\lambda$中增加一个方程 $\dot{\lambda}=0$,得到一个 (x_1,x_2,x_3,λ) 的四维方程,即定理 3.1 中的方程(3.3). 显然,方程(3.3)在 $x=0,\lambda=0$ 处的导算子 $Df(0,0)$ 有以下形式

$$Df(0,0) = \begin{pmatrix} 0 & -\beta(0) & 0 & 0 \\ \beta(0) & 0 & 0 & 0 \\ 0 & 0 & \delta(0) & 0 \\ 0 & 0 & 0 & 0 \end{pmatrix}.$$

像在定理 3.1 中一样地应用中心流形定理,得到一个有任意指定阶光滑性的三维曲面 M,经过点 $(0,0,0,0)$,且在该点与三维子空间 $H: x_3=0$ 相切. 我们把 M 的方程记作 $x_3=x_3(x_1,x_2,\lambda)$.

令 M 与超平面 $\lambda=\lambda_0$ 相交,得二维曲面 M_{λ_0},如此得到一族二维曲面 M_λ,其中每一个曲面都经过 R^3 中的原点 $(0,0,0)$,即

$$x_3(0,0,\lambda)=0.$$

并且方程$(3.1)_\lambda$的从曲面M_λ上出发的轨线在原点附近的,总在曲面M_λ上.

又曲面M_λ的方程$x_3=x_3(x_1,x_2,\lambda)$的右端函数$x_3(x_1,x_2,\lambda)$满足偏微分方程

$$f_1(x_1,x_2,x_3,\lambda)\frac{\partial x_3}{\partial x_1}+f_2(x_1,x_2,x_3,\lambda)\frac{\partial x_3}{\partial x_2}$$
$$-f_3(x_1,x_2,x_3,\lambda)=0.$$

(当$\alpha(\lambda)=0$时,上式就是第六章§6的 Liapunov 定理中的方程(6.2).)

将曲面M_λ的方程$x_3=x_3(x_1,x_2,\lambda)$代入微分方程$(3.1)_\lambda$中的前面两式时,就得到方程

$$\begin{cases} \dot{x}_1=f_1(x_1,x_2,x_3(x_1,x_2,\lambda),\lambda)\equiv F_1(x_1,x_2,\lambda), \\ \dot{x}_2=f_2(x_1,x_2,x_3(x_1,x_2,\lambda),\lambda)\equiv F_2(x_1,x_2,\lambda). \end{cases} \quad (3.4)_\lambda$$

方程$(3.4)_\lambda$的解与曲面方程$x_3=x_3(x_1,x_2,\lambda)$一起就得到方程$(3.1)_\lambda$在曲面$x_3=x_3(x_1,x_2,\lambda)$上的解.

下面检查方程$(3.4)_\lambda$是否满足第八章§3中二维 Hopf 分支定理(定理 3.1)的条件. 首先,对一切λ,因为$x_3(0,0,\lambda)=0$,所以

$$\begin{cases} F_1(0,0,\lambda)=f_1(0,0,0,\lambda)=0, \\ F_2(0,0,\lambda)=f_2(0,0,0,\lambda)=0. \end{cases}$$

也就是,对一切λ,$(0,0)$是方程$(3.4)_\lambda$的平衡点. 其次$F(x,\lambda)$在$x=(x_1,x_2)=(0,0)$处对x的导算子为

$$\mathrm{D}F(0,\lambda)$$

$$=\begin{pmatrix} \dfrac{\partial f_1}{\partial x_1}+\dfrac{\partial f_1}{\partial x_3}\dfrac{\partial x_3}{\partial x_1} & \dfrac{\partial f_1}{\partial x_2}+\dfrac{\partial f_1}{\partial x_3}\dfrac{\partial x_3}{\partial x_2} \\ \dfrac{\partial f_2}{\partial x_1}+\dfrac{\partial f_2}{\partial x_3}\dfrac{\partial x_3}{\partial x_1} & \dfrac{\partial f_2}{\partial x_2}+\dfrac{\partial f_2}{\partial x_3}\dfrac{\partial x_3}{\partial x_2} \end{pmatrix}_{(x_1,x_2,x_3,\lambda)=(0,0,0,\lambda)}$$

根据假设式(3.2)有

$$\mathrm{D}F(0,\lambda)=\begin{pmatrix} \alpha(\lambda) & -\beta(\lambda) \\ \beta(\lambda) & \alpha(\lambda) \end{pmatrix}.$$

总之，除去因为 $x_3 = x_3(x_1, x_2, \lambda)$ 可能不解析，因此不能保证方程 $(3.4)_\lambda$ 的右端函数 F_1, F_2 有解析性之外，方程 $(3.4)_\lambda$ 满足二维 Hopf 分支定理的其他一切条件.

如果原点是方程 $(3.1)_0$ 的稳定而不渐近稳定的平衡点，则应用第六章 §6 判断空间一类平衡点的稳定性的后继函数法，判断方程 $(3.1)_0$ 的平衡点 $(0, 0, 0)$ 时，一定遇到第二种情况，即对一切 m, u_m 是周期函数. 此时，曲面 $M_0: x_3 = x_3(x_1, x_2, 0)$ 解析，从而方程 $(3.4)_0$ 的右端 F_1 与 F_2 解析，所以方程 $(3.4)_0$ 以原点 $(0, 0)$ 为真中心. 即方程 $(3.1)_0$ 的解在原点附近，在曲面 M_0 上全是闭轨.

如果方程 $(3.1)_0$ 以原点为渐近稳定（不稳定）平衡点，那么应用第六章 §6 的后继函数判别法时，一定遇到第一种情况，即存在某个自然数 m_0，使得 $u_2\cdots, u_{m_0-1}$ 皆是周期函数，而 u_{m_0} 不是周期函数，$g_{m_0} < 0 (>0)$. 此时，只要取 $M_\lambda: x_3 = x_3(x_1, x_2, \lambda)$ 有充分高的光滑程度，那么二维方程 $(3.4)_0$ 在原点 $(x_1, x_2) = (0, 0)$ 的稳定性就与方程 $(3.1)_0$ 在原点 $(0, 0, 0)$ 的稳定性相同. 因为在二维 Hopf 分支定理中，方程 $(3.1)_0$ 的平衡点原点是焦点时，定理中函数 $f(x, \lambda)$ 的解析性的条件并非必要. 所以应用二维 Hopf 定理，方程 $(3.4)_\lambda$ 对充分小的 $\lambda, \lambda > 0 (\lambda < 0)$ 存在渐近稳定（不稳定）的极限环. 从而方程 $(3.1)_\lambda$ 有在曲面 M_λ 上渐近稳定（不稳定）的闭轨 Γ_λ. 周期是

$$T_\lambda \approx \frac{2\pi}{\beta(\lambda)}.$$

当 $\lambda \to 0$ 时，Γ_λ 收缩到原点.

为了得到本定理的结论，只要再指出，曲面 M_λ 上的闭轨，若限制在曲面 M_λ 上考虑时是不稳定的，则作为空间中的闭轨，它也是不稳定的；若限制在曲面 M_λ 上考虑时是渐近稳定的，则作为空间中的闭轨也是渐近稳定的. 前一个结论显然无条件成立. 为了得到后一个结论，我们像在定理 3.1 中那样来研究映射 $\mathrm{D}\varphi_{T_\lambda}(\bar{x}, \lambda)$，当 λ 充分小时，它有一个特征值（其特征向量不在 M_λ 内的）的绝

对值小于 1. 再注意,此时方程$(3.4)_{\lambda}$的后继函数$V(x_1,\lambda)$对x_1的偏导数在$(x_1,\lambda(x_1))$处的值<0(见第八章§3命题2的证明中最后一个不等式),也就是映射$\mathrm{D}\varphi_{T_\lambda}(\bar{x},\lambda)$在曲面$M_\lambda$上有一个特征值的绝对值也小于 1. 总之,映射$\mathrm{D}\varphi_{T_\lambda}(\bar{x},\lambda)$有两个特征值的绝对值小于 1. 应用定理 2.1,闭轨$\varGamma_\lambda$是渐近稳定的.

定理证完.

§4 高维 Hopf 分支

1. 中心流形

在§3中已考虑过了系统

$$\begin{cases} \dot{x}_1 = -\beta x_2 + f_1(x_1,x_2,x_3), \\ \dot{x}_2 = \beta x_1 + f_2(x_1,x_2,x_3), \\ \dot{x}_3 = -\delta x_3 + f_3(x_1,x_2,x_3), \end{cases} \tag{4.1}$$

其中$\delta>0, f_1, f_2, f_3 \in C^r, r \geqslant 1$,不含线性项;并已说明系统(4.1)存在一个经过原点的光滑曲面M,是不变的,且是吸引的. 为了说明M的起源,我们考虑$f_1 = f_2 = f_3 \equiv 0$的情况. 这时系统(4.1)成为一个线性系统,它有两个显然的不变流形x_3轴:$x_1 = x_2 = 0$及x_1-x_2平面:$x_3 = 0$(见图 11.4).

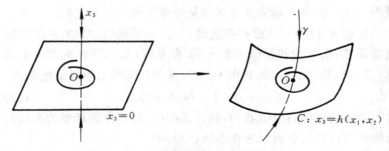

图 11.4 系统(4.1)的稳定流形和中心流形

当 $|f_i| \neq 0$ 且充分小时($i=1,2,3$)时,可以直观地想象并严格地证明,系统(4.1)当 $|f_i|=0$ 时的不变流形只发生轻微的变形,因此不变流形 x_3 轴将变为一条曲线 γ,而不变流形 x_1-x_2 平面将变为一张曲面 C:$h_3=h(x_1,x_2)$. 对扰动系统来说,它们仍是不变的. γ 称为**稳定流形**,因为沿着 γ 的一切解都趋于原点;而 C 则称为**中心流形**. 一般来说,$|f_i|$ 不可能在 $\boldsymbol{R}^3$ 中总是小的,只能保证在原点附近很小,因此一般只能得出在原点附近存在着局部的稳定流形和局部的中心流形.

现在将上面的例子加以推广,考虑系统

$$\begin{cases} \dot{X} = AX + f(X,Y), \\ \dot{Y} = BY + g(X,Y), \end{cases} \tag{4.2}$$

其中 $X \in \boldsymbol{R}^n, Y \in \boldsymbol{R}^m, A$ 和 B 是常数矩阵,$f, g \in C^2$,以及

$$f(0) = 0, \quad g(0) = 0,$$
$$Df(0) = 0, \quad Dg(0) = 0.$$

定义 1　如果 $Y=h(X)$ 是系统(4.2)的不变(局部不变)流形,且 h 是光滑的,使得 $h(0)=0, Dh(0)=0$,则称

$$M_C = \{(X,Y) \mid Y = h(X)\}$$

是系统(4.2)的中心流形(局部中心流形).

下面我们叙述有关中心流形的几个基本定理,这些定理的证明因都要用到泛函分析中的不动点定理及相关知识,已超出本书范围,故略去. 有兴趣的读者可参见参考文献[20]及[29].

定理 4.1(中心流形存在定理)　设在系统(4.2)中,A 的特征值有零实部;B 的特征值有负实部. 则系统(4.2)存在局部中心流形:$Y=h(X), |X|<\delta$,其中 $h \in C^2$,且中心流形上的流满足系统

$$\dot{u} = Au + f(u, h(u)). \tag{4.3}$$

下面的定理将告诉我们,确定系统(4.2)原点附近解的渐近行为的所有信息已全部包含在系统(4.3)中.

定理 4.2　设 A 的特征值有零实部,B 的特征值有负实部. 则

（1）如果系统(4.3)的零解是稳定的(渐近稳定的或不稳定的)那么系统(4.2)的零解也是稳定的(渐近稳定的或不稳定的)；

（2）设系统(4.3)的零解是稳定的，X_0,Y_0 是模充分小的点，$(X(t),Y(t))$ 是系统(4.2)的使 $(X(0),Y(0))=(X_0,Y_0)$ 的解，那么系统(4.3)存在解 $u(t)$，使得当 $t\to+\infty$ 时，

$$X(t) = u(t) + O(e^{-rt}), \quad Y(t) = h(u(t)) + O(e^{-rt}),$$

其中 $r>0$ 是一个常数. 即 $(X(t),Y(t))$ 趋近于中心流形上的一个解 $(u(t),h(u(t)))$，且趋近的速度是指数式的.

由定理 4.2 知，一旦知道了中心流形上的解，则系统(4.2)在原点附近的解的行为便定性的完全清楚了. 一般说来，我们无法解出中心流形. 但是，下面的定理告诉我们，原则上我们可以任意精确地逼近中心流形.

定理 4.3（中心流形逼近定理） 设 $U\in\pmb{R}^n$ 是原点 O 的一个邻域，$\varphi\in C^1:U\to\pmb{R}^m$，使得

$$\varphi(0) = 0, \quad D\varphi(0) = 0.$$

又设 M 是一个把 $C^1(\pmb{R}^n\to\pmb{R}^m)$ 中的函数映为 $C^1(\pmb{R}^n\to\pmb{R}^m)$ 中函数的映射：

$$\begin{aligned}(M\varphi)(X) =& D\varphi(X)[AX + f(X,\varphi(x))] \\ & - [B\varphi(X) + g(X,\varphi(X))].\end{aligned}$$

若当 $X\to 0$ 时，$(M\varphi)(X)=o(|X|^q)$，其中 $q>1$，则

$$|h(X) - \varphi(X)| = o(|X|^q).$$

注意，若把中心流形 $Y=h(X)$ 代入到系统(4.3)中即得

$$Dh(X)[AX + f(X,h(x))] = Bh(X) + g(X,h(X)).$$

因此 $(Mh)(X)=0$，即中心流形 $Y=h(X)$ 就是映射 M 的不动点.

下面用中心流形定理来讨论一个系统的余维 1 情况下的稳定性.

例 1 确定系统

$$\begin{cases} \dot{x}= xy + ax^3 + bxy^2, \\ \dot{y}=- y + cx^2 + dx^2y \end{cases} \tag{4.4}$$

的奇点 $O(0,0)$ 的稳定性.

由定理4.1知系统(4.4)存在局部中心流形 $y=h(x),x\in\mathbf{R}^1$,$y\in\mathbf{R}^1$,因此这时 $\varphi\in C^1(\mathbf{R}^1\to\mathbf{R}^1)$,$\mathrm{D}\varphi(x)=\varphi'(x)$,令

$$(M\varphi)(x) = \varphi'(x)[x\varphi(x) + ax^3 + bx\varphi^2(x)]$$
$$- [-\varphi(x) + cx^2 + dx^2\varphi(x)].$$

若 $\varphi(x)=o(x^2)$,则

$$(M\varphi)(x)=\varphi(x)-cx^2+o(x^4).$$

因此若 $\varphi(x)=cx^2$,则

$$(M\varphi)(x) = o(x^4).$$

故由定理 4.3 得出 $h(x)=cx^2+o(x^4)$. 由定理 4.1 知,中心流形上的流满足方程

$$\dot{u}= uh(u) + au^3 + buh^2(u) = (a + c)u^3 + o(u^5).$$

因此在中心流形上,当 $a+c<0$ 时零解是渐近稳定的;当 $a+c>0$ 时零解是不稳定的. 再由定理 4.2 知,系统(4.4)的奇点 O,当 $a+c<0$ 时是渐近稳定的;当 $a+c>0$ 时是不稳定的.

如果 $a+c=0$,则设 $\varphi(x)=cx^2+\varphi_1(x)$,其中 $\varphi_1(x)=o(x^4)$,由此

$$(M\varphi)(x) = \varphi_1(x) - cdx^4 + o(x^6).$$

因此,若 $\varphi_1(x)=cdx^4$,则 $\varphi(x)=cx^2+cdx^4$,而 $(M\varphi)(x)=o(x^6)$. 故由定理 4.3,

$$h(x) = cx^2 + cdx^4 + o(x^6),$$

而方程(4.3)成为

$$\dot{u}= uh(u) + au^3 + buh^2(u) = (cd + bc^2)u^5 + o(u^7).$$

再由定理 4.2,即得系统(4.4)的奇点 O,当 $cd+bc^2<0$ 时是渐近稳定的;当 $cd+bc^2>0$ 时是不稳定的.

如果 $cd+bc^2=0$,则可按照上面的方法继续讨论下去. 留给读者作为习题(见习题 84).

实际上,对于本例中心流形是可以精确解出来的. 把中心流形

342

$y = h(x)$ 代入 $\dot{x}$ 之后,即得到一个一维的多项式系统,因此可在有限多步内解决 O 的稳定性判别,读者可自己验证. 用此方法得出的结果与上面是完全一致的.

2. 高维 Hopf 分支

用上一小节的中心流形定理可证明下面的定理 4.4,它是第八章 §1 中定理 1.1 的推广.

定理 4.4 设 $f(X, \mu)$, $X \in \mathbf{R}^n$, $\mu \in \mathbf{R}^1$ 满足条件

(1) 对 $X = X^*(\mu)$, $f(X^*, \mu) \equiv 0$;

(2) 在 $(X, \mu) = (X^*(\mu_c), \mu_c)$ 的某邻域 U 内, f 关于 X, μ 解析;

(3) $\mathrm{D}_X f(X^*(\mu_c), \mu_c) = \begin{pmatrix} A & \\ & B \end{pmatrix}$,

其中 $A: \mathbf{R}^2 \rightarrow \mathbf{R}^2$ 的特征根实部全为零, $B: \mathbf{R}^{n-2} \rightarrow \mathbf{R}^{n-2}$ 的特征根都具有负实部,且系统的轨线在 x_1-x_2 平面上的投影是盘旋趋于原点的(当 $t \rightarrow +\infty$ 或 $t \rightarrow -\infty$ 时). 对于系统

$$\dot{X} = f(X, \mu), \tag{4.5}$$

若 $X = X^*(\mu)$ 当 $\mu = \mu_c$ 时是渐近稳定(不稳定)的,且 $\mu > \mu_c (<\mu_c)$ 时是不稳定(渐近稳定)的. 那么当 $\mu > \mu_c (<\mu_c)$,且 $|\mu - \mu_c|$ 充分小时,系统(4.5)在 $X = X^*(\mu_c)$ 的邻域内有渐近稳定(不稳定)的闭轨.

证明 考虑系统

$$\begin{cases} \dot{X} = f(X, \mu), \\ \dot{\mu} = 0, \end{cases} \tag{4.6}$$

或

$$\dot{Y} = F(Y), \tag{4.7}$$

其中 $Y = (X, \mu)^{\mathrm{T}}$, $F(Y) = (f(X, \mu), 0)^{\mathrm{T}}$, 那么

$$D_Y F(X^*(\mu_c),\mu_c) = \begin{bmatrix} D_X f(X^*(\mu_c),\mu_c) & \\ & 0 \end{bmatrix} = \begin{bmatrix} \begin{pmatrix} A & \\ & B \end{pmatrix} & \\ & 0 \end{bmatrix}.$$

因此,系统(4.7)可以重新写成

$$\begin{cases} \dot{Y}_1 = CY_1 + F_1(Y_1,Y_2), \\ \dot{Y}_2 = BY_2 + F_2(Y_1,Y_2), \end{cases} \tag{4.8}$$

其中 $Y_1=(X_1,\mu)^{\mathrm{T}}$,$X_1=(x_1,x_2)^{\mathrm{T}}\in \mathbf{R}^2$,$Y_2=X_2=(x_3,\cdots,x_n)^{\mathrm{T}}\in \mathbf{R}^{n-2}$,$C=\begin{pmatrix} A & \\ & 0 \end{pmatrix}$ 的特征根实部都为零,B 的特征根由假设均具有负实部. 由定理 4.1 知,系统(4.8)存在中心流形

$$Y_2 = h(Y_1) : \mathbf{R}^3 \to \mathbf{R}^{n-2}, \quad h \in C^2,$$

而中心流形上的流满足方程

$$\begin{bmatrix} \dot{X}_1 \\ \dot{\mu} \end{bmatrix} = \begin{pmatrix} A & 0 \\ 0 & 0 \end{pmatrix}\begin{pmatrix} X_1 \\ \mu \end{pmatrix} + \begin{pmatrix} f(X_1,\mu,h(X_1,\mu)) \\ 0 \end{pmatrix}.$$

重新把 μ 看成参数,则 X_1 满足方程

$$\dot{X}_1 = AX_1 + f(X_1,\mu,h(X_1,\mu)). \tag{4.9}$$

系统(4.9)已是一个二维系统,由定理 4.2 知,系统(4.5)的原点稳定性与系统(4.9)的原点稳定性相同. 故由第八章定理 1.1 知,当 $\mu>\mu_c(<\mu_c)$ 时系统(4.9)在中心流形上存在一个渐近稳定(不稳定)的闭轨,此闭轨本身是系统(4.1)的闭轨. 再由定理 4.2 知,它在系统(4.5)中也是渐近稳定(不稳定)的,这就证明了本定理.

总结起来,Hopf 分支所要解决的问题包括以下三个方面,即:(1) 分支的存在性,即是否存在周期解;(2) 分支方向,即在参数空间的什么范围内存在分支;(3) 分支的稳定性,即如果存在周期解,其稳定性如何.

问题(1)归结为判断系统由 $\mu=\mu_c$ 变为 $\mu\neq\mu_c$ 时奇点的稳定性是否突然改变,如果有这种突然的改变,则已可保证分支的存在性. 问题(2)和(3)则归结为判断中心流形上奇点在 $\varepsilon=0$ 时的稳定

性(其中 $\varepsilon = \mu - \mu_c$). 由于系统(4.9)是一个平面系统,而由定理4.3知,中心流形 $Y_2 = h(Y_1)$ 可以逼近到任意程度. 因此用第二章关于中心焦点的判定方法和定理 4.4 已原则上可以解决上述三个问题,但当然要涉及较复杂的计算.

在系统(4.5)有非奇异线性部分时,判断是否存在 Hopf 分支,实际上不需要非线性部分的信息,这就是:

定理 4.5 设 $f(X, \mu)$, $X \in \mathbf{R}^n$, $\mu \in \mathbf{R}^1$ 满足

(1) 对 $X = X^*(\mu)$, $f(X^*(\mu), \mu) \equiv 0$;

(2) 在 $(X, \mu) = (X^*(\mu_c), \mu_c)$ 的邻域 U 内,$f(X, \varepsilon)$ 对 X, μ 解析依赖;

(3) $A(\mu_c) = D_X F(X^*(\mu_c), \mu_c)$ 有一对共轭复根 $\lambda, \bar{\lambda}$, 使得

$$\lambda(\mu) = \alpha(\mu) + \mathrm{i}\omega(\mu), \quad \omega(\mu_c) = \omega_0 > 0,$$
$$\alpha(\mu_c) = 0, \quad \alpha'(\mu_c) \neq 0;$$

(4) $A(\mu_c)$ 的其余 $n-2$ 个特征根都有负实部.

则当 $|\mu - \mu_c|$ 充分小时,系统 $\dot{X} = f(X, \mu)$ 至少存在一个闭轨 Γ_μ, 且存在 $\mu_0 > 0$, 使得在 $|\mu - \mu_c| < \mu_0$ 中,对应于同一闭轨 Γ 的分支值 $\mu = \mu_r$ 是唯一的.

此定理的证明可仿照定理 4.4 的证明,并利用第八章 §3 的二维的 Hopf 分支定理即可得到,故证明略去.

用上面的定理无法判定分支方向和分支的稳定性,实际上,这两个问题可用一套类似于焦点量的量 μ_i, β_i 来确定. 还有一套量 τ_i, 则可确定分支的近似周期. 这就是下面的:

定理 4.6 设定理 4.5 的条件满足,则存在 $\varepsilon_H > 0$ 和解析函数

$$\mu^H(\varepsilon) = \sum_{i=2}^{\infty} \mu_i^H \varepsilon^i \quad (0 < \varepsilon < \varepsilon_H), \tag{4.10}$$

使得对每个 $\varepsilon \in (0, \varepsilon_H)$, 当 $\mu = \mu^H(\varepsilon)$ 时,系统存在一个周期解 $P_\varepsilon(t)$. 若 $\mu^H(\varepsilon)$ 不恒为零,则它的第一个非零项的系数 $\mu_{i_1}^H$ 的下标 i_1 是偶数,且存在 $\varepsilon_1 \in (0, \varepsilon_H)$ 使得对 $\varepsilon \in (0, \varepsilon_1)$, $\mu^H(\varepsilon)$ 是严格正或严格负的. 对每个 $L > 2\pi/\omega_0$, 存在 $X = X^*(\mu_c)$ 的邻域 U 和包含 μ_c

345

的区间 Δ,使得对任意 $\mu \in \Delta$,系统 $\dot{X} = f(X, \mu)$ 的位于 U 内的周期小于 L 的唯一的非常数周期解,就是对应于满足 $\mu^{\mathrm{H}}(\varepsilon) = \mu$ 的 ε 的解 $P_{\varepsilon}(t)$. $P_{\varepsilon}(t)$ 的周期 $T^{\mathrm{H}}(\varepsilon)$ 是解析的,且

$$T^{\mathrm{H}} = \frac{2\pi}{\omega_0} \left[1 + \sum_{i=2}^{\infty} \tau_i^{\mathrm{H}} \varepsilon^i \right]. \tag{4.11}$$

$P_{\varepsilon}(t)$ 的特征指数共有两个,其中之一当 $\varepsilon \in (0, \varepsilon_{\mathrm{H}})$ 时是零;而另一个是 $\beta^{\mathrm{H}}(\varepsilon)$,它是解析的,且

$$\beta^{\mathrm{H}}(\varepsilon) = \sum_{i=2}^{\infty} \beta_i^{\mathrm{H}} \varepsilon^i \quad (0 < \varepsilon < \varepsilon_{\mathrm{H}}). \tag{4.12}$$

当 $\beta^{\mathrm{H}}(\varepsilon) < 0$ 时,$P_{\varepsilon}(t)$ 是轨道渐近稳定的;当 $\beta^{\mathrm{H}}(\varepsilon) > 0$ 时,$P_{\varepsilon}(t)$ 就是不稳定的.

若 $\alpha'(0) > 0$,则如果 $\mu^{\mathrm{H}}(\varepsilon)$ 是严格正的,分支方向就是 $\mu > 0$;如果 $\mu^{\mathrm{H}}(\varepsilon)$ 是严格负的,分支方向就是 $\mu < 0$. 若 $\alpha'(0) < 0$,则结论正好相反.

此定理的证明,在将系统(4.5)化为复正规形后就是一个具体应用流的中心流形定理的过程,此处不再详述,可参见参考文献 [30]. 那里已给出了如下计算 μ_2, τ_2, β_2 的步骤和公式.

应用定理 4.6 和计算 μ_2, τ_2, β_2 的步骤:

1. 选定一个分支参数 μ,设 $\dot{X} = f(X, \mu), X \in \mathbf{R}^n$.

2. 确定我们感兴趣的奇点 $X^*(\mu)$,并计算 Jacobi 矩阵

$$A(\mu) = \mathrm{D}_X f(X^*(\mu), \mu)$$

的特征值,再按 $\mathrm{Re}\lambda_1 \geqslant \mathrm{Re}\lambda_2 \geqslant \cdots \geqslant \mathrm{Re}\lambda_n$ 的次序将特征值编号.

3. 求参数值 μ_c,使得 $\mathrm{Re}\lambda_1(\mu_c) = 0$,若

(1) $\mathrm{Re}\lambda_1'(\mu_c) \neq 0$,

(2) $\mathrm{Im}\lambda_1(\mu_c) \neq 0$,

(3) $\mathrm{Re}\lambda_j(\mu_c) < 0 \ (j = 3, \cdots, n)$,

则系统产生 Hopf 分支.

4. 若 $A(\mu_c)$ 已具有形式

$$\left[\begin{array}{c}\begin{bmatrix}0 & -\omega_0 \\ \omega_0 & 0\end{bmatrix} \\ \qquad\qquad D\end{array}\right], \qquad (4.13)$$

其中 $\omega_0 = \mathrm{Im}\,\lambda_1(\mu_c) > 0$,则令 $P = I$ 并进行第 5 步,否则按照下述法则构造矩阵 P:令

$$P = (\mathrm{Re}\,V_1, -\mathrm{Im}\,V_1, V_3, \cdots, V_n),$$

其中 V_1 是对应于 $\lambda_1(\mu_c) = \omega_0 \mathrm{i}$ 的特征向量,且其第一个非零的分量是 1,而 $V_3, \cdots, V_n$ 是任意实的向量集,使得它们在 $\mu = \mu_c$ 时生成 $\lambda_3, \cdots, \lambda_n$ 的广义特征子空间.

5. 作变量替换:$X = X^*(\mu_c) + PY$,并设此变换将系统(4.5)变为

$$\dot{Y} = F(Y) = (F^1(Y), F^2(Y), \cdots, F^n(Y))^{\mathrm{T}}. \qquad (4.14)$$

这时 $\mathrm{D}_Y F(0)$ 已具有标准形(4.13).

6. 取 $\mu = \mu_c, Y = 0$,计算以下各量

$$g_{11} = \frac{1}{4}\left(\frac{\partial^2 F^1}{\partial Y_1^2} + \frac{\partial^2 F^1}{\partial Y_2^2} + \mathrm{i}\left(\frac{\partial^2 F^2}{\partial Y_1^2} + \frac{\partial^2 F^2}{\partial Y_2^2}\right)\right);$$

$$\begin{aligned}g_{02} = \frac{1}{4}\bigg(&\frac{\partial^2 F^1}{\partial Y_1^2} - \frac{\partial^2 F^1}{\partial Y_2^2} - 2\frac{\partial^2 F^2}{\partial Y_1 \partial Y_2} \\ &+ \mathrm{i}\left(\frac{\partial^2 F^2}{\partial Y_1^2} - \frac{\partial^2 F^2}{\partial Y_2^2} + 2\frac{\partial^2 F^1}{\partial Y_1 \partial Y_2}\right)\bigg);\end{aligned}$$

$$\begin{aligned}g_{20} = \frac{1}{4}\bigg(&\frac{\partial^2 F^1}{\partial Y_2^2} - \frac{\partial^2 F^1}{\partial Y_2^2} + 2\frac{\partial^2 F^2}{\partial Y_1 \partial Y_2} \\ &+ \mathrm{i}\left(\frac{\partial^2 F^2}{\partial Y_1^2} - \frac{\partial^2 F^2}{\partial Y_2^2} - 2\frac{\partial^2 F^1}{\partial Y_1 \partial Y_2}\right)\bigg);\end{aligned}$$

$$\begin{aligned}G_{21} = \frac{1}{8}\bigg(&\frac{\partial^3 F^1}{\partial Y_1^3} + \frac{\partial^3 F^1}{\partial Y_1 \partial Y_2^2} + \frac{\partial^3 F^2}{\partial Y_1^2 \partial Y_2} + \frac{\partial^3 F^2}{\partial Y_2^3} \\ &+ \mathrm{i}\left(\frac{\partial^3 F^2}{\partial Y_1^3} + \frac{\partial^3 F_2}{\partial Y_1 \partial Y_2^2} - \frac{\partial^3 F^1}{\partial Y_1^2 \partial Y_2} - \frac{\partial^3 F^1}{\partial Y_2^3}\right)\bigg).\end{aligned}$$

7. 如果 $n = 2$,令 $g_{21} = G_{21}$ 并进行第 8 步;如果 $n > 2$,计算下列

量：

$$h_{11}^{k-2} = \frac{1}{4}\left(\frac{\partial^2 F^k}{\partial Y_1^2} + \frac{\partial^2 F^k}{\partial Y_2^2}\right) \quad (k = 3,\cdots,n),$$

$$h_{20}^{k-2} = \frac{1}{4}\left(\frac{\partial^2 F^k}{\partial Y_1^2} - \frac{\partial^2 F^k}{\partial Y_2^2} - 2\mathrm{i}\,\frac{\partial^2 F^k}{\partial Y_1 \partial Y_2}\right) \quad (k = 3,\cdots,n).$$

对 $n-2$ 维向量 w_{11}, w_{20}，解方程组

$$Dw_{11} = -h_{11}, \quad (D - 2\mathrm{i}\omega_0 I)w_{20} = -h_{20},$$

设

$$G_{110}^{k-2} = \frac{1}{2}\left(\frac{\partial^2 F^1}{\partial Y_1 \partial Y_k} + \frac{\partial^2 F^2}{\partial Y_2 \partial Y_k} + \mathrm{i}\left(\frac{\partial^2 F^2}{\partial Y_1 \partial Y_k} - \frac{\partial^2 F^1}{\partial Y_2 \partial Y_k}\right)\right),$$

$$G_{101}^{k-2} = \frac{1}{2}\left(\frac{\partial^2 F^1}{\partial Y_1 \partial Y_k} - \frac{\partial^2 F^2}{\partial Y_2 \partial Y_k} + \mathrm{i}\left(\frac{\partial^2 F^1}{\partial Y_2 \partial Y_k} + \frac{\partial^2 F^2}{\partial Y_1 \partial Y_k}\right)\right);$$

且设

$$g_{21} = G_{21} + \sum_{k=1}^{n-2}(2G_{110}^k w_{11}^k + G_{101}^k w_{20}^k).$$

8. 设 $c_1(0) = \dfrac{\mathrm{i}}{2\omega_0}\left(g_{20}g_{11} - 2|g_{11}|^2 - \dfrac{1}{3}|g_{02}|^2\right) + \dfrac{1}{2}g_{21}$，那么

$$\mu_2 = -\frac{\mathrm{Re}c_1(0)}{\alpha'(0)}, \quad \tau_2 = -\frac{\mathrm{Im}c_1(0) + \mu_2\omega'(0)}{\omega_0},$$

$$\beta_2 = 2\mathrm{Re}c_1(0),$$

其中 $\alpha'(0) = \mathrm{Re}\lambda_1'(\mu_c)$，$\omega'(0) = \mathrm{Im}\lambda_1'(\mu_c)$。

第十二章 综合应用

本书前面的几章主要介绍了平面自治系统的研究方法. 大家知道,高维自治系统或非自治系统中会出现平面自治系统不会有的轨道行为. 当然,对它们的研究需要再有一些新的方法. 但是,对某些具体的非自治系统或高维系统,灵活运用我们在前面几章所学到的方法就可以得到很好的结果. 下面通过两个例子来说明.

§1 旋涡运动的限制三体问题

旋涡的平面运动可以作为一个 Hamilton 系统来考虑. 因为近年来将旋涡作为流体运动的基本要素的观点导出了引人注目的结论,所以离散旋涡运动也引起了大家的兴趣. 最早是 1975 年 E. A. Novikov 在这方面做出了结果. 1979 年 H. Aref 进一步研究了三个点旋涡的平面运动——旋涡运动的三体问题. 但他没有考虑限制三体问题,即某一个旋涡强度退化为零的情况. 旋涡的限制三体问题不再是一个 Hamilton 系统,并且与天体运动的情况相反,旋涡的限制三体问题比一般三体问题还稍为复杂.

1. n 个点旋涡平面运动的基本方程($n \geqslant 2$)

设 $p_\alpha = (x_\alpha, y_\alpha)$ 是平面上第 α 个旋涡位置的坐标,k_α 是它的强度(即旋量),$\alpha = 1, \cdots, n$. 则这一族旋涡的运动可由 Hamilton 量

$$\begin{cases} H = \sum_{\alpha \neq \beta} \dfrac{k_\alpha k_\beta}{4\pi} \ln l_{\alpha\beta}, \\ l_{\alpha\beta} = [(x_\alpha - x_\beta)^2 + (y_\alpha - y_\beta)^2]^{1/2} \end{cases} \tag{1.1}$$

给出. 相应的运动方程是 $2n$ 维自治系统($n \geqslant 2$)

$$\begin{cases} k_\alpha \dot{x}_\alpha = -\dfrac{\partial H}{\partial y_\alpha}, \\ k_\alpha \dot{y}_\alpha = \dfrac{\partial H}{\partial x_\alpha} \end{cases} \quad (\alpha = 1, \cdots, n). \qquad (1.2)$$

不难检验,上述方程组有 4 个第一积分:

$$\sum_{\alpha=1}^{n} k_\alpha x_\alpha = C_1, \qquad (1.3)$$

$$\sum_{\alpha=1}^{n} k_\alpha y_\alpha = C_2, \qquad (1.4)$$

$$\sum_{\alpha=1}^{n} k_\alpha (x_\alpha^2 + y_\alpha^2) = C_3, \qquad (1.5)$$

$$H = C_4, \qquad (1.6)$$

其中 $C_i (i = 1, \cdots, 4)$ 是常数. 另外,如果旋涡强度之和非零,即

$$\sum_{\alpha=1}^{n} k_\alpha \neq 0,$$

则可以类似于质量中心引入旋涡中心

$$(X, Y) \equiv \frac{1}{\sum_\alpha k_\alpha} \left[\sum_\alpha k_\alpha x_\alpha, \ \sum_\alpha k_\alpha y_\alpha \right].$$

由式(1.3)与(1.4)立刻可见旋涡中心 (X, Y) 是运动过程中的不变量. 有时引用这个不变量可以使问题简化.

2. 限制三体问题

限制三体问题是指三个旋涡中第三个旋涡的强度 k_3 相对于前两个旋涡的强度而言非常小,以致于它对前两个旋涡的作用可忽略不计. 于是我们在系统(1.2)中取 $n = 3$, $k_3 \to 0$,就得到限制三体问题的运动方程组

$$\begin{cases} \dot{x}_1 = -\dfrac{k_2}{4\pi} \dfrac{y_1 - y_2}{l_{12}^2}, & \dot{y}_1 = \dfrac{k_2}{4\pi} \dfrac{x_1 - x_2}{l_{12}^2}, \\ \dot{x}_2 = \dfrac{k_1}{4\pi} \dfrac{y_1 - y_2}{l_{12}^2}, & \dot{y}_2 = -\dfrac{k_1}{4\pi} \dfrac{x_1 - x_2}{l_{12}^2}, \end{cases} \qquad (1.7_1)$$

$$\begin{cases} \dot{x}_3 = \dfrac{k_1}{4\pi} \dfrac{y_1 - y_3}{l_{13}^2} + \dfrac{k_2}{4\pi} \dfrac{y_2 - y_3}{l_{23}^2}, \\[2mm] \dot{y}_3 = -\dfrac{k_1}{4\pi} \dfrac{x_1 - x_3}{l_{13}^2} - \dfrac{k_2}{4\pi} \dfrac{x_2 - x_3}{l_{23}^2}. \end{cases} \quad (1.7_2) \qquad \left.\begin{matrix} \\ \\ \\ \\ \end{matrix}\right\} (1.7)$$

方程组中的前 4 个方程不含 x_3 与 y_3,是 $x_i, y_i (i=1,2)$ 的系统,再联系到 4 个第一积分(相应于式(1.3)~(1.6))

$$k_1 x_1 + k_2 x_2 = C_1, \quad k_1 y_1 + k_2 y_2 = C_2,$$
$$k_1(x_1^2 + y_1^2) + k_2(x_2^2 + y_2^2) = C_3,$$
$$l_{12}^2 = C_4, \qquad (1.8)$$

求出方程组 (1.7_1) 的解 $x_i = x_i(t)$, $y_i = y_i(t)(i=1,2)$,代入方程组 (1.7_2),就使问题归结为研究一个二维非自治系统.

我们采取另外一条途径分析方程组(1.7).

首先注意方程组 (1.7_1) 正是两旋涡系统的运动方程. 如果两旋涡强度之和非零,即:$k_1 + k_2 \neq 0$,我们就取旋涡中心(不动点)

$$(X, Y) = \frac{1}{k_1 + k_2}(k_1 x_1 + k_2 x_2, k_1 y_1 + k_2 y_2)$$

为坐标原点,于是 $x_i, y_i (i=1,2)$ 有关系:

$$\begin{cases} k_1 x_1 + k_2 x_2 = 0, \\ k_1 y_1 + k_2 y_2 = 0. \end{cases} \qquad (1.9)$$

将此关系应用于方程组 (1.7_1) 中的前两式,再由式(1.8)知道两旋涡间的距离不变,即:$l_{12} =$ 常数. 立刻得到 x_1, y_1 满足方程组

$$\begin{cases} \dot{x}_1 = -\omega y_1, \\ \dot{y}_1 = \omega x_1 \end{cases} \quad \left(\omega = \frac{k_1 + k_2}{4\pi l_{12}^2}\right).$$

显然有解

$$\begin{cases} x_1 = a_1 \cos\omega t - a_2 \sin\omega t, \\ y_1 = a_1 \sin\omega t + a_2 \cos\omega t. \end{cases} \qquad (1.10)$$

(注意,此运动与一般的简谐运动不同. 因为除 a_1, a_2 之外,l_{12},从而 ω 也决定于初始条件.)将式(1.10)代入式(1.9)得 x_2, y_2 的解.

总之,当 $k_1+k_2\neq 0$ 时,两旋涡与旋涡中心保持在同一直线上,且绕旋涡中心作等角速度的转动.

如果 $k_1+k_2=0$,则由方程组(1.7_1)立刻得到

$$x_1 - x_2 = C_1, \quad y_1 - y_2 = C_2,$$
$$\dot{x}_1 = \dot{x}_2 = C_3, \quad \dot{y}_1 = \dot{y}_2 = C_4,$$

即两旋涡不转动,而以一定的速度往无穷远而去.(此时转动中心为无穷远点.)三体问题不会出现周期运动.

此后我们只考虑 $k_1+k_2\neq 0$ 的情况.

取过点 p_1,p_2 的直线为轴,取此轴上的旋涡中心为原点,得到一个旋转坐标系. p_1,p_2 为此运动坐标系中的固定点. 我们通过 p_3 与 p_1,p_2 的距离 l_{13},l_{23} 的变化来了解 p_3 相对于此坐标系的运动. 当然,p_3 的运动是这两个运动的叠加.

3. 第三个旋涡在运动坐标系中的运动

令 $x=l_{13},y=l_{23},a=l_{12}>0$,由方程组$(1.7)$可得方程组

$$\begin{cases} \dot{x}= \dfrac{k_2}{2\pi}\sigma_{132}\,\dfrac{A}{x}\left(\dfrac{1}{y^2} - \dfrac{1}{a^2}\right), \\[3mm] \dot{y}= \dfrac{k_1}{2\pi}\sigma_{231}\,\dfrac{A}{y}\left(\dfrac{1}{x^2} - \dfrac{1}{a^2}\right), \end{cases} \tag{1.11}$$

其中 A 为 $\triangle p_1p_2p_3$ 的面积,当 $p_\alpha,p_\beta,p_\gamma$ 为逆时针方向时,$\sigma_{\alpha\beta\gamma}=1$; 否则 $\sigma_{\alpha\beta\gamma}=-1$,即

$$A = \frac{\sigma_{123}}{2}\begin{vmatrix} x_1 & y_1 & 1 \\ x_2 & y_2 & 1 \\ x_3 & y_3 & 1 \end{vmatrix}.$$

当然还有

$$A = \frac{1}{4}\sqrt{(x+y+a)(y+a-x)(x+a-y)(x+y-a)}.$$

使方程具有物理意义的范围称为问题的物理区域,记作 $\tilde{D}$. 对于方程(1.11),由于 p_1,p_2 与 p_3 三点组成一个三角形,所以

352

$$\tilde{D} = \{(x,y) \mid x \geqslant 0, y \geqslant 0, x + y \geqslant a, x + a \geqslant y, y + a \geqslant x\}.$$

显然, $\tilde{D}$ 的边界 $\partial \tilde{D}$ 上的点使 $A = 0$. 所以 $\partial \tilde{D}$ 上除去 $v_1 = (0, a)$, $v_2 = (a, 0)$ 两点使方程(1.11)右端无意义之外, 其余的点都是该方程的平衡点. 在任一运动过程中, p_1, p_2, p_3 的定向不会改变, 因为, 改变定向过程中必经过三点共线, 即到达 $\partial \tilde{D}$. 所以运动过程中 $\sigma_{\alpha\beta\gamma}$ 是常数, 无妨设

$$\sigma_{132} = 1, \quad \sigma_{231} = -1.$$

至此已将一个六维系统的求解问题, 通过建立适当的运动坐标系归结为一个二维的、边界由平衡点与奇点组成的区域 $\tilde{D}$ 上的系统的求解问题.

因为在 $\tilde{D}$ 的内部 $A > 0, x > 0, y > 0$, 所以, 以下方程:

$$\begin{cases} \dfrac{\mathrm{d}x}{\mathrm{d}\tau} = k_2 x(a^2 - y^2), \\[2mm] \dfrac{\mathrm{d}y}{\mathrm{d}\tau} = -k_1 y(a^2 - x^2) \end{cases} \tag{1.12}$$

与方程(1.11)在 $\tilde{D}$ 内部有完全相同的轨线, 而方程(1.12)右端在全平面解析. 于是我们就可以用前面所学的方法来研究它的全局结构. 当然它在 $\tilde{D}$ 之外的轨线无物理意义, 又时间尺度已改变.

方程(1.12)关于 x 轴, y 轴都对称, 所以只需讨论第一象限的情况. 显然, x 轴, y 轴都是轨线; 第一象限中有平衡点 $(0,0)$ 与 (a, a), $(0,0)$ 处导算子的特征值是

$$\lambda_1 = k_2 a^2, \quad \lambda_2 = -k_1 a^2,$$

(a, a) 处导算子的特征值是

$$\lambda_{1,2} = \pm 2a^2 \sqrt{-k_1 k_2}.$$

若 k_1 与 k_2 同号, 则 $(0,0)$ 是鞍点, (a, a) 是中心型平衡点; 若 k_1 与 k_2 异号, 则 $(0,0)$ 是结点($k_1 > 0, k_2 < 0$ 时是稳定的; 反之, 是不稳定的), (a, a) 是鞍点. 因此这两种情况需要分别讨论.

1) k_1 与 k_2 异号的情况

为确定起见, 设 $k_1 < 0, k_2 > 0$. 相反的情况只改变轨线的方向.

353

显然此情况下系统(1.12)无闭轨.

为了考虑无穷远点的状况,作 Poincaré 变换:

$$x = \frac{1}{z}, \quad y = \frac{u}{z} \quad (z \neq 0).$$

则方程(1.12)化为:

$$\begin{cases} \dfrac{\mathrm{d}u}{\mathrm{d}\tau} = \dfrac{-k_2 u(a^2 z^2 - u^2) - k_1 u(a^2 z^2 - 1)}{z^2}, \\ \dfrac{\mathrm{d}z}{\mathrm{d}\tau} = -\dfrac{k_2 z(a^2 z^2 - u^2)}{z^2}. \end{cases} \quad (z \neq 0),$$

再令 $\mathrm{d}\tau = z^2 \mathrm{d}s$,则上式化为

$$\begin{cases} \dfrac{\mathrm{d}u}{\mathrm{d}s} = -k_2 u(a^2 z^2 - u^2) - k_1 u(a^2 z^2 - 1), \\ \dfrac{\mathrm{d}z}{\mathrm{d}s} = -k_2 z(a^2 z^2 - u^2). \end{cases}$$

因为,正 u 轴对应 x-y 平面上第一象限中各方向的无穷远点,所以,我们考虑正 u 轴上的平衡点$(0,0)$与$(\sqrt{-k_1/k_2}, 0)$. 在平衡点 $(\sqrt{-k_1/k_2}, 0)$ 处方程右端的导算子以 $-2k_1, -k_1$ 为特征值,故 $(-\sqrt{k_1/k_2}, 0)$ 是不稳定结点. 对于高阶平衡点$(0,0)$,用在第二章中介绍的方法来讨论. 取极坐标系

$$u = r\cos\theta, \quad z = r\sin\theta,$$

则上述方程有下列形式

$$\begin{cases} \dfrac{\mathrm{d}r}{\mathrm{d}s} = r(R(\theta) + o(1)), \\ \dfrac{\mathrm{d}\theta}{\mathrm{d}s} = U(\theta) + o(1), \end{cases}$$

其中 $U(\theta) = -k_1 \cos\theta \sin\theta$, $R(\theta) = k_1 \cos^2\theta$. $U(\theta)$ 有 4 个零点:0, $\pi/2, \pi, 3\pi/2$. 轨线只能沿着这几个方向趋于原点(当 $s \to +\infty$ 或 $s \to -\infty$). 因为 $R(0) < 0, U'(0) > 0$,由第二章的命题 4,只能有一条轨线当 $s \to +\infty$ 时沿 $\theta = 0$ 的方向趋于$(0,0)$. 因为 $R(\pi/2) = 0$,只得进一步计算,得到

354

$$\frac{\mathrm{d}r}{\mathrm{d}s}\Big|_{\theta=\pi/2} = -k_2 a^2 r^3 < 0.$$

当 θ 由小到大经过 $\pi/2$ 时,$U(\theta)$ 由正变负. 同第二章命题 2 之理,存在以 $(0,0)$ 为顶点,$\theta=\pi/2$ 为中线的小扇形,使其中方程的轨线当 $s\to+\infty$ 时都沿 $\theta=\pi/2$ 的方向趋于 $(0,0)$.

为讨论正 y 轴方向的无穷远点,作 Poincaré 变换

$$x = v/z, \quad y = 1/z \quad (z \neq 0).$$

考虑 $v\text{-}z$ 平面上的平衡点 $(0,0)$. 得到与 $u\text{-}z$ 平面上 $(0,0)$ 类似的结果.

综合以上讨论,作出方程 (1.12) 的圆,如图 12.1 所示(图中 $\theta_0 = \arctan\sqrt{-k_1/k_2}$).

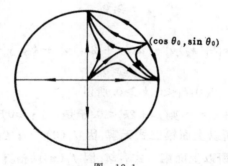

图 12.1

将方程 (1.12) 的轨线限制在物理区域 $\tilde{D}$ 的内部就都是方程 (1.11) 的轨线. 在 $\partial\tilde{D}$ 上有以下结论:

引理 1.1 (1) $\tilde{D}$ 内无轨线趋于 $\partial\tilde{D}$ 上的点 $v_1=(0,a)$ 或点 $v_2=(a,0)$.

(2) 若 $(x_0,y_0)\in\partial\tilde{D}\backslash\{v_1,v_2\}$,而方程 (1.12) 过 (x_0,y_0) 的轨线在 (x_0,y_0) 处与 $\partial\tilde{D}$ 横截,则对方程 (1.11) 的平衡点 (x_0,y_0) 有唯一一条 $\tilde{D}$ 内部的轨线趋于它.

(3) 在 $\partial\tilde{D}$ 上存在唯一一个点 s,使方程 (1.12) 过 s 的轨线在 s 处与 $\partial\tilde{D}$ 相切,并且此轨线除去 s 点都在 $\tilde{D}$ 之外. 所以对平衡点 s,

355

方程(1.11)没有轨线趋于它.

证明 (1)与(2)中的结论显然成立.下面证明(3).

先证上述 s 点存在且唯一.相切条件可表为下列两组:

$$\frac{\mathrm{d}y}{\mathrm{d}x} = -\frac{k_1}{k_2}\frac{y(a^2-x^2)}{x(a^2-y^2)} = 1,$$

其中 $y=x+a, x \geqslant 0$ 或 $x=y+a, y \geqslant 0$;

$$\frac{\mathrm{d}y}{\mathrm{d}x} = -\frac{k_1}{k_2}\frac{y(a^2-x^2)}{x(a^2-y^2)} = -1,$$

其中 $x+y=a$, $0 \leqslant x \leqslant a$.第二组条件显然无解,因 $-k_1/k_2 > 0$.
第一组条件可化为求解:

$$f_1(x) = -(k_1+k_2)x^3 - a(k_1+2k_2)x^2 + k_1a^2x + k_1a^3 = 0,$$
$$x \geqslant 0,$$

或

$$f_2(y) = -(k_1+k_2)y^3 - a(k_2+2k_1)y^2 + k_2a^2y + k_2a^3 = 0,$$
$$y \geqslant 0.$$

因为 $k_1+k_2 \neq 0, k_1 < 0, k_2 > 0$. 所以

(a) 若 $k_1+k_2 < 0$,则 $k_2+2k_1 < 0$. 于是,当 $y \geqslant 0$ 时,$f_2'(y) > 0$,
又 $f_2(0) > 0$,所以上面第二式无解.因 $f_1(0) < 0$;当 $x \to +\infty$ 时,
$f_1(x) \to +\infty$,所以上面第一式有解.因 $f_1'(x)$ 两根异号,所以有 x_0
> 0 使 $f_1(x)$ 递减,当 $x \in (0, x_0)$;$f_1(x)$ 递增,当 $x > x_0$. 又 $f_1(a) <$
0,所以 $f_1(x)$ 存在唯一单根 $x > a$.

(b) 若 $k_1+k_2 > 0$,则 $k_1+2k_2 > 0$. 同理可得 $f_1(x)$ 在 $x \geqslant 0$ 无
根;$f_2(y)$ 在 $y \geqslant 0$ 时有唯一单根 $y > a$.

为证方程(1.12)经过点 s 的轨线除去 s 点都在 $\tilde{D}$ 之外,只需
检验轨线在 s 处的凹凸性.设点 $s(x_0, y_0)$ 在 $y=x+a$ 上,即有

$$y_0 = x_0 + a, \quad x_0 > a,$$

$$\left.\frac{\mathrm{d}y}{\mathrm{d}x}\right|_{(x_0, y_0)} = 1.$$

由此计算得

$$\left.\frac{\mathrm{d}^2 y}{\mathrm{d}x^2}\right|_{(x_0, y_0)} > 0,$$

即轨线在 s 处凹,轨线在 $\tilde{D}$ 之外. 对 $x = y + a$ 上的点 s,可类似地讨论. 引理证完.

根据引理1.1与图12.1,分别对 $k_1 + k_2 < 0$(即 arctan $\sqrt{-k_1/k_2}$ $> \pi/4$)与 $k_1 + k_2 > 0$(即 arctan $\sqrt{-k_1/k_2} < \pi/4$)的情况作出方程(1.11)的轨线图,如图 12.2 与图 12.3.

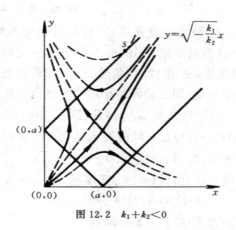

图 12.2　$k_1 + k_2 < 0$

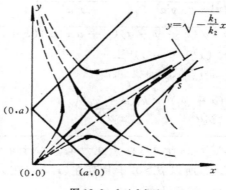

图 12.3　$k_1 + k_2 > 0$

357

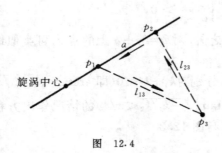

图 12.4

请注意,方程(1.11)中的 x 与 y 分别表示的是 l_{13}, l_{23},所以图 12.2 与 12.3 中的轨线不是点 p_3 的实际相对运动. 但是由 x, y 可以完全确定点 p_3 在旋转坐标系中的位置. 例如,当 $k_1 + k_2 < 0, k_1 < 0, k_2 > 0$ 时,p_1, p_2 两点与旋涡中心(即旋转坐标系的原点)有图 12.4 中所表示的相对位置. 再由 $\sigma_{132} = 1$ 与 x, y 立刻得到 p_3 在旋转坐标系中的位置,见图 12.4. 显然 (x, y) 在奇点处就意味着 p_3 在旋转坐标系中不动,即三旋涡的相对位置达到定常状态.

引理 1.2 对于任意点 $(x_0, y_0) \in \partial \tilde{D} \setminus \{v_1, v_2, s\}$,在 $\tilde{D}$ 内部趋于它的轨线 $(x(t), y(t))$ 在有限时间到达它,即,存在时间 $T_1, |T_1| < \infty$,使得 $t \to T_1$ 时,$(x(t), y(t)) \to (x_0, y_0)$.

证明 为确定起见,设 (x_0, y_0) 还满足 $x_0 + y_0 = a$. 令

$$z(t) \equiv x(t) + y(t) - a.$$

显然 $z(t) > 0$. 由方程(1.11),$z(t)$ 满足

$$\dot{z}(t) = \frac{1}{4\pi} \left(\frac{k_2(a^2 - y^2)}{xy^2a^2} - \frac{k_1(a^2 - x^2)}{yx^2a^2} \right)$$
$$\times \sqrt{(x+y+a)(y+a-x)(x+a-y)}$$
$$\times (x+y-a)^{1/2}.$$

于是,当 $(x, y) \to (x_0, y_0)$ 时

$$\frac{\dot{z}}{z^{1/2}} \to \frac{1}{4\pi} \left(\frac{k_2(a+y_0)}{y_0^2a^2} - \frac{k_1(a+x_0)}{x_0^2a^2} \right)$$
$$\times \sqrt{(x_0+y_0+a)(y_0+a-x_0)(x_0+a-y_0)} = \beta.$$

注意,$k_1 < 0, k_2 > 0$,所以 $\beta > 0$. 于是存在 (x_0, y_0) 在 $\tilde{D}$ 内的半圆形邻域 U,使得当 $(x, y) \in U$ 有

$$\frac{\dot{z}}{z^{1/2}} > C \quad (C > 0).$$

因轨线 $(x(t), y(t))$ 趋于 (x_0, y_0)，故存在 t_0，使 $(x(t_0), y(t_0)) \in U$. 由 (x_0, y_0) 附近轨线的单调性，当 $t < t_0$ 时 $(x(t), y(t))$ 保持在 U 内. 于是对 $t < t_0$，有

$$\int_{x(t)}^{z_0} \frac{\mathrm{d}z}{z^{1/2}} > \int_t^{t_0} C \mathrm{d}t,$$

其中 $z_0 = x(t_0) + y(t_0) - a$. 即得

$$z_0^{1/2} - z^{1/2}(t) > \frac{C}{2}(t_0 - t).$$

所以

$$z_0^{1/2} - \frac{C}{2}(t_0 - t) > z^{1/2}(t) > 0.$$

当 t 由 t_0 递减并趋于 $t_1 = t_0 - \dfrac{2z_0^{1/2}}{C}$ 时，上不等式左端 $\to 0$，从而存在 $T_1 \in [t_1, t_0)$，使当 $t \to T_1$ 时 $z(t) \to 0$，即当 $t \to T_1$ 时，

$$(x(t), y(t)) \to (x_0, y_0).$$

引理 1.2 证完.

由以上的引理与图，我们得到在 $k_1 + k_2 \neq 0$，$k_1 \cdot k_2 < 0$ 情况下运动的一系列性质：

（1）p_3 不可能与 p_1 或 p_2 相碰.（因为无轨线趋于 v_1, v_2.）

（2）如果 p_1, p_2 与 p_3 初始时形成等边三角形，则在运动中此等边三角形不变，但是这种状态不稳定.（因 (a, a) 是不稳定平衡点.）

（3）如果 p_1, p_2 与 p_3 初始状态不是等边三角形，则必在有限时间内达到三者共线.

（4）为了突出本性质将它叙述为以下定理.

定理 1.1 当 $k_1 + k_2 \neq 0$，$k_1 \cdot k_2 < 0$ 时，旋涡的限制三体问题（方程组 (1.7)）有唯一的稳定周期解.

证明 方程 (1.11) 的每一个平衡点对应着三个旋涡在原坐标

系中的一个周期运动,而该方程无闭轨,所以在原坐标系中没有其他周期运动.因为方程(1.11)有唯一的稳定平衡点 s,所以方程组(1.7)有唯一的稳定周期解.

2) k_1 与 k_2 同号的情况

此时方程(1.12)以(0,0)为鞍点,(a,a)是中心型平衡点.不难检验,此时第一象限中的第一积分

$$k_1 x^2 + k_2 y^2 - 2a^2(k_1 \ln x + k_2 \ln y) = C$$

是一族包围平衡点(a,a)的闭曲线,所以(a,a)是中心.立刻得到方程(1.12)在第一象限中的相图.从而得到方程(1.11)在物理区域 $\tilde{D}$ 中的轨线图.

图 12.5 是设 $k_1>0,k_2>0$ 而作,相反的情况只要改变轨线的方向.

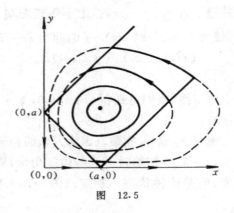

图 12.5

与 k_1,k_2 异号的情况相比较,此时 $\partial\tilde{D}$ 上没有稳定平衡点.但是在 $\tilde{D}$ 内部有一个稳定平衡点(a,a).另外,还具有以下性质:

定理 1.2 当 $k_1+k_2 \neq 0$, $k_1 \cdot k_2>0$ 时,旋涡的限制三体问题(方程组(1.7))有无穷多个稳定的周期解;有无穷多个准周期解.

证明 方程(1.11)的每一个闭轨对应到 p_3 在旋转坐标系中的一个周期运动.首先我们来求这些周期运动的周期.将方程

360

(1.11)化为以下形式：

$$
\begin{cases}
\dfrac{\mathrm{d}x}{\mathrm{d}t} = -\dfrac{\sqrt{3}\,k_2}{4\pi a^2}(y-a) + X(x,y), \\[2mm]
\dfrac{\mathrm{d}y}{\mathrm{d}t} = \dfrac{\sqrt{3}\,k_1}{4\pi a^2}(x-a) + Y(x,y),
\end{cases}
$$

其中 $X(x,y),Y(x,y)$ 均为 $o(\sqrt{(x-a)^2+(y-a)^2})$，将 (a,a) 取作原点，令

$$
\begin{cases}
u = \sqrt{k_1}\,(x-a), \\[1mm]
v = \sqrt{k_2}\,(y-a).
\end{cases}
$$

上述方程化为

$$
\begin{cases}
\dfrac{\mathrm{d}u}{\mathrm{d}t} = -bv + U(u,v), \\[2mm]
\dfrac{\mathrm{d}v}{\mathrm{d}t} = bu + V(u,v),
\end{cases}
$$

其中 $b=\sqrt{3k_1k_2}/4\pi a^2$，$U,V$ 至少是 u,v 的二次函数. 这正是第二章 §3 直接求周期解法一段中的方程(3.14). 以 $T(c)$ 表示经过点 $(u,v)=(c,0)$ 的周期解的周期，$T(c)$ 有以下形式

$$
T(c) = \frac{2\pi}{b}(1 + h_1 c + h_2 c^2 + \cdots).
$$

用上述方法可以求得

$$
h_1 = 0, \quad h_2 = \frac{5}{48}\frac{k_1 + k_2}{a^2}.
$$

（h_2 的算法出于本书第二章 §3.）因 $k_1+k_2 \neq 0$，所以 $h_2 \neq 0$，$T(c)$ 不是常数. $T(c)$ 所取之值必能盖住一个区间 $(T_1,T_2)(T_1 < T_2)$. 记两旋涡系统旋转的周期为 $\widetilde{T}(\widetilde{T}=2\pi/\omega, \omega=(k_1+k_2)/4\pi a^2)$，则 $\widetilde{T}$ 与 $T(c)$ 之间有两种情况：

（1）$T(c)$ 与 $\widetilde{T}$ 可通约（两者之比为有理数），于是两者有一共同的倍周期. 所以三旋涡在固定坐标系中的运动也是周期的，即方程组(1.7)有周期解，且这种周期解是稳定的.

(2) $T(c)$ 与 $\hat{T}$ 不可通约,方程(1.11)的周期解对应的三旋涡运动在固定坐标系中不是周期的,方程组(1.7)得到准周期解.

由于区间(T_1,T_2)中与 $\hat{T}$ 可通约或不可通约的点都有无穷多个,所以上述两种解都有无穷多个. 定理 1.2 证完.

最后,对于 $k_1+k_2\not=0$, $k_1 \cdot k_2>0$ 情况下运动的性质,也不难类似于 $k_1 \cdot k_2<0$ 的情况给出总结.

§2 三维梯度共轭系统的全周期性

我们在第六章中研究过梯度系统
$$\dot{x}=- \operatorname{grad}V(x),$$
它的一切极限点都是平衡点.

在二维的情况下,梯度系统
$$\begin{cases} \dot{x}=- \dfrac{\partial V}{\partial x}, \\ \dot{y}=- \dfrac{\partial V}{\partial y} \end{cases}$$
的共轭系统为
$$\begin{cases} \dot{x}= \dfrac{\partial V}{\partial y}, \\ \dot{y}=- \dfrac{\partial V}{\partial x}. \end{cases}$$
它有第一积分 $V(x,y)=C$. 如果 $V(x,y)$ 的等位线是闭曲线,则此系统的轨线除去平衡点之外都是闭的. 当 $V(x,y)$ 是总能量 $H(x,y)$ 时,此梯度共轭系统就是熟知的 Hamilton 系统.

另外,我们在第五章中研究过 Volterra-Lotka 捕食方程:
$$\begin{cases} \dot{x}= x(A - By), \\ \dot{y}= y(Cx - D) \end{cases}$$
(其中 $x\geqslant0, y\geqslant0$; A,B,C,D 皆正),知道它除去平衡点与坐标轴(鞍点的分界线)之外每一轨线都是闭的. Volterra-Lotka 方程本

身不是梯度共轭系统，但是取
$$V(x,y) = D\ln x + A\ln y - Cx - By$$
作出的梯度共轭系统在区域 $x>0, y>0$ 内与它等价.

显然，二维梯度系统的共轭系统具有性质：

（1）右端函数
$$F = \begin{bmatrix} \dfrac{\partial V}{\partial y} \\ -\dfrac{\partial V}{\partial x} \end{bmatrix}$$

满足 $\mathrm{div}F=0$；

（2）存在第一积分 $V(x,y)=C$.

我们将二维梯度共轭系统的以上两个性质加以推广.

定义 1 三维系统
$$\dot{x} = F(x),$$
如果它满足以下两个条件：

（1）$\mathrm{div}F=0$；

（2）存在第一积分 $G(x)=C$，

则称为梯度共轭系统，

例 1 显然系统
$$\begin{cases} \dot{x} = \dfrac{\partial H}{\partial y} - \dfrac{\partial H}{\partial z}, \\[2mm] \dot{y} = \dfrac{\partial H}{\partial z} - \dfrac{\partial H}{\partial x}, \\[2mm] \dot{z} = \dfrac{\partial H}{\partial x} - \dfrac{\partial H}{\partial y} \end{cases}$$
是梯度共轭系统. $H(x,y,z)=C$ 就是它的第一积分.

例 2 刚体绕固定点 O 运动，取刚体中固定标架与 O 点主轴重合. 若不受外力矩作用，则角速度
$$\omega = \begin{bmatrix} \omega_1 \\ \omega_2 \\ \omega_3 \end{bmatrix}$$

满足方程

$$\begin{cases} J_1\dot{\omega}_1 = (J_2 - J_3)\omega_2\omega_3, \\ J_2\dot{\omega}_2 = (J_3 - J_1)\omega_3\omega_1, \\ J_3\dot{\omega}_3 = (J_1 - J_2)\omega_1\omega_2, \end{cases}$$

其中 J_1, J_2, J_3 是主惯量. 这个系统满足

（1）$\mathrm{div}F(\omega_1, \omega_2, \omega_3) = 0$；

（2）有第一积分 $J_1\omega_1^2 + J_2\omega_2^2 + J_3\omega_3^2 = C$.

所以是梯度共轭系统.

另外，旋涡的三体问题，当旋量 $k_1 = k_2 = k_3$ 非零时，如果考虑其相对运动，即研究 l_{12}, l_{23}, l_{31}，也会出现三维梯度共轭系统.

下面来证明三维梯度共轭系统在一定条件之下它的轨线除去一些平衡点与鞍点分界线之外全是闭轨线. 我们将这种性质简称为全周期性.

引理 2.1　系统

$$\dot{x} = F(x)$$

定义在 $W \subset \mathbf{R}^3$ 上，满足 $\mathrm{div}F = 0$. 令 D 是 W 内任一区域，$V(D)$ 表示 D 的体积，$\{\varphi_t\}$ 是系统的流，则对一切 $t \in R$，有

$$V(\varphi_t(D)) = V(D).$$

定义 2　称函数 $G(p)(p \in \mathbf{R}^3)$ 为正规的，若它满足以下条件：$G(p)$ 是 C^1 的. 等位面 $G(p) = C$ 是一族闭曲面，其中 $C > 0$. $C = 0$ 时，$G(p) = 0$ 对应一个点 p_0. 曲面 $G(p) = C$ 记作 σ_C，其所包围的空间区域记作 V_C，当 $C_1 < C_2$ 时，有 $V_{C_1} \subset V_{C_2}$. 且由 p_0 出发的半射线交每一曲面 $G(p) = C$ 于一个点. 又当 $p \neq p_0$ 时，

$$\mathrm{grad}G(p) \neq 0.$$

引理 2.2　设 $f(p)(p \in \mathbf{R}^3)$ 是 $\mathbf{R}^3$ 中的点函数，$G(p)(p \in \mathbf{R}^3)$ 是正规的，则

$$\frac{\mathrm{d}}{\mathrm{d}\lambda}\int_{V_\lambda} f(p)\mathrm{d}V = \int_{\sigma_\lambda} f(p)\frac{\mathrm{d}\sigma}{|\mathrm{grad}G|},$$

其中 $\mathrm{d}V$ 和 $\mathrm{d}\sigma$ 分别表示体积和面积元素.

证明 取 p_0 为原点 O，作一直角坐标系，得到函数 $G(x,y,z)$ 满足 $G(0,0,0)=0$. 再取新坐标 (C,θ,φ)，使与坐标 (x,y,z) 有以下关系

$$
\begin{cases}
C = G(x,y,z), \\
\theta = \arctan \dfrac{z}{(x^2 + y^2)^{1/2}}, \\
\varphi = \arctan \dfrac{y}{x},
\end{cases}
\tag{2.1}
$$

其中 $C \geqslant 0$，$|\theta| \leqslant \pi/2$，$|\varphi| \leqslant \pi$. 于是

$$
\mathrm{d}C\,\mathrm{d}\theta\,\mathrm{d}\varphi = \left| \frac{D(C,\theta,\varphi)}{D(x,y,z)} \right| \mathrm{d}x\mathrm{d}y\mathrm{d}z.
$$

令 $\boldsymbol{r}=(x,y,z)$，有

$$
\mathrm{d}C\,\mathrm{d}\theta\,\mathrm{d}\varphi = \frac{1}{r^2} \frac{1}{(x^2+y^2)^{1/2}} |\boldsymbol{r} \cdot \mathrm{grad}G| \mathrm{d}V.
$$

由此得到

$$
\mathrm{d}V = \frac{r^2\cos\theta\,\mathrm{d}\theta\,\mathrm{d}\varphi}{|\mathrm{grad}G|\cos(\boldsymbol{r},\mathrm{grad}G)} \mathrm{d}C,
$$

其中 $|\theta| \leqslant \pi/2$，$(\boldsymbol{r},\mathrm{grad}G)$ 取锐角. 因为等位面 $\sigma_C\colon G(x,y,z)=C$ 的面积元素 $\mathrm{d}\sigma$ 与垂直于 $\boldsymbol{r}$ 的曲面面积元素 $r^2\cos\theta\,\mathrm{d}\theta\,\mathrm{d}\varphi$ 之间有关系：

$$
\mathrm{d}\sigma = \frac{r^2\cos\theta\,\mathrm{d}\theta\,\mathrm{d}\varphi}{\cos(\boldsymbol{r},\mathrm{grad}G)},
$$

所以我们得到

$$
\mathrm{d}V = \frac{\mathrm{d}C\mathrm{d}\sigma}{|\mathrm{grad}G|}.
$$

于是

$$
\int_{V_\lambda} f(p)\mathrm{d}V = \int_{V_\lambda} f(p) \frac{\mathrm{d}C\mathrm{d}\sigma}{|\mathrm{grad}G|} = \int_0^\lambda \mathrm{d}C \int_{\sigma_C} f(p) \frac{\mathrm{d}\sigma}{|\mathrm{grad}G|}.
$$

将以上等式的两端对 λ 求导数就得到所要证明的关系式.

引理 2.3 设梯度共轭系统

$$
\dot{x} = F(x)
$$

的流是 $\{\varphi_t\}$，第一积分是 $G=C$，G 是正规的；曲面 ω_C 是等位面 σ_C：$G=C(C>0)$ 的一部分；M,m 分别是 $|\mathrm{grad}G|$ 在 σ_C 上的上、下界，$M\geqslant m>0$. 则对任意 $t\in R$ 有

$$\Sigma(\varphi_t(\omega_C))\geqslant\frac{m}{M}\Sigma(\omega_C),$$

其中符号 $\Sigma(\sigma)$ 表示 σ 的面积.

证明 取 $C'>C$，于是 $V_C\subset V_{C'}$.

设 Ω 是空间区域，$\Omega\subset V_{C'}$，$\Omega\bigcap V_C=\Omega_C$，$\Omega\bigcap\sigma_C=\omega_C$.

在 $V_{C'}$ 上定义一个点函数

$$f(p)=\begin{cases}1,&\text{当 }p\in\Omega,\\0,&\text{当 }p\in V_{C'}\backslash\Omega.\end{cases}$$

由引理 2.1 知，对任意 $t\in R$ 有等式

$$V(\Omega_C)=V(\varphi_t(\Omega_C)).$$

因轨线在 $G=C$ 上，所以由 $\Omega_C\subset V_C$ 知，$\varphi_t(\Omega_C)\subset V_C$. 于是上等式两端都可应用函数 $f(p)$ 表为 V_C 上的积分，得到等式：

$$\int_{V_C}f(p)\mathrm{d}V=\int_{V_C}f(\varphi_{-t}(p))\mathrm{d}V.$$

将等式两端对 C 求导数，再应用引理 2.2 就得到

$$\int_{\sigma_C}f(p)\frac{\mathrm{d}\sigma}{|\mathrm{grad}G|}=\int_{\sigma_C}f(\varphi_{-t}(p))\frac{\mathrm{d}\sigma}{|\mathrm{grad}G|}.$$

又由 $\omega_C\subset\sigma_C$ 知，$\varphi_t(\omega_C)\subset\sigma_C$，所以

$$\int_{\omega_C}\frac{\mathrm{d}\sigma}{|\mathrm{grad}G|}=\int_{\varphi_t(\omega_C)}\frac{\mathrm{d}\sigma}{|\mathrm{grad}G|}.$$

因为在 σ_C 上有 $0<m\leqslant|\mathrm{grad}G|\leqslant M$，所以上等式两端分别满足不等式

$$\int_{\omega_C}\frac{\mathrm{d}\sigma}{|\mathrm{grad}G|}\geqslant\frac{1}{M}\Sigma(\omega_C)$$

与

$$\int_{\varphi_t(\omega_C)}\frac{\mathrm{d}\sigma}{|\mathrm{grad}G|}\leqslant\frac{1}{m}\Sigma(\varphi_t(\omega_C)).$$

结合起来就得到：对任意 $t \in R$，有

$$\Sigma(\varphi_t(\omega_C)) \geqslant \frac{m}{M} \Sigma(\omega_C).$$

引理 2.4　设三维梯度共轭系统

$$\begin{cases} \dot{x} = F_1(x,y,z), \\ \dot{y} = F_2(x,y,z), \\ \dot{z} = F_3(x,y,z) \end{cases} \tag{2.2}$$

右端解析，其第一积分中的函数 $G(x,y,z)$ 正规、解析，则此系统限制在流形 $G(x,y,z)=C_0(C_0>0)$ 上是解析的.

证明　仍取引理 2.2 中的坐标 (C,θ,φ)，它与 (x,y,z) 满足关系式 (2.1). (θ,φ) 可取作流形 $G(x,y,z)=C$ 上的坐标. 对新坐标，系统 (2.2) 化为以下形式：

$$\begin{cases} \dot{C} = \dfrac{\partial G}{\partial x} F_1 + \dfrac{\partial G}{\partial y} F_2 + \dfrac{\partial G}{\partial z} F_3 = 0, \\[2mm] \dot{\theta} = \dfrac{\partial \theta}{\partial x} F_1 + \dfrac{\partial \theta}{\partial y} F_2 + \dfrac{\partial \theta}{\partial z} F_3, \\[2mm] \dot{\varphi} = \dfrac{\partial \varphi}{\partial x} F_1 + \dfrac{\partial \varphi}{\partial y} F_2 + \dfrac{\partial \varphi}{\partial z} F_3. \end{cases} \tag{2.3}$$

上式右端所含 x,y,z 是由式 (2.1) 式所确定的 (C,θ,φ) 的函数. 因为 $\dot{C}=0$，当限制在流形 $G(x,y,z)=C_0$ 上时，有 $C=C_0$. 将式 (2.3) 中后两式右端的 C 用 C_0 代入，就得到限制在流形 $G=G_0$ 上的系统：

$$\begin{cases} \dot{\theta} = \dfrac{\partial \theta}{\partial x} F_1 + \dfrac{\partial \theta}{\partial y} F_2 + \dfrac{\partial \theta}{\partial z} F_3 = f_1(\theta,\varphi), \\[2mm] \dot{\varphi} = \dfrac{\partial \varphi}{\partial x} F_1 + \dfrac{\partial \varphi}{\partial y} F_2 + \dfrac{\partial \varphi}{\partial z} F_3 = f_2(\theta,\varphi). \end{cases} \tag{2.4}$$

因为 $F_i(i=1,2,3)$ 是 (x,y,z) 的解析函数，θ,φ 当 $x \neq 0$ 时也是 (x,y,z) 的解析函数，所以为证明式 (2.4) 的右端是 (θ,φ) 的解析函数，只要证明 x,y,z 是 (θ,φ) 的解析函数. 为此将式 (2.1) 式改写为以下方程组：

$$\begin{cases} H_1(C,\theta,\varphi;x,y,z) = C - G(x,y,z), \\ H_2(C,\theta,\varphi;x,y,z) = \theta - \arctan\dfrac{z}{(x^2+y^2)^{1/2}}, \\ H_3(C,\theta,\varphi;x,y,z) = \varphi - \arctan\dfrac{y}{x}. \end{cases}$$

在引理 2.2 中,我们已经计算出了行列式

$$\left| \frac{\mathrm{D}(C,\theta,\varphi)}{\mathrm{D}(x,y,z)} \right| = \frac{1}{r^2}\,\frac{1}{(x^2+y^2)^{1/2}}(\boldsymbol{r}\cdot\operatorname{grad}G),$$

于是 $x \neq 0$,矩阵 $\dfrac{\mathrm{D}(H_1,H_2,H_3)}{\mathrm{D}(x,y,z)}$ 是可逆的. 根据参考文献[23]中 134 页的解析隐函数定理,$|\varphi| \neq \pi/2$ 时,x,y,z 是 (C,θ,φ) 的解析函数. 因为可以旋转坐标架,所以系统(2.4)式右端是 (θ,φ) 的解析函数.

定义 3 称平衡点 p 为广义鞍点,如果有且仅有有限条轨线,当 $t \to +\infty$ 或 $t \to -\infty$ 时,趋于点 p.

定理 2.1 设梯度共轭系统 $\dot{x} = F(x)$ 右端解析,又其第一积分中的函数 $G(x)$ 正规、解析,则限制在流形 $G(x,y,z)=C(C>0)$ 上所得到的系统

$$\begin{cases} \dot{\theta} = f_1(\theta,\varphi), \\ \dot{\varphi} = f_2(\theta,\varphi) \end{cases}$$

的平衡点都是中心或广义鞍点.

证明 无妨设平衡点在 $(\theta,\varphi)=(0,0)$ 处,否则旋转坐标架.

令 $r^2 = (\theta^2+\varphi^2)/2$,有

$$\frac{\mathrm{d}r^2}{\mathrm{d}t} = \theta\frac{\mathrm{d}\theta}{\mathrm{d}t} + \varphi\frac{\mathrm{d}\varphi}{\mathrm{d}t} = \theta f_1 + \varphi f_2 = f(\theta,\varphi).$$

根据引理 2.4,上式右端函数 $f(\theta,\varphi)$ 解析,又 $f(0,0)=0$. 参看参考文献[22],存在 $(0,0)$ 的充分小圆域 B,在 B 内,曲线 $f(\theta,\varphi)=0$ 最多有有限条分支:$l_1,\cdots,l_k$. 圆域 B 被 $l_1,\cdots,l_k$ 分为 k 个小扇形 $\sigma_1,\cdots,\sigma_k$,在扇形的侧边 l_i 上 $\dfrac{\mathrm{d}r^2}{\mathrm{d}t}=0$,在扇形 σ_i 上 $\dfrac{\mathrm{d}r^2}{\mathrm{d}t}$ 定号,$i=1$,

$2,\cdots,k.$

考虑小扇形之一 σ_i，先设 σ_i 上 $\dfrac{\mathrm{d}r^2}{\mathrm{d}t}<0$. 于是在 σ_i 的圆弧边上轨线由外向内. 再按 σ_i 的两个侧边 l_{i-1} 与 l_i 上轨线进或出的各种可能分为下列三种情况：

（1）在 l_{i-1} 与 l_i 上轨线也都是由外向内的. 根据引理 2.3，这是不可能的. 因为可以在 σ_i 上取一小块闭区域 ω，它不含原点，有正的面积，即 $\Sigma(\omega)>0$. 由引理 2.3，对任意 $t\in R$ 有

$$\Sigma(\varphi_t(\omega))\geqslant\frac{m}{M}\Sigma(\omega)=k>0. \tag{2.5}$$

在圆域 B 内取原点的一个充分小的圆形邻域 N，使 N 的面积小于 $k/2$. 因为从 ω 上每一点出发的轨线当 $t\to+\infty$ 时，趋于原点. 所以对 ω 的每一点 p，存在一个点 p 的开邻域，使从此开邻域内一切点出发的轨线到 $t(p)$ 时刻都进入了 N. 由有限覆盖定理，又注意到轨线都在 σ_i 内，所以 $\dfrac{\mathrm{d}r^2}{\mathrm{d}t}<0$. 于是存在一个时刻 T，使 $\varphi_T(\omega)$ $\subset N$，从而 $\Sigma(\varphi_T(\omega))<k/2$. 这与式（2.5）矛盾. 所以 k 个 σ_i 之中没有这一类小扇形.

（2）在 l_{i-1} 与 l_i 上轨线都是由内向外的. 对这种 σ_i，从其圆弧边上出发的轨线必有当 $t\to+\infty$ 时趋于原点的，但这种轨线只能有一条. 因为若多于一条，则圆弧上必有一段，从这一段上的每一点出发的轨线都趋于原点. 可以像（1）中一样地证明，这是不可能的.

（3）在侧边 l_{i-1} 与 l_i 之一上轨线由外向内，另一边上由内向外. 对于这种 σ_i，进入它的轨线当 $t\to+\infty$ 时，一条也不能趋于原点. 这个证明与（2）中类似.

同样地考虑另一些 σ_i，在 σ_i 上 $\dfrac{\mathrm{d}r^2}{\mathrm{d}t}>0$. 即在 σ_i 的圆弧边上轨线由内向外. 结论是：没有两个侧边上轨线也是由内向外的小扇形；在两个侧边上轨线都是由外向内的小扇形中，有且只有一条轨线当 $t\to-\infty$ 时趋于原点；在一个侧边上轨线向内，另一个侧边

上轨线向外的小扇形中,没有轨线当 $t \rightarrow -\infty$ 时趋于原点.

总结以上讨论得知:平衡点或为广义鞍点,或为中心点或为焦点.我们可以像(1)中一样地,应用引理 2.3 证明平衡点也不可能是焦点.定理证完.

定理 2.2　设三维梯度共轭系统

$$\dot{x} = F(x) \tag{2.6}$$

满足条件:

(1) 右端函数 $F(x)$ 解析;

(2) 第一积分中的函数 $G(x)$ 解析、正规;

(3) 在每一张等位面 $G = C$ 上都只有有限个平衡点.

则系统(2.6)在每一等位面 $G = C$ 上的轨线除去中心与有限条鞍点的分界线之外都是闭轨.

证明　因为关于闭曲面 $G = C$ 上轨线的极限集也有 Poincaré-Bendixson 定理.按定理 2.1,系统(2.6)在等位面 $G = C$ 上的平衡点都是中心或广义鞍点,所以 $G = C$ 上只有有限条轨线的 ω (或 α) 极限集是平衡点,其他一切轨线的 ω (或 α) 极限集或为闭轨,或为由鞍点与其分界线构成的轨线多边形.如果这些轨线本身不是闭轨,而以其他闭轨或轨线多边形为 ω (或 α) 极限集,则也可像定理 2.1 证明中的情况(1)那样,应用引理 2.3 来证明这是不可能.所以这些轨线都是闭轨.定理证完.

我们将梯度共轭系统的以上性质称为全周期性.

下面的定理帮助我们判断平衡点在等位面上的性质.

定理 2.3　设三维系统

$$\dot{x} = F(x) \tag{2.7}$$

有第一积分 $G(x) = C$,点 $p \in \mathbf{R}^3$ 是系统(2.7)在曲面 $G(x) = C_0$ 上的一个平衡点,则系统(2.7)在平衡点 p 处的导算子有一个特征值为零,另外两个特征值与系统(2.7)限制在曲面 $G = C_0$ 上的系统,在平衡点 p 处的导算子的两个特征值相同.

证明　取坐标系使原点在点 p 处,即 $p = (0, 0, 0)$. 令 x-y 平

370

面与曲面 $G=C_0$ 在点 p 处的切平面重合. 对所取的坐标系, 系统 (2.7) 可表示为:

$$\begin{cases} \dot{x} = F_1(x,y,z), \\ \dot{y} = F_2(x,y,z), \\ \dot{z} = F_3(x,y,z), \end{cases} \quad (2.8)$$

它以原点为平衡点, $F_i(0,0,0)=0 (i=1,2,3)$.

函数 G 是第一积分, 所以

$$G_x F_1 + G_y F_2 + G_z F_3 \equiv 0. \quad (2.9)$$

曲面 $G(x,y,z)=C_0$ 在原点处与 x-y 平面相切, 所以有

$$G_x(0,0,0) = G_y(0,0,0) = 0 \quad 与 \quad G_z(0,0,0) \neq 0. \quad (2.10)$$

于是在原点附近 $G_z \neq 0$, 由式 (2.9) 得到

$$F_3 = -\frac{G_x}{G_z} F_1 - \frac{G_y}{G_z} F_2.$$

代入系统 (2.8), 得到系统 (2.7) 在原点附近的另一形式:

$$\begin{cases} \dot{x} = F_1(x,y,z), \\ \dot{y} = F_2(x,y,z), \\ \dot{z} = -\dfrac{G_x}{G_z} F_1 - \dfrac{G_y}{G_z} F_2. \end{cases} \quad (2.11)$$

应用这个表达式, 不难算出原点处的导算子,

$$DF(0) = \begin{bmatrix} F_{1x} & F_{1y} & F_{1z} \\ F_{2x} & F_{2y} & F_{2z} \\ 0 & 0 & 0 \end{bmatrix}_{(0,0,0)},$$

于是特征方程为:

$$|DF(0) - \lambda I| = -\lambda \begin{vmatrix} F_{1x} - \lambda & F_{1y} \\ F_{2x} & F_{2y} - \lambda \end{vmatrix}_{(0,0,0)} = 0.$$

所以在平衡点 p 处的导算子有一个特征值为零,另外两个特征值由下面的方程式决定:

$$\begin{vmatrix} F_{1x} - \lambda & F_{1y} \\ F_{2x} & F_{2y} - \lambda \end{vmatrix}_{(0,0,0)} = 0. \qquad (2.12)$$

因为曲面方程 $G = C_0$ 满足条件 $G(0,0,0) - C_0 = 0$,又有式(2.10),所以由隐函数存在定理,得到方程 $G = C_0$ 在 $(0,0,0)$ 附近所确定的函数 $z = z(x,y)$,它满足 $z(0,0) = 0$,又

$$\frac{\partial z}{\partial x}\bigg|_{(0,0)} = -\frac{G_x}{G_z}\bigg|_{(0,0,0)} = 0;$$

$$\frac{\partial z}{\partial y}\bigg|_{(0,0)} = -\frac{G_y}{G_z}\bigg|_{(0,0,0)} = 0. \qquad (2.13)$$

于是点 p 附近,曲面 $G = C_0$ 上的向量场在切平面(x-y 平面)上的投影为:

$$(f_1(x,y), f_2(x,y)) = (F_1(x,y,z(x,y)), F_2(x,y,z(x,y))).$$

取 (x,y) 为曲面 $G = C_0$ 上的局部坐标,得到限制在曲面 $G = C_0$ 上的系统

$$\begin{cases} \dot{x} = f_1(x,y), \\ \dot{y} = f_2(x,y). \end{cases}$$

显然,它以 $(0,0)$ 为平衡点,在 $(0,0)$ 处的导算子为:

$$\mathbf{D}f(0,0) = \begin{bmatrix} f_{1x} & f_{1y} \\ f_{2x} & f_{2y} \end{bmatrix}_{(0,0)}$$

$$= \begin{bmatrix} F_{1x} + F_{1z}\dfrac{\partial z}{\partial x} & F_{1y} + F_{1z}\dfrac{\partial z}{\partial y} \\ F_{2x} + F_{2z}\dfrac{\partial z}{\partial x} & F_{2y} + F_{2z}\dfrac{\partial z}{\partial y} \end{bmatrix}_{(0,0,0)},$$

由式(2.13)得

$$\mathbf{D}f(0,0) = \begin{bmatrix} F_{1x} & F_{1y} \\ F_{2x} & F_{2y} \end{bmatrix}_{(0,0,0)}.$$

将上式与式(2.12)比较立刻得到定理 2.3 所要的结论.

372

例 讨论无外力矩时刚体绕固定点 O 的运动方程:

$$\begin{cases} \dot{\omega}_1 = \dfrac{J_2 - J_3}{J_1}\omega_2\omega_3, \\[3mm] \dot{\omega}_2 = \dfrac{J_3 - J_1}{J_2}\omega_3\omega_1, \\[3mm] \dot{\omega}_3 = \dfrac{J_1 - J_2}{J_3}\omega_1\omega_2. \end{cases}$$

显然上述方程满足定理 2.2 中的一切条件:

(1) 右端函数解析;

(2) 第一积分中的函数 $J_1\omega_1^2 + J_2\omega_2^2 + J_3\omega_3^2$ 正规、解析;

(3) 在每一张等位面 $J_1\omega_1^2 + J_2\omega_2^2 + J_3\omega_3^2 = C(C > 0)$ (都是一个椭球面)上有 6 个平衡点: $(\pm a, 0, 0), (0, \pm b, 0)(0, 0, \pm c)$. 由定理 2.2,方程在每一等位面上的轨线除去中心、鞍点与有限条鞍点的分界线之外都是闭轨.

下面来判断等位面上的平衡点的类型. 为确定起见,设 $J_1 > J_2 > J_3 > 0$. 因为导算子

$$\mathrm{D}f(\omega) = \begin{pmatrix} 0 & \dfrac{J_2 - J_3}{J_1}\omega_3 & \dfrac{J_2 - J_3}{J_1}\omega_2 \\[3mm] \dfrac{J_3 - J_1}{J_2}\omega_3 & 0 & \dfrac{J_3 - J_1}{J_2}\omega_1 \\[3mm] \dfrac{J_1 - J_2}{J_3}\omega_2 & \dfrac{J_1 - J_2}{J_3}\omega_1 & 0 \end{pmatrix},$$

所以

$$\mathrm{D}f(a, 0, 0) = \begin{pmatrix} 0 & 0 & 0 \\[3mm] 0 & 0 & \dfrac{J_3 - J_1}{J_2}a \\[3mm] 0 & \dfrac{J_1 - J_2}{J_3}a & 0 \end{pmatrix}.$$

除去有一个特征值为零之外,另外两个特征值是 $\pm \mathrm{i}\beta$,其中

$$\beta = \sqrt{\dfrac{(J_1 - J_2)(J_1 - J_3)}{J_2 J_3}a^2}.$$

应用定理 2.3,在每一张等位面上平衡点$(\pm a,0,0)$是中心.同理可得$(0,\pm b,0)$是鞍点,$(0,0,\pm c)$是中心.(见图 12.6.)

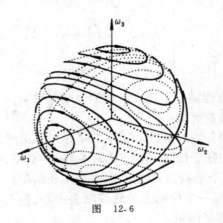

图　12.6

下面再应用定理 2.2 得出一些生态方程中的结论.

定理 2.4　在第一象限 $R_{+0}^3=\{(x,y,z)\,|\,x\geqslant0,y\geqslant0,z\geqslant0\}$ 上考虑系统

$$\begin{cases} \dot{x}=x(k_1-\gamma y+\beta z),\\ \dot{y}=y(k_2-\alpha z+\gamma x),\\ \dot{z}=z(k_3-\beta x+\alpha y), \end{cases} \qquad (2.14)$$

其中参数 $\alpha,\beta,\gamma,k_1,k_2,k_3$ 是以下两种情况的任一种:

(1) α,β,γ 皆正;

(2) $\alpha,\gamma>0,\beta<0;k_1>0,k_3<0$.

只要它们满足条件

$$k_1\alpha+k_2\beta+k_3\gamma=0, \qquad (2.15)$$

则系统(2.14)在第一象限内 $R_+^3=\{(x,y,z)\,|\,x>0,y>0,z>0\}$ 出发的轨线除去平衡点之外都是闭轨.

证明　两种情况可作如下的解释:

设 x,y,z 分别表示三个物种 A,B,C 的成员密度,则情况(1)

374

表示物种 C 以 B 为食,物种 B 以 A 为食,而 A 又以 C 为食.情况 (2)表示物种 C 以 B 与 A 为食,当 B 与 A 都没有时,其增长率为负;B 以 A 为食;A 有充分的食物,若无 B 与 C 以它为食,它将无限地增长.

显然坐标轴、坐标面都是系统(2.14)的不变集,从而 R_+^3 也是系统(2.14)的不变集.为求 R_+^3 中的平衡点,解代数方程组

$$\begin{cases} k_1 - \gamma y + \beta z = 0, \\ k_2 - \alpha z + \gamma x = 0, \\ k_3 - \beta x + \alpha y = 0, \end{cases} \tag{2.16}$$

其系数行列式

$$\begin{vmatrix} 0 & -\gamma & \beta \\ \gamma & 0 & -\alpha \\ -\beta & \alpha & 0 \end{vmatrix}$$

为零.满足条件(2.15)时,方程组(2.16)有解,组成一直线:

$$\begin{cases} x = \alpha t + k_3/\beta, \\ y = \beta t, \qquad\qquad t \in (-\infty, \infty). \\ z = \gamma t - k_1/\beta \end{cases}$$

不难看出,在情况(1)之下,有半条直线在 R_+^3 内由平衡点组成;在情况(2)之下,有一段直线在 R_+^3 内由平衡点组成.

设 $(\bar{x}, \bar{y}, \bar{z})$ 为 R_+^3 内任一平衡点.计算得 $(\bar{x}, \bar{y}, \bar{z})$ 处的导算子为:

$$\mathrm{D}f(\bar{x}, \bar{y}, \bar{z}) = \begin{bmatrix} 0 & -\gamma\bar{x} & \beta\bar{x} \\ \gamma\bar{y} & 0 & -\alpha\bar{y} \\ -\beta\bar{z} & \alpha\bar{z} & 0 \end{bmatrix}. \tag{2.17}$$

其特征值为 0 与 $\pm i\omega(\omega = \sqrt{\alpha^2\,\bar{y}\bar{z} + \beta^2\,\bar{z}\bar{x} + \gamma^2\,\bar{x}\bar{y}}\,)$.零特征值相应的特征向量为 (α, β, γ),其方向为沿着平衡点组成的直线.

取系统(2.14)在 R_+^3 内的一个平衡点 (p, q, s),在 R_+^3 上作变换

$$\begin{cases} X = \ln(x/p), \\ Y = \ln(y/q), \\ Z = \ln(z/s), \end{cases} \tag{2.18}$$

$(X, Y, Z) \in \mathbf{R}^3$. 系统(2.14)式化为 $\mathbf{R}^3$ 上的系统

$$\begin{cases} \dfrac{\mathrm{d}X}{\mathrm{d}t} = k_1 - \gamma q \mathrm{e}^Y + \beta s \mathrm{e}^Z, \\[2mm] \dfrac{\mathrm{d}Y}{\mathrm{d}t} = k_2 - \alpha s \mathrm{e}^Z + \gamma p \mathrm{e}^X, \\[2mm] \dfrac{\mathrm{d}Z}{\mathrm{d}t} = k_3 - \beta p \mathrm{e}^X + \alpha q \mathrm{e}^Y. \end{cases} \tag{2.19}$$

显然它以$(0,0,0)$为平衡点,并且还有一条过点$(0,0,0)$的曲线是由平衡点组成的.

系统(2.19)是梯度共轭系统. 因为它显然满足条件 $\mathrm{div} F = 0$, 又有第一积分

$$H(X, Y, Z) = p(\mathrm{e}^X - X) + q(\mathrm{e}^Y - Y) + s(\mathrm{e}^Z - Z) = C. \tag{2.20}$$

为了应用定理 2.2 研究系统(2.19),我们取

$$G(X, Y, Z) = H(X, Y, Z) - (p + q + s),$$

即取

$$\begin{aligned} G(X, Y, Z) = {} & p(\mathrm{e}^X - 1 - X) + q(\mathrm{e}^Y - 1 - Y) \\ & + s(\mathrm{e}^Z - 1 - Z). \end{aligned}$$

这个 G 是解析的;$G(0,0,0)=0$. 不难验证,对一切$C>0$,$G=C$ 是闭曲面;C 愈大,$G=C$ 所包围的区域 V_C 愈大,并且由原点出发的射线交每一曲面 $G=C(C>0)$ 于一个点. 又 $(X,Y,Z) \neq (0,0,0)$ 时,$\mathrm{grad} G \neq 0$. 总之,G 是正规的. 又显然每一张等位面 $G=C$ 上都有两个平衡点,这两个平衡点在等位面上是中心型的.(此结论可以通过研究系统(2.14)而得到. 事实上,由式(2.17)知系统(2.14)在 R_+^3 中的任一平衡点处的导算子除一个零特征值之外,另外两个特征值是一对共轭虚根. 根据定理 2.3,系统(2.14)在等位面

376

$$G\left(\ln\frac{x}{p},\ \ln\frac{y}{q},\ \ln\frac{z}{s}\right)=C$$

上的两个平衡点都是中心型的.)由定理 2.2,系统(2.19)除平衡点之外一切轨线都是闭的,从而系统(2.14)式在 R_+^3 内出发的轨线除去平衡点之外都是闭的.定理 2.4 证毕.

最后,作为上述方法的一个简单的应用,还可得到 Freedman 与 Waltman 证明的一个定理.

定理 2.5 考虑 R_{+0}^3 上的系统

$$\begin{cases}\dot{x}=x(k_1-a_{12}y),\\ \dot{y}=y(k_2-a_{23}z+a_{21}x),\\ \dot{z}=z(k_3+a_{32}y),\end{cases} \tag{2.21}$$

其中 a_{ij} 皆正, $k_1>0$, k_2, $k_3<0$. 设满足条件

$$k_1a_{32}+k_3a_{12}=0, \tag{2.22}$$

则轨线在 R_+^3 内除平衡点之外全是闭的.

证明 条件(2.22)成立时,由代数方程组

$$\begin{cases}k_1-a_{12}y=0,\\ k_2-a_{23}z+a_{21}x=0,\\ k_3+a_{32}y=0\end{cases}$$

可解出一条直线

$$\begin{cases}y=\dfrac{k_1}{a_{12}}=-\dfrac{k_3}{a_{32}},\\[2mm] z=\dfrac{a_{21}}{a_{23}}x+\dfrac{k_2}{a_{23}}.\end{cases}$$

此直线在 $x\geqslant-k_2/a_{21}$ 的部分在 R_{+0}^3 中.该部分直线上的点全是系统(2.21)的平衡点.

对于 R_+^3 中任一平衡点 $(\bar{x},\bar{y},\bar{z})$,求出该点处的导算子

$$\mathrm{D}f(\bar{x},\bar{y},\bar{z})=\begin{bmatrix}0 & -a_{12}\bar{x} & 0\\ a_{21}\bar{y} & 0 & -a_{23}\bar{y}\\ 0 & a_{32}\bar{z} & 0\end{bmatrix}. \tag{2.23}$$

此导算子除一个零特征值之外,另外两个特征值是 $\pm i\omega$,其中

$$\omega = \sqrt{a_{12}a_{21}\,\overline{x}\,\overline{y} + a_{23}a_{32}\,\overline{y}\,\overline{z}}.$$

取系统(2.21)在 R_+^3 中的一个平衡点(p,q,s).也像定理 2.4 中一样作变换(2.18).得到 R^3 上的系统

$$\begin{cases} \dfrac{\mathrm{d}X}{\mathrm{d}t} = k_1 - a_{12}q\mathrm{e}^Y, \\[2mm] \dfrac{\mathrm{d}Y}{\mathrm{d}t} = k_2 - a_{23}s\mathrm{e}^Z + a_{21}p\mathrm{e}^X, \\[2mm] \dfrac{\mathrm{d}Z}{\mathrm{d}t} = k_3 + a_{32}q\mathrm{e}^Y. \end{cases} \qquad (2.24)$$

为求得它的第一积分 $H(X,Y,Z)=C$,设 $H(X,Y,Z)$有以下形式

$$ap\mathrm{e}^X + bq\mathrm{e}^Y + cs\mathrm{e}^Z + lX + mY + nZ.$$

将方程(2.24)代入 H 所应该满足的关系式

$$\frac{\partial H}{\partial X}\frac{\mathrm{d}X}{\mathrm{d}t} + \frac{\partial H}{\partial Y}\frac{\mathrm{d}Y}{\mathrm{d}t} + \frac{\partial H}{\partial Z}\frac{\mathrm{d}Z}{\mathrm{d}t} = 0.$$

比较同类项,得到 a,b,c,l,m,n 所满足的一个齐次线性的代数方程组.可计算出它的系数行列式之值为$-a_{21}a_{23}(k_1a_{32}+k_3a_{12})^2$.根据条件(2.22),此行列式之值为零.于是定出一组非零的解,便得到

$$H(X,Y,Z) = a_{21}p(\mathrm{e}^X - X) + a_{12}q(\mathrm{e}^Y - Y)$$

$$+ \frac{a_{12}a_{23}}{a_{32}}s(\mathrm{e}^Z - Z).$$

再经过与定理 2.4 中同样的讨论,就证得定理 2.5.

第十三章　柱面和环面上的动力系统及其应用

§1　柱面及环面上的动力系统

本章考虑具有周期向量场的动力系统,这种系统的一个最简单的例子是

$$\begin{cases} \dot{\varphi} = \Phi(\varphi,\theta), \\ \dot{\theta} = \Theta(\varphi,\theta), \end{cases} \tag{1.1}$$

其中 Φ,Θ 是 φ 的周期为 2π 的周期函数. 由于向量场具有 2π 周期,我们只需在宽为 2π 而平行于 θ 轴的任意带域中进行各种讨论即可了解整个相平面的轨线性态. 如果把任意一个这种带域卷起来,就得到一个周长为 2π 的柱面 $S^1 \times \boldsymbol{R}^1$,而 φ,θ 可看成是此柱面上任一点的柱面坐标. 因此,系统(1.1)的相空间可看成是一个柱面,且该系统可称为是定义在柱面上的动力系统(图 13.1).

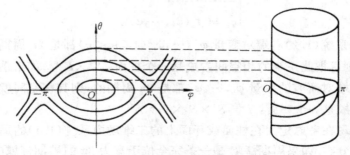

图 13.1　把对 φ 具有 2π 周期的周期相平面看成是一个柱面

如果系统(1.1)的向量场不仅对 φ 具有周期性,而且对 θ 也具有周期性,则通过尺度的变换不妨设向量场对 φ,θ 的周期都是 2π,这时我们只需要在正方形$[0,2\pi,0,2\pi]$中进行讨论就可了解

整个相平面中轨线的性态.把这个正方形的两对对边都粘合起来,就得到一个环面 $T^2 = S^1 \times S^1$.因此这时系统(1.1)的相空间可看成是环面 T^2,而该系统又可称为是定义在环面上的动力系统(图 13.2).

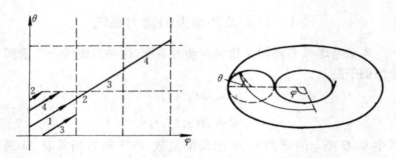

图 13.2 把对 φ,θ 具有 2π 周期的周期相平面看成是一个环面

一般地,我们可考虑系统

$$\begin{cases} \dot{\varphi}_1 = f_1(\varphi_1,\cdots,\varphi_n), \\ \dot{\varphi}_2 = f_2(\varphi_1,\cdots,\varphi_n), \\ \cdots\cdots\cdots\cdots\cdots \\ \dot{\varphi}_n = f_n(\varphi_1,\cdots,\varphi_n). \end{cases} \quad (1.2)$$

如果系统(1.2)右端对变量 $\varphi_{i_1},\cdots,\varphi_{i_m}$ $(1 \leqslant m < n)$ 都是 2π 周期函数,则可把此系统的相空间看成是一个柱面:$S^1 \times \mathbf{R}^{n-1}$;如果系统的右端对所有的变量 $\varphi_1,\cdots,\varphi_n$ 都是 2π 周期的,则其相空间就可以看成是一个环面:$T^n = S^1 \times S^1 \times \cdots \times S^1$.

现在考虑定义在柱面或环面上的二维动力系统(1.1)的周期解的分类.如果周期解 Γ 是一条完全位于宽为 2π 的周期带域中,或者位于边长为 2π 的周期正方形之中的闭轨线,其性质就与平面系统的闭轨线完全一样.例如,可用 Bendixson 环域定理来证明它的存在性,其内部必然包含一个奇点(第三章§4中推论4.1)等.这种周期解称之为**第一类周期解**(图13.3).然而,对于柱面或环面上的动力系统,还存在另一种解.这种解画在原来的相平面上并不是一条闭曲线,它的两个端点是周期 2π 的带域或正方形平行边上的对应点,当把相平面卷起来时,这两个端点就重合了,而原来的轨线就成为一条在柱面或环面上的闭曲线(图 13.4).这种解称为**第二类周期解**,其性质与第一类周期解有很大区别,如对它不能应用 Bendixson 环域定理,其内部也不一定包含奇点等.

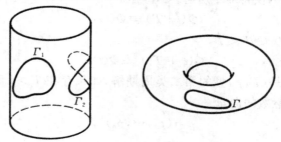

图 13.3　柱面或环面系统的第一类周期解

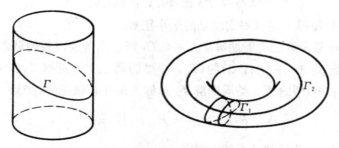

图 13.4　柱面或环面系统的第二类周期解

以上的说法完全是从几何形象出发,不能推广到高维系统(1.2)上,同时也没有表示出这两类周期解的解析特征,因此下面给出两个等价的严格定义.

定义 1　定义在柱面 $S^1 \times \boldsymbol{R}^{n-1}$ 或环面 T^n 上的系统(1.2)的一个周期解 Γ 称为是第一类的,如果 Γ 与 $\boldsymbol{R}^n$ 中的点同伦;Γ 称为是第二类的,如果 Γ 不能与任意 $\boldsymbol{R}^n$ 中的点同伦.

为方便起见,把环面上的系统(1.2)写成向量形式:

$$\dot{\Phi} = f(\Phi), \quad \Phi \in \boldsymbol{R}^n, \tag{1.3}$$

其中 $f: \boldsymbol{R}^n \to \boldsymbol{R}^n$ 是 C^r 的,且对 $\varphi_1, \cdots, \varphi_n$ 都是 2π 周期的,即

$$f(\Phi + 2\pi E) = f(\Phi), \tag{1.4}$$

这里 E 表示 $n \times n$ 单位矩阵.

定义 2 系统(1.3)的一个周期解 $\Phi(t)$ 称为是第一类的,如果存在 $T > 0$,使得对于所有 $t \in \boldsymbol{R}^1$ 有

$$\Phi(t+T) \equiv \Phi(t),$$

且对任意 $0 < T' < T$,

$$\Phi(t + T') \not\equiv \Phi(t).$$

$\Phi(t)$ 称为是 (T, p) 型的第二类周期解,如果存在 $T > 0$ 和一个分量都是自然数的向量

$$p = (p_1, \cdots, p_n)^{\mathrm{T}},$$

使得

$$\Phi(t + T) \equiv \Phi(t) + 2\pi E p,$$

且 T 是使得上述恒等式成立的最小正数.

对两个第二类周期解 $\Phi_1(t), \Phi_2(t)$ 可定义所谓锁相的概念.

定义 3 系统(1.3)的 (T_1, p_1) 型的第二类周期解 $\Phi_1(t)$ 和一个 (T_2, p_2) 型的第二类周期解 $\Phi_2(t)$ 称为是互相锁相的,如果

$$p_1 = a_1 E_1, \quad p_2 = a_2 E_1, \quad \text{且} \ \frac{a_1}{T_1} = \frac{a_2}{T_2},$$

其中 E_1 为分量都是 1 的向量[①].

在这一节最后,再给出一个动力系统中经常使用的概念:

定义 4 设 $\Phi(t, \Phi_0)$ 是系统(1.3)的初值为 $\Phi(0) = \Phi_0$ 的解,则映射

$$P^t: \boldsymbol{R}^n \to \boldsymbol{R}^n, \quad P^t(\Phi_0) = \Phi(t, \Phi_0)$$

称为是系统(1.3)的时间为 t 的 Poincaré **映射**,简称为 t-映射.

---

① 这个条件是比较强的,但在本书讨论的问题中,锁相都在这样强的意义下成立.

§2 圆周映射和旋转数

从柱面或环面上的动力系统的流经常可导出一类重要的映射,称为圆周映射.下面我们给出其定义并先研究圆周映射的一些性质,然后再研究一个与之密切相关的拓扑共轭不变量旋转数的性质.

定义 1 S^1 的保定向微分同胚 $f : S^1 \to S^1$ 称为**圆周映射**.

为了研究圆周映射,经常把 f 拉开到 R^1 上去,这种拉开的映射称为**提升**.为说明提升,先定下如下的覆盖映射

$$\pi(x) = e^{2\pi i x} = \cos(2\pi x) + i\sin(2\pi x). \qquad (2.1)$$

此映射把 R^1 环绕到 S^1 上而不往回绕,因此无临界点.

定义 2 设 $f : S^1 \to S^1$ 是连续映射. $F : R^1 \to R^1$ 称为是 f 的一个提升,若

$$\pi \circ F = f \circ \pi. \qquad (2.2)$$

注意,π 不是 F 和 f 之间的拓扑共轭,由于 π 是多对一的而不是一对一的映射.可以证明,对任意 $S^1 \to S^1$ 的连续映射 f 提升必定存在.

提升有以下一些性质:

引理 2.1 设 $f : S^1 \to S^1$ 是连续映射,则

(1) f 的任意两个提升相差一个整数;

(2) 若 F 是 f 的提升,则 $F(x+1) - F(x)$ 是一个整数;

(3) 若 F_1, F_2 是 f 的两个提升,则

$$F_1(x+1) - F_1(x) = F_2(x+1) - F_2(x).$$

此引理作为习题留给读者自己证明(习题 72).

由引理 2.1 知,对给定的 $f : S^1 \to S^1$,整数 $F(x+1) - F(x)$ 不依赖于 x,也不依赖于 F,它只与 f 有关,因此可以给出:

定义 3 设 $f : S^1 \to S^1$ 连续,F 是 f 的一个提升,则整数 $F(x+1) - F(x)$ 称为映射 f 的**映射度**,记为 $\deg(f)$.

映射度有以下性质：

引理 2.2 设 $f,g：S^1 \to S^1$ 连续，F,G 分别是 f,g 的提升，则

(1) $G \circ F$ 是 $g \circ f$ 的提升；

(2) $\deg(g \circ f) = \deg(g) \cdot \deg(f)$；

(3) 若 $f：S^1 \to S^1$ 是恒同映射，则 $\deg(f) = 1$；

(4) 若 $f：S^1 \to S^1$ 是同胚映射，则 $\deg(f)$ 等于 $+1$ 或 -1；

(5) 若 $f：S^1 \to S^1$ 是圆周映射，则 $\deg(f) = +1$.

此引理也作为习题留给读者自证(习题 73~77).

由引理 2.2 易证下面的引理.

引理 2.3 设 $f：S^1 \to S^1$ 是同胚，F 是 f 的提升，则 F 是 $R^1 \to R^1$ 的同胚，因而 F^{-1} 存在，且 F^{-1} 是 f^{-1} 的提升(习题 78).

设 $f：S^1 \to S^1$ 是圆周映射，F 是 f 的提升. 若 f 把 S^1 上一点 z_0 映为 $z_1 = f(z_0)$，设 x_0 是映射 π 的 z_0 的原像：$x_0 = \pi^{-1}(z_0)$，x_1 是 z_1 的原像，则

$$x_1 = \pi^{-1}(z_1) = \pi^{-1} \circ f(z_0) = \pi^{-1} \circ f \circ \pi(x_0) = F(x_0).$$

而弧 $\overset{\frown}{z_0 z_1}$ 所对应的圆心角可用 $x_1 - x_0$ 来度量，例如可验证，当 $x_1 - x_0 = 1/2$ 时，$\overset{\frown}{z_0 z_1}$ 所对的转角为 $180°$；当 $x_1 - x_0 = 1$ 时，z_1 恰好从 z_0 起旋转了一周，故转角为 $360°$. 现考虑 f 作用于 z_0 共为 n 次的平均转角：

$$\frac{1}{n} \sum_{i=1}^{n} (F^i(x_0) - F^{i-1}(x_0)) = \frac{F^n(x_0) - x_0}{n}.$$

由此就引出圆周映射的旋转数概念.

定义 4 设 $f：S^1 \to S^1$ 是连续映射，F 是 f 的任一提升，$x \in R^1$，若极限

$$\lim_{n \to \infty} \frac{F^n(x) - x}{n}$$

存在，则称此极限为提升 F 在 x 点的**旋转数**，记为 $\rho(F, x)$.

如果只要求 f 是连续的，那么上述极限不一定存在；即使存在，也与 x 有关(习题 79 和习题 80). 但是对于 $\deg(f) = 1$ 的映

射,特别是对于圆周映射,旋转数必定存在且不依赖于 x. 为此首先叙述:

引理 2.4 若对 $S^1 \to S^1$ 的连续映射 f 有 $\deg(f)=1$,而 F 是 f 的提升,则 $F^n(x)-x$ 是周期为 1 的周期函数(习题 81).

由此引理得出:

引理 2.5 若 $S^1 \to S^1$ 的连续映射 f 有 $\deg(f)=1$,F 是 f 的提升,对某一 x_0,$\rho(F,x_0)$ 存在. 则对任意 $x \in R^1$,$\rho(F,x)$ 存在,且
$$\rho(F,x) = \rho(F,x_0).$$

证明 分两步证明. 第一步先证 $|x-x_0|<1$ 的情况. 这时不妨设 $x_0 < x < x_0 + 1$. 由于 $\deg(f)=1$,故 $F(x)$ 单调递增,因而 $F^n(x)$ 也递增. 故
$$F^n(x_0) < F^n(x) < F^n(x_0 + 1) = F^n(x_0) + 1 \quad (\text{引理 2.4}).$$
从而有
$$F^n(x_0) - x_0 - 1 < F^n(x) - x < F^n(x_0) - x_0 + 1,$$
或
$$\frac{F^n(x_0) - x_0 - 1}{n} < \frac{F^n(x) - x}{n} < \frac{F^n(x_0) - x_0 + 1}{n}.$$
在上面的不等式组中令 $n \to \infty$ 即得
$$\rho(F,x_0) \leqslant \rho(F,x) \leqslant \rho(F,x_0).$$
从而对任意满足 $|x-x_0|<1$ 的 x,$\rho(F,x)$ 存在,且就等于 $\rho(F,x_0)$.

第二步,对任意 $x \neq x_0$,只要在 x_0 和 x 中插入足够多的点 $x_1,\cdots,x_n$,使 $|x_i - x_{i+1}|<1$,再应用第一步的结论就有
$$\rho(F,x_0) = \rho(F,x_1) = \cdots = \rho(F,x_n) = \rho(F,x).$$
于是引理得证.

引理 2.5 说明,对 $\deg(f)=1$ 的映射,只要 $\rho(F,x)$ 存在,旋转数就与 x 无关. 因此,对 $\deg(f)=1$ 的映射,旋转数如果存在,就可以把它记为 $\rho(F)$.

下面考虑不同的提升的旋转数之间的关系,我们有

引理 2.6 设 $S^1 \to S^1$ 的连续映射 f 有 $\deg(f)=1$，F 和 F_1 是 f 的两个提升，m 是一个整数。则若 $\rho(F)$ 存在，$\rho(F_1)$ 与 $\rho(F^m)$ 就存在，且

(1) $\rho(F_1)-\rho(F)$ 是一个整数（习题 82）；

(2) $\rho(F^m)=m\rho(F)$（习题 82）。

根据此引理可知，对于 $\deg(f)=1$ 的映射的任意两个提升 F_1, F，必有

$$\rho(F_1) = \rho(F) \pmod 1. \tag{2.3}$$

即 $\rho(F_1)$ 与 $\rho(F)$ 的小数部分相等。此小数部分与 x 和 F 都无关，只与映射 f 有关。因此可定义 f 的旋转数如下：

定义 5 设 f 是使 $\deg(f)=1$ 的 $S^1 \to S^1$ 的连续映射，F 是 f 的任一提升，则称 $\rho(F)$ 的小数部分 $\{\rho(F)\}$ 为 f 的旋转数，记为 $\rho(f)$。

可以证明，$\rho(f)$ 是拓扑共轭下的不变量，即有

引理 2.7 设 f, g, h 都是 $S^1 \to S^1$ 的连续映射 $\deg(f)=\deg(g)=1$，h 是保定向同胚，使 f, g 拓扑共轭，即

$$h \circ f = g \circ h,$$

则 $\rho(f)=\rho(g)$（习题 83）。

下面证明本节的主要结果。

定理 2.1 设 f 是 $S^1 \to S^1$ 的圆周映射，则 $\rho(f)$ 必定存在。此外，当且仅当 $\rho(f)$ 是有理数时，f 有周期点存在。

证明 设 F 是 f 的任一个提升，只要对 F 证明上述结论即可。首先，证若 f 有周期点存在，则 $\rho(F)$ 存在，且必是有理数。设存在 θ，使

$$f^m(\theta) = \theta, \quad \pi(x) = \theta.$$

则由 $\pi \circ F(x) = f \circ \pi(x)$ 易证

$$\pi \circ F^m(x) = f^m \circ \pi(x) = \pi(x).$$

故 $F^m(x) = x+k$，k 是一个整数，于是 $F^{qm}(x) = x+qk$，由此得

$$\lim_{q\to\infty}\frac{F^{qm}(x)}{qm}=\lim_{q\to\infty}\left(\frac{x}{qm}+\frac{k}{m}\right)=\frac{k}{m}. \tag{2.4}$$

对任意整数 n, 令 $q=\left[\dfrac{n}{m}\right]$, 则 $qm\leqslant n<(q+1)m$. 令

$$m>r=n-qm\geqslant 0.$$

由于 $F^r(x)-x$ 是连续周期函数, 因此存在常数 $M>0$, 使得对一切 $y\in\boldsymbol{R}^1$ 及 $0\leqslant r<m$ 有 $|F^r(y)-y|<M$, 由此得出

$$\left|\frac{F^n(x)-F^{qm}(x)}{n}\right|=\frac{|F^r(F^{qm}(x))-F^{qm}(x)|}{n}\leqslant\frac{M}{n}.$$

在上面的不等式中令 $n\to\infty$, 即得

$$\rho(F)=\lim_{q\to\infty}\frac{F^{qm}(x)}{qm+r}=\lim_{n\to\infty}\frac{F^{qm}(x)}{qm}=\frac{k}{m}.$$

第二步, 对 f 没有周期点的情况证明 $\rho(F)$ 存在. 这时若 $n\neq 0$, 则 $F^n(x)-x$ 不可能是整数, 故存在 k_n, 使得对任意 $x\in\boldsymbol{R}^1$ 有

$$k_n<F^n(x)-x<k_n+1.$$

将 $x=0,F^n(0),F^{2n}(0),\cdots,F^{(m-1)n}(0)$ 代入上式得

$$k_n<F^n(0)<k_n+1,$$
$$k_n<F^{2n}(0)-F^n(0)<k_n+1,$$
$$\cdots\cdots\cdots\cdots\cdots$$
$$k_n<F^{mn}(0)-F^{(m-1)n}(0)<k_n+1.$$

将上面的不等式相加再除以 mn, 即得

$$\frac{k_n}{n}<\frac{F^{mn}(0)}{mn}<\frac{k_n+1}{n}.$$

用 n 去除上面各不等式中的第一个不等式, 得

$$\frac{k_n}{n}<\frac{F^n(0)}{n}<\frac{k_n+1}{n}.$$

由上面两个不等式得出

$$\left|\frac{F^{mn}(0)}{mn}-\frac{F^n(0)}{n}\right|<\frac{1}{n}.$$

将 m 与 n 互换并重复上面的证明, 即得

$$\left| \frac{F^{nm}(0)}{nm} - \frac{F^m(0)}{m} \right| < \frac{1}{m}.$$

由此得不等式

$$\left| \frac{F^m(0)}{m} - \frac{F^n(0)}{n} \right| < \frac{1}{m} + \frac{1}{n}.$$

即 $\frac{F^n(0)}{n}$ 是 Cauchy 序列,因此 $\rho(F)$ 存在.

最后证明,若 $\rho(F)$ 是有理数 $\frac{k}{m}$,则 f 必有周期点. 实际上,我们可证 f 必有 m 个周期点,即 f^m 必有不动点. 假若不然,则 $F^m(x) - x$ 对任意 x 不可能是整数,从而有整数 k_m,使得对任意 x 有

$$k_m < F^m(x) - x < k_m + 1.$$

由于 $F^m(x) - x$ 是以 1 为周期的连续函数,故存在 α, β,使

$$k_m < \alpha \leqslant F^m(x) - x \leqslant \beta < k_m + 1.$$

将 $x = 0, F^m(0), \cdots, F^{(n-1)m}(0)$ 代入上面的不等式,然后将所得诸不等式相加,再除以 n 得

$$\alpha \leqslant \frac{(F^m)^n(0)}{n} \leqslant \beta.$$

在上式中令 $n \to \infty$ 即得

$$k_m < \alpha \leqslant \rho(F^m) \leqslant \beta < k_m + 1.$$

但是另一方面,由引理 2.6 的 (2) 知,$\rho(F^m) = m\rho(F) = k$ 是一个整数,这与 $k_m < \rho(F^m) < k_m + 1$ 矛盾. 由此说明 f 必有周期点,定理证完.

当 $\rho(F)$ 是无理数时,可以证明,圆周映射 f 的轨道都是遍历的. 而当 $\rho(F, x)$ 依赖于 x 时,$S^1 \to S^1$ 的连续映射将有更复杂的动力学行为. 由于这些内容已超出本书的范围,故不再详述. 总之,由定理 2.1 和以上说明可知,旋转数是刻画圆周映射动力学行为的很重要的拓扑共轭不变量.

下面用以上关于圆周映射的结果讨论环面上的二维系统

(1.1),我们有

定理 2.2 设在系统(1.1)中 Φ,Θ 连续,具有周期1,对所有 φ,θ 有 $\Phi(\varphi,\theta)\neq 0$;又对每个初值 φ,θ,系统(1.1)有唯一解.则对每个初值 $(0,\xi)$,系统(1.1)确定了唯一的定义在 $-\infty<\varphi<+\infty$ 上的函数 $\theta=\theta(\rho,\xi)$,且极限

$$\rho=\lim_{\varphi\to\infty}\frac{\theta(\varphi,\xi)}{\varphi}$$

存在并不依赖于 ξ.当 ρ 是有理数时,系统(1.1)在环面上的每条轨道或者是闭曲线或者趋于闭曲线.反之,若系统(1.1)在环面上有闭曲线,则 ρ 是有理数.

证明 由 $\Phi(\varphi,\theta)\neq 0$ 知系统(1.1)等价于系统

$$\frac{\mathrm{d}\theta}{\mathrm{d}\varphi}=\frac{\Theta(\varphi,\theta)}{\Phi(\varphi,\theta)}=A(\varphi,\theta), \tag{2.5}$$

其中 $A(\varphi,\theta)$ 对 φ,θ 连续,且对 φ,θ 具有周期1.因为 $A(\varphi,\theta)$ 有解,故系统(2.5)对每个初值 $(0,\xi)$,确定了解 $\theta=\theta(\varphi,\xi)$.考虑系统(2.5)的 Poincaré 映射

$$\rho^1:(0,\xi)\to(1,\theta(1,\xi))=(0,\theta(1,\xi)),$$

则 ρ^1 是一个 $S^1\to S^1$ 的保定向同胚映射,即圆周映射.令

$$\pi_1(x)=\cos x+\mathrm{i}\sin x.$$

则 $F(x)=\theta(1,x)$ 是 ρ^1 在 π_1 下的一个提升,

$$F^2(x)=F\circ F(x)=\theta(1,F(x))=\theta(1,\theta(1,x))=\theta(2,x),$$
$$\cdots,\quad F^n(x)=\theta(n,x).$$

因此由定理 2.1 知,极限

$$\lim_{n\to\infty}\frac{\theta(n,x)}{n}=\lim_{n\to\infty}\frac{F^n(x)}{n}$$

存在且不依赖于 x.由 $\theta(\varphi,x)$ 对 φ 的单调性知,极限

$$\rho=\lim_{\varphi\to\infty}\frac{\theta(\varphi,\xi)}{\varphi}$$

存在且不依赖于 ξ,而且当且仅当 ρ 是有理数时,系统(1.1)在环面上有周期轨道 Γ.对于环面 T^2 上的非周期轨道 γ,$T^2\backslash\Gamma$ 拓扑等

价于一个环域 Ω, $T^2\backslash\Gamma$ 上的微分方程等价于 Ω 上的平面微分方程. 由于系统(1.1)没有奇点,从环域定理即得 γ 趋于闭曲线 Γ. 定理证完.

附注 由于系统(1.1)是自治系统,因而其方程右端可认为对 t 也是周期的. 因此仿照定理 2.2 可证,极限

$$\rho_1 = \lim_{t\to\infty}\frac{\varphi(t,\varphi_0,\theta_0)}{t} \quad \text{及} \quad \rho_2 = \lim_{t\to\infty}\frac{\theta(t,\varphi_0,\theta_0)}{t}$$

都存在,且 $\rho_2 = \rho_1\rho$.

对于一般的三维以上的环面系统,轨线已不一定是 R^1 的同胚像,因此不能仿照定理 2.2 的证明以得出类似的结果. 但是对于有些特殊的系统,仍有可能得出类似结果,下一节将研究一个这样的系统. 在此之前,首先推广旋转数的概念并给出一个对于锁相的应用.

定义 6 若对系统(1.3)的每一个解 $\Phi(t,\varphi_0) = (\Phi_1(t,\Phi_0), \cdots, \Phi_n(t,\Phi_0))^{\mathrm{T}}$, 其 n 个极限

$$\rho_i = \lim_{t\to\infty}\frac{\Phi_i(t,\Phi_0)}{t} \quad (1 \leqslant i \leqslant n)$$

都存在,且不依赖于初值 Φ_0, 则称向量

$$\rho = \frac{1}{T_{(1.3)}}(\rho_1, \rho_2, \cdots, \rho_n)^{\mathrm{T}}$$

为系统(1.3)的**旋转向量**,其中 $T_{(1.3)}$ 是系统(1.3)的右端函数 $f(\Phi)$ 关于所有变量 $\varphi_1, \cdots, \varphi_n$ 的周期.

下面的定理给出了,当旋转向量存在时,两个第二类周期解互相锁相的充分必要条件.

定理 2.3 设对于系统(1.3),旋转向量 ρ 存在,则 (T_1, p_1) 型第二类周期解 $\Phi_1(t)$ 与 (T_2, p_2) 型第二类周期解互相锁相的充分必要条件是:向量 ρ, p_1, p_2 都平行于向量 E_1, 其中 E_1 是分量都是 1 的向量.

证明 设 $\Phi(t)$ 是系统(1.3)的 (T, p) 型第二类周期解,则由

定义知

$$\Phi(t + T) \equiv \Phi(t) + Ep.$$

(不妨设系统(1.3)的右端函数 $f(\Phi)$ 对 $\varphi_1, \cdots, \varphi_n$ 都具有周期 1.)
设

$$t = qT + r, \quad 0 \leqslant r < T.$$

因此 $\varphi_i(r)$ 有界,而

$$\rho_i = \lim_{t \to \infty} \frac{\Phi_i(t)}{t} = \lim_{q \to \infty} \frac{\Phi_i(qT + r)}{qT + r} = \lim_{q \to \infty} \frac{\Phi_i(r) + qp_i}{qT + r} = \frac{p_i}{T}.$$

由此得出

$$\rho = \frac{1}{T} p. \tag{2.6}$$

先证必要性. 若 $\Phi_1(t), \Phi_2(t)$ 锁相,由定义即得出

$$p_1 = a_1 E_1, \quad p_2 = a_2 E_1, \quad \text{且} \frac{a_1}{T_1} = \frac{a_2}{T_2}.$$

而由式(2.6)即得出 ρ 平行于向量 E_1.

再证充分性. 若 p_1, p_2, ρ 都平行于向量 E_1,则由式(2.6)得出
p_1, p_2 都平行于 E_1. 因此

$$p_1 = a_1 E_1, \quad p_2 = a_2 E_1.$$

再由式(2.6)又得

$$\rho = \frac{1}{T_1} p_1 = \frac{a_1}{T_1} E_1 = \frac{a_2}{T_2} E_1 = \frac{1}{T_2} p_2,$$

即得

$$\frac{a_1}{T_1} = \frac{a_2}{T_2}.$$

因此 $\Phi_1(t), \Phi_2(t)$ 互相锁相. 定理证完.

最后,我们定义水平曲线的概念.

定义 7 R^n 中的一条曲线 $l: \Phi = H(s) = (h_1(s), \cdots, h_n(s))^T$
称为 (α, β) 型的**水平曲线**,若 $h_1(s), \cdots, h_n(s)$ 是连续的,且存在向
量 α, β,使得

$$h_1(s) = s,$$

$$\alpha_i [h_i(s_1) - h_i(s_2)] \leqslant h_{i+1}(s_1) - h_{i+1}(s_2) \leqslant \beta_i [h_i(s_1) - h_i(s_2)]$$

$$(i = 1, 2, \cdots, n - 1),$$

其中 α_i, β_i 分别是 $n-1$ 维向量 α, β 的分量.

若还有 $h_j(s+2\pi) = h_j(s) + 2\pi$, $j=2, \cdots, n$, 则称 l 为一条限制水平曲线.

§3　耦合振子系

近年来, 许多研究者对各种类型的耦合振动的动力学一直很有兴趣, 这种系统可用于描述例如 Josephson 结阵等方面的真实物理现象. 下面我们就来考虑退化的 Josephson 结 (Josephson-Janction) 动力学方程, 简称 J-J 方程:

$$\begin{cases} \dot{\varphi}_1 = -\sin\varphi_1 + K(\varphi_2 - \varphi_1) + I, \\ \dot{\varphi}_2 = -\sin\varphi_2 + K(\varphi_2 - 2\varphi_2 + \varphi_3), \\ \cdots\cdots\cdots\cdots\cdots \\ \dot{\varphi}_j = -\sin\varphi_j + K(\varphi_{j-1} - 2\varphi_j + \varphi_{j+1}), \\ \cdots\cdots\cdots\cdots\cdots \\ \dot{\varphi}_n = -\sin\varphi_n + K(\varphi_{n-1} - \varphi_n), \end{cases} \quad (3.1)$$

其中 $\varphi_j (1 \leqslant j \leqslant n)$ 是第 j 个振子的相角, $I \geqslant 0$, $K > K_0$, K_0 是适当的常数. 系统 (3.1) 描述了 Josephson 结的动力学行为, 它也可由一个 Neuman 边值问题作差分而得到. 在实际应用中, 一般 $n \approx 1800$. 下面将证明系统 (3.1) 的极限集为一条 n 维环面 T^n 上的一维闭曲线, 因此系统的动力学将可归结为一个一维映射, 这就解释了为什么物理学家恰好使用圆周映射来描述 Josephson 结. 我们还将证明关于极限环的存在性、唯一性和全局稳定的结果. 证明的核心包括旋转数的应用, 变分方程的技巧与水平曲线的引入.

为简便起见, 把系统 (3.1) 写成向量形式

$$\dot{\Phi} = F(\Phi) - KM\Phi, \quad (3.2)$$

其中

$$\Phi = (\varphi_1, \varphi_2, \cdots, \varphi_n)^{\mathrm{T}},$$

$$F(\Phi) = (-\sin\varphi_1 + I, -\sin\varphi_2, \cdots, -\sin\varphi_n)^{\mathrm{T}},$$

$$M = \begin{bmatrix} 1 & -1 & & & & \\ -1 & 2 & \ddots & & 0 & \\ & \ddots & \ddots & \ddots & & \\ & & \ddots & \ddots & \ddots & \\ & 0 & & & 2 & -1 \\ & & & & -1 & 1 \end{bmatrix}.$$

由于系统(3.2)有含 K 的项存在,故实际上对每个变量 φ_j 并不是周期的. 但是如果把式(3.2)右端的向量场看成是多值的,就可把式(3.2)看成是 T^n 上的动力系统.(因此,按照看法的不同,系统(3.2)的相空间可取为 $\boldsymbol{R}^n$,或者柱面 $S^1 \times \boldsymbol{R}^{n-1}$,或者环面 T^n.)

1. 相位差的有界性和不变集的存在性

在这一小节和下一小节中皆设 $K > 1$.

显然,存在正交矩阵 $P = (p_{ij})$,使 $P^{\mathrm{T}} M P$ 是对角阵:

$$P^{\mathrm{T}} M P = D = \begin{bmatrix} 0 & & & \\ & \lambda_2 & & \\ & & \ddots & \\ & & & \lambda_n \end{bmatrix},$$

其中 $p_{j1} = \dfrac{1}{\sqrt{n}}$,而 $\lambda_j = 4\sin^2\left[\dfrac{(j-1)\pi}{2n}\right], j = 1, 2, \cdots, n.$ 变量替换

$$\Phi = P\Psi \quad \text{或} \quad \Psi = P^{\mathrm{T}}\Phi \tag{3.3}$$

把系统(3.2)变为

$$\dot{\Psi} = G(\Psi) - KD\Psi, \tag{3.4}$$

其中

$$G(\Psi) = P^{\mathrm{T}} F(\Phi) = \begin{bmatrix} p_{11} I - \sum\limits_{i=1}^{n} p_{i1}\sin\varphi_i \\ p_{12} I - \sum\limits_{i=1}^{n} p_{i2}\sin\varphi_i \\ \vdots \\ p_{1n} I - \sum\limits_{i=1}^{n} p_{in}\sin\varphi_i \end{bmatrix}, \tag{3.5}$$

$$\varphi_i = \frac{1}{\sqrt{n}}\,\psi_1 + \sum_{j=2}^{n} p_{ij}\psi_j. \tag{3.6}$$

显然, $G(\boldsymbol{\Psi})$ 对 ψ_1 是 $2\sqrt{n}\,\pi$ 周期的. 因此系统 (3.4) 的相空间是一个柱面 $S^1 \times \boldsymbol{R}^{n-1}$. 此外, $G(\boldsymbol{\Psi})$ 是有界的, 因此对 $2 \leqslant j \leqslant n$ 存在常数 $A_j > 0$, 使得当 $\psi_j > A_j/K\lambda_j$ 时 $\dot{\psi}_j > 0$; 而当 $\psi_j < -A_j/K\lambda_j$ 时, $\dot{\psi}_j > 0$. 由此得出对任意 $\boldsymbol{\Psi}_0 \in \boldsymbol{R}^n$, 存在一个 $T_1 > 0$, 使得对所有 $t \geqslant T_1$. 系统 (3.4) 的初值为 $\boldsymbol{\Psi}(0) = \boldsymbol{\Psi}_0$ 的解 $\boldsymbol{\Psi}(t)$ 满足

$$|\psi_j(t)| \leqslant A_j/K\lambda_j.$$

由于 $M\Phi = PD\Psi$, 因此 $\varphi_i - \varphi_{i+1}$ $(i=1,2,\cdots,n-1)$ 是 $\psi_2,\cdots,\psi_n$ 的线性组合. 故又存在常数 $B_i > 0$ $(i=1,2,\cdots,n-1)$, 使得对任意 $\boldsymbol{\Phi}_0 \in \boldsymbol{R}^n$, 存在一个 $T_2 > 0$, 当 $t \geqslant T_2$ 时方程 (3.1) 的初值为 $\boldsymbol{\Phi}(0) = \boldsymbol{\Phi}_0$ 的解满足

$$|\varphi_i(t) - \varphi_{i+1}(t)| \leqslant B_i \quad (i=1,2,\cdots,n-1).$$

设

$$S = \{\boldsymbol{\Phi} \in \boldsymbol{R}^n \mid |\varphi_i - \varphi_{i+1}| \leqslant B_i, \; i=1,2,\cdots,n-1\},$$

$$\tag{3.7}$$

则有

引理 3.1 对任意 $\boldsymbol{\Phi}_0 \in \boldsymbol{R}^n$, 存在 $T > 0$, 使得系统 (3.1) 的初值为 $\boldsymbol{\Phi}(0) = \boldsymbol{\Phi}_0$ 的解对所有 $t \geqslant T$ 满足 $\boldsymbol{\Phi}(t) \in S$. 此外, 若 $\boldsymbol{\Phi}_0 \in S$, 则对任意 $t \geqslant 0$ 有, $\boldsymbol{\Phi}(t) \in S$. 因此 S 在正半流的作用下是不变集.

2. 全局吸引子和不变流形的存在性

为了证明系统 (3.1) 的全局吸引子和不变流形的存在性, 我们首先考虑 Poincaré 映射的性质. 下面将看到对每个时间 t-映射 P^t, 都存在一条 S 中的不变曲线.

设

$$\alpha_i = \frac{1}{3(i-1)+4}, \; i=1,2,\cdots,n-2, \quad \alpha_{n-1} = \frac{1}{3(n-1)},$$
$$\beta_1 = 3(n-1), \quad \beta_j = 3(n-1-j)+4, \; j=2,\cdots,n-1;$$

又 $\alpha=(\alpha_i),\beta=(\beta_j)$. 考虑 (α,β) 型的水平曲线, 则有

引理 3.2 对任意 $t\geqslant0$, 系统 (3.1) 的 Poincaré 映射把光滑的水平曲线变为光滑的水平曲线.

证明 设 $l:\Phi=H(s)$ 是一条光滑水平曲线, $\Phi(t,s)$ 是方程 (3.1) 的初值为 $\Phi(0,s)=H(s)$ 的解. 设 $r(t)=(r_1(t),\cdots,r_n(t))^{\mathrm{T}}$ 表示 $\Phi(t,s)$ 对 s 的导向量, 则 $r(t)$ 满足变分方程

$$r=(DF(\Phi(t))-KM)r \tag{3.8}$$

及初条件

$$r(0)=(1,h_2^1(s),\cdots,h_n^1(s))^{\mathrm{T}}, \tag{3.9}$$

其中

$$DF(\Phi)=\begin{bmatrix}-\cos\varphi & & & \\ & -\cos\varphi_2 & & \\ & & \ddots & \\ & & & -\cos\varphi_n\end{bmatrix}. \tag{3.10}$$

为证明此引理, 只要对 $t\geqslant0$ 和 $i=1,2,\cdots,n-1$ 验证 $r(t)$ 的分量满足不等式

$$\alpha_i r_i(t)\leqslant r_{i+1}(t)\leqslant\beta_i r_i(t) \tag{3.11}$$

即可. 设

$$\Sigma=\{r\in R^n\,|\,\alpha_i r_i\leqslant r_{i+1}\leqslant\beta_i r_i,\ r_i>0,\ i=1,2,\cdots,n-1\}. \tag{3.12}$$

而 Σ_i 表示 Σ 在 r_i-r_{i+1} 平面上的投影. 显然 $r(0)\in\Sigma$, 因此我们只需说明, 对任意 $r_0\in\Sigma$, 方程 (3.8) 的通过 r_0 的流在 r_i-r_{i+1} 平面上的投影位于 Σ_i 的内部即可. 这等价于说明在 Σ_i 的边界上, 方程 (3.8) 的流在 r_i-r_{i+1} 平面上投影的方向是指向 Σ_i 内部 (图 13.5).

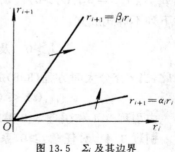

图 13.5 Σ_i 及其边界

当 $r_{i+1}=\beta_i r_i (r_i > 0)$，且 $\alpha_j r_j \leqslant r_{j+1} \leqslant \beta_j r_j$（对所有 $j \neq i, r_j > 0$）时，由方程 (3.8)，我们有不等式

$$\dot{r}_1 \geqslant \begin{cases} (K(\beta_1 - 1) - 1)r_1, & i = 1, \\ \left(K\left(\dfrac{1}{\beta_{i-1}} + \beta_i - 2\right) - 1\right)r_i, & i > 1; \end{cases} \qquad (3.13)$$

$$\dot{r}_{i+1} \leqslant \begin{cases} \left(K\left(\dfrac{1}{\beta_i} + \beta_{i+1} - 2\right) + 1\right)r_{i+1}, & i < n-1, \\ \left(K\left(\dfrac{1}{\beta_{n-1}} - 1\right) + 1\right)r_n, & i = n-1. \end{cases}$$

$$(3.14)$$

由此容易验证，

$$\dot{r}_i > 0 \quad \text{及} \quad \frac{\mathrm{d}r_{i+1}}{\mathrm{d}r_i} = \frac{\dot{r}_{i+1}}{\dot{r}_i} < \beta_i.$$

因此，方程 (3.8) 的流在 r_i-r_{i+1} 平面上的投影在 Σ_i 的边界 $r_{i+1} = \beta_i r_i$ 上是指向 Σ_i 内部的．类似地，可证明方程 (3.8) 的流在 r_i-r_{i+1} 平面上的投影在 Σ_i 的边界 $r_{i+1} = \alpha_i r_i$ 上也是指向 Σ_i 内部的．引理 3.2 证完．

用证明引理 3.2 的方法还可以证明

引理 3.3 对 $\varepsilon_0 = \dfrac{1}{6(n-1)}$ 及满足不等式

$$\beta_i - \varepsilon_0 \leqslant \beta_i' \leqslant \beta_i \qquad (3.15)$$

的 β_i'，当 $r_{i+1} = \beta_i' r_i (r_i > 0)$ 且 $\alpha_j r_j \leqslant r_{j+1} \leqslant \beta_j r_j$（对所有 $j \neq 1, r_j > 0$）时下列不等式成立：

$$\dot{r}_i > 0 \quad \text{及} \quad \frac{\mathrm{d}r_{i+1}}{\mathrm{d}r_i} \leqslant \beta_i'.$$

因此，当 t 充分大时方程 (3.8) 的流满足不等式

$$r_{i+1}(t) < (\beta_i - \varepsilon_0)r_i(t). \qquad (3.16)$$

由引理 3.1 和引理 3.2 得出

引理 3.4 对任意 $t \geqslant 0$，系统 (3.1) 的 Poincaré 映射把限制水平曲线变为限制水平曲线．

396

引理 3.5　对任意 $t \geqslant 0$，系统 (3.1) 的 Poincaré 映射把 S 中的限制水平曲线变为 S 中的限制水平曲线.

现在我们证明全局吸引子和不变流形的存在性.

设

$$\mathscr{H} = \{l \mid l \subset S \text{ 是一条限制水平曲线}\}. \tag{3.17}$$

对任意 $l_1, l_2 \in \mathscr{H}$，定义 l_1, l_2 之间的距离为

$$d(l_1, l_2) = \sum_{j=2}^{n} \sup_{0 \leqslant s \leqslant 2\pi} |h_{1j}(s) - h_{2j}(s)|, \tag{3.18}$$

则 $\mathscr{H}$ 在此距离下构成完备度量空间；而 Poincaré 映射 $\{P^t, t \geqslant 0\}$ 构成 $\mathscr{H}$ 上的连续半群. 设

$$\mathscr{B} = \prod_{j=2}^{n} C[0, 2\pi]$$

是 $[0, 2\pi]$ 连续函数的 Banach 空间的乘积空间，则 $\mathscr{B}$ 也是一个 Banach 空间. 对每个 $l \in \mathscr{H}$，定义

$$\mathscr{F}(l) = (h_2(s), \cdots, h_n(s)), \quad s \in [0, 2\pi].$$

记 $\mathscr{B}_0 = \mathscr{F}(\mathscr{H})$. 可以证明 $\mathscr{B}_0$ 是 $\mathscr{B}$ 的紧致凸子集，而

$$\mathscr{F} : \mathscr{H} \to \mathscr{B}_0$$

是一个同胚. 对于每个 $t \geqslant 0$，从 Poincaré 映射 P^t 可导出一个映射

$$\hat{P}^t = \mathscr{F} \circ P^t \circ \mathscr{F}^{-1}.$$

显然，$\{\hat{P}^t \mid t \geqslant 0\}$ 是 $\mathscr{B}_0$ 上的连续半群. 因此由泛函微分方程的理论（例如可参见参考文献 [24]），我们有

定理 3.1　$\mathscr{B}_0$ 在半群 $\{\hat{P}^t \mid t \geqslant 0\}$ 下的 ω-极限集 $\omega(\mathscr{B}_0)$ 是非空、紧致、连通集，且 $\omega(\mathscr{B}_0)$ 吸引 $\mathscr{B}_0$.

（读者可将定理 3.1 与第四章 §4 中极限集的性质加以对照，可以发现，有些性质是相似的，但定理 3.1 中多了吸引性.）由定理 3.1 得出：

定理 3.2　$\mathscr{H}$ 在 Poincaré 映射的半群 $\{P^t \mid t \geqslant 0\}$ 下的 ω-极限集 $\omega(\mathscr{H})$ 是非空、紧致、不变、连通的，并且 $\omega(\mathscr{H})$ 吸引 $\mathscr{H}$.

定理 3.3　设 $\mathscr{A} = \{\Phi \in S \mid$ 存在 $l \in \omega(\mathscr{H})$，使 $\Phi \in l\}$，则 $\mathscr{A}$

是系统(3.1)的全局吸引子. 此外, $\mathscr{A}$ 又是连通的.

由于 $\hat{P}^t$: $\mathscr{B}_0 \to \mathscr{B}_0$ 是同胚, $\mathscr{B}_0$ 是 Banach 空间 $\mathscr{B}$ 的紧致凸子集, 因而由 Schauder 不动点定理可得出

定理 3.4 对任何 $\tau > 0$, 存在一个 $\mathscr{B}_0$ 中的函数 u, 使 $\hat{P}^t u = u$.

由定理 3.4 又得出

定理 3.5 对任何 $\tau > 0$, 存在一条限制水平曲线 $l \in \mathscr{H}$, 使得 $P^t l = l$. 显然 $l \in \mathscr{A}$.

定理 3.6 系统(3.1)在 $\mathscr{A}$ 中存在不变流形 $\mathscr{M}$, 且 $\mathscr{M}$ 由限制水平曲线组成.

证明 任取 $\tau > 0$, 由定理 3.5 知, 存在限制水平曲线 $l \in \mathscr{A}$, 使得 $P^t l = l$. 令 $\mathscr{M} = \{P^t l \mid 0 \leqslant t \leqslant \tau\}$, 则显然 $\mathscr{M}$ 是一个不变流形, 且由限制水平曲线组成.

3. 系统的旋转数

在这一小节中我们先证明系统(3.1)存在平行于向量 E_1 的旋转向量 ρ(E_1 的含义见定理 3), 因而可定义旋转数 V, 继而说明系统的行为对 $V = 0$ 和 $V \neq 0$ 是很不同的. 当 $V = 0$ 时, 系统存在奇点且任意解是有界的; 而当 $V \neq 0$ 时系统存在第二类周期解, 且任意两个第二类周期解是互相锁相的.

定理 3.7 系统(3.1)不存在第一类周期解.

证明 实际上, 系统(3.1)存在 Liapunov 函数

$$L(\Phi) = \frac{K}{2} \sum_{i=1}^{n-1} (\varphi_i - \varphi_{i+1})^2 - \sum_{i=1}^{n} \cos\varphi_i - I\varphi_1. \quad (3.19)$$

计算此函数沿系统(3.1)轨线的导数, 有

$$\left. \frac{\mathrm{d}L(\varphi)}{\mathrm{d}t} \right|_{(3.1)} = - \sum_{i=1}^{n} (\dot{\varphi}_i(t))^2 < 0. \quad (3.20)$$

假设系统(3.1)有周期 T 的第一类周期解 $\Phi(t)$, 则由式(3.19)和(3.20)及 $\Phi(t)$ 的周期性得出

$$L(\Phi(T)) < L(\Phi(0)) = L(\Phi(t)).$$

由此所得矛盾便证明系统(3.1)不可能有第一类周期解.

定理 3.8 设对 $\tau > 0, l \in \mathscr{H}$ 在 Poincaré 映射 P^τ 下是不变的, $\Phi_0 \in l, \Phi(t)$ 是系统(3.1)的初值为 $\Phi(0) = \Phi_0$ 的解.则对 $i = 1$, $2, \cdots, n$, 极限 $\lim\limits_{t \to \infty} \dfrac{\varphi_i(t)}{t}$ 存在且不依赖于 Φ_0, 并彼此相等.

证明 设 l 的参数表示为 $\Phi = H(s)$, 定义 $f_i(s) = \varphi_i(\tau, s)$, 其中 $\Phi(t, s)$ 是系统(3.1)的初条件为 $\Phi(0) = H(s)$ 的解.则当 $s_1 < s_2$ 时, 有 $f_i(s_1) < f_i(s_2)$ 且 $f_i(s + 2\pi) = f(s) + 2\pi$, 即 f_i 是一个 $s^1 \to s^1$ 的保定向同胚.因此, 由定理 2.1 知, $\varphi_i(n\tau)/n\tau$ 收敛, 从而极限

$$\lim_{t \to \infty} \frac{\varphi_i(t)}{t} = \rho_{si}$$

存在.由引理 3.1 知,

$$|\varphi_i(t) - \varphi_{i+1}(t)| \leqslant B_i \quad (i = 1, 2, \cdots, n-1).$$

因此 $\rho_{s1} = \rho_{s2} = \cdots = \rho_{sn}$.

定理 3.9 对系统(3.1)的任意解 $\Phi(t)$, 极限

$$\rho_1 = \lim_{t \to \infty} \frac{\varphi_1(t)}{t}, \quad \rho_2 = \lim_{t \to \infty} \frac{\varphi_2(t)}{t}, \quad \cdots, \quad \rho_n = \lim_{n \to \infty} \frac{\varphi_n(t)}{t}$$

存在且彼此相等,并不依赖于初值.因此 $\rho_1, \cdots, \rho_n$ 是系统的不变量.

证明 由引理 3.1, 可设 $\Phi(0) = \Phi_0 \in S$; 设对某个 $\tau > 0, l$ 是 S 中的限制水平曲线, $P^\tau l = l$. 对 $\Phi_0 \in S$, 我们可选 Φ_0^- 和 $\Phi_0^+ \in l$ 满足

$$\varphi_{01}^- < \varphi_{01} < \varphi_{01}^+ \quad \text{及} \quad \Phi_0^+ = \Phi_0^- + 2\pi p E_1,$$

其中 p 是某个整数,使得存在一条水平曲线 $\bar{l} \subset S$ 通过 Φ_0^-, Φ_0 和 Φ_0^+, 且若 $\Phi \in \bar{l}$, 则 $\Phi + 2\pi p E_1 \in \bar{l}$. 设 $\Phi^-(t)$ 和 $\Phi^+(t)$ 分别是系统(3.1)的满足初条件 $\Phi^-(0) = \Phi_0^-$ 和 $\Phi^+(0) = \Phi_0^+$ 的解,那么显然对所有 $t \geqslant 0$ 有

$$\varphi_1^-(t) < \varphi_1(t) < \varphi_1^+(t).$$

由定理 11 已知

$$\lim_{t \to \infty} \frac{\varphi_1^-(t)}{t} \quad \text{及} \quad \lim_{t \to \infty} \frac{\varphi_1^+(t)}{t}$$

存在且相等. 因此 $\rho_1 = \lim\limits_{t \to \infty} \dfrac{\varphi_1(t)}{t}$ 存在, 且 $\rho_1 = \rho_{s1}$. 再由引理 3.1 即知

$$\rho_1 = \rho_2 = \cdots = \rho_n = \rho_{s1},$$

且不依赖于初值.

由定理 3.8 和定理 3.9 可知系统(3.1)的旋转向量 ρ 平行于向量 E_1, 实际上, $\rho = \dfrac{\rho_1}{2\pi} E_1$. 因此此不变量只含有一个数值不变量, 于是可用旋转数 $V = \dfrac{1}{2\pi} \rho_1$ 来代替它.

前一小节已证对每个 $\tau > 0$, 存在一条限制水平曲线 $l \in \mathscr{H}$, 使

$$P^{\tau} l = l.$$

而定理 3.8 的证明中已表明, P^{τ} 可导出一个圆周映射.

当 $V = 0$ 时存在一个点 $\Phi_0 \in l$, 使得 $\Phi(\tau) = \Phi_0$, 其中 $\Phi(t)$ 是系统(3.1)的满足初条件 $\Phi(0) = \Phi_0$ 的解. 由于系统(3.1)没有第一类周期解, 故 Φ_0 只能是奇点. 反之, 若系统(3.1)有奇点, 则显然 $V = 0$. 此外, 若 $\Phi(t)$ 是系统(3.1)的初值为 $\Phi(0) = \Phi_0$ 的解, 可设 $\Phi_0 \in S$, 而定理 3.9 证明中的 Φ_0^- 和 Φ_0^+ 都是奇点, 由此易于看出 $\Phi(t)$ 是有界的.

另一方面, 若 $V \neq 0$, 则设 $\tau = T = 1/V$, 就必定存在一个点 $\Phi_0 \in l$, 使得

$$\Phi(T) = \Phi_0 + 2\pi E_1 \quad (\text{见参考文献}[25]).$$

因此系统(3.1)至少有一个 (T, E_1) 型的第二类周期解. 反之, 若系统(3.1)存在任何第二类周期解, 则 $V \neq 0$. 设 $\varphi_1(t)$ 和 $\Phi_2(t)$ 分别是 $(T, a_1 E_1)$ 型和 $(T_2, a_2 E_1)$ 型的第二类周期解, 则由于系统(3.1)的旋转向量 ρ 平行于 E_1, 故由定理 2.3, $\Phi_1(t)$ 和 $\Phi_2(t)$ 是互相锁相的. 综上所述, 我们得出以下定理:

定理 3.10 下列命题等价:

(1) 系统(3.1)的旋转数 $V = 0$;

(2) 系统(3.1)有奇点;

400

(3) 系统(3.1)的任意解是有界的.

定理 3.11 当且仅当系统(3.1)的旋转数 $V \not\equiv 0$ 时,系统(3.1)有 (T, E_1) 型的第二类周期解,其中 $T = 1/V$. 此外,系统(3.1)的任意两个 (T, aE_1) 型的第二类周期解是互相锁相的.

由定理 3.10 和定理 3.11 得出,系统(3.1)不可能同时存在奇点和第二类周期解.

4. 不变流形的唯一性

在 2. 小节中我们已经证明,对每个 $\tau > 0$,存在一条限制水平曲线 $l \in \mathscr{H}$,使得

$$P^\tau l = l.$$

为了说明 l 是系统(3.1)的不变曲线,我们分 $V \not\equiv 0$ 和 $V = 0$ 两种情况讨论.

1) $V \not\equiv 0$ 的情况

在这一小节中假设 $V \not\equiv 0$ 及 $K > 1$. 我们首先证明 Poincaré 映射的不变曲线实际上是系统(3.1)的不变曲线,即

定理 3.12 设 $l \subset S$ 是一条限制水平曲线且对某个 $\tau > 0$,有 $P^\tau l = l$,则对所有 $t \in R^1$ 有 $P^t l = l$.

证明 当 $V \not\equiv 0$ 时必有一个点 $\varPhi \in l$,使得

$$P^\tau \varPhi = \varPhi + 2\pi\tau V E_1.$$

设

$$\bar{l} = \{P^t \varPhi \mid t \in R^1\}.$$

我们现在证 $l = \bar{l}$. 假设不然,则存在两个点 $\varPhi_1$ 和 $\varPhi_2$,使

$$l \bigcap \bar{l} = \{\varPhi_1, \varPhi_2\},$$

且在 $l_{\varPhi_1\varPhi_2} \bigcup \bar{l}_{\varPhi_1\varPhi_2}$ 中,l 和 $\bar{l}$ 没有其他交点. 现在若存在点 $\varPhi_0 \in l$($\varPhi_0 \not\equiv \varPhi_1$ 和 $\varPhi_2$),满足

$$P^\tau \varPhi_0 = \varPhi_0 + 2\pi\tau V E_1,$$

则我们可选一个充分靠近 $\varPhi_1$ 的点 $\bar{\varPhi}_0$,使得存在一条通过 $\varPhi_0$ 和 $\bar{\varPhi}_0$

的限制水平曲线 l^*. $\{s\overline{\Phi}_0+(1-s)\Phi_0\,|\,0<s<1\}$ 是 l^* 的位于 Φ_0 和 $\overline{\Phi}_0$ 点之间的弧段 $l^*_{\Phi_0\overline{\Phi}_0}$,不失一般性可设

$$\frac{\varphi_{02}-\overline{\varphi}_{02}}{\varphi_{01}-\overline{\varphi}_{01}}=\beta_1 \tag{3.21}$$

(β_1 的含义见 **2.** 小节). 对任意 $n\geqslant1$,$P^{n\tau}l^*_{\Phi_0\overline{\Phi}_0}$ 是 $P^{n\tau}l^*$ 的一个弧段. 由 **2.** 小节的分析,我们有对任意 $n>1$ 及 $0\leqslant s_1<s_2\leqslant1$ 有下式成立

$$\frac{\varphi_2(n\tau,s_1)-\varphi_2(n\tau,s_2)}{\varphi_1(n\tau,s_1)-\varphi_1(n\tau,s_2)}<\beta_1, \tag{3.22}$$

其中 $(\varphi_1(t,s),\cdots,\varphi_n(t,s))$ 是系统 (3.1) 的满足初条件

$$\varphi_i(0,s)=s\,\overline{\varphi}_{0i}+(1-s)\varphi_{0i}\quad(i=1,2,\cdots,n)$$

的解. 但

$$\varphi_2(n\tau,0)=\varphi_{02}+2n\pi\tau V,\quad\varphi_2(n\tau,1)=\overline{\varphi}_{02}+2n\pi\tau V,$$

$$\varphi_1(n\tau,0)=\varphi_{01}+2n\pi\tau V,\quad\varphi_1(n\tau,1)=\overline{\varphi}_{01}+2n\pi\tau V. \tag{3.23}$$

因此对所有自然数 n,由式 (3.21) 和 (3.23) 得

$$\frac{\varphi_2(n\tau,0)-\varphi_2(n\tau,1)}{\varphi_1(n\tau,0)-\varphi_1(n\tau,1)}=\beta_1. \tag{3.24}$$

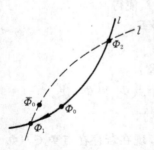

图 13.6　限制水平曲线 l 和 $\bar{l}$

而此式与式 (3.22) 矛盾. 该矛盾表明,对任意 $\Phi_0\in l_{\Phi_1\Phi_2}(\Phi_0\neq\Phi_1$ 和 $\Phi_2)$,Φ_0 不是 P^τ 的周期点. 于是现在我们可假设,对任意 $\Phi\in l_{\Phi_1\Phi_2}$,当 $n\to\infty$ 时

$$P^{n\tau}\Phi-2n\pi\tau VE_1\to\Phi_1.$$

选充分接近 Φ_1 的点 $\Phi_0\in l_{\Phi_1\Phi_2}$ 及 $\overline{\Phi}_0\in\bar{l}$,使得存在一条通过 Φ_0 和 $\overline{\Phi}_0$ 的限制水平曲线 l^* 且 $\overline{\Phi}_0$ 要比 Φ_0 更接近 Φ_1 (图 13.6),则当 $n\to\infty$ 时有

$$P^{n\tau}\Phi_0-2n\pi\tau VE_1\to\Phi_1,\quad P^{n\tau}\overline{\Phi}_0-2n\pi\tau VE_1=\overline{\Phi}_0.$$

这与对任意自然数 n, $P^{nr}l^*_{\Phi_0\overline{\Phi}_0}$ 是 $P^{nr}l^*$ 的一个弧段相矛盾. 因此必有 $\bar{l}=l$, 亦即对所有的 $t\in\mathbf{R}^1$, 有 $P^t l=l$.

由定理 3.6 和上面的证明知, 当 $V\neq 0$ 时, 系统(3.1)的每个不变流形都是由一条第二类周期解组成的.

现在考虑不变流形的唯一性.

定理 3.13 若 $l,\bar{l}\subset S$ 是系统(3.1)的两条使得对所有 $t\in\mathbf{R}^1$ 下面两式：

$$P^t l=l, \quad P^t\bar{l}=\bar{l}$$

成立的限制水平曲线, 则 $l=\bar{l}$.

证明 当 $V\neq 0$ 时, l 和 $\bar{l}$ 都是 (T,E_1) 型的第二类周期解. 取 $\Phi_0\in l$, $\overline{\Phi}_0\in\bar{l}$, 使得存在一条通过 Φ_0 和 $\overline{\Phi}_0$ 的水平曲线 l^* 且

$$l^*_{\Phi_0\overline{\Phi}_0}=\{s\,\overline{\Phi}_0+(1-s)\Phi_0\,|\,0\leqslant s\leqslant 1\}.$$

不失一般性, 可设

$$\frac{\varphi_{02}-\overline{\varphi}_{02}}{\varphi_{01}-\overline{\varphi}_{01}}=\beta_1$$

仿照定理 3.12 的证明方法可导出矛盾, 这就证明了必有 $l=\bar{l}$.

用同样的方法可证第二类周期解是唯一的.

定理 3.14 当 $V\neq 0$ 时, 系统(3.1)存在且只存在一条限制水平曲线 $l\subset S$, 使得对所有 $t\in\mathbf{R}^1$ 有 $P^t l=l$. 此外, l 实际上是一条第二类周期轨道, 亦即系统(3.1)的一条唯一的第二类周期轨. l 是 (T,E_1) 型的, 其周期 $T=1/V$.

2) $V=0$ 的情况

在这一小节中假设 $V=0$ 及 $K>K_0$, 其中 $K_0=n^2/4$. 由于 $n\geqslant 2$, 故 $K_0\geqslant 1$. 同时 $K_0>1/\lambda_2$.

引理 3.6 系统(3.1)的任意一个奇点的不稳定流形(如果存在)的维数至多为 1.

证明 设 Φ 是系统(3.1)的奇点, (3.1)在这一点的线性化系统是

$$\dot{r} = (DF(\Phi) - KM)r.$$

易于验证,当 $K > 1/\lambda_2$ 时,矩阵 $DF(\Phi) - KM$ 至多有一个非负特征值,即系统(3.1)的任意奇点的不稳定流形如果存在,则它的维数至多为 1.

像上一小节一样,我们先证 Poincaré 映射 P^τ 的不变曲线 l 实际上是系统(3.1)的不变曲线.

定理 3.15 设 $V = 0$ 及 $K \geqslant K_0$,对某个 $\tau > 0$,$l \subset S$ 是一条使得 $P^\tau l = l$ 的限制水平曲线,则对所有 $t \in \mathbf{R}^1$,有 $P^t l = l$.

证明 因 $V = 0$,故由定理 3.10 知,系统(3.1)必存在奇点

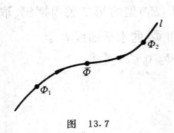

图 13.7

$\Phi \in l$. 显然,对任意整数 $\Phi + 2\pi p E_1 \in l$ 也是系统(3.1)的奇点. 若 l 上的每个点都是系统的奇点,则 l 即是系统(3.1)的不变曲线. 若不然,则可设 Φ 不是奇点,而 $\Phi_1, \Phi_2 \in l$ 是 Φ 两边与它相邻的奇点(图 13.7). 此外,还可设当 $n \to -\infty$ 时,$P^{n\tau}\overline{\Phi} \to$

Φ_1. 由此得:当 $t \to -\infty$ 时,$P^t\overline{\Phi} \to \Phi_1$,即 $l_{\Phi_1\Phi_2} \subset W^u(\Phi_1)$,这里 $l_{\Phi_1\Phi_2}$ 表示 l 的介于 Φ_1 和 Φ_2 之间的弧段,而 $W^u(\Phi_1)$ 表示 Φ_1 的不稳定流形. 由引理 3.4 知,$l_{\Phi_1\Phi_2}$ 恰是 Φ_1 的不稳定流形. 由此可知,限制水平曲线是由某些奇点和连接这些奇点的不稳定流形组成的,这就得出 l 是系统(3.1)的不变曲线,即对所有 $t \in \mathbf{R}^1$,有 $P^t l = l$.

由定理 3.6 得:当 $V = 0$ 时,系统(3.1)的每个不变流形都是由某些奇点和连接这些奇点的不稳定流形组成的. 而且我们也可得出这种不变流形的唯一性.

定理 3.16 设 $V = 0$ 及 $K \geqslant K_0$,若 l 和 $\bar{l}$ 是两条对所有 $t \in \mathbf{R}^1$ 皆满足

$$P^t l = l, \quad P^t \bar{l} = \bar{l}$$

的限制水平曲线,则 $l = \bar{l}$.

证明 为了证明唯一性只要证明存在一条包含系统(3.1)的所有奇点的限制水平不变曲线 l^*,且 $l=l^*$ 就够了.

首先,我们说明的确存在一条通过系统(3.1)的所有奇点的限制水平曲线. 事实上,此曲线可由下述方程定义:

$$\begin{cases} \varphi_1 = s, \\ 0 = -\sin\varphi_1 + K(\varphi_2 - \varphi_1) + I, \\ 0 = -\sin\varphi_2 + K(\varphi_1 - 2\varphi_2 + \varphi_3), \\ \quad\cdots\cdots\cdots\cdots\cdots\cdots\cdots\cdots \\ 0 = -\sin\varphi_m + K(\varphi_{m-1} - 2\varphi_m + \varphi_{m+1}), \\ 0 = -\sin\varphi_{m+1} + K(\varphi_m - 2\varphi_{m+1} + \varphi_{m+2}), \\ \quad\cdots\cdots\cdots\cdots\cdots\cdots\cdots\cdots \\ 0 = -\sin\varphi_{n-1} + K(\varphi_{n-2} - 2\varphi_{n-1} + \varphi_n), \\ 0 = -\sin\varphi_n + K(\varphi_{n-1} - \varphi_n), \end{cases} \quad (3.25)$$

其中 $s \in \mathbf{R}^1$ 是参数,m 是 $n/2$ 的整数部分(即当 n 是偶数时,$m = n/2$,当 n 是奇数时,$m = (n-1)/2$). 设

$$\delta_i = \frac{K+i}{K}, \quad \gamma_i = \frac{K - \dfrac{i(i+1)}{2}}{K - \dfrac{i(i-1)}{2}}, \quad \text{对 } i = 1, \cdots, m;$$

$$\delta_j = \frac{1}{\gamma_{n-j}}, \quad \gamma_j = \frac{1}{\delta_{n-j}}, \quad \text{对 } j = m+1, \cdots, n-1.$$

由式(3.25)的第二个方程得

$$\varphi_2 = \frac{\sin\varphi_1 - I}{K} = h_2(\varphi_1) \quad \text{及} \quad 0 < \gamma_1 \leqslant \frac{\mathrm{d}\varphi_2}{\mathrm{d}\varphi_1} \leqslant \delta_1.$$

由反函数定理推出

$$\varphi_1 = g_2(\varphi_2), \quad (3.26)$$

且 $$0 < \frac{1}{\delta_1} \leqslant \frac{\mathrm{d}\varphi_1}{\mathrm{d}\varphi_2} \leqslant \frac{1}{\gamma_1}.$$

将式(3.26)代入式(3.26)的第三个方程得

$$\varphi_3 = \frac{\sin\varphi_2}{K} + 2\varphi_2 - g_2(\varphi_2) = h_3(\varphi_2),$$

且
$$0 < \gamma_2 \leqslant \frac{\mathrm{d}\varphi_3}{\mathrm{d}\varphi_2} \leqslant \delta_2.$$

由归纳法,我们有 $\varphi_{i+1} = h_{i+1}(\varphi_i)$,且
$$0 < \gamma_i \leqslant \frac{\mathrm{d}\varphi_{i+1}}{\mathrm{d}\varphi_i} \leqslant \delta_i, \quad i = 1, \cdots, m.$$

另一方面,从式(3.25)的最后一个方程又得
$$\varphi_{n-1} = \frac{\sin\varphi_n}{K} + \varphi_n = g_n(\varphi_n) \quad 及 \quad 0 < \gamma_1 \leqslant \frac{\mathrm{d}\varphi_{n-1}}{\mathrm{d}\varphi_n} \leqslant \delta_1.$$

类似于前面,由隐函数定理推出
$$\varphi_n = h_n(\varphi_{n-1}), \tag{3.27}$$

及
$$\gamma_{n-1} \leqslant \frac{\mathrm{d}\varphi_n}{\mathrm{d}\varphi_{n-1}} \leqslant \delta_{n-1}.$$

由式(3.25)及(3.27)得
$$\varphi_{n-2} = \frac{\sin\varphi_{n-1}}{K} + 2\varphi_{n-1} - h_n(\varphi_{n-1}) = g_{n-1}(\varphi_{n-1}),$$

$$0 < \gamma_2 \leqslant \frac{\mathrm{d}\varphi_{n-2}}{\mathrm{d}\varphi_{n-1}} \leqslant \delta_2;$$

以及归纳法有 $\varphi_{j+1} = h_{j+1}(\varphi_j)$,且
$$\gamma_j \leqslant \frac{\mathrm{d}\varphi_{j+1}}{\mathrm{d}\varphi_j} \leqslant \delta_j, \quad j = m+1, \cdots, n-1.$$

易于验证,对 $i = 1, 2, \cdots, n-1$ 有 $\alpha_i \leqslant \gamma_i \leqslant \delta_i \leqslant \beta_i$,因此式(3.25)定义了一条水平曲线 l_0. 显然,l_0 包含了系统(3.1)的所有奇点.

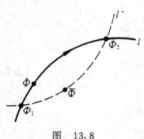

利用 2. 小节中的不动点定理我们得出,存在一条包含系统(3.1)的所有奇点的限制水平曲线 l^*,使得对所有 $t \in \mathbf{R}^1$ 有 $P^t l^* = l^*$.

现证 $l = l^*$. 若不然,则可找出 l^* 上的两个相邻奇点,使在弧段 $l_{\Phi_1\Phi_2}$ 上没有(3.1)的其他奇点(图 13.8).

图 13.8

显然,$\Phi_1,\Phi_2\in l^*$. 实际上,

$$l_{\Phi_1\Phi_2}\bigcap l^*_{\Phi_1\Phi_2}=\{\Phi_1,\Phi_2\}.$$

不失一般性,可设对任意 $\Phi\in l_{\Phi_1\Phi_2}$,当 $t\to-\infty$ 时 $P^t\Phi\to\Phi_1$. 由于 Φ_1 的不稳定流形的维数至多是 1,故对任意 $\overline{\Phi}\in l^*_{\Phi_1\Phi_2}$,当 $t\to-\infty$ 时,$P^t\Phi$ 不可能趋于 Φ_1. 在 $l^*_{\Phi_1\Phi_2}$ 上选一个充分靠近 Φ_1 的点 $\overline{\Phi}$,则当 $t\to-\infty$ 时,$P^t\overline{\Phi}\nrightarrow\Phi_1$;当 $t\to+\infty$ 时,$P^t\overline{\Phi}\nrightarrow\Phi_2$. 再在 $l_{\Phi_1\Phi_2}$ 上选一个充分靠近 Φ_1 的点 $\hat{\Phi}$,则当 $t\to-\infty$ 时 $P^t\hat{\Phi}\to\Phi_1$;当 $t\to+\infty$ 时,$P^t\hat{\Phi}\to\Phi_2$. 显然,我们可选 $\overline{\Phi},\hat{\Phi}$,使得存在一条通过 $\overline{\Phi}$ 和 $\hat{\Phi}$ 的限制水平曲线 $\bar{l}$,且要让 $\hat{\Phi}$ 比 $\overline{\Phi}$ 更靠近 Φ_1. 但是,当 $t\to+\infty$ 时 $P^t\hat{\Phi}\to\Phi_2$,而 $P^t\overline{\Phi}\nrightarrow\Phi_2$,这就和 $P^t\bar{l}_{\Phi_1\Phi_2}$ 对任何 t 都是限制水平曲线 $P^t l$ 的一个弧段矛盾. 所得的矛盾便表明 $l=l^*$.

由此得出

定理3.17 当 $V=0$ 且 $K\geqslant K_0$ 时,系统(3.1)有且仅有一条限制水平曲线 $l\subset S$,使得对所有 $t\in\mathbf{R}^1$ 有 $P^t l=l$. 此外,l 是由系统(3.1)的所有奇点和连接这些奇点的不稳定流形组成的.

5. 不变流形的全局稳定性

在这一小节,我们将证明系统(3.1)的唯一的不变流形是全局吸引的.

引理 3.7 若 $V=0$,则对系统(3.1)的任意轨道 $\Phi(t)$ 有极限 $\lim\limits_{t\to+\infty}\Phi(t)$ 存在,且此极限就是一个奇点.

证明 3. 小节中已证系统(3.1)有 Liapunov 函数

$$L(\Phi)=\frac{K}{2}\sum_{i=1}^{n-1}(\varphi_i-\varphi_{i+1})^2-\sum_{i=1}^{n}\cos\varphi_i-I\varphi_1,$$

$$\frac{\mathrm{d}L(\varphi)}{\mathrm{d}t}\bigg|_{(3.1)}=-\sum_{i=1}^{n}(\overline{\varphi}_i(t))^2<0.$$

由 $V=0$ 和定理 3.10 知,$\Phi(t)$ 是有界的,因此 L 是有界的. 从而沿着轨线 $\Phi(t)$,存在极限

$$L_0 = \lim_{t \to \infty} L(\varphi(t)).$$

轨线的 ω-极限集 $\omega(\Phi(t))$ 是非空、紧致、连通的,且充满了系统的整条轨线. 易于看出,对任意 $\Phi \in \omega(\Phi(t))$ 有 $L(\Phi) = L_0$,也就是 $\omega(\Phi(t))$ 只含奇点. 由于沿着任何轨线,L 是严格单调递减的并且 L 在 R^n 中是连续的,因此,$\omega(\Phi(t))$ 只能含一个点. 从而 $\lim\limits_{t \to +\infty} \Phi(t)$ 存在且就是一个奇点.

引理 3.7 表明,当 $V = 0$ 时,系统(3.1)的任意解都收敛到一个奇点. 而我们又已证系统的所有奇点都在不变流形上,因此当 $V = 0$ 时不变流形是全局吸引的.

下面证 $V \neq 0$ 时不变流形也是全局吸引的.

引理 3.8 设 $V \neq 0$,l 是系统(3.1)的不变水平曲线,则对其任意轨线 $\Phi(t)$,当 $t \to +\infty$ 时有

$$\text{dist}(\Phi(t), l) \to 0.$$

证明 设 $Q(\Phi) = P^T \Phi - 2\pi E_1$,其中 T 是第二类周期解的周期,$T = 1/V$. 对任意 $\Phi_0 \in R^n$,序列 $Q^n \Phi_0$ 有界,因此必存在收敛子序列 $Q^{n_i} \Phi_0$,设

$$\lim_{n_i \to +\infty} Q^{n_i} \Phi_0 = \hat{\Phi}_0.$$

现在我们证 $\hat{\Phi} \in l$. 假设不然,则可取一个 $\hat{\Phi}$ 的小邻域 U 和一个充分大的整数 n_k,使 $\overline{\Phi} = Q^{n_k} \Phi_0 \in U$,并且求出一个点 $\Psi \in l$,使得存在一条通过 $\overline{\Phi}$,Ψ 的限制水平曲线 $\bar{l}$. 设

$$l_{\overline{\Phi}, \Psi} = \{ s\overline{\Phi} + (1-s)\Psi \mid 0 < s < 1 \}$$

是 $\bar{l}$ 的在点 $\overline{\Phi}$ 和 Ψ 之间的弧段. 不失一般性,我们可设

$$\frac{\psi_2 - \overline{\varphi}_2}{\psi_1 - \varphi_1} = \beta_1,$$

同时取 U 充分小,使得对所有 $\Phi \in U$ 有下列不等式成立:

$$\frac{\psi_2 - \varphi_2}{\psi_1 - \varphi_1} > \beta_1 - \varepsilon_0 \tag{3.28}$$

(ε_0 的意义见引理 3.3). 由于 l 是由 (T, E_1) 型的第二类周期解组成的,故 Ψ 是 Q 的一个不动点. 另一方面,对所有 $n_i \geqslant n_k, Q^{(n_i - n_k)}$ $\bar{l}_{\hat{\Phi}\Psi}$ 是 $Q^{(n_i - n_k)} l$ 的位于 $Q^{n_i} \Phi_0$ 和 Ψ 之间弧段,故由引理 3.2 和定理 3.7 知,当 n_i 充分大时

$$\frac{\psi_2 - \varphi_{i2}}{\psi_1 - \varphi_{i1}} < \beta_1 - \varepsilon_0,$$

其中 $\Phi_i = Q^{n_i} \Phi_0$. 而上式与式(3.28)矛盾,因此 $\hat{\Phi} \in l$.

综上我们得出下面的定理:

定理 3.18 系统(3.1)的唯一的不变水平曲线是系统的全局吸引子. 这一吸引子为一限制水平曲线,它可以看成是 n 维环面上的一条闭曲线,亦即它是一个全局稳定的第二类极限环.

附注 §3 中所研究的问题最早见于 1988 年钱敏、沈文仙和张锦炎的论文[26],该文中考虑了此问题在一个半自由度的情形. 1990 年他们三人在参考文献[27]中又考虑了两个自由度的情形,而在 §3 中则将这一讨论推广到了 n 维情形(见参考文献[28]).

习 题

1. 计算 e^A,其中 A 为

$$\begin{pmatrix} 5 & -6 \\ 3 & -4 \end{pmatrix}, \begin{pmatrix} 2 & -1 \\ 1 & 2 \end{pmatrix}, \begin{pmatrix} 2 & -1 \\ 0 & 2 \end{pmatrix}, \begin{pmatrix} 0 & 1 \\ 1 & 0 \end{pmatrix}, \begin{pmatrix} i & 0 \\ 0 & -i \end{pmatrix},$$

$$\begin{bmatrix} 0 & 1 & 2 \\ 0 & 0 & 3 \\ 0 & 0 & 0 \end{bmatrix}, \begin{bmatrix} \lambda & 0 & 0 \\ 1 & \lambda & 0 \\ 0 & 1 & \lambda \end{bmatrix}, \begin{pmatrix} 1+i & 0 \\ 2 & 1+i \end{pmatrix}, \begin{bmatrix} 1 & 0 & 0 & 0 \\ 1 & 0 & 0 & 0 \\ 1 & 0 & 0 & 0 \\ 1 & 0 & 0 & 0 \end{bmatrix}.$$

2. 求 $\boldsymbol{R}^2$ 中的矩阵 A 与 B,使 $e^{A+B} \neq e^A e^B$.

3. 若矩阵 $A: \boldsymbol{R}^n \to \boldsymbol{R}^n$ 使子空间 E 不变(对一切 $x \in E$,有 $Ax \in E$),则 e^A 也使 E 不变.

4. 求下列方程的一般解

$$\begin{cases} \dot{x} = 2x - y, \\ \dot{y} = 2y; \end{cases} \quad \begin{cases} \dot{x} = 2x - y, \\ \dot{y} = x + 2y; \end{cases} \quad \begin{cases} \dot{x} = y, \\ \dot{y} = x; \end{cases}$$

$$\begin{cases} \dot{x} = -2x, \\ \dot{y} = x - 2y, \\ \dot{z} = y - 2z; \end{cases} \quad \begin{cases} \dot{x} = y + z, \\ \dot{y} = z, \\ \dot{z} = 0; \end{cases}$$

5. 矩阵 A 如下,试确定参数 k 的值,使系统 $\dot{x} = Ax$ 以原点为汇:

$$\begin{pmatrix} 0 & -k \\ k & 2 \end{pmatrix}, \quad \begin{pmatrix} 3 & 0 \\ k & -4 \end{pmatrix}, \quad \begin{pmatrix} k^2 & 1 \\ 0 & k \end{pmatrix}, \quad \begin{bmatrix} 0 & -1 & 0 \\ 1 & 0 & 0 \\ -1 & 0 & k \end{bmatrix}.$$

6. 画出下列各题的相图:

$$(1) \begin{cases} \dot{x} = -y + x(x^2+y^2)\sin \dfrac{1}{\sqrt{x^2+y^2}}, \\ \dot{y} = x + y(x^2+y^2)\sin \dfrac{1}{\sqrt{x^2+y^2}}; \end{cases}$$

(2) $\begin{cases} \dot{x}=2xy, \\ \dot{y}=x^2-y^2; \end{cases}$

(3) $\begin{cases} \dot{x}=2y(x+y^2), \\ \dot{y}=-x+y^2; \end{cases}$ (4) $\begin{cases} \dot{x}=2xy, \\ \dot{y}=y^2-x^2. \end{cases}$

7. 求出下列系统的平衡点并指出其类型：

(1) $\begin{cases} \dot{x}=y, \\ \dot{y}=a(1-x^2)y-bx \end{cases}$ $(a\geqslant 0, b>0)$.

(2) $\begin{cases} \dot{x}=y, \\ \dot{y}=-ay-b\sin x \end{cases}$ $(a\geqslant 0, b>0)$.

(3) $\begin{cases} \dot{x}=my+\alpha x(x^2+y^2), \\ \dot{y}=-mx+\alpha y(x^2+y^2) \end{cases}$ $(\alpha^2+m^2\neq 0)$.

8. 判断平衡点的类型并画出平衡点附近的相图：

(1) $\begin{cases} \dot{x}=-6y+2xy-8, \\ \dot{y}=y^2-x^2; \end{cases}$ (2) $\begin{cases} \dot{x}=-x+e^{-y}-1, \\ \dot{y}=1-e^{x+y}; \end{cases}$

(3) $\begin{cases} \dot{x}=\sin y, \\ \dot{y}=x+x^3; \end{cases}$ (4) $\begin{cases} \dot{x}=x(x^2+y^2-1), \\ \dot{y}=y(x^2+y^2-1). \end{cases}$

9. 讨论下列系统的平衡点的稳定性：

(1) $\begin{cases} \dot{x}=x-y, \\ \dot{y}=x^2-1; \end{cases}$ (2) $\begin{cases} \dot{x}=e^{-x-3y}-1, \\ \dot{y}=-x(1-y^2). \end{cases}$

10. 证明系统

$$\begin{cases} \dot{x}=-y-x\sqrt{x^2+y^2}, \\ \dot{y}=x-y\sqrt{x^2+y^2} \end{cases}$$

以$(0,0)$为中心型稳定焦点.

11. 作下列方程的相图，并从物理上加以解释.

(1) $\ddot{x}+a\sin x=0$； (2) $\ddot{x}=x^3-x$.

12. 讨论下列系统的平衡点的稳定性：

(1) $\ddot{x} - \varepsilon x\dot{x} + x = 0$;   (2) $\ddot{x} = (x - \lambda)(x^2 - \lambda)$.

13. 判断下列系统在平衡点 $(0,0)$ 处的稳定性.

(1) $\begin{cases} \dot{x} = -y - 3x^2 + (1-\lambda)xy + y^2, \\ \dot{y} = x + \dfrac{2}{9}x^2 - 3xy; \end{cases}$

(2) $\begin{cases} \dot{x} = -y + 2xy - y^2, \\ \dot{y} = x + (1+\varepsilon)x^2 + 2xy - y^2; \end{cases}$

(3) $\begin{cases} \dot{x} = -y + dx + lx^2 + mxy + ny^2, \\ \dot{y} = x(1 + ax + by), \end{cases}$

其中 $m(l+n) - a(b+2l) \neq 0$.

14. 求系统

$$\begin{cases} \dot{x} = x(x^2+y^2-1)(x^2+y^2-9) - y(x^2+y^2-2x-8), \\ \dot{y} = y(x^2+y^2-1)(x^2+y^2-9) + x(x^2+y^2-2x-8) \end{cases}$$

的极限环,并讨论稳定性.

15. 求下列系统的平衡点与极限环,讨论其稳定性,并求极限环的指数:

(1) $\begin{cases} \dot{x} = \dfrac{y}{\sqrt{2}} + x(2x^2+y^2-1), \\ \dot{y} = -\sqrt{2}\,x + y(2x^2+y^2-1); \end{cases}$

(2) $\begin{cases} \dot{x} = -y + x(\sqrt{x^2+y^2}-1)^2, \\ \dot{y} = x + y(\sqrt{x^2+y^2}-1)^2. \end{cases}$

16. 证明下列系统无闭轨:

(1) $\begin{cases} \dot{x} = y, \\ \dot{y} = 1 + x^2 - (1-x)y; \end{cases}$ (2) $\begin{cases} \dot{x} = -(1-x)^3 + xy^2, \\ \dot{y} = y + y^3; \end{cases}$

(3) $\begin{cases} \dot{x} = 2xy + x^3, \\ \dot{y} = -x^2 + y - y^2 + y^3; \end{cases}$ (4) $\begin{cases} \dot{x} = x, \\ \dot{y} = 1 + x + y^2; \end{cases}$

(5) $\begin{cases} \dot{x} = y, \\ \dot{y} = -1 - x^2; \end{cases}$ (6) $\begin{cases} \dot{x} = 1 - x^3 + y^2, \\ \dot{y} = 2xy; \end{cases}$

(7) $\begin{cases} \dot{x} = y, \\ \dot{y} = (1+x^2)y + x^3; \end{cases}$
(8) $\begin{cases} \dot{x} = x(y-1), \\ \dot{y} = x + y - 2y^2; \end{cases}$

(9) $\begin{cases} \dot{x} = y, \\ \dot{y} = -x - y + x^2 + y^2. \end{cases}$

17. 检验三维系统

$$\begin{cases} \dot{x}_1 = x_2, \\ \dot{x}_2 = -x_1, \\ \dot{x}_3 = 1 - (x_1^2 + x_2^2) \end{cases}$$

无平衡点,但有闭轨.

18. 系统

$$\begin{cases} \dot{x} = P(x,y), \\ \dot{y} = Q(x,y), \end{cases}$$

其中 P, Q 是 x, y 的二次多项式,试证此系统不可能有三个平衡点在同一直线上;并且系统的一切闭轨必都与某一条直线相交.

19. 判断下列方程组是否有极限环:

(1) $\begin{cases} \dot{x} = -x - y - \dfrac{1}{3}x^3 + y^2 x, \\ \dot{y} = x - y - yx^2 - \dfrac{2}{3}y^3; \end{cases}$
(2) $\begin{cases} \dot{x} = -y + x - x^3, \\ \dot{y} = x + y - y^3. \end{cases}$

20. 设 f 连续,问在怎样的条件下,极坐标方程组

$$\begin{cases} \dfrac{\mathrm{d}r}{\mathrm{d}t} = f(r), \\ \dfrac{\mathrm{d}\theta}{\mathrm{d}t} = 1 \end{cases}$$

有极限环? 且是稳定的、不稳定的或半稳定的?

21. 设 $f(x,y)$ 与 f'_x, f'_y 连续,$f(0,0) < 0$;又当 $x^2 + y^2 \geqslant b^2$ 时 $f(x,y) > 0$. 试证方程

$$\ddot{x} + f(x, \dot{x})\dot{x} + x = 0$$

有周期解 $x(t) \not\equiv 0$.

22. 设 G 是单连通区域，$B(x,y)$，$F(x,y) \in C^1(G)$，$B(x,y) > 0$，并使

$$\frac{\partial}{\partial x}(PB) + \frac{\partial}{\partial y}(QB) + B\left(P\frac{\partial F}{\partial x} + Q\frac{\partial F}{\partial y}\right)$$

在 G 中不变号且在 G 的任意子区域上不恒为零. 试证 C^1 平面系统

$$\frac{\mathrm{d}x}{\mathrm{d}t} = P(x,y), \quad \frac{\mathrm{d}y}{\mathrm{d}t} = Q(x,y)$$

在 G 中无闭轨.

23. 研究下列系统的无穷远点：

(1) $\begin{cases} \dot{x} = 2x(1+x^2-2y^2), \\ \dot{y} = -y(1-4x^2+3y^2); \end{cases}$ (2) $\begin{cases} \dot{x} = 2xy, \\ \dot{y} = 1+y-x^2+y^2. \end{cases}$

24. 研究下列系统的全局结构

(1) $\begin{cases} \dot{x} = 1-x^2-y^2, \\ \dot{y} = xy-1; \end{cases}$

(2) $\begin{cases} \dot{x} = y, \\ \dot{y} = -x-\alpha y-\mu x^2-y^2 \quad (\alpha, \mu > 0); \end{cases}$

(3) $\begin{cases} \dot{x} = y(x+2)+x^2+y^2-1, \\ \dot{y} = -x(x+2); \end{cases}$

(4) $\begin{cases} \dot{x} = x(3-x-y), \\ \dot{y} = y(x-1). \end{cases}$

25. 证明

$$L_\omega(x) = \bigcap_{\tau \geqslant 0} \overline{\{\varphi_t(x), t \geqslant \tau\}}, \quad L_\alpha(x) = \bigcap_{\tau \leqslant 0} \overline{\{\varphi_t(x), t \leqslant \tau\}}.$$

26. 设 $\varphi_t(p)$ 是 n 维自治系统的周期解，求证

$$L_\omega(p) = L_\alpha(p) = \gamma(p),$$

其中 $\gamma(p) \equiv \{\varphi_t(p), t \in (-\infty, +\infty)\}$.

27. 设 F 是 n 维 C^1 系统 $\dot{x} = f(x)$ 的非空紧不变集；又 F 是

最小集(不包含非空紧不变真子集). 证明

(1) 对任意 $p \in F, \overline{\gamma(p)} = F$;

(2) 对任意 $p \in F, L_\omega(p) = L_\alpha(p)$.

28. $\mathbf{R}^3$ 中的向量 x 与 y 称为有关系 $x < y$, 若它们的坐标满足关系 $x_i < y_i (i = 1, 2, 3)$. 设系统 $\dot{x} = f(x)$ 的流 $\varphi_t(x)$ 有单调性(即若 $a < b$ 就有 $\varphi_t(a) < \varphi_t(b)$, 对一切 $t \geqslant 0$). 又设有界闭区域内的正半轨线 $\varphi_t(x_0)(t \geqslant 0)$ 上有点 $\varphi_{\bar{t}}(x_0)(\bar{t} > 0)$, 使 $x_0 < \varphi_{\bar{t}}(x_0)$, 试证明: 若 $L_\omega(x_0)$ 不含平衡点, 则必为一闭轨线.

29. 平面 C^1 系统的任意闭轨与任意无切线段最多交于一点.

30. 证明对平面 C^1 系统,

(1) 设 $L_\omega(p) \bigcap \gamma(p) \neq \varnothing$, 则 $\gamma(p)$ 为平衡点或闭轨;

(2) 设 x 是常返点(即存在 $t_n \to +\infty$ 使 $\varphi_{t_n}(x) \to x$), 则 x 或是平衡点或在闭轨上.

31. 设 $\varphi_t(q)$ 是平面 C^1 系统的非闭轨线, 点 p 不是平衡点. 若 $p \in L_\omega(q)$, 则 $p \notin L_\alpha(q)$.

32. 设平面 C^1 系统的闭轨 $\gamma = L_\omega(x), x \notin \gamma$, 则存在 x 的开邻域 U, 使当 $y \in U$ 时 $L_\omega(y) = \gamma$, 从而集合 $A = \{y | L_\omega(y) = \gamma\}$ 是开集.

33. 设 γ 是外侧孤立闭轨, 证明存在 γ 的外侧邻域 U_0, 使得对任意 $x \in U_0, L_\omega(x) = \gamma$.

34. 设原点是平面 C^1 系统的唯一奇点且稳定, 又系统无闭轨, 则任意轨线当 $t \to -\infty$ 时必无界.

35. 设 f, g 是 $\mathbf{R}^2$ 上的 C^1 向量场, $\langle f(x), g(x) \rangle = 0$ 对一切 x. 若 $\dot{x} = f(x)$ 有闭轨, 则 $\dot{x} = g(x)$ 有平衡点.

36. 设 $f(x)$ 是 $\mathbf{R}^2$ 上的 C^1 向量场, 将单位圆周映到单位圆周. 则 f 在单位圆内或圆周上有不动点.

37. 设 H 是平面 C^1 系统的第一积分(H 是 $\mathbf{R}^2$ 上的实值连续函数, 沿轨线为常数). 若 H 在任意开集上不为常数, 则系统无极限环.

38. 设 $\varphi_t(x)$ 是系统 $(*)$：$\dot{x}=f(x)(x\in \boldsymbol{R}^n)$ 的流.

(1) 求出向量函数 $D\varphi_t(x_0)h$（x_0,h 是 $\boldsymbol{R}^n$ 中常向量）所满足的线性微分方程（可能是非常系数的，称之为方程 $(*)$ 对轨线 $\varphi_t(x_0)$ 的变分方程）；问矩阵 $D\varphi_t(x_0)$ 的初值.

(2) 设 $G\subset \boldsymbol{R}^n$，$G$ 有有限的体积，对任意 $\xi\in G$，定义

$$F(\xi)=\varphi_\tau(\xi), \quad \tau \text{ 任意给定.}$$

证明：集合 $F(G)=\{y\,|\,y=F(\xi),\xi\in G\}$ 的体积为

$$\int_G \exp\left(\int_0^\tau \mathrm{Tr}Df(\varphi_s(\xi))\mathrm{d}s\right)\mathrm{d}\xi.$$

39. 设 $\varphi_t(x)$ 是线性系统 $\dot{x}=Ax$ 的流，证明：映射

$$\varphi_t : \boldsymbol{R}^n \to \boldsymbol{R}^n$$

保持体积不变（简称流 $\varphi_t(x)$ 保持体积）的充要条件是：$\mathrm{Tr}A=0$.

40. 若 $\boldsymbol{R}^2$ 中 C^1 系统的流 $\varphi_t(x)$ 保持面积，则系统的闭轨不可能是极限环.

41. 设 f 是 $\boldsymbol{R}^2$ 中的 C^1 向量场，$|x|=1$，$|x|=2$ 是 $\dot{x}=f(x)$ 的闭轨，且两个闭轨上方向相反；又流 $\varphi_t(x)$ 保持面积. 则在区域 $A=\{x\in \boldsymbol{R}^2\,|\,1\leqslant |x|\leqslant 2\}$ 内必有平衡点.

42. 证明方程 $\ddot{x}+\dot{x}\cos x+a\sin x=0$ 在 $|x|<\pi$ 中无周期解.

43. 考虑振动方程 $\ddot{x}+\alpha\dot{x}+\beta\tan x=0(\alpha,\beta>0)$ 的相图，证明平衡点 $(0,0)$ 在区域 $-\pi/2<x<\pi/2$，$-\infty<\dot{x}<+\infty$ 内是全局稳定的.

44. 研究下列两个两物种的竞争方程

$$\begin{cases} \dot{x}=x(2-x-y), \\ \dot{y}=y(3-2x-y); \end{cases} \quad \begin{cases} \dot{x}=x(3-2x-y), \\ \dot{y}=y(2-x-y) \end{cases} \quad (x,y\geqslant 0)$$

的相图，讨论 $t\to +\infty$ 时，两物种的存亡问题.

45. 研究互助系统

$$\begin{cases} \dot{x}=(a_{11}x+a_{12}y+b_1)x, \\ \dot{y}=(a_{21}x+a_{22}y+b_2)y \end{cases} \quad (a_{11},a_{22}<0;\ a_{12},a_{21}>0).$$

416

设 $\triangle = \begin{vmatrix} a_{11} & a_{12} \\ a_{21} & a_{22} \end{vmatrix} > 0$, $(x(t), y(t))$ 为系统的解,

(1) 若 $b_1 \leqslant 0, b_2 \leqslant 0, x(0) > 0, y(0) > 0$, 证明

$$\lim_{t \to +\infty} (x(t), y(t)) = (0, 0).$$

(2) 若 $b_1 < 0, b_2 > 0$, 系统在第一象限内无平衡点, $x(0) > 0$, $y(0) > 0$, 证明

$$\lim_{t \to +\infty} (x(t), y(t)) = (0, -b_2/a_{22}).$$

(3) 若系统在第一象限内有平衡点 (x_0, y_0), $x(0) > 0, y(0) > 0$, 证明

$$\lim_{t \to +\infty} (x(t), y(t)) = (x_0, y_0).$$

46. 证明:

(1) 若 $e^{tA}x$ 是收缩流, 则 $e^{t(-A)}x$ 是膨胀流.

(2) $e^{tA}x$ 是收缩流(或膨胀流)的充要条件是对任意 $x \in \mathbf{R}^n$,

$$\lim_{t \to -\infty} |e^{tA}x| = \infty \text{ (或 } 0).$$

47. 若 $e^{tA}x$, $e^{tB}x$ 都是收缩流, $AB = BA$. 证明 $e^{t(A+B)}x$ 也是收缩流.

48. 设 $x = 0$ 是 n 维自治系统 $\dot{x} = f(x)$ 的平衡点,

(1) 若原点的任意邻域 $U(\delta) = \{x \mid |x| < \delta\}$ 内都存在点 x_δ, 使得 $\varphi_t(x_\delta)$ 当 $t > 0$ 无界, 则 $x = 0$ 不稳定.

(2) 若存在解 $\varphi_t(x_0) \not\equiv 0$, 满足 $\lim_{t \to -\infty} \varphi_t(x_0) = 0$, 则 $x = 0$ 不稳定.

49. 利用 Liapunov 函数判定下列系统在原点的稳定性:

(1) $\begin{cases} \dot{x} = -3x + 4y^4 - x^3 y^6, \\ \dot{y} = -\dfrac{1}{2}x^2 y - \dfrac{1}{4}y^3; \end{cases}$ (2) $\begin{cases} \dot{x} = -xy^4, \\ \dot{y} = x^4 y; \end{cases}$

(3) $\begin{cases} \dot{x} = x - xy^4, \\ \dot{y} = y - x^2 y^3; \end{cases}$ (4) $\begin{cases} \dot{x} = -x + y - 3y^2 - \dfrac{1}{4}x^3, \\ \dot{y} = -\dfrac{1}{3}x - \dfrac{1}{2}y - 2y^3; \end{cases}$

417

$$(5) \begin{cases} \dot{x} = -\dfrac{1}{2}x - \dfrac{1}{2}xy^2, \\ \dot{y} = -\dfrac{3}{4}y + 3xz^2, \\ \dot{z} = -\dfrac{2}{3}z - 2xyz^2; \end{cases} \qquad (6) \begin{cases} \dot{x} = -x - 3y + 2z + yz, \\ \dot{y} = 3x - y - z + xz, \\ \dot{z} = -2x + y - z + xy. \end{cases}$$

50. 求系统

$$\begin{cases} \dot{x} = -2x - y^2, \\ \dot{y} = -y - x^2 \end{cases}$$

在 $(0,0)$ 处的一个严格 Liapunov 函数,并且求 $\delta > 0$ 使以 $(0,0)$ 为心,δ 为半径的圆在 $(0,0)$ 的盆之中.

51. 系统 $\dot{x} = A(t)x$,其中矩阵 $A(t)$ 使 $(A(t) + A'(t))/2$ 的特征值的实部小于 $-g(t)$ $(g(t) > 0)$,又 $\displaystyle\int_0^{+\infty} g(t)\mathrm{d}t$ 发散,则解 $x(t)$ 有 $\displaystyle\lim_{t \to +\infty} x(t) = 0$.

52. 质点在力作用下在 x 轴上运动,力只与质点的位置有关. 若力总是向着原点 O,且在原点处为零,则 O 是稳定的平衡点.

53. 系统 $\dot{x} = f(x)$ 以 $\bar{x}$ 为平衡点,V 是 $\bar{x}$ 的邻域 U 内的连续可微函数,若 $V(\bar{x}) = 0$,$\dot{V} > 0$,当 $x \in U - \bar{x}$;又有一串 $x_n, x_n \to \bar{x}$ 使 $V(x_n) > 0$,则 $\bar{x}$ 不稳定.

54. 证明 $\ddot{x} - x + \dot{x}\sin x = 0$ 的零解不稳定.

55. 设 $(0,0)$ 是系统

$$\begin{cases} \dot{x} = P(x,y), \\ \dot{y} = Q(x,y) \end{cases}$$

的奇点,若存在常数 α, β,使得 $\alpha P + \beta Q > 0$(在除去原点的原点邻域中),则 $(0,0)$ 不稳定.

56. 证明下列系统的 $(0,0)$ 是不稳定的:

$$(1) \begin{cases} \dot{x} = x^2 + y^2, \\ \dot{y} = x + y; \end{cases} \qquad (2) \begin{cases} \dot{x} = y\sin y, \\ \dot{y} = xy + x^2. \end{cases}$$

418

57. 分析下列系统零解的稳定性

(1) $\begin{cases} \dot{x} = a_0 f(x) - \sum\limits_{i=1}^{n} a_i z_i, \\ \dot{z}_i = -\lambda_i z_i + b_i f(x) \quad (i=1,2,\cdots,n), \end{cases}$

其中 a_0, a_i, b_i, λ_i 皆是正常数，$f \in C^1, f(0)=0; x \neq 0$ 时 $xf(x)>0$.

(2) $\begin{cases} \dot{x} = -a_0 y - \sum\limits_{i=1}^{n} a_i z_i, \\ \dot{y} = f(x), \\ \dot{z}_i = -\lambda_i z_i + b_i f(x) \quad (i=1,2,\cdots,n), \end{cases}$

其中参数与 $f(x)$ 同(1).

58. 研究下列含参数的系统的相图：

(1) $\begin{cases} \dot{x} = -x - 2x^2 + 4xy, \\ \dot{y} = -\varepsilon y - xy + y^2, \end{cases}$ 在原点附近($\varepsilon \geqslant 0$).

(2) $\begin{cases} \dot{x} = y - (x^3 - \lambda x) \quad (\lambda \geqslant 0), \\ \dot{y} = -x; \end{cases}$

(3) $\begin{cases} \dot{x} = -y + \lambda x(x^2+y^2) - x(x^2+y^2)^2, \\ \dot{y} = x + \lambda y(x^2+y^2) - y(x^2+y^2)^2 \end{cases}$ ($\lambda \geqslant 0$);

(4) $\begin{cases} \dot{x} = -y + x(x^2+y^2-1)(x^2+y^2-\delta), \\ \dot{y} = x + y(x^2+y^2-1)(x^2+y^2-\delta) \end{cases}$ ($\delta \geqslant 1$).

59. 设 $\varphi: X \to X$，$\psi: Y \to Y$ 都是连续可逆的映射，如果存在同胚 $h: X \to Y$，使得 $h \circ \varphi = \psi \circ h$，则称 φ, ψ 是拓扑共轭的. 设 $\varphi(x)=x^2+c$，证明：若 $c < 1/4$，则存在唯一的 μ，使 $\varphi(x)$ 与 $\psi(x) = \mu x(1-x)$ 拓扑共轭.（提示：考虑 $\alpha x + \beta$ 形式的 $h(x)$.）

60. 设 $\varphi_t(X) = \varphi(t,X)$ 和 $\psi_t(X) = \psi(t,X)$ 是两个动力系统的流（参见第四章 §1）. 若对某一固定的 t_0，存在唯一的同胚 $h(X)$：$\mathbf{R}^n \to \mathbf{R}^n$，使映射 $\varphi_{t_0}(X): \mathbf{R}^n \to \mathbf{R}^n$ 与 $\psi_{t_0}(X): \mathbf{R}^n \to \mathbf{R}^n$ 拓扑共轭，则对任意 $t \in \mathbf{R}^1, h(X)$ 使 $\varphi_t(X)$ 与 $\psi_t(X)$ 拓扑共轭.（提示：考虑 $\alpha(X)$

$= \varphi_t^{-1} \circ h \circ \psi_t(X)$，利用流的性质证明 $\alpha(X)$ 也是一个使得 $\varphi_{t_0}(X)$ 与 $\psi_{t_0}(X)$ 拓扑共轭的映射.）

61. 习题 59 中的 h 如果是 C^r 微分同胚，其中 r 是正整数且 $r \geqslant 2$，则称 φ, ψ 是 C^r 共轭的. 设对一切 $t \in R^1$，系统（1）：$\dot{X} = F(X)$ 的流 $\varphi(t, X)$ 与系统（2）：$\dot{X} = G(X)$ 的流 $\psi(t, X)$ 是 C^r 拓扑共轭的，则变量替换 $Y = h(X)$ 将系统（1）变为系统（2）.（提示：首先将等式

$$\psi \circ h = \psi(t, h(X)) = h(\varphi(t, X)) = h \circ \varphi$$

两边对 t 求导；然后令 $t = 0$ 证 $F(X) = (\mathrm{D}h)^{-1} \circ G \circ h(X)$.）

62. 设可通过 C^r 变量替换 $Y = h(X)$ 把习题 3 中的系统（1）变为系统（2），那么系统（1）的流 $\varphi(t, X)$ 可通过 h 与系统（2）的流 $\psi(t, X)$ 共轭（此共轭为 C^r）.（提示：首先用条件证 $G = \mathrm{D}h \circ F \circ h^{-1}$，然后再验证 $z_1(t) = h^{-1} \circ \psi(t, X)$ 和 $z_2(t) = \varphi(t, h^{-1}(X))$ 都是初值问题 $\dot{z} = F \circ h^{-1}(X), z(0) = h^{-1}(X)$ 的解.）（我们说流 $\varphi(t, X)$ 可与流 $\psi(t, X)$ 拓扑共轭，意即为存在映射 $h(X)$ 使对任意 $t \in R^1$，映射 $\varphi_t(X)$ 与映射 $\psi_t(X)$ 拓扑共轭.）

63. 设系统（1）为 $\dot{X} = AX + f(X)$，其中 AX 为线性项，$f(X)$ 不含线性项. 又设系统（1）的流 $\varphi(t, X)$ 可通过映射 $h(X)$ 与系统（2）$\dot{X} = G(X)$ 的流 $\psi(t, X) C^1$ 共轭，则

$$G(X) = BX + g(X),$$

其中 BX 为线性项，$g(X)$ 不含线性项，且 B 的特征值与 A 的特征值相同.（提示：设 $h(X) = EX + e(X)$，其中 EX 为线性项，$e(X)$ 不含线性项. 首先用 h 是微分同胚证明 $\det E \neq 0$，因此 E 是非异矩阵；再利用习题 61 计算 G，并说明 G 的线性部分的系数矩阵与 A 相似.）

64. 证明系统（1）：$\dot{x} = 2x + y, \dot{y} = x + y$ 的流与系统（2）：$\dot{x} = x, \dot{y} = 2y$ 的流是拓扑共轭的但不可能 C^1 共轭.

65. 如果一个系统的流可与它的线性化系统的流拓扑共轭，

420

则称此系统可被线性化.证明系统 $\dot{x}=2x+y^2$, $\dot{y}=y$ 可被线性化,但不可能 C^2 线性化(提示:用第六章 §6 的 Hartman 定理,同时证明对原系统作任何 C^2 变量替换后所得系统中 $\dot{x}$ 的右端 y^2 的系数总是 1.)

66. 证明系统: $\dot{x}=\alpha x$, $\dot{y}=(\alpha-\gamma)y+\varepsilon xz$, $\dot{z}=-\gamma z$, 不可能被 C^1 线性化,其中 $\alpha>\gamma>0,\varepsilon\neq 0$.

67. 可以证明映射: $x\to x_1=\varepsilon^2 x+y^2$, $y\to y_1=\varepsilon y$ 当 $0<\varepsilon<1$ 时可 C^1 线性化(这时映射是压缩的),并证明此映射不可能 C^2 线性化.

68. 用隐函数定理证明第七章引理 2.

69. 举例说明一个中心经过一个任意小的 C^r 扰动可以变成一个稳定的或不稳定的焦点.

70. 证明第七章引理 6.

71. 设 $f(x)=ax^n+g(x)$,其中 $a\neq 0,g\in C^n$. 证明若在区间 $-\varepsilon\leqslant x\leqslant\varepsilon$ 上

$$|g^{(n)}(0)|<(n!)|a|,$$

则 $f(x)$ 在区间 $-\varepsilon\leqslant x\leqslant\varepsilon$ 上至多只能有 n 个根.

72. 证明第十二章引理 1.

73. 证明第十二章引理 2 命题(1).

74. 证明第十二章引理 2 命题(2).(提示:首先证明,若 m 是一个整数,则 $G(x+m)=G(x)+m\deg(g)$. 再利用公式 $F(x+1)=F(x)+\deg(f)$.)

75. 证明第十二章引理 2 命题(3).(提示:$F(x)=x$ 是 s^1 上恒同映射的一个提升.)

76. 证明第十二章引理 2 命题(4).(提示:f 是同胚蕴涵 f^{-1} 存在,由 $f\circ f^{-1}$ 是恒同映射出发,再用习题 74 和习题 75 的结论.)

77. 证明第十二章引理 2 命题(5).(提示:用 f 是保定向的推出 f 的提升 $F(x)$ 必定是递增的,再用习题 76 的结论.)

78. 证明第十二章引理 3.

79. 设 $f: s^1 \rightarrow s^1$ 为 $\theta \mapsto 2\theta$(即若 $z=\cos\theta+\mathrm{i}\sin\theta$,则 $f(z)=\cos 2\theta+\mathrm{i}\sin 2\theta$). 证明 $F(x)=2x$ 是 f 的一个提升,且 $\rho(F,0)=0$, 而若 $x \neq 0$,则 $\rho(F,x)=\infty$.)

80. 设 $f: s^1 \rightarrow s^1$ 为 $\theta \mapsto \theta+\alpha(\theta)$,其中 $\alpha(\theta)$ 是周期为 2π 的分段线性函数,

$$\alpha(0)=\alpha(2\pi)=0, \quad \alpha\left(\frac{\pi}{2}\right)=2\pi, \quad \alpha\left(\frac{3\pi}{2}\right)=-2\pi,$$

其余地方线性连接. 证明 $F(x)=x+\beta(x)$ 是 f 的一个提升,其中 $\beta(x)$ 是周期为 1 的分段线性函数,

$$\beta(0)=\beta(1)=0, \quad \beta\left(\frac{1}{4}\right)=+1, \quad \beta\left(\frac{3}{4}\right)=-1,$$

其余地方线性连接. 而且 $\rho(F,m)=0$,其中 m 是一个整数,

$$F\left(\frac{1}{4}\right)=\frac{1}{4}+1, \quad F^2\left(\frac{1}{4}\right)=\frac{1}{4}+2, \quad \cdots, \quad F^n\left(\frac{1}{4}\right)=\frac{1}{4}+n,$$

从而 $\rho\left(F,\dfrac{1}{4}\right)=1$.

81. 设 f 是 $s^1 \rightarrow s^1$ 的连续映射,$\deg(f)=1$,F 是 f 的一个提升,证明 $F^n(x)-x$ 是周期为 1 的周期函数.(提示:由 F 是 f 的提升得出 F^n 是 f^n 的提升,再利用习题 74 求出 $\deg(f^n)$,根据映射度的定义即容易得出结论.)

82. 证明第十二章引理 6.

83. 证明第十二章引理 7.(提示:考虑 f,g,h 的提升 F,G,H,则 $G \cdot H$ 和 $H \cdot F$ 分别是 $g \circ h$ 和 $h \circ f$ 的提升,由 $h \circ f=g \circ h$ 得出 $G \cdot H=H \cdot F+k$,再证

$$G^n \cdot H=H \cdot F^n+nk.$$

由 $H(x)-x$ 是连续周期函数,证有常数 M,使

$$|H(F^n(x))-F^n(x)|<M,$$

从而当 $n \rightarrow \infty$ 时,$\dfrac{H(F^n(x))}{n}-\dfrac{F^n(x)}{n} \rightarrow 0$. 由此易证结论.)

84. 设 $a+c=cd+bc^2=0$,确定系统
$$\dot{x}= xy + ax^3 + bxy^2, \quad \dot{y}=- y + cx^2 + dx^2y$$
的奇点 $O(0,0)$ 的稳定性.

85. 设 $A=A(t)$ 是 t 的矩阵函数,证明
$$\frac{\mathrm{d}}{\mathrm{d}t}(\det A) = \mathrm{Tr}\left(A^* \frac{\mathrm{d}A}{\mathrm{d}t} \right),$$
其中 A^* 是 A 的伴随矩阵.

86. 设 $X(t)$ 是 t 的矩阵函数,满足方程 $\frac{\mathrm{d}X}{\mathrm{d}t}=AX$,证明
$$\frac{\mathrm{d}}{\mathrm{d}t}(\det X) = \mathrm{Tr}A\det X. \quad (提示:利用习题 85.)$$

87. 证明第十章 §2 中引理 9.

88. 设 O 是系统 $\dot{x}=\lambda^- x+r_1(x,y)$, $\dot{y}=\lambda^+ y+r_2(x,y)$ 的鞍点,$y=\varphi(x)$,$x=\psi(y)$ 是它的两条不变流形,其中 φ 和 $\psi \in C^1$,$\varphi(0)=\varphi'(0)=0,\psi(0)=\psi'(0)=0,\lambda^- <0<\lambda^+,r_1,r_2$ 是 x,y 的高阶无穷小. 变量替换 T 为 $u=x-\psi(y),v=y-\varphi(x)$,证明 T 在 O 的邻域内是非异的,且把上述系统化为系统
$$\dot{u} =\lambda^- u+\Phi(u,v), \quad \dot{v} =\lambda^+ v+\Psi(u,v),$$
其中
$$\Phi(0,v) = \Psi(u,0) \equiv 0, \quad \left.\frac{\partial \Phi}{\partial u}\right|_{(0,0)} = \left.\frac{\partial \Psi}{\partial v}\right|_{(0,0)} = 0.$$

89. 设 $\lambda^- <0<\lambda^+$ 是 2×2 矩阵 A 的特征值,L^+,L^- 是 $\dot{X}=AX$ 的不变流形,$M_1\in L^+,M_2\in L^-,OM_1=OM_2=\rho,l^+,l^-$ 经过 M_1,M_2 点且 $l^+ /\!/ L^-,l^- /\!/ L^+,N_1\in l^+,M_1N_1=u,\gamma_L$ 是系统 $\dot{X}=AX$ 的在 $t=0$ 时从 N_1 点出发的轨线,γ 交 l^- 于 N_2 点,$M_2N_2=v_L$,证明
$$v_L = \rho^{1-\lambda}u^\lambda, \quad 其中 \lambda =- \lambda^- /\lambda^+.$$

90. 设 $\alpha=(\alpha_1,\alpha_2)^\mathrm{T},\beta=(\beta_1,\beta_2)^\mathrm{T},X$ 都是 R^2 中向量,A 是一个 2×2 矩阵,$\alpha^\perp=(-\alpha_2,\alpha_1),\alpha \wedge \beta=\alpha_1\beta_2-\alpha_2\beta_1$,证明

(1) $\alpha^{\perp} \cdot \beta = \alpha \wedge \beta$;

(2) $\dfrac{\mathrm{d}}{\mathrm{d}t}(\alpha \wedge \beta) = \left(\dfrac{\mathrm{d}}{\mathrm{d}t}\alpha\right) \wedge \beta + \alpha \wedge \dfrac{\mathrm{d}\beta}{\mathrm{d}t}$;

(3) $(A\beta) \wedge X + \beta \wedge (AX) = (\mathrm{Tr}A)(\beta \wedge X)$.

91. 设 X, Y 是 Banach 空间，$f: X \to Y$ 是可微映射，f 的微分 $\mathrm{d}f(X_0, h_1)$ 和 f 在 X_0 的导算子 $\mathrm{D}f(X_0)$ 的定义是什么？$\mathrm{D}f(X_0)$ 的定义域和值域是什么空间？如果 $F = \mathrm{D}f(X)$ 也是可微映射，那么 F 的微分 $\mathrm{d}F(X_0, h_2)$ 和 F 在 X_0 的导算子 $\mathrm{D}F(X_0) = \mathrm{D}^2 f(X_0)$ 的定义是什么？$\mathrm{D}^2 F(X_0)$ 的定义域和值域是什么空间？对 $f: \boldsymbol{R}^2 \to \boldsymbol{R}^2$，具体写出 $(\mathrm{D}f(X_0))h_1$ 和 $\mathrm{D}^2 f(X_0)h_1 h_2$ 的表达式？（首先指出 X_0，h_1, h_2 都属于什么空间.）

参 考 文 献

[1] Andronov, A. A., Qualitative Theory of Second-order Dynamic Systems, New York, Wiley, 1973.

[2] Andronov, A. A., Theory of Bifurcations of Dynamic Systems on a Plane. New York, Wiley, 1975.

[3] 安德罗诺夫等,《振动理论》翻译组译,振动理论,北京:科学出版社,1973.

[4] 陈兰荪、王明淑,二次系统极限环的相对位置与个数,数学学报,第 22 卷(1979),第 6 期.

[5] Coddington, E. A. and Levinson, N., Theory of Ordinary Differential Equations, 1955.

[6] Freedman, H. I. and Waltman, P., Perturbation of two dimensional Predator-Prey equation with a unperturbed Critical point, *SIAM. J. APPL. MATH.* Vol. 29, No. 4, December, 1975.

[7] Friedman, B., Principles and Technigue of Applied Mathematics, New York, John Wiley, 1956.

[8] 甘特马赫尔,柯召译,矩阵论,北京:高等教育出版社,1955.

[9] Hirsch, M. W. and Smale, S., Differential Equations, Dynamical Systems, and Linear Algebra, New York & London, Academic Press, 1974.

[10] Lefschetz, S., Differential Equations: Geometric Theory, New York, John Wiley, 1962.

[11] Liapounoff, M. A., Problème général be la Stabilité du Mouvement, Princeton, Princeton Univ. Press, 1949.

[12] Minnorsky, N., Nonlinear Oscillation, Princeton, Princeton University Press, 1962.

[13] Murray, J. D., Lectures on Nonlinear-Differential Equation Models in Biology, Oxford, Clarendon, 1977.

[14] Marsden, J. E. and McCracken, M. , The Hopf Bifurcation Theory and its Application, New York Springer, 1976.

[15] 马尔金、解伯民译,运动稳定性理论,北京：科学出版社,1958.

[16] 庞特里雅金著,金福临等译,常微分方程,上海：上海科学技术出版社,1962.

[17] 叶谚谦,极限环论,上海：上海科学技术出版社,1965.

[18] 秦元勋,微分方程所定义的积分曲线,北京：科学出版社,1959.

[19] Piero de Mottoni and Luigi Salvadori, Nonlinear Differential Equation, pp. 195 ～ 206, New York & London, Academic Press, 1981.

[20] Shui-Nee Chow and Hale, J. K. , Methods of Bifurcation Theory, Berlin, Springer-Verlag, 1982.

[21] 钱敏、蒋云平,旋涡运动的限制三体问题及若干注记,数学物理学报,第3卷(1983),第4期.

[22] 张锦炎,三维梯度共轭系统的全周期性,中国科学,第5期,1983.

[23] Berger, M. S. , Nonlinearity and Functional Analysis, New York & London, Academic Press, 1977.

[24] Jack K. Hale, Asymptotic Behavior of Dissipative Systems, Math. Surveys and Monographs, No. 25, Providence, RI, A. M. S. , 1988.

[25] Z. Nitecki, Differentiable Dynamics, Cambridge, MA, M. I. T. Press, 1971.

[26] Qian Min, Shen Wenxian and Zhang Jinyan, Global behavior in the dynamical equation of J-J type, J. Differential Equations 71 (1988), 315～333.

[27] Qian Min, Shen Wen Xian and Zhang Jinyan, Dynamical behavier in coupled systems of J-J type, J. Differential Equations 88 (1990), 175～212.

[28] Min Qian, Shu Zhu and Wen-Xin Qin, Dynamics In A System of N-Coupled Oscillators, SIAM. Appl. Math. , 1996.

[29] Jack Carr, Applications of Centre Manifold Theory, New York Inc Springer-Verlag, 1981.

[30] B. D. Hassard, N. D. Kazarinoff and Y.-H. Wan, Theory and Applications of Hopf Bifurcation, London, Cambridge University Press, 1981.

[31] 李继彬、冯贝叶,稳定性、分歧与混沌,昆明:云南科技出版社,1995.

[32] Melnikov,B. K.,On the stability of the center for periodic pertubation of time, Trans. Moscow. Math. Soc.,12 (1963),1~57.

[33] Cerkas, L. A.,On the stability of a singular cycle, Differencial'nye Uravnenija,4 (1968),1012~1017.

[34] 冯贝叶、钱敏,鞍点分界线圈的稳定性及其分支出极限环的条件,数学学报,第 28 卷(1985),第 1 期,53~70.

[35] 冯贝叶,临界情况下奇环的稳定性,数学学报,第 33 卷(1990),第 1 期,113~134.

[36] 马知恩、汪儿年,鞍点分界线的稳定性及产生极限环的条件,数学年刊,4A(1983),第 1 期,105~110.

[37] 袁小凤,二阶 Melnikov 函数及其应用,数学学报,第 37 卷(1994),第 1 期,135~144.

[38] 孙建华,超临界情形的鞍点分界线环分支,数学年刊,12A(1991),第 5 期,636~643.

[39] 罗定军、朱德明,分界线环的稳定性和分支极限环的唯一性,数学年刊,11A(1990),第 1 期,95~103.

[40] 罗定军、韩茂安、朱德明,奇闭轨分支出极限环的唯一性,数学学报,第 35 卷(1992),第 3 期,407~417.

[41] 韩茂安、朱德明,微分方程分支理论,北京:煤炭工业出版社,1994.

[42] M. C. Irwin, Smooth Dynamical Systems, London, Academic Press, Inc, 1980.

[43] Bo Deng, The silnikov problem, exponential expansion, strong λ-lemma, C^1-linearization and homoclinic bifurcation, J. D. E.,79 (1989):189~231.

[44] P. Hartman, Ordinary Differential Equations, Second Edition Boston, Birkhäuser, 1982.

[45] 朱德明,Melnikov 型向量函数和奇异轨道的主法向,中国科学,1994.

[46] 韩茂安、李良应，同宿，异宿环分支出极限环的唯一性，数学年刊，16A (1995)，第 5 期，645～651.

[47] T. Matsumoto，M. Komuro，H. Kokubu，R. Tekunaga，Bifurcations，Sights，Sounds and Mathematics，Tokyo，Springer-Verlag，1993.

索　引